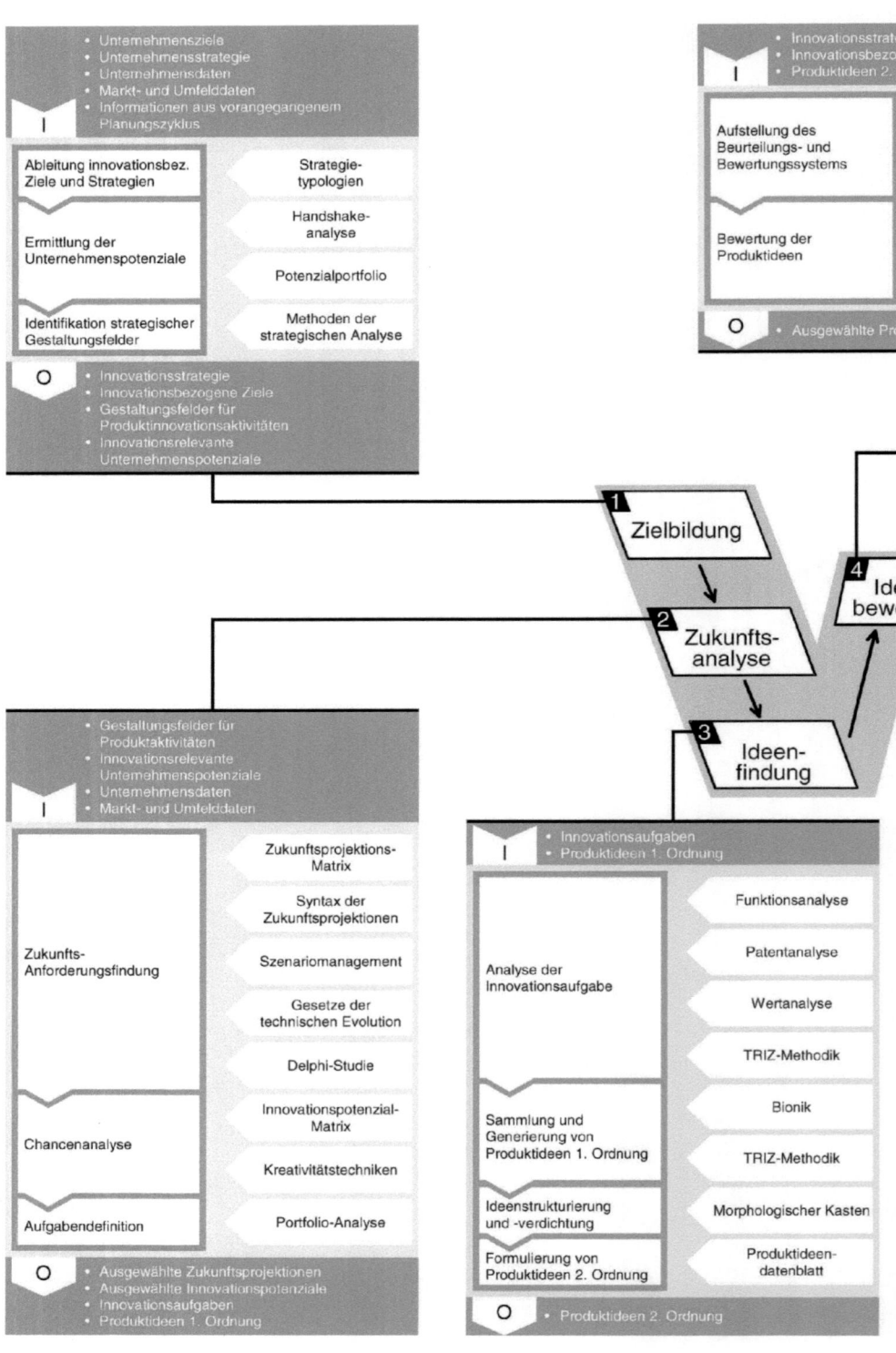

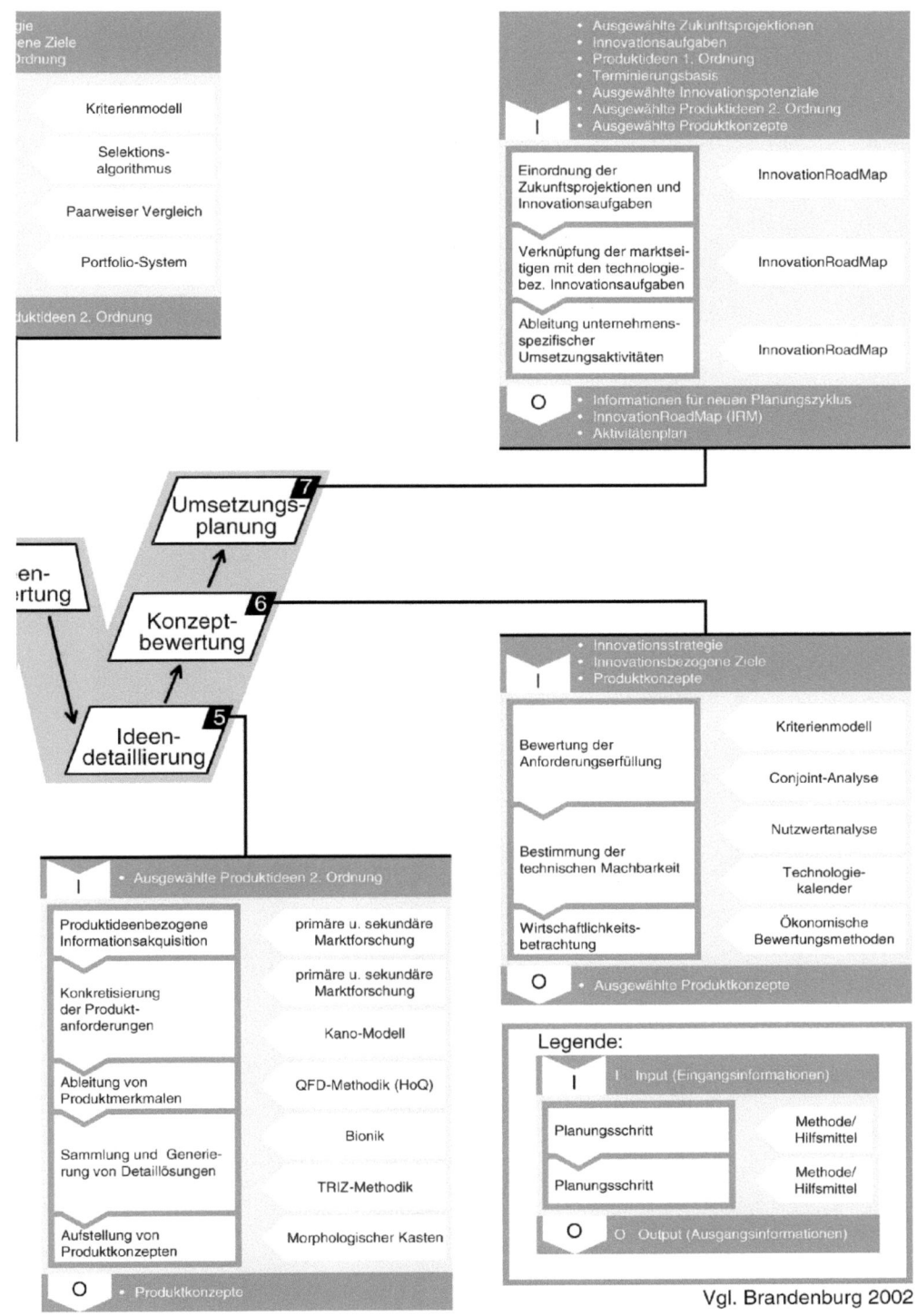

Vgl. Brandenburg 2002

Walter Eversheim (Hrsg.)

Innovationsmanagement für technische Produkte

Springer-Verlag Berlin Heidelberg GmbH

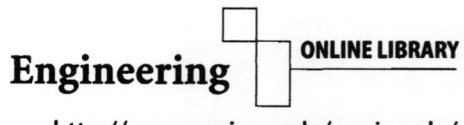

Walter Eversheim (Hrsg.)

Innovationsmanagement für technische Produkte

Mit 114 Abbildungen und Fallbeispielen

Prof. Dr.-Ing. Dipl.-Wirt. Ing. Dr. h.c. mult.
WALTER EVERSHEIM

Laboratorium für Werkzeugmaschinen
und Betriebslehre der RWTH Aachen
Steinbachstraße 53b
52074 Aachen

ISBN 978-3-642-62812-2   ISBN 978-3-642-55768-2 (eBook)
DOI 10.1007/978-3-642-55768-2

Die Deutsche Bibliothek - CIP-Einheitsaufnahme

Bibliografische Information Der Deutschen Bibliothek
Die Deutsche Bibliothek verzeichnet diese Publikation in der Deutschen
Nationalbibliografie; detaillierte bibliografische Daten sind im Internet
über <http://dnb.ddb.de> abrufbar.

Dieses Werk ist urheberrechtlich geschützt. Die dadurch begründeten Rechte, insbesondere die der Übersetzung, des Nachdrucks, des Vortrags, der Entnahme von Abbildungen und Tabellen, der Funksendung, der Mikroverfilmung oder der Vervielfältigung auf anderen Wegen und der Speicherung in Datenverarbeitungsanlagen, bleiben, auch bei nur auszugsweiser Verwertung, vorbehalten. Eine Vervielfältigung dieses Werkes oder von Teilen dieses Werkes ist auch im Einzelfall nur in den Grenzen der gesetzlichen Bestimmungen des Urheberrechtsgesetzes der Bundesrepublik Deutschland vom 9. September 1965 in der jeweils geltenden Fassung zulässig. Sie ist grundsätzlich vergütungspflichtig. Zuwiderhandlungen unterliegen den Strafbestimmungen des Urheberrechtsgesetzes.

http://www.springer.de

© Springer-Verlag Berlin Heidelberg 2003
Ursprünglich erschienen bei Springer-Verlag Berlin Heidelberg New York 2003
Softcover reprint of the hardcover 1st edition 2003

Die Wiedergabe von Gebrauchsnamen, Handelsnamen, Warenbezeichnungen usw. in diesem Werk berechtigt auch ohne besondere Kennzeichnung nicht zu der Annahme, daß solche Namen im Sinne der Warenzeichen- und Markenschutz-Gesetzgebung als frei zu betrachten wären und daher von jedermann benutzt werden dürften.

Satz: Reproduktionsfertige Vorlage der Autoren
Einband: Strüve & Partner, Heidelberg

Gedruckt auf säurefreiem Papier   68/3020 ra - 5 4 3 2 1

Vorwort

Nach zahlreichen Forschungs- und Industrieprojekten auf dem Gebiet des Innovationsmanagements haben wir unsere Erkenntnisse und Erfahrungen zu diesem Thema zusammengefasst. Herausgekommen ist ein Leitfaden, der insbesondere den Anwender in der Industrie bei der täglichen Suche nach neuartigen Produktideen und deren systematischer Umsetzung unterstützen soll.

Auslöser für dieses Buch war die Dissertation von Dr. Frank Brandenburg. Sie entstand während seiner Tätigkeit am Fraunhofer IPT, Aachen und bildet die Grundlage für die hier beschriebene InnovationRoadMap-Methodik.

Frau Dr. Anne Gerhards hat mit ihrer Dissertation und den dort entwickelten Methodendatenblättern unser Instrumentarium zum Innovationsmanagement wesentlich erweitert.

Mein besonderer Dank gilt Dr. Uwe H. Böhlke von Schott Glas, Prof. Dr. Winfried J. Huppmann und Dr. Stefan Nöken von der Hilti AG, Rudolf-Henning Lohse von der Dräger Medical AG & Co. KGaA, Dr. Daniel E. Spielberg von der Suspa Holding GmbH und Dr. Carsten Voigtländer von der Neumag GmbH & Co. KG für die Fallbeispiele aus der unternehmerischen Praxis.

Meinen Mitarbeitern Elke Baessler, Thomas Bauernhansl, Thomas Breuer, Markus Grawatsch, Michael Hilgers, Markus Knoche, Christian Rosier, Sebastian Schöning und Jens Schröder danke ich für ihren besonderen Einsatz bei der Erstellung dieses Buches.

Nicht zuletzt möchte ich meiner Kollegin Frau Prof. Dr. Eva-Maria Jakobs (Technikkommunikation, RWTH Aachen) Dank sagen für ihre Expertise, die sie mit einem außerordentlichen Engagement bei der Erstellung dieses Buches eingebracht hat.

Dem Springer-Verlag danke ich für die Aufnahme des Manuskriptes und die gute Zusammenarbeit.

Aachen, im August 2002   Walter Eversheim

Inhaltsverzeichnis

1.	**Einleitung** 1	
	W. Eversheim, E. Baessler, T. Breuer	
2.	**Integriertes Innovationsmanagement** 5	
	W. Eversheim, E. Baessler, T. Breuer	
2.1	Das Aachener Innovationsmanagement-Modell AIM 7	
	2.1.1 Die Innovationsplanung 9	
	2.1.2 Die Innovationsorganisation 17	
	2.1.3 Die Innovationsführung 19	
	2.1.4 Die operative Ebene 20	
2.2	Innovationsportfolio 21	
2.3	Aachener Strategie-Modell für Produktinnovationen 24	
3.	**Die InnovationRoadMap-Methodik** 27	
	W. Eversheim, F. Brandenburg, T. Breuer, M. Hilgers, C. Rosier	
3.1	Anforderungen an die Methodik 28	
3.2	Das W-Modell: Die Grundstruktur der IRM-Methodik 32	
	Die Planungsphasen der IRM-Methodik	
3.3	Zielbildung 40	
	3.3.1 Ableitung innovationsbezogener Ziele und Strategien 41	
	3.3.2 Ermittlung der Unternehmenspotenziale 43	
	3.3.3 Identifikation strategischer Gestaltungsfelder 44	
3.4	Zukunftsanalyse 51	
	3.4.1 Zukunfts-Anforderungsfindung 53	
	3.4.2 Chancenanalyse 62	
	3.4.3 Aufgabendefinition 65	
3.5	Ideenfindung 74	
	3.5.1 Analyse der Innovationsaufgabe 75	
	3.5.2 Sammlung und Generierung von Produktideen 1. Ordnung 77	
	3.5.3 Ideenstrukturierung und -verdichtung 78	
	3.5.4 Formulierung von Produktideen 2. Ordnung 79	

3.6	Ideenbewertung	86
	3.6.1 Aufstellung des Beurteilungs- und Bewertungssystems	87
	3.6.2 Bewertung der Produktideen	90
3.7	Ideendetaillierung	100
3.8	Konzeptbewertung	108
	3.8.1 Bewertung der Anforderungserfüllung	111
	3.8.2 Bestimmung der technischen Machbarkeit	111
	3.8.3 Wirtschaftlichkeitsbetrachtung	113
3.9	Umsetzungsplanung	120
	3.9.1 Einordnung der Zukunftsprojektionen und Innovationsaufgaben	122
	3.9.2 Verknüpfung der marktseitigen mit den technologiebezogenen Innovationsaufgaben	124
	3.9.3 Ableitung unternehmensspezifischer Umsetzungsaktivitäten	124

4. Methodenbeschreibung 133
W. EVERSHEIM, T. BREUER, M. GRAWATSCH, M. HILGERS, M. KNOCHE, C. ROSIER, S. SCHÖNING, D. E. SPIELBERG

4.1	Szenario-Management	135
4.2	Quality Function Deployment (QFD)	140
4.3	Intuitive und analogiebasierte Lösungsfindung	145
	4.3.1 Brainstorming und Brainwriting inkl. Methode 6-3-5	146
	4.3.2 Synektik	148
4.4	TRIZ-Methodik	151
	4.4.1 Innovations-Checkliste	154
	4.4.2 Problemformulierung/ Wirkstrukturanalyse	155
	4.4.3 Idealität	158
	4.4.4 Antizipierende Fehlererkennung	159
	4.4.5 Analyse technischer Widersprüche: Widerspruchsmatrix	161
	4.4.6 Analyse physikalischer Widersprüche: Separationsprinzipien	163
	4.4.7 Effekte-Datenbank	165
	4.4.8 Stoff-Feld-(S-Feld-)Analyse	166
	4.4.9 76 Standardlösungen	168
	4.4.10 Gesetze der technischen Evolution	169
4.5	Gesetze der technischen Evolution	171
4.6	Bionik	183
	4.6.1 Direkte Nutzung biologischer Systeme	186
	4.6.2 Biologische Strukturen	186
	4.6.3 Evolutionsgesetze und andere biologische Prinzipien	188
	4.6.4 Anregungen aus der Natur	190
4.7	Portfolio-Analyse	194
	4.7.1 Marktportfolio	196

	4.7.2	Portfolio der Boston Consulting Group 196
	4.7.3	Technologieportfolio 200
	4.7.4	Technologieportfolio nach PFEIFFER 202
	4.7.5	Potenzialportfolio nach PELZER (Fraunhofer IPT) 204
	4.7.6	Portfolioeinsatz am Beispiel der Hilti AG 206
	4.7.7	Kritische Würdigung von Technologieportfolios 208
4.8	Conjoint-Analyse 209	
	4.8.1	Ablaufschritte zur Durchführung der Conjoint-Analyse ... 211
	4.8.2	Wahl der Produktmerkmale und Merkmalsausprägungen ... 212
	4.8.3	Wahl des Präferenzmodells und Erhebungsdesigns 213
	4.8.4	Präsentation der Stimuli und Befragung 216
	4.8.5	Wahl des Schätzverfahrens zur Bestimmung der Teilnutzenwerte 217
	4.8.6	Auswertung und Interpretation der Ergebnisse 219
4.9	Technology-Roadmapping 222	
	4.9.1	Technologiekalender nach SCHMITZ (Fraunhofer IPT) 223
	4.9.2	Nutzungsmöglichkeiten des Technologiekalenders 225
	4.9.3	ProjektRoadMap – Zusammenspiel von InnovationRoadMap und Technologiekalender 229

5. Fallbeispiele 233

5.1 SCHOTT Glas
»Vom Werkstoffhersteller zum Systemanbieter« 235
U. H. BÖHLKE, M. GRAWATSCH

5.2 Hilti AG
»Neue Geschäftsfelder strategisch erschließen« 242
W. J. HUPPMANN, T. BREUER

5.3 SUSPA Holding GmbH
»Bestehende Märkte entwickeln, neue Chancen entdecken« 255
D. E. SPIELBERG

5.4 Studie "MicroMed 2000+"
»Einsatzfelder in Wachstumsmärkten entdecken« 268
C. ROSIER

5.5 Neumag GmbH & Co. KG
»Systematisches Innovationsmanagement als Basis für
Effektivität in der Produktentwicklung« 285
C. VOIGTLÄNDER, T. BAUERNHANSL, J. SCHRÖDER

5.6 Dräger Medical AG & Co. KGaA
»Reorganisation des Geschäftsprozesses Innovation« 295
R. H. LOHSE, M. HILGERS

Literatur 313

Anhang 339

A   Methodendatenblätter 341
    A. GERHARDS

B   Ausgewählte Werkzeuge der TRIZ-Methodik 381
        Die 39 technischen Parameter der TRIZ-Methodik 381
        Die Widerspruchspruchsmatrix 387
        Die 40 Innovationsprinzipien der TRIZ-Methodik 395

C   Produktideendatenblatt 409

Sachverzeichnis 413

Herausgeber und Autoren 417

1 Einleitung

WALTER EVERSHEIM, ELKE BAESSLER,
THOMAS BREUER

Die Dynamik der Märkte hat zu einem erhöhten Wettbewerbsdruck für produzierende Unternehmen geführt. Die verschärften Wettbewerbsbedingungen manifestieren sich in immer kürzer werdenden Produktlebenszyklen, die zu schnell ausreifenden Produkten führen.

Die Pionier- und Wachstumsphase neuer Produkttechnologien werden schnell durchschritten, und die Reifephase setzt ein. Ein Indiz der zunehmenden Produktreife ist das Auftreten des »dominanten Designs« (Utterback 1994): Eine Produkttechnologie etabliert sich im Massenmarkt und wird von weitgehend allen Anbietern im Markt eingesetzt.

(Produkt-)technologische Innovationen finden nur noch in Nischenanwendungen statt, die Mehrzahl der Innovationen ist auf Effizienzsteigerungen reduziert. Die wenigen verbliebenen Anbieter befinden sich mit ähnlichen Produktkonzepten im Preiswettbewerb (Gassmann 1996). Gleichzeitig werden die Innovationssprünge kleiner und ermöglichen nur noch inkrementale Verbesserungen. Diese inkrementalen Verbesserungen werden über die Optimierung des physischen Produkts hinaus in zunehmendem Maße im Service- und Dienstleistungsbereich realisiert.

Die von vielen Technologieunternehmen verfolgte Differenzierungsstrategie, die darauf abzielt, sich dem Preiskampf zu entziehen, gestaltet sich zunehmend schwierig. Kleinere Verbesserungen am bestehenden Produkt sind zwar essentiell und bieten kurzfristige Vorteile im Markt, mittel- und langfristig lässt sich jedoch kein nachhaltiger zusätzlicher Kundennutzen realisieren. Ein tiefgreifender, länger andauernder Erfolg wird durch die Entwicklung radikal neuer Produkte, die zur Erschließung neuer Marktpotenziale führen, erreicht (vgl. Sommerlatte 1997).

In der Praxis entstehen derartige Produktinnovationen meist zufällig (vgl. Cooper 1993; Agamus 1998; Fraunhofer 1998; Management Partner 1999). Ideen für neue Produkte scheinen weniger ein quantitatives als vielmehr ein qualitatives Problem zu sein: die Praxis zeigt, dass die wenigsten der gefunden Ideen qualitativ Erfolg versprechend sind (Droege 1999). Die Ideenauswahl beruht in vielen Unternehmen auf subjektiven Präferenzen und zufällig vorhandenen Kenntnissen Einzelner. Es werden kaum systematische und objektiv nachvollziehbare Auswahlentscheidungen getroffen.

Um zukünftige Marktanteile zu sichern, sollten Produktinnovationen nicht nur effizient, sondern vor allem effektiv angegangen werden. Die „richtigen" Produktideen müssen gezielt generiert und in erfolgreiche Produkte umgesetzt werden. Es gilt, den Innovationsbedarf strategisch abzuleiten. Der klassische Market Pull-Ansatz liefert zumeist nur kurzfristige Produktinnovationen. Darüber hinaus ist die Ableitung mittel- bis langfristiger Aussagen über den zukünftigen Innovationsbedarf notwendig. Marktseitig ist dies möglich, indem Unternehmen nicht nur ihren direkten Markt beobachten, sondern „den Markt vom dem Markt" genauer untersuchen: der Automobilzulieferer befragt den Endkunden; der Hersteller von Bohrmaschinen beobachtet Trends bei Bauwerkstoffen, um die übernächste Produktgeneration daran auszurichten. Die daraus entwickelten Produktideen sind systematisch voranzutreiben, um sie anschließend in einen strategiekonformen Umsetzungsplan zu integrieren.

Einen Wegweiser für die systematische Produktinnovationsplanung bildet die in diesem Buch beschriebene InnovationRoadMap-Methodik. Diese Methodik besteht aus einem Vorgehensmodell, dem W-Modell, das die Schritte von der Zielbildung bis zur erfolgreichen Umsetzungsplanung beschreibt (Kap. 3) (vgl. Brandenburg 2002). Zur praktischen Anwendung sind die Planungsschritte mit vorhandenen und neuen Methoden des Innovationsmanagements in „Methodenbaukästen" verknüpft. So wird durch das Vorgehensmodell gezeigt, *Was* zu tun ist und durch die zugeordneten Methoden *Wie* es zu tun ist. Einige wichtige und umfassendere Methoden werden in Kapitel 4 detailliert beschrieben. Zusätzlich werden alle Methoden auf Methodendatenblättern im Anhang näher erläutert.

In Kapitel 5 berichten Industrievertreter, wie der Boden für erfolgreiche Produktinnovationen bereitet werden kann und welche Erfahrungen die Unternehmen dabei gemacht haben: Wie wächst ein Rohstofflieferant zum Systemanbieter? Wie werden vorhandene Kompetenzen in neue Märkte getragen? Wie wird ein Wachstumsmarkt systematisch nach Innovationspotenzialen untersucht? Wie gestaltet sich die Implementierung eines Innovationsprozesses in einem weltweit agierenden Unternehmen?

In Kapitel 2 wird mit dem Integrierten Innovationsmanagement, als Teilkonzept des St. Galler Management-Konzepts, ein Betrachtungsrahmen für das Innovationsmanagement geschaffen. Das Modell erlaubt insbesondere die ganzheitliche Ausrichtung des Innovationsmanagements eines Unternehmens.

Auf diese Art und Weise bietet das vorliegende Buch dem Planer in der Industrie einen umfassenden Leitfaden für das Innovationsmanagement technischer Produkte. Die modulare Gestaltung soll den „Quereinstieg" an der für den Leser interessantesten Stelle ermöglichen.

2 Integriertes Innovationsmanagement

WALTER EVERSHEIM, ELKE BAESSLER,
THOMAS BREUER

Das Innovationsmanagement behandelt einen komplexen und vielschichtigen Aufgabenbereich, dessen erfolgreiche Bearbeitung eine ganzheitliche und integrierte Betrachtungsweise erfordert.
- Das Aachener Innovationsmanagement-Modell AIM bildet einen Bezugsrahmen für das Innovationsmanagement und ermöglicht es, Integrationslücken zu erkennen und Handlungsbedarfe abzuleiten (Kap. 2.1).
- Mit dem Innovationsportfolio wird ein „gesunder" Innovationsprojekt-Mix abgestimmt (Kap. 2.2).
- Das Aachener Strategie-Modell für Produktinnovationen integriert den Market Pull- und den Technology Push-Ansatz (Kap. 2.3).

Der systemtheoretische Ansatz des St. Galler Management-Konzepts SGMK erlaubt es, den generellen Management-Ansatz auch auf Subsysteme, d.h. Unternehmensbereiche oder -aufgaben anzuwenden[1] (vgl. Schuh u. Schwenk 2001). Das als Teilkonzept des SGMK entworfene Aachener Innovationsmanagement-Modell AIM bildet einen Bezugsrahmen für das Innovationsmanagement. Damit gelingt es, logisch voneinander abgrenzbare Aufgabenfelder zu akzentuieren, die durch das Management bearbeitet werden (vgl. Bleicher 1999).

Unternehmen können sich mit dem AIM an bestehende Methoden und Modelle anlehnen oder darüber hinaus eigene Formen und Vorgehensweisen für das Innovationsmanagement entwickeln. Die Beschreibung des AIM erfolgt in Kapitel 2.1.

Inhaltliche Komplexität

---

[1] Unter anderem wurde das SGMK von SEGHEZZI auf das Qualitätsmanagement (Seghezzi 1996) und von SCHUH auf das Komplexitätsmanagement (Schuh et al. 1998; AWK 2002) übertragen.

Ziel: Erhöhte Innovationsfähigkeit

Das Ziel des Integrierten Innovationsmanagements ist es, die Innovationsfähigkeit eines Unternehmens zu gewährleisten. Sie ist definiert als Fähigkeit des Unternehmens, durch neues Wissen oder Marktverständnis neue Ideen zu generieren und erfolgreich in neue Produkte umzusetzen (AWK 1999). Demnach wird die Innovationsfähigkeit eines produzierenden Unternehmens am Anteil neuer Produkte im Leistungsspektrum bezogen auf die durchschnittliche Produktlebenszeit gemessen (Brockhoff 1985). Diese relative Bewertung ist aussagekräftiger als die Betrachtung des reinen Umsatzanteils neuer Produkte, die fälschlicherweise Unternehmen einer Branche mit kurzen Produktlebenszeiten generell als innovationsfähig beurteilt (Eggers 1993). Ob zukünftige Produktinnovationen sich dabei primär auf stetige Verbesserungen – z. B. Produktpflege – oder radikale Innovationen – z. B. Nutzung neuartiger technischer Wirkprinzipien – beziehen, wird nachhaltig von der strategischen Ausrichtung des Innovationsmanagements beeinflusst.

Neuheitsgrad von Produkten: Technische Bewertung

In diesem Zusammenhang gilt es die Neuartigkeit von Produkten zu bewerten. Die Bewertung kann einerseits rein technisch erfolgen. Dabei wird der Innovationsgrad eines Produkts ausgehend von dem allgemeinen Stand der Technik bewertet[2]. Der rein technischen Sichtweise fehlt vor allem die unternehmensinterne Perspektive.

Ganzheitliche Bewertung

Eine ganzheitliche Betrachtung der Neuartigkeit eines Produkts erfordert die gleichzeitige Berücksichtigung externer und interner Faktoren. Das Innovationsportfolio berücksichtigt sowohl interne, unternehmensspezifische als auch externe, marktseitige Faktoren (Brandenburg u. Spielberg 1998). Es wird in Kapitel 2.2 erläutert.

---

[2] ALTSCHULLER z. B. unterscheidet von der „Teillösung" bis zur „Entdeckung" fünf Erfindungsniveaus (Altschuller 1984).

2.1 Das Aachener Innovationsmanagement-Modell AIM

In Anlehnung an das St. Galler Konzept des Integrierten Managements wurde am Fraunhofer IPT das Aachener Innovationsmanagement-Modell AIM entwickelt. Es bildet einen Bezugsrahmen für die Belange des Innovationsmanagements und ermöglicht es, Integrationslücken zu erkennen und Anpassungsschwerpunkte zu ermitteln.

Bezugsrahmen für das Innovationsmanagement

Ausgehend von der aus der Unternehmensphilosophie entwickelten Vision bildet die Summe der horizontalen und vertikalen Perspektiven den integrativen und ganzheitlichen Bezugsrahmen des AIM, dessen Ziel beständige Innovationsfähigkeit ist (Abb. 2.1). Innerhalb der maßgeblichen Handlungsfelder und deren Detaillierung anhand von Einflussfaktoren können sich Unternehmen positionieren. In einem weiteren Schritt erlaubt das Modell die Darstellung eines Sollzustandes, der sich an der Unternehmensentwicklung orientiert. Aus der Diskrepanz zwischen Soll- und Ist-Zustand wird der strategische Handlungsbedarf und dessen Zielrichtung abgeleitet. Ergebnis ist ein an der Unternehmensentwicklung orientiertes ganzheitliches Innovationsmanagement.

Innovationsmanagement an Unternehmensentwicklung orientieren

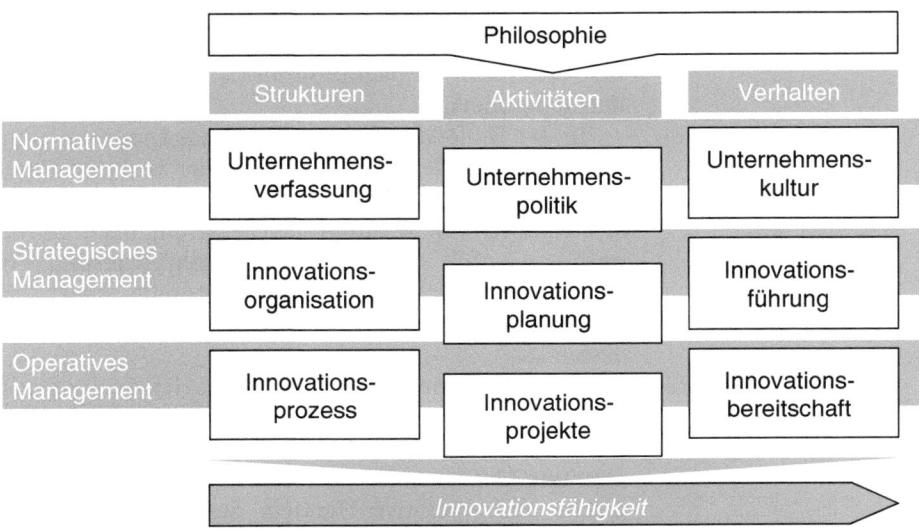

Abb. 2.1 Das Aachener Innovationsmanagement-Modell AIM (vgl. Bleicher 1999)

Managementphilosophie	Den „Leitstern" für das gesamte unternehmerische Handeln bildet die Managementphilosophie. Sie umfasst die grundlegenden Einstellungen, Überzeugungen und Werthaltungen, die das Denken und Handeln der Führungskräfte eines Unternehmens beeinflussen (Ulrich u. Fluri 1992). Horizontal werden die Ebenen des normativen, strategischen und operativen Managements unterschieden. Normatives und strategisches Management bilden den konzeptionellen Rahmen, in dem das situative Führungsgeschehen des operativen Managements stattfindet.
Strukturen, Verhalten, Aktivitäten	Zusätzlich zur horizontalen Betrachtung der Managementebenen können diese auch vertikal differenziert werden. Strukturen, Verhalten und Aktivitäten sind die drei Säulen, die die Ebenen des Normativen, Strategischen und Operativen durchziehen. Sie problematisieren die Integration des konzeptionell-gestalterischen Wollens und leistungsmäßiger, sowie kooperativer Umsetzung des Erstrebten. Die Konkretisierung inhaltlicher Aspekte erfolgt innerhalb der Säulen über die Managementebenen hinweg (vgl. Bleicher 1999).
Aktivitäten	Im Bezug auf die Konkretisierung der Aktivitäten werden aus der normativen Ebene unternehmenspolitische Vorgaben für das strategische und operative Innovationsmanagement entwickelt. Auf der strategischen Ebene werden diese Vorgaben durch die *Innovationsplanung* konkretisiert. Diese mittel- bis langfristig geltenden Richtlinien werden auf der operativen Ebene in Form von *Innovationsprojekten* handlungsauffordernd definiert.
Strukturen	In der Säule »Strukturen« wird das Innovationsmanagement auf der normativen Ebene von der *Unternehmensverfassung* legitimiert und erfährt auf der strategischen Ebene durch die Gestaltung der *Innovationsorganisation* eine weitere Konkretisierung. Im Operativen drückt sich der strukturelle Aspekt im raum-zeitlich gebundenen Ablauf von *Innovationsprozessen* aus.
Verhalten	Letztlich dienen beide Aspekte, Aktivitäten wie auch Strukturen, der Beeinflussung menschlichen Verhaltens. Auf der normativen Ebene bestimmen vergangenheitsgeprägte *Unternehmenskulturen* das zukünftige strategische und operative Handeln der Mitarbeiter eines Unternehmens. Die normative Ebene wirkt somit verhaltensbegründend. Sie erfährt auf der strategischen

Ebene eine Konkretisierung des erstrebten Verhaltens im Hinblick auf die Führungsaufgaben der Mitarbeiter. Die operative »Innovationsbereitschaft« richtet sich auf das Verhalten der Mitarbeiter im Arbeitsprozess.

Die folgenden Betrachtungen konzentrieren sich auf die strategische Ebene. Das strategische Management verfolgt das Ziel, durch den konzentrierten Einsatz von Ressourcen einen dauerhaften Vorteil gegenüber dem Wettbewerb zu erreichen. Dies geschieht durch bewusst geschaffene Voraussetzungen, die es dem Unternehmen erlauben, im Vergleich zum Wettbewerb langfristig überdurchschnittliche Erfolge zu erzielen (vgl. Pümpin 1986). Für das Innovationsmanagement ergeben sich Aufgaben in drei Gebieten: bezogen auf die Strukturen Aufgaben der Innovationsorganisation, bezogen auf die Aktivitäten Aufgaben der Innovationsplanung, bezogen auf das Verhalten Aufgaben der Innovationsführung.

2.1.1
Die Innovationsplanung

Die Innovationsplanung gibt die strategische Stoßrichtung für zukünftige Innovationen vor. Charakterisieren lässt sich die Innovationsplanung in vier Dimensionen: die zeitliche Ausrichtung, die Kompetenzorientierung, die Außenorientierung und die Planungssystematik. Jede Dimension wird in zwei Achsen aufgespannt, die in extremer Ausprägung jeweils ein typisches Muster verkörpern.

Die *zeitliche Ausrichtung* der Innovationsplanung beschreibt die planerischen Aktivitäten als gegenwarts- oder als zukunftsbezogen (Abb. 2.2).

Zeitliche Ausrichtung

Die temporale Orientierung ergibt sich aus der Fristigkeit und dem Informationsprofil der Planungsaktivitäten. Die Fristigkeit wird in kurz- bzw. langfristig unterschieden. Der Charakter der zur Verfügung stehenden Informationen ist in scharf umrissene, detaillierte oder unscharfe, weniger detaillierte Informationen eingeteilt. Als Informationen wird internes Wissen über interne wie externe Sachverhalte bezüglich Technologien, Kapazitäten, Absatzzahlen, Marktsituationen etc. verstanden. Ein kurzfristiger Planungshorizont und detaillierte Information führen zu einer *gegenwartsorientierten Innovationsplanung*. Die *zukunftsorientierte Ausrichtung* ergibt sich aus einer langfristigen Planung mit weniger detaillierten Informationen.

2 Integriertes Innovationsmanagement

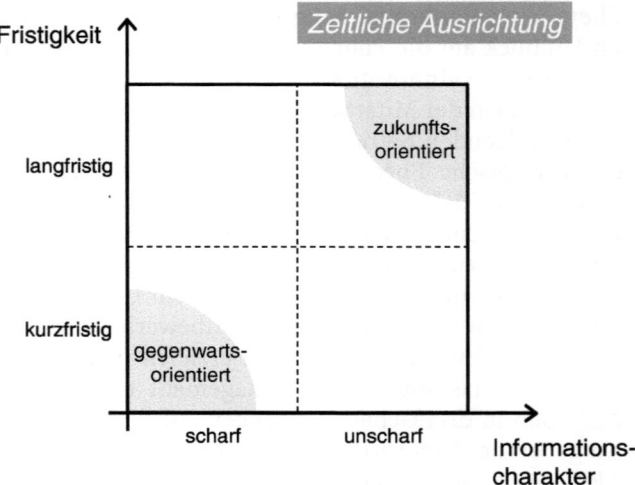

Abb. 2.2 Die zeitliche Ausrichtung in der Innovationsplanung

Kompetenzorientierung

Die *Kompetenzorientierung* des Unternehmens bildet eine weitere Facette innovationsplanerischer Einflussnahme (Abb. 2.3). Die Kompetenzen eines Unternehmens werden aus Technologie- und Marktsicht bewertet. Ein technologischer *Kompetenzaufbau* wird dann geschaffen, wenn Wissen und Fähigkeiten innerhalb neuer, d. h. im Unternehmen bisher nicht eingesetzter Technologien erworben werden. Diese können – wenn sie am Anfang ihres Lebenszyklus[3] stehen – zu langfristigen Wettbewerbsvorteilen innerhalb des Marktes führen. Die Eroberung bislang unbekannter Märkte ist mit dem Aufbau von Wissen, z. B. über Branche, Kunden und Wettbewerber, verbunden. Zusätzliche *Marktkompetenz* wird aufgebaut.

Im Gegensatz zum Kompetenzaufbau steht die *Synergienutzung:* Es wird mit bekannten Technologien in bekannten Märkten operiert. Die Leistungserstellung kann mit hoher Effizienz betrieben werden, die z.B. durch Kostenreduktionen, Qualitätssteigerungen etc. bestätigt wird. Die Strategie der Synergienutzung dient zum Aus- und Aufbau von Marktvorteilen wie auch Markteintrittsbarrieren gegenüber dem Wettbewerb.

---

[3] Zu Lebenszyklusmodellen siehe Kapitel 4.5, Abbildung 4.19.

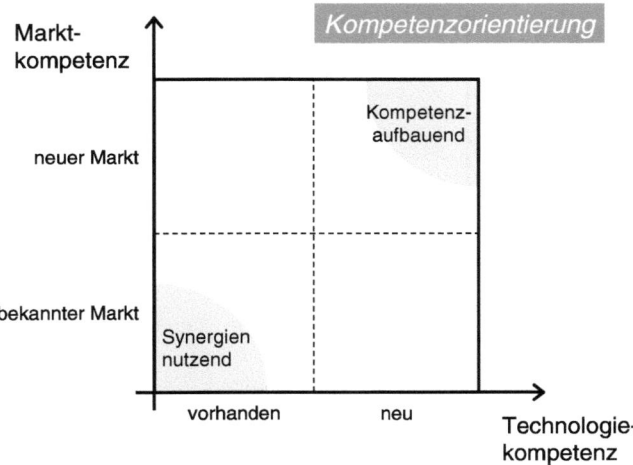

Abb. 2.3 Die Kompetenzorientierung in der Innovationsplanung

Die *Außenorientierung* der Innovationsplanung regelt den generellen Umgang mit Entwicklungskompetenzen bezogen auf Anbieter und Nachfrager (Abb. 2.4). Die *Anbieterorientierung* beschreibt die Art und Intensität der Zusammenarbeit mit Zulieferern. Die *Kundenorientierung* richtet sich auf die Zusammenarbeit mit Kunden bei der Produktentwicklung. Sowohl Anbieter- als auch Kundenorientierung können extern-kooperativer Natur sein. Für die Anbieterorientierung bedeutet dies, z. B. Entwicklungskooperationen mit Zulieferern einzugehen. Ein Beispiel extern-kooperativer Kundenorientierung ist der intensive Kontakt mit dem Kunden in einer Lead-User-Kooperation[4] bereits in frühen Phasen der Produktentwicklung.

Eine *autarke Produktentwicklung* liegt vor, wenn die Zusammenarbeit mit Zulieferern auf die Vergabe von Aufträgen z. B. nach Fertigungszeichnungen beschränkt ist und Kunden erst nach der Markteinführung z. B. in Kundenbefragungen eingebunden werden. Bei dieser Ausrichtung wird das Produkt im Gegensatz zum Lead-User-Konzept auf den „Durchschnittskunden" (Mainstream) zugeschnitten.

Außenorientierung

---

[4] Eine Beschreibung des Lead-User-Konzepts findet sich im Methodendatenblatt (Anhang).

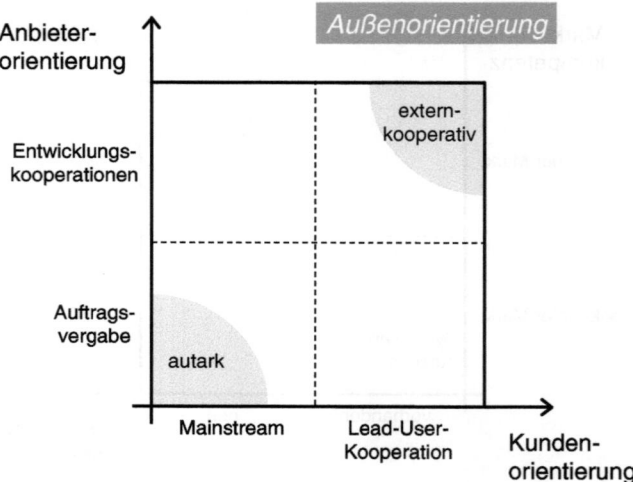

Abb. 2.4 Die Außenorientierung in der Innovationsplanung

Planungssystematik

Die vierte Dimension der Innovationsplanung ist die *Planungssystematik* (Abb. 2.5). Der Schwerpunkt richtet sich auf die *Komplexität* der entwicklungsplanerischen Aufgabe und die geforderte *Flexibilität* der Entwicklungsprozesse. Eine heuristische, d. h. auf wenigen Regeln basierende, problemlösungsorientierte Planungssystematik ermöglicht, die hohe Komplexität der entwicklungsplanerischen Aufgabe zu bewältigen und garantiert die geforderte Flexibilität der Entwicklungsprozesse. Die heuristische Planung bietet vor allem bei der Lösung systemischer Aufgaben[5] - die typischerweise bei mittel- und langfristigen Innovationsvorhaben auftreten - Vorteile. Algorithmische, d. h. schematische Vorgehensweisen eignen sich ausschließlich für Entwicklungsplanungen mit niedriger Komplexität und gewähren wenig Flexibilität.

---

[5] Systemische Aufgaben zeichnen sich durch geringe Strukturiertheit (d.h. wenig Kenntnisse über den notwendigen Input, angestrebten Output, Ursache-Wirkungs-Zusammenhänge etc.) und geringe Separabilität (hohe Interdependenzen zw. Teilaufgaben, interdisziplinäre Aktivitäten etc.) aus (vgl. Gassmann 1997).

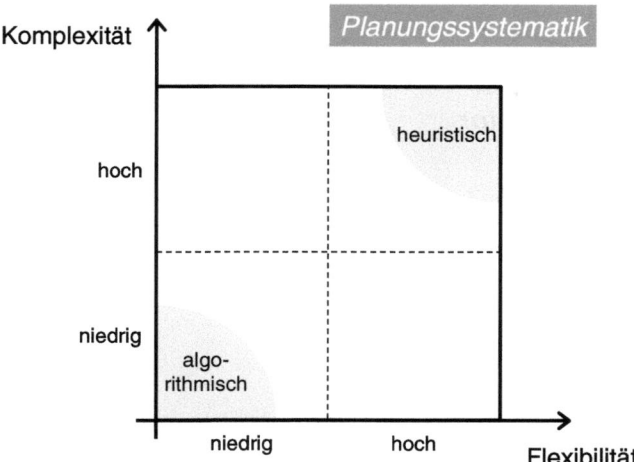

Abb. 2.5 Die Planungssystematik der Innovationsplanung

Dimensionierung der Innovationsplanung

Im Sinne eines Integrierten Innovationsmanagements müssen die Teilstrategien der einzelnen Dimensionen der Innovationsplanung aufeinander abgestimmt werden. Dies geschieht durch die Darstellung aller vier Dimensionen in ihren jeweiligen Ausprägungen in einer Gesamtschau (Abb. 2.6).

Die Extremausprägungen der Dimensionen der Innovationsplanung ergeben zwei gegensätzliche Profile: das konsolidierende und das verändernde Profil. Das konsolidierende Profil (Abb. 2.6, innerer Kreis) ergibt sich aus einer gegenwartsorientierten zeitlichen Ausrichtung, einer auf Synergienutzung ausgerichteten Kompetenzorientierung, einer autarken Außenorientierung und einer algorithmischen Planungssystematik. Unternehmen, die dieses Profil aufweisen, gehören zum Typ des *stetigen Verbesserers*.

Ein Unternehmen, das in der Vergangenheit diversifiziert oder mehrere neue Produkte positioniert hat, verliert mitunter den Überblick und kann den einzelnen Produktgruppen nicht genügend Aufmerksamkeit widmen (Voegele 1999). In dieser Situation ist eine strategische Ausrichtung in Richtung eines konsolidierenden Profils sinnvoll.

Konsolidierendes vs. veränderndes Profil

Das konsolidierende Profil: stetiger Verbesserer

2 Integriertes Innovationsmanagement

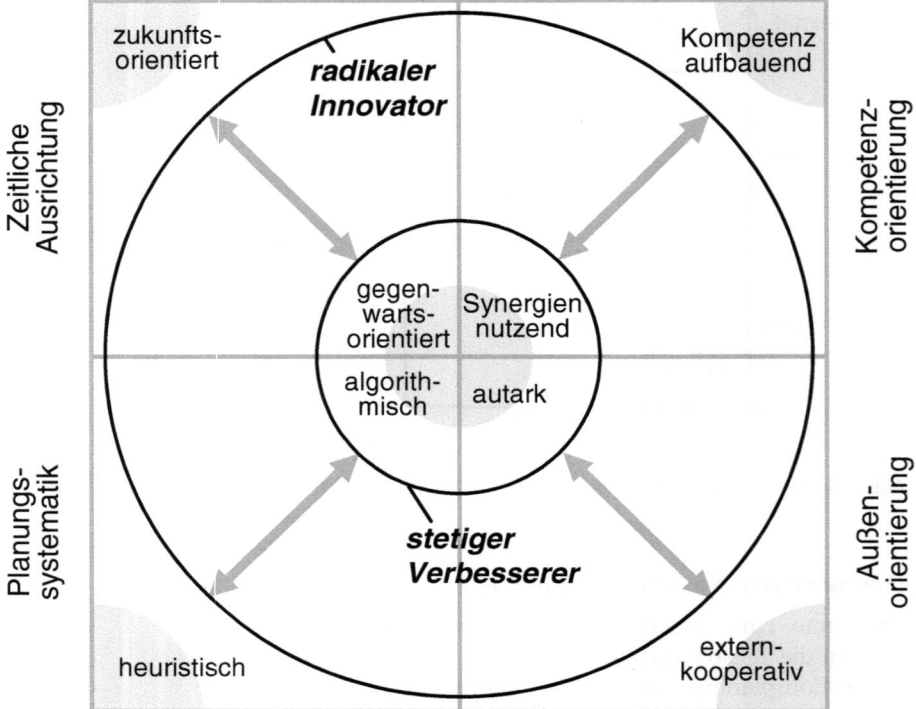

Abb. 2.6 Dimensionierung der Innovationsplanung

Die Hauptaufgabe der Innovationsplanung besteht dann darin, geschaffene Marktpositionen optimal auszunutzen und zu erweitern. Bei der Ausnutzung vorhandener Kompetenzen liegt der Schwerpunkt der Aktivitäten auf inkrementalen Innovationen. Es wird in der Hauptsache Produktpflege betrieben und versucht, bspw. durch Variantenmanagement die interne Komplexität zu reduzieren und Markteintrittsbarrieren gegenüber Wettbewerbern aufzubauen. Die Planungsaktivitäten erhalten einen stärkeren Gegenwartsbezug und dienen vorrangig der Effizienzsteigerung und damit der Maximierung des Nettonutzens. Letztendlich wird das konsolidierende Profil durch auf stetige Verbesserungen zielende Innovationsbestrebungen charakterisiert.

Das verändernde Profil: radikaler Innovator

Im Gegensatz zum konsolidierenden Profil zeichnet sich das verändernde Profil durch eine zukunftsorientierte zeitliche Ausrichtung, eine Fähigkeiten aufbauende Kompetenzorientierung, eine extern-kooperative Außenorientierung und eine heuristische Planungssystematik aus (Abb. 2.6, äußerer Kreis). Unternehmen diesen Profils entsprechen dem Typ des *radikalen Innovators*.

Sind die Verbesserungspotenziale bestehender Produkte ausgereizt, gilt es, Technologiesprünge in zukünftige Produktgenerationen voranzutreiben oder neue Märkte zu erschließen. An dieser Stelle ist es sinnvoll, die Innovationsplanung auf ein veränderndes Profil hin auszurichten. Durch Kooperationen mit Kunden sowie externen Forschungs- und Entwicklungsinstitutionen begünstigt das verändernde Profil die Erschließung neuer Erfolgs- und Nutzungspotenziale und ist verbunden mit dem Ziel, in besonderem Maße radikale Innovationen zu entwickeln. Die dafür erforderliche Planungssystematik zeichnet sich durch ein problemlösungsorientiertes und flexibles Vorgehen aus.

Verfolgt ein Unternehmen die als *Diversifikation* bezeichnete Doppelstrategie, neue Kompetenzen in neuen Märkte aufzubauen, so sollte es wegen der erhöhten Risiken zumindest über ein überdurchschnittliches Finanzpotenzial verfügen (Eversheim u. Schuh 1996).

Diversifikation

Letztendlich sind die vorgestellten, gegensätzlichen Typen des radikalen Innovators bzw. des stetigen Verbesserers beide als Extreme der Innovationsplanung zu betrachten. Im Sinne eines ganzheitlichen Vorgehens besteht das primäre Ziel eines Unternehmens darin, die Teilstrategien der Innovationsplanung aufeinander abzustimmen, d. h. in der Gesamtschau (Abb. 2.7) einen Fit in Form eines konzentrischen Kreisprofils zu erzeugen.

Fit der Teilstrategien

Anwendung im Unternehmen

Bei Anwendung des vorgestellten Modells wird das Unternehmen in den Dimensionen der Innovationsplanung positioniert. Dies erfordert die Analyse des betrachteten Unternehmens in den aktuellen Ausprägungen seiner Innovationsplanung. Hierzu werden die Teilstrategien der vier Dimensionen (zeitliche Ausrichtung, Kompetenzorientierung, Planungssystematik und Außenorientierung) einzeln betrachtet und relativ zu den Extremenausprägungen eingeordnet. Das sich ergebende Ist-Profil der Innovationsplanung kann auf Grund verschiedener Abstände der analysierten Dimensionen zum Koordinatenursprung von einem Kreisprofil abweichende Formen annehmen (Abb. 2.7).

1. Ist-Profil bestimmen...

Das in Abbildung 2.7 gezeigte Ist-Profil weist durch seine extern-kooperative Außenorientierung, seine zukunftsorientierte zeitliche Ausrichtung und seine kompetenzaufbauende Orientierung prinzipiell verändernde Tendenzen auf. Lediglich die Planungssystematik ist durch ihre algorithmische Ausprägung von konsolidierenden Tendenzen gekennzeichnet. Daraus ergibt sich ein *Missfit* zu den in den übrigen Dimensionen vorherrschenden Ausprägungen, der sich im Modell durch ein verformtes Kreisprofil ausdrückt. Der Missfit ist im Sinne der angestrebten, ganzheitlich abgestimmten Innovationsplanung i. Allg. nicht sinnvoll.

2. Soll-Profil festlegen...

Sind die Teilstrategien aufeinander abgestimmt, ergibt sich ein zum Koordinatenursprung konzentrisches Kreisprofil. Der Radius des Kreises beschreibt die Ausrichtung der Gesamtstrategie hinsichtlich eines konsolidierenden beziehungsweise verändernden Profils.

3. Aus Soll-Ist-Vergleich Handlungsbedarf ableiten

Um eine längerfristige Gesamtstrategie sinnvoll verfolgen zu können, ist ausgehend vom Ist-Profil ein kreisförmiges Soll-Profil festzulegen. Aus den sich ergebenden Differenzen in der Überdeckung kann dann direkt der Handlungsbedarf und dessen Zielrichtung für die einzelne Teilstrategie abgeleitet werden.

Da die grundlegenden Unterschiede der beiden Strategien in der Schaffung inkrementaler beziehungsweise radikaler Innovationen liegen, sind sie nicht als statische, dauerhaft zu verfolgende Zielrichtungen zu verstehen. Es handelt sich viel mehr um ein Spannungsfeld, zwischen dessen Extremen – bezogen auf den zeitlichen Kontext – situative Zielvorgaben angestrebt werden müssen.

Ist das Soll-Profil erreicht, gilt es diesen Zustand so lange wie sinnvoll zu erhalten, um dann abhängig von Innovationsfähigkeit und angestrebtem Innovationsgrad das Soll-Profil zu aktualisieren.

Stoßrichtung für zukünftige Innovationen vorgeben

Die Innovationsplanung gibt somit die Stoßrichtung für zukünftige Innovationen vor. Sie aktualisiert die Unternehmenspolitik basierend auf der momentanen Situation der Innovationsfähigkeit und setzt diese um. Dies führt in der Folge zu systematischen Entwicklungen von Produkt- wie auch Prozessinnovationen, die operativ in Innovationsprojekten realisiert werden.

2.1 Das Aachener Innovationsmanagement-Modell AIM 17

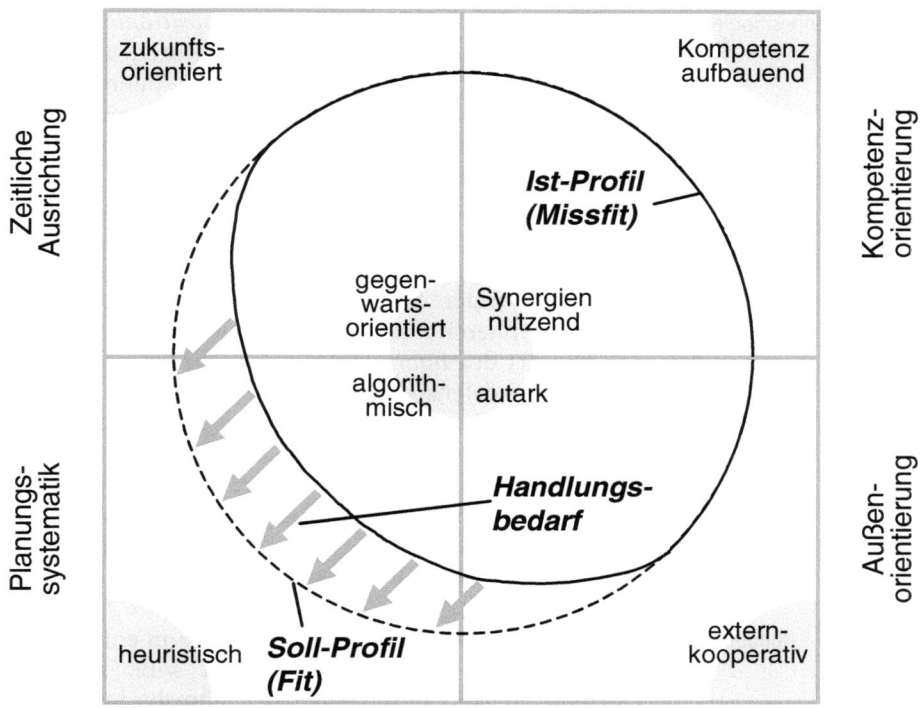

Abb. 2.7 Beispiel eines Ist- und Soll-Profils der Innovationsplanung

2.1.2
Die Innovationsorganisation

Die Innovationsorganisation als strukturelle, strategische Komponente des Innovationsmanagements bildet den Rahmen für die Innovationsplanung und die Innovationsführung (vgl. Bleicher 1999). Ziel der Innovationsorganisation ist die Schaffung von Strukturen, die zu einer optimalen Innovationsfähigkeit des Unternehmens führen. Aus dieser Zielsetzung heraus bilden Einflussfaktoren wie die *Aufgabenpositionierung*, der *Informationsaustausch* sowie die *Budgetierung* und der *Ressourceneinsatz* die Dimensionen der Innovationsorganisation.[6]

Das Ziel: Strukturen schaffen

---

[6] Vgl. hierzu auch die Dimensionen zur FuE-Organisation bei SAAD (Saad 1991) und zur Organisation internationaler FuE-Teams bei GASSMANN (Gassmann 1997)

Aufgabenpositionierung	Unter dem Aspekt der *Aufgabenpositionierung* werden fokussierte und periphere Strukturen unterschieden. Fokussierte Strukturen sind u.a. dann gegeben, wenn eine personenbezogene Orientierung der Innovationsaufgabe mit der zentralen organisatorischen Strukturierung auftreten. Durch die Konzentration der Kompetenzen in einer zentralen Einheit wird die Entwicklung radikaler Innovationen begünstigt (Boutellier et al. 1999). Eine sachbezogene Orientierung kombiniert mit dezentraler Strukturierung führt wiederum zu einer peripheren Aufgabenpositionierung.
Informationsaustausch	Die Art des *Informationsaustauschs* lässt sich als offensiv oder defensiv charakterisieren. Eine offene interne Kommunikation und ein bilateraler Umgang mit Informationen gegenüber der Umwelt – z. B. durch eine hohe Präsenz in der Öffentlichkeit – prägen einen offensiven Informationsaustausch. Ein defensiver Informationsaustausch zeichnet sich intern wie extern durch einen unilateralen und verschlossenen Umgang mit Informationen aus.
Budgetierung	Die Dimension der *Budgetierung* kann entweder autonom oder gebunden ausgeprägt sein. Autonome Strukturen sind durch ein fixes Jahresbudget für die Innovationsplanung gekennzeichnet. Eine gebundene Budgetierung ergibt sich dagegen aus einem bedarfsorientierten Jahresbudget.
Ressourceneinsatz	Der *Ressourceneinsatz* bzgl. Personal und Zeit kann integriert – z. B. auf die gesamte Innovationsplanung – oder differenziert – z. B. auf das einzelne Innovationsprojekt – ausgerichtet sein.

Dimensionierung der Innovationsorganisation

Profilbildung	Die Betrachtung der Dimensionen der Innovationsorganisation in ihrem Gesamtzusammenhang führt zu einem ähnlichen Profil wie bei der Innovationsplanung. Ein konsolidierendes Profil wird u.a. durch periphere Aufgabenpositionierung, defensiven Informationsaustausch, gebundene Budgetierung und integrierten Ressourceneinsatz erzeugt. Verändernde Profileigenschaften sind durch fokussierte Aufgabenpositionierung, offensiven Informationsaustausch, autonome Budgetierung und differenzierten Ressourceneinsatz gekennzeichnet.

2.1.3
Die Innovationsführung

Ziel der Innovationsführung ist ein Mitarbeiterverhalten, das die Innovationsfähigkeit des Unternehmens unterstützt.

Dabei sind folgende Dimensionen zu beachten: *Mitarbeiterförderung, Entscheidungsfindung, Leistungsbeurteilung* und *Kommunikationsverhalten*.

Die Dimension der *Förderung* kann den spezialisierten Mitarbeiter oder den Generalisten zum Ziel haben. Beim Generalisten werden neben der fachlichen Weiterbildung explizit die Führungs- und Kooperationsfähigkeit gefördert.

Die Art und Weise der *Entscheidungsfindung* erfolgt hierarchiegeprägt von einem designierten Entscheider mit geringer inhaltlicher Rücksprache oder beitragsorientiert und partizipativ.

Die *Leistungsbeurteilung* fällt ergebnisorientiert oder entwicklungsorientiert aus. Die ergebnisorientierte Leistungsbewertung ist durch einen engen Bewertungsumfang und einen absoluten Bewertungsrahmen gekennzeichnet. Im Gegensatz dazu beinhaltet die entwicklungsorientierte Bewertung einen komplexen Bewertungsumfang kombiniert mit einem relativen Bewertungsrahmen.

Bezüglich des *Kommunikationsverhaltens* werden einbeziehende und ausgrenzende Verhaltensweisen unterschieden. Einbeziehende Kommunikation beinhaltet eine ganzheitliche, Inhalte klärende Einstellung. Ausgrenzendes Verhalten wird durch einen nachträglich anweisenden, aufgabenbezogenen Inhalt charakterisiert.

Dimensionierung der Innovationsführung

Die Innovationsführung kann ähnlich wie die Innovationsplanung zwei typologische Muster aufweisen, die konsolidierende bzw. verändernde Eigenschaften beinhalten.

Das konsolidierende Profil wird durch Ausprägungen wie fachspezifische Mitarbeiterförderung, direktive Entscheidungsfindungen, ergebnisorientierte Leistungsbeurteilung und ein ausgrenzendes Kommunikationsverhalten charakterisiert. Ein veränderndes Profil hingegen liegt vor, wenn gemeinschaftliche Entscheidungsfindung, entwicklungsorientierte Leistungsbeurteilung und einbeziehendes Kommunikationsverhalten kombiniert auftreten. Dieser Typ der Innovationsführung fördert innovatives Verhalten, welches sich darin ausdrückt, dass routinemäßig durchgeführte Prozesse immer wieder in Frage gestellt und auf ihre Ergebniswirksamkeit hin überprüft werden.

Die Innovationsführung ist ein kraftvolles, aber anspruchsvolles Instrument zur Beeinflussung der Innovationsfähigkeit. Sie stellt besondere Anforderungen an den einzelnen Mitarbeiter und ist nur langfristig und mit der allgemeinen Akzeptanz aller Beteiligten zu verändern.

2.1.4
Die operative Ebene

Operative Umsetzung

Normatives und strategisches Management werden operativ in Innovationsprojekten umgesetzt. Hinzu kommen der Innovationsprozess bei den Strukturen (Abb. 2.1 links) sowie die Innovationsbereitschaft der Mitarbeiter auf der Verhaltensseite (Abb. 2.1 rechts).

Die Funktion des operativen Managements besteht darin, die normativen und strategischen Vorgaben praktisch in Operationen umzusetzen (Bleicher 1999).

InnovationRoadMap-Methodik

Die InnovationRoadMap-Methodik bietet für die operativen Aufgaben des Innovationsmanagements eine Reihe von Hilfsmitteln. Vor allem der Innovationsprozess und die Innovationsprojekte werden innerhalb der InnovationRoadMap-Methodik detailliert betrachtet (Kap. 3).

2.2 Innovationsportfolio

Das Innovationsportfolio basiert auf einer unternehmensexternen und einer unternehmensinternen Sichtweise, nach denen der Innovationsgrad von Innovationsprojekten bzw. Produkten bewertet werden kann. Die Sichtweisen sind im Innovationsportfolio auf der vertikalen bzw. horizontalen Achse abgebildet (Abb. 2.8). In der internen Sichtweise wird zwischen dem Kompetenzaufbau und der Nutzung von Synergien zu bestehenden Produkten und anderen Innovationsprojekten unterschieden.

Unternehmensexterne und -interne Sichtweise

Die Kriterien Kompetenzaufbau und Synergienutzung werden in Innovationsprojekten ungleichmäßig erfüllt. Ein Projekt, das einen hohen Lerneffekt erzielt, d.h. Kompetenzen aufbaut, ermöglicht meist nur eine geringe Nutzung von Synergien. Ein Produkt, das zu großen Teilen auf der Basis bestehenden Wissens entwickelt wird, d.h. auf der Nutzung von Synergien zu anderen Projekten basiert, bewirkt kaum Kompetenzaufbau. Eine sinnvolle Projektauswahl richtet sich auf eine ausgewogene, situationsangepasste Erfüllung beider interner Bewertungskriterien, da der Erfolg eines Unternehmens sowohl auf der Nutzung von Synergien als auch einem ständigen Lernprozess im Sinne des Aufbaus zusätzlicher Kompetenzen basiert.

Kompetenzaufbau und Synergienutzung

Aus der externen Sichtweise werden Innovationsprojekte in Verbesserungen und Innovationen eingeteilt. Sowohl Verbesserungen als auch Innovationen sind für den Geschäftserfolg notwendig. Hoch innovative Projekte beinhalten stets das Risiko eines technischen Scheiterns oder eines Marktflops. Das Risiko des Marktflops kann durch die gleichzeitige, risikoarme Entwicklung von Verbesserungsprodukten abgefangen werden. Andererseits ist die Umsetzung neuer Technologien in innovativen Produkten notwendig, da bestehende Technologien ab einem bestimmten Lebensalter ausgereizt sind und nur noch marginale, weniger profitable Verbesserungen erlauben.

Innovationen und Verbesserungen

Werden unternehmensexterne und -interne Bewertungskriterien zueinander in Beziehung gesetzt, so ergeben sich vier Typen von Innovationsprojekten bzw. daraus resultierende Produkte (Basics, Stars, Teachers, High Risk), deren Eigenschaften im Folgenden erläutert werden (Abb. 2.8).

Teachers, Stars, Basics, High-Risk

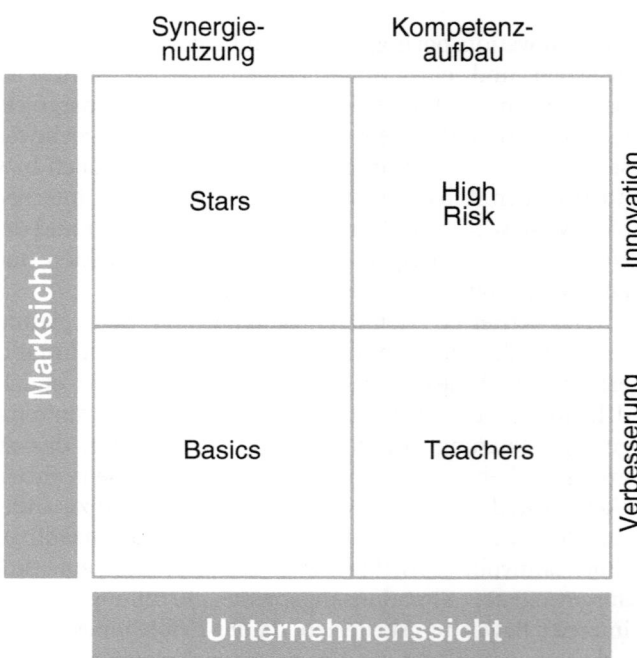

Abb. 2.8 Das Innovationsportfolio (Brandenburg u. Spielberg 1998)

Basics   *Basics* ergeben sich unternehmensintern aus der Nutzung von Synergien und bedeuten nach außen die Verbesserung eines bestehenden Produkts. Sie sind mit einem relativ geringen Risiko verbunden, da sich technische Machbarkeit und Marktpotenzial aus der Unternehmenserfahrung abschätzen lassen. In der Automobilindustrie repräsentiert z.B. das Facelifting bestehender Modellreihen den Typ Basic.

Stars   *Stars* werden zwar unternehmensintern auch durch Synergienutzung erreicht, extern (vom Markt) jedoch als Innovationen wahrgenommen. Durch die gute externe Beurteilung können Stars entscheidend zum Unternehmenserfolg beitragen. Allerdings liefern sie einen geringen internen Lerneffekt. Generiert ein Unternehmen bspw. aus seinen Kernkompetenzen ein Produkt für einen fremden Markt und übernimmt dort die Technologieführerschaft, so kann dieses Produkt als Star bewertet werden (Beispiel: Übertragung von Technologien aus der Automobilindustrie in die Zweiradindustrie).

Teachers sind Lernprojekte. Unternehmensintern werden mit diesen Projekten Kompetenzen aufgebaut, die extern als Verbesserung bewertet werden. Mit diesen Projekten können fremde Märkte oder neue Technologien erschlossen werden, die ein hohes Zukunftspotenzial besitzen. Möchte beispielsweise ein Zulieferer seine Kompetenzen bis zum Systemlieferanten ausbauen, so könnte dies über den Anstoß einiger Teacherprojekte gelingen, die darauf angelegt sind, das Know-how neuer Produktionstechnologien in das Unternehmen zu integrieren.

High-Risk-Projekte vereinigen das Risikopotenzial von »Teachers« und »Stars«. Sie bewirken unternehmensintern einen Kompetenzaufbau und werden extern als Innovation wahrgenommen. Ziel eines High-Risk-Projekts könnte es sein, mit einer neuen Technologie auf einen neuen Markt zu stoßen. Bei Erfolg können sich High-Risk-Projekte als sehr lukrativ erweisen. Auf Grund ihres Risikos werden sie zumeist nur vereinzelt angestoßen[7] (Beispiel: Die Entwicklung eines Geländewagens durch einen Hersteller, der bisher nur Sportwagen produziert hat).

Für den Unternehmenserfolg ist ein „gesunder Mix" der 4 Projekttypen notwendig. Erfolgreiche High-Risk-Projekte sichern den langfristigen Unternehmenserfolg, indem sie die besonders gewinnträchtigen radikalen Innovationen hervorbringen (Gassmann et al. 2001). Basics sorgen für den notwendigen kurzfristigen Cash-Flow und gleichen das hohe Risiko der High-Risk-Projekte aus. In Abhängigkeit von der Unternehmenssituation können in die eine oder andere Richtung Schwerpunkte gesetzt werden (vgl. Kap. 2.1).

Teachers

High-Risk

„Gesunder Mix" sichert Unternehmenserfolg

---

[7] Zum Management von High-Risk-Projekten siehe GASSMANN (Gassmann et al. 2001).

2.3 Aachener Strategie-Modell für Produktinnovationen

Aus den Erfahrungen, die in vielen Innovationsprojekten am Fraunhofer IPT und am WZL der RWTH Aachen gesammelt werden konnten, ist das sog. Aachener Strategie-Modell für Produktinnovationen ASM-PI (nach Eversheim) entwickelt worden (Abb. 2.9). Es wird hier erstmals beschrieben.

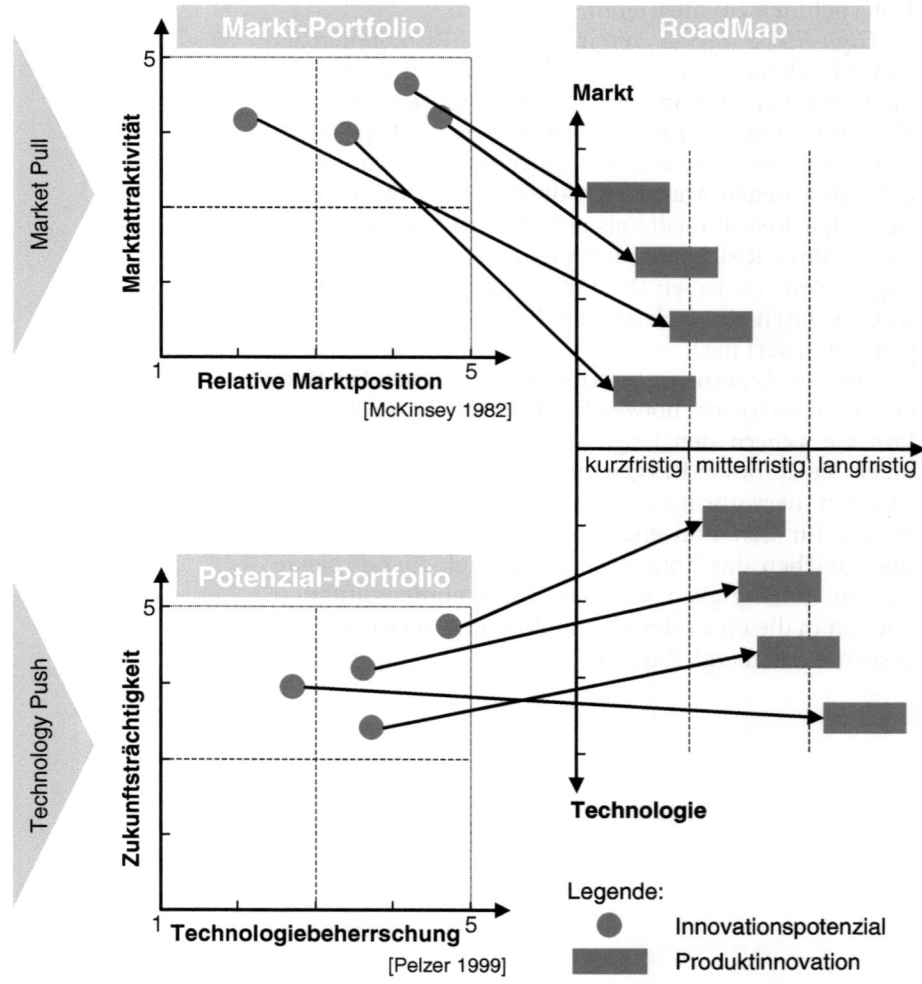

Abb. 2.9 Aachener Strategie-Modell für Produkt-Innovationen (ASM-PI) nach Eversheim

Verfolgt ein Unternehmen bei der Suche und Selektion neuer Produktideen vornehmlich marktorientierte Strategien, so ergeben sich hierbei meistens kurzfristige Innovationspotenziale (Abb. 2.9, oben). Diese zeitliche Einschränkung ist teilweise dadurch aufzuheben, indem nicht nur die direkten Marktchancen prognostiziert und geprüft werden, sondern die Markttendenzen vor dem eigenen, in den indirekten Märkten beobachtet werden.

So sollte z. B. ein Hersteller von Nockenwellenschleifmaschinen sehr genau beobachten, wann es den Motorenentwicklern gelingt, die Funktionen der Nockenwelle durch eine Computer-Chip-gesteuerte Lösung zu ersetzen (Lösungssubstitution). Die Motorenentwickler arbeiten an solchen Konzepten bereits seit ca. 30 Jahren.

Geht ein Unternehmen bei der Produktinnovation von vorhandenen technologischen Potenzialen, technischen Fähigkeiten oder vorhandenem Know-how (z.B. Patenten/ Lizenzen) aus und versucht dieses Wissen und Können in neue Produktideen zu übertragen, so lassen sich damit „echte Technologieschübe" (Technology Push) erreichen. Weil in diesen Fällen häufig noch aufwendige Forschungs- und Entwicklungsarbeiten, sowie entsprechende Markterschließungsprogramme zu initiieren und durchzuführen sind, dient diese Strategie (Technology Push) meist zur Ableitung mittel- bis langfristiger Innovationspotenziale (Abb. 2.9, unten).

Abhängig von den Unternehmenszielen, den Branchen und der jeweiligen Marktposition werden beide Strategien (Market Pull und Technology Push) in unterschiedlicher Ausprägung als sog. Doppelstrategie verfolgt, die im Aachener Strategie-Modell für Produktinnovationen zusammengefasst werden.

Market Pull

Technology Push

Doppelstrategie (ASM-PI)

3 Die InnovationRoadMap-Methodik

WALTER EVERSHEIM, FRANK BRANDENBURG,
THOMAS BREUER, MICHAEL HILGERS,
CHRISTIAN ROSIER

Die *InnovationRoadMap-Methodik* erlaubt die systematische Planung erfolgreicher Produktinnovationen. Mit der Methodik werden die strategischen und operativen Teilaspekte des integrierten Innovationsmanagements im St. Galler Managementkonzept angesprochen. Die Methodik zeichnet sich durch eine hohe Systematik aus, die trotz des primären Einsatzes in frühen Phasen der Produktentwicklung eine kontinuierliche Durchgängigkeit aufweist.

<small>Erfolgreiche Produktinnovationen planen</small>

Die Basis der InnovationRoadMap(IRM)-Methodik bildet das *W-Modell* (Brandenburg 2002). Das W-Modell ist ein in 7 Phasen unterteiltes Vorgehensmodell. Es zeigt auf, wie ausgehend von der Unternehmensstrategie ein Umsetzungsplan entwickelt wird, der die mittel- bis langfristige Innovationstätigkeit eines Unternehmens abbildet. Dargestellt wird dieser Wegweiser in die Zukunft in der sog. *InnovationRoadMap*.

<small>W-Modell als Struktur</small>

Um das Vorgehensmodell zu einem praktischen Leitfaden werden zu lassen, wurden die einzelnen Prozessphasen mit bekannten und neuen Methoden der Produktplanung verknüpft. Auf diese Weise wird nicht nur beschrieben, „was" getan werden muss, um systematisch zu erfolgreichen Produktkonzepten zu gelangen, sondern auch „wie" die einzelnen Schritte mit methodischer Unterstützung vollzogen werden können.

Im Folgenden werden zunächst die wichtigsten Anforderungen an eine Methodik zur Planung technischer Produktinnovationen beschrieben. Diese Anforderungen wurden einerseits aus den Merkmalen des Planungsobjekts „Produktinnovation" und des Planungsprozesses „Innovationsprozess" abgeleitet. Andererseits wurden die Erfahrungen aus der Planungspraxis und aus der Lektüre zahlreicher Innovationsstudien in Anforderungen an eine Planungsmethodik übersetzt.

<small>Anforderungen an eine Methodik zur Planung technischer Produktinnovationen</small>

Sie spiegeln die Anforderungen der meisten produzierenden Unternehmen wider. Insgesamt ergeben sich neun Anforderungen an eine Methodik zur Planung technischer Produktinnovationen (Kap. 3.1).

In Kapitel 3.2 wird das W-Modell grob in seiner Struktur, den sieben Hauptphasen, beschrieben. Eine ausführliche Beschreibung der einzelnen Phasen und die Verknüpfung zu dem „wie" (den Methoden) wird in den Kapiteln 3.3 bis 3.9 geleistet.

3.1
Anforderungen an die Methodik

Die zentralen Anforderungen an eine Methodik zur Planung technischer Produktinnovationen lassen sich in Anlehnung an BRANDENBURG (2002) in neun Punkten zusammenfassen. Sie dienen der Grundausrichtung der IRM-Methodik.

1. An klaren Zielen orientieren

Durch ein *zielorientiertes Vorgehen* ist sicherzustellen, dass sowohl die Unternehmensziele als auch die Ziele der Entscheider erkannt und verfolgt werden. Erst wenn die Innovationsziele und die Innovationsstrategie – in Übereinstimmung mit der Unternehmensstrategie – bekannt, definiert und kommuniziert sind und der „Fit" zwischen strategischer und operativer Planung hergestellt ist, können geeignete Lösungen – d.h. zum Unternehmen passende Produktideen – gesucht bzw. gefunden werden (Saad 1991).

2. Ideenqualität vor Ideenquantität

Innovationsstudien und Projekterfahrungen belegen, dass erfolgreiche Produktinnovationen häufig durch die Ideen einzelner, motivierter Mitarbeiter entstehen und damit primär dem Zufall unterliegen. Unternehmen verfügen zwar oft über eine große Anzahl dieser meist zufällig entstandenen Produktideen (Albers 1991), der Anteil der brauchbaren Ideen ist dabei aber äußerst gering (Droege 1999). Eine Methodik zur Innovationsplanung muss daher die systematische Generierung *qualitativ hochwertiger Ideen* unterstützen.

3. Für die Zukunft gestalten

(Nur) die Erfüllung zukünftiger und latenter Kundenbedürfnisse durch zukunftsweisende Technologien schafft Einzigartigkeit. Wesentliche Voraussetzungen zum Erhalt und Ausbau des Unternehmenserfolgs sowie der ständigen und präzisen Befriedigung der Kundenbedürfnisse werden zukünftig die Fähigkeiten sein, kontinuierlich neue Trends aufzuspüren bzw. diese selber zu setzen und entsprechende Produkte in einem Netzwerk aus den kompetentesten, kreativsten und innovativsten Unternehmen zu produzieren (Warnecke 1997). Bestandteil einer strategiebestimmten Produktinnovationsplanung sollte daher sein, vor allem die *latenten und zukünftigen Kunden- bzw. Marktanforderungen zu erkennen* (Kleinschmidt et al. 1996) und hieraus Innovationspotenziale[1] abzuleiten. Allerdings sind diese mit Kundenbefragungen oder anderen konventionellen Marktforschungsmethoden kaum in ausreichender Form zu erfassen. Aus diesem Grund müssen Methoden integriert werden, die die Aufdeckung von Innovationspotenzialen leisten, damit diese in erfolgreiche Produktinnovationen umgesetzt werden können.

Gute Ideen werden zum Erfolg, wenn sie richtig umgesetzt werden. Dies gelingt, wenn das Unternehmen bei der Ideenumsetzung seine eigenen Stärken nutzen kann. Bei der Auswahl von Produktideen muss daher neben dem Marktpotenzial der „Unternehmens-Fit" der Produktidee geprüft werden.

4. Vorhandene Stärken nutzen

Mit der Beherrschung komplexer Probleme soll einerseits gewährleistet werden, dass die gedankliche Auseinandersetzung mit einem Problem systematisiert und vereinfacht wird. Andererseits soll bei der Arbeit im Detail gleichzeitig der Überblick erhalten bleiben. Für ein effizientes Arbeiten lassen sich Rationalisierungspotenziale nutzen, indem mehrfach benötigte Faktoren – insbesondere Informationen, sowie Sachmittel, Programme etc. – möglichst nur einmal entwickelt, bereitgestellt und weitestgehend standardisiert werden (vgl. Schmidt 1996).

5. Transparente und standardisierte Prozesse schaffen

Je einfacher es ist, sich etwas vorzustellen, d.h. je verfügbarer die Informationen zu bestimmten Alternativen sind, desto wahrscheinlicher werden entsprechende Alternativen positiv bewertet (Tversky 1986). In der Praxis führt das dazu, dass bekannte existierende technologische Lösungen höherwertig eingestuft werden als neuartige weniger bekannte Technologien (Lenk 1994). Dies hat zur Folge, dass Alternativen mit augenscheinlich hoher Informationsverfügbarkeit weiterverfolgt werden,

6. Objektive, nachvollziehbare Ideenauswahl

---

[1] Unter Innovationspotenzialen werden für die Produktinnovationsplanung eines Unternehmens relevante zukünftige Chancen, Anforderungen und technologische Potenziale verstanden (Brandenburg 2002).

anstatt für möglicherweise geeignetere Alternativen weitere Informationen zu beschaffen (Dyckhoff 1998; Eisenführ 1999). Dementsprechend ist es – insbesondere für eine objektive Ideenauswahl – von fundamentaler Bedeutung, dass die Bewertungsmethode nicht auf die eigene Produkt- bzw. Unternehmenshistorie sowie die unternehmensspezifischen bzw. bekannten Technologien beschränkt ist, sondern den Blick offen lässt für grundsätzlich andere (funktional äquivalente) Möglichkeiten (Pfeiffer 1995).

Dabei müssen in der Bewertung auch unscharfe, qualitative Informationen Berücksichtigung finden. Denn beharrt der Entscheidungsträger auf der Nutzung scharfer, quantifizierter Informationen, wird zwar das Umsetzungsrisiko besser kalkulierbar; das zum Erhalt derartiger Informationen notwendige Abwarten von Ereignissen, wie z.B. den Markteintritt neuartiger Wettbewerbsprodukte, führt jedoch zu Zeitdruck in der Produktentwicklung und somit zum Rückgriff auf bewährte Lösungen mit geringem Differenzierungspotenzial (Brandenburg 2002).

7. Mit Unsicherheiten umgehen

In den frühen Phasen des Produktinnovationsprozesses wird vielfach mit Aussagen über zukünftige Entwicklungen gearbeitet, die stets mit einer Unsicherheit über ihr tatsächliches Eintreffen verbunden sind. Diese Aussagen betreffen z.B. Annahmen über die technische Machbarkeit angedachter Lösungen, Umfeld- und Marktentwicklungen. Im Spannungsfeld von Unsicherheit und Zeithorizont sind daher der Situation angemessene Methoden anzuwenden (Staudt 1996).

8. Markt- und Technologieentwicklung synchronisieren

In technologieintensiven Märkten ist die frühzeitige Aneignung technologischer Kompetenzen ein wesentlicher Erfolgsfaktor. Um im Einsatz neuer (Produkt-)Technologien Vorreiterstellungen einzunehmen, müssen diese mit den entsprechenden Ressourcen entwickelt und vorangetrieben werden. Ziel ist es dabei, eine zukünftige Marktanforderung zu dem Zeitpunkt erfüllen zu können, an dem sie tatsächlich vom Markt gefordert wird. Neben dem offensichtlichen Nachteil einer zu spät entwickelten technologischen Lösung und der daraus resultierenden Nicht-Erfüllung einer Marktanforderung ist die verfrühte Entwicklung einer technologischen Lösung vor dem Hintergrund begrenzter finanzieller und personeller Ressourcen nachteilig. Es ist daher erforderlich, durch methodische Unterstützung die Bereitstellung der notwendigen Technologie

"Just-in-time" zu realisieren und damit die Markt- und Technologieentwicklung zu synchronisieren.

Der Planungsprozess sowie der Methodeneinsatz bei der Generierung und Umsetzung technologischer Produktinnovationen sind prinzipiell bezogen auf das jeweilige Planungsobjekt einzigartig. Es existiert kein „Königsweg", sondern nur verschiedene „Königsmuster" erfolgreicher Produktinnovationen (AWK 1999; Schultz-Wild 1997; Zahn 1992; Sabisch 1991). Daraus resultiert die Anforderung, eine durchgängige Methodik anzuwenden, die alle Aufgabenstellungen des definierten Betrachtungsbereiches umfasst. Diese Methodik sollte jedoch modular aufgebaut sein, die isolierte Nutzung bestimmter Bausteine ermöglichen sowie den Einstieg bei unterschiedlichen Methodenschritten erlauben. Insbesondere ist der Spielraum für eine kreative, minimal präjudizierende Ideen- bzw. Lösungsfindung notwendig, da sich Innovationen kaum mit einem rein logischen Vorgehen entwickeln lassen (Schmitz 1996).

9. Offenheit bewahren und Kreativität stimulieren

Die IRM-Methodik orientiert sich an einem weitgehend *standardisierten Vorgehensmodell*. In Anbetracht der spezifischen Anforderungen bei Innovationsvorhaben – insbesondere dem notwendigen Freiraum für Kreativität und Intuition – bietet die Orientierung an dem standardisierten Vorgehensmodell die Vorteile, dass die Koordination aller Beteiligten erleichtert wird und die Grundstruktur des Vorgehensmodells nicht bei jedem Planungsprozess neu projektiert werden muss (vgl. Schmitz 1996).

Modell

Es bleibt festzuhalten, dass die IRM-Methodik kein Selbstzweck ist, sondern der Erarbeitung erfolgreicher Lösungen dient. Sie stellt keinen Ersatz für erworbene Fähigkeiten, Situationskenntnis oder geistige Auseinandersetzung mit der Schaffung von etwas Neuem dar; im Gegenteil: die IRM-Methodik setzt diese voraus bzw. soll sie stimulieren. Die Methodik bildet einen Leitfaden zur Entwicklung von technischen Produktinnovationen, der kreativ und intelligent anzuwenden ist und dessen Nutzeneffekt sich u. a. aus dem eingebrachten geistigen Potenzial ergibt (vgl. Haberfellner et al. 1999).

3.2
Das W-Modell: Die Struktur der IRM-Methodik

Grundstruktur: Sieben Phasen

Die IRM-Methodik basiert auf einem strukturierten Fundament, dem W-Modell. Es erlaubt, die Anforderungen an eine Methode zur Planung technischer Produktinnovationen (Kap. 3.1) zu erfüllen. Das W-Modell ist durch sieben Phasen gekennzeichnet (Abb. 3.1). Die Phasen akzentuieren logisch voneinander abgrenzbare Planungseinheiten. Innerhalb jeder Planungsphase sind bestimmte Planungsaktivitäten durchzuführen. Da das Planungsergebnis auf Grund der Dynamik von Markt-, Technologie- und Unternehmensentwicklung nicht statisch festgeschrieben werden kann, sind die Hauptaktivitäten der Phasen 1, 2 und 7 periodisch zu wiederholen. Die Phasen 3, 4, 5 und 6 sind als kontinuierliche Aktivitäten in die (Produkt-)Planungsabläufe des Unternehmens zu integrieren (Brandenburg 2002).

Die Differenzierung nach Phasen der Modellbildung für den Prozess der Produktinnovation ist rein analytisch zu sehen, da eine exakte Abgrenzung im Sinne von notwendigerweise aufeinander folgender Vorgehensschritte kaum möglich ist (Thom 1980). Die verschiedenen Teilprozesse sind miteinander verflochten und damit auch nicht unabhängig voneinander zu sehen; sie können bzw. sollen teilweise oder ganz simultan ablaufen. In diesem Zusammenhang sei insbesondere darauf hingewiesen, dass allgemeingültig nur ein grobes Grundmodell beschrieben werden kann, das unternehmensspezifisch modifiziert und detailliert werden muss.

Das Phasenmodell darf also nicht so verstanden werden, dass in jedem konkreten Innovationsprozess alle abstrakt benannten Phasen mit gleicher Bedeutung in einer bestimmten Reihenfolge anzutreffen sind. Vielmehr können einzelne Phasen situativ besonders ausgeprägt und intensiv bearbeitet werden und andere wiederum ganz entfallen.

Die Integration der verschiedenen Planungsphasen innerhalb der strategischen und operativen Planungsebenen wird durch das Grobkonzept der Ablaufstruktur in Abbildung 3.1 veranschaulicht. Durch die Zuordnung der Planungsphasen zu den Planungsebenen ergibt sich optisch ein Vorgehensmodell in Form eines „W", was dem Modell zu seinem Namen verhalf.

Die Planungsphasen werden nach Zweck, Gegenstand und Informationsbeziehung wie folgt unterschieden (vgl. Brandenburg 2002):

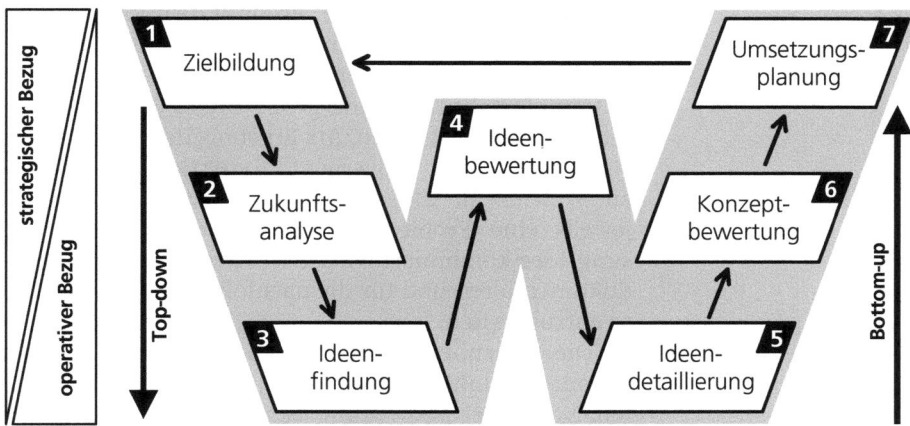

Abb. 3.1 Das W-Modell als Grobkonzept der Ablaufstruktur (Brandenburg 2002)

Bei der »Zielbildung« werden strategische Leitlinien und Innovationsziele definiert bzw. aus der übergeordneten Unternehmensstrategie abgeleitet. Neben Unternehmenspotenzialen werden strategische Gestaltungsfelder des Unternehmens bestimmt, die für die anstehende Produktinnovationsplanung relevant sind. Eingangsinformationen der ersten Planungsphase sind unternehmensbezogene externe und interne Daten. Ausgangsinformationen sind die Innovationsziele, die Innovationsstrategie, die Unternehmenspotenziale sowie ausgewählte Gestaltungsfelder.

Zielbildung

Ziel der »Zukunftsanalyse« ist die Aufdeckung von Innovationspotenzialen und die Formulierung von Innovationsaufgaben für das Unternehmen. Zunächst werden allgemeine Trends sowie Trends in ausgewählten Gestaltungsfeldern analysiert und deren Auswirkungen auf die Gestaltungsfelder bzw. das Unternehmen in Form von Zukunftsprojektionen ermittelt. Darauf basierend werden unter Berücksichtigung der Unternehmenspotenziale Innovationspotenziale abgeleitet, die mit zukünftigen Markt- und/ oder Technologieentwicklungen korrespondieren. Ausgangsinforma-

Zukunftsanalyse

tionen der Zukunftsanalyse sind somit unternehmensbezogene Innovationspotenziale bzw. Innovationsaufgaben.

Ideenfindung

In der Phase der »Ideenfindung« werden aufbauend auf den identifizierten Innovationspotenzialen Produktideen erarbeitet. Hierbei sind zunächst in einer kreativ-divergenten Phase Produktideen 1. Ordnung, d.h. Problem- und Lösungsideen[2] zu erarbeiten. Vor dem Hintergrund der abgeleiteten Innovationspotenziale soll dabei eine große Breite an zukunftsgerechten Ideen entstehen. Als Ergebnis der Ideenfindung sind dann kreativ-konvergent Produktideen 2. Ordnung zu entwickeln, die sich dadurch auszeichnen, dass jeweils eine Problemidee mit mindestens einer Lösungsidee kombiniert wird. Diese Produktideen sind zu dokumentieren und für die nachfolgende Planungsphase aufzubereiten.

Ideenbewertung

Die »Ideenbewertung« hat das Ziel, Erfolg versprechende Produktideen zu identifizieren und zu bewerten. Neben der Beurteilung markt- und technologieseitiger Aspekte werden die strategische Konformität und der Unternehmensnutzen überprüft. Als Ergebnis werden Informationen bereitgestellt, die eine zeitliche und inhaltliche Einordnung der Produktideen in die InnovationRoadMap erlauben.

Ideendetaillierung

Bei der »Ideendetaillierung« werden zu ausgewählten Produktideen weitere Markt- und Technologieinformationen akquiriert. Ziel ist die Entwicklung von Produktkonzepten. Dazu werden die Produktanforderungen detailliert definiert und zu den daraus abgeleiteten, technischen Aufgabenstellungen Detaillösungen generiert. Darauf basierend können Produktkonzepte entwickelt werden. Das Ergebnis der Ideendetaillierung sind Konzeptvarianten zu einzelnen Produktideen, die

---

[2] Eine Problemidee definiert ein (latentes) Bedürfnis, eine Anforderung, eine Aufgabenstellung etc., kurz, ein Problem, welches zukünftig Bedeutung besitzen wird und zu dem bisher keine oder nur eine unzureichende Lösung existiert. Eine Lösungsidee beschreibt eine evtl. neuartige technische Prinziplösung, die zusätzliches Potenzial für zukünftige Anwendungsbereiche verspricht (Brandenburg 2002).

nach Möglichkeit bereits durch erste Demonstratoren[3] validiert wurden.

Zielsetzung der »Konzeptbewertung« ist die quantitative Bewertung der erarbeiteten Produktkonzepte. Dazu wird zunächst die Ideenbewertung auf Basis der komplettierten und verifizierten Informationen aus der Ideendetaillierung wiederholt. Darüber hinaus werden Wirtschaftlichkeitsbetrachtungen angestellt, d.h. Kosten und Erlöse bzw. der potenzielle Aufwand dem erwarteten Nutzen gegenübergestellt. Die Ergebnisse dieser Feinbewertung werden zur Detaillierung der InnovationRoadMap genutzt.

Konzeptbewertung

Das Ziel der »Umsetzungsplanung« ist es, die unternehmensindividuellen Aktivitäten für die entwickelten Produktideen und -konzepte in einem Programm, der InnovationRoadMap, zusammenzustellen. Das Programm wird als eine Menge von Vorhaben verstanden, die in einem längerfristigen Zeitraum auf den Aufbau, die Nutzung und die Pflege technologischer Innovationspotenziale ausgerichtet sind. Dazu werden die in den vorausgegangenen Schritten erarbeiteten Einzelergebnisse in der InnovationRoadMap aggregiert. Diese wird genutzt, um die kurz-, mittel- und langfristigen Wechselbeziehungen zwischen Umfeld- und Marktanforderungen sowie technologischen Produktlösungen und deren Entwicklungen darzustellen.

Umsetzungsplanung

Das beschriebene Phasenmodell ist als idealtypischer Ablauf zu verstehen, innerhalb dessen eine teilparallele und vernetzte Bearbeitung der einzelnen Planungsphasen anzustreben ist. Insbesondere die Phasen Ideenfindung und Ideendetaillierung gehen in der Praxis häufig ineinander über bzw. werden gemeinsam in einem Arbeitsschritt bearbeitet. Eine eindeutige Grenzziehung zwischen beiden Phasen ist nicht möglich und nicht sinnvoll; vielmehr werden abhängig von unterschiedlichen Randbedingungen (s. u.) bereits während der Phase Ideenfindung Detailaufgaben bearbeitet bzw. gelöst. Analog dazu fallen auch die Phasen Ideenbewertung und Konzeptbewertung zusammen bzw. überlagern sich stark (Brandenburg 2002).

Idealtypischer Ablauf der Planungsphasen

---

[3] Ein Demonstrator ist die erste funktionierende, materielle Umsetzung des Produktkonzepts, unabhängig z.B. von Design und Werkstoff (AWK 1999).

Die integrierte bzw. überlagerte Bearbeitung der Phasen 3 und 5 bzw. 4 und 6 tritt insbesondere bei einer oder mehreren der folgenden Planungssituationen auf (Brandenburg 2002):

- nur wenige Produktideen, die sämtlich detailliert werden können bzw. müssen,
- einfache, wenig komplexe Produkte bzw. Produktideen sowie
- inhaltlich konkurrierende Produktideen in einem klar abgegrenzten Marktsegment.

Zusammenfassung

Die Ablaufstruktur des W-Modells bildet den zentralen Baustein der IRM-Methodik. Das W-Modell besteht aus sieben Planungsphasen: Zielbildung (1), Zukunftsanalyse (2), Ideenfindung (3), Ideenbewertung (4), Ideendetaillierung (5), Konzeptbewertung (6) und Umsetzungsplanung (7).

Die IRM-Methodik dient dem Zweck, durch die Zielbildung zu beschreiben, was erreicht werden soll, welche alternativen Wege hierzu beschritten werden können (Zukunftsanalyse, Ideenfindung, Ideenbewertung), diese Wegbeschreibung im Zeitablauf sukzessive zu konkretisieren (Ideendetaillierung, Konzeptbewertung) und an der eingangs formulierten Zielsetzung wider zu spiegeln (Umsetzungsplanung).

Im Ablauf der Methodik wird die Anzahl an Ideen – zunächst in Form von Zukunftsprojektionen und Innovationspotenzialen – bis hin zu detaillierten Produktkonzepten stetig reduziert (Abb. 3.2). Die Ideenreduktion durch den sog. *Ideentrichter* ist notwendig, da der Arbeitsaufwand pro Idee bei zunehmender Ideenkonkretisierung steigt; die Agilität und Flexibilität pro Idee nimmt also ab. Die Methoden, die in der InnovationRoadMap-Methodik angewendet werden, sind auf ein entsprechendes Verhältnis von Konkretisierungsgrad einer Idee und Ideenanzahl abgestimmt. D.h., je konkreter eine Idee formuliert ist – abhängig vom jeweiligen Zeitpunkt im Planungsprozess – desto spezifischer sind auch die eingesetzten Methoden an den Einsatzfall (Kreativitätsförderung, Analyse, Bewertung etc.) angepasst. Ergebnis der Methodik ist die InnovationRoadMap. Die vertiefende Darstellung der einzelnen Planungsphasen erfolgt in den nachfolgenden Kapiteln 3.3 bis 3.9.

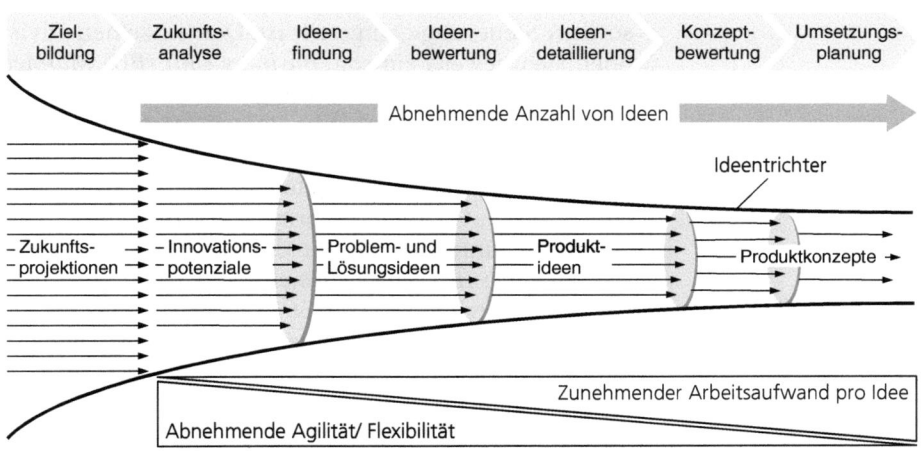

Abb. 3.2 Sukzessive Ideenauswahl und -konkretisierung

Das Fallbeispiel: Center-Positioniersysteme GmbH

Das folgende, fiktive Fallbeispiel[4] soll durchgängig die Umsetzung der Planungsphasen des W-Modells anschaulich beschreiben und zum Gesamtverständnis der Methodik beitragen.[5]

Als Beispielunternehmen dient die im Schwarzwald ansässige Center-Positioniersysteme GmbH, die mit ca. 750 Mitarbeitern Positioniersysteme für Anwendungen im Werkzeugmaschinenbau, in der Robotik und Automatisierungstechnik herstellt. Das Unternehmen wird in der zweiten Generation von Dr. Klaus Kerner geführt, der nach dem Studium der Betriebswirtschaftslehre in das väterliche Unternehmen eingestiegen ist und seit einigen Jahren die Geschäfte leitet. Mit der Übernahme des Unternehmens durch Herrn Dr. Kerner wurde die Unternehmensorganisation auf eine Divisionsorganisation ausgerichtet, die nach den Schwerpunkten »Schlittensysteme«, »Präzisions-Positionssysteme« und »Sen-

> Das Fallbeispiel: Center-Positioniersysteme GmbH

---

[4] Alle im Fallbeispiel verwendeten Namen und Personen sind frei erfunden. Eventuelle Übereinstimmungen oder Ähnlichkeiten mit existierenden Namen oder Personen sind rein zufällig und nicht beabsichtigt.

[5] Die in den folgenden Kapiteln mit grauem Seitenbalken gekennzeichneten Abschnitte weisen auf die Fortsetzung des Fallbeispiels hin.

sorik & Steuerung« aufgeteilt ist. Den einzelnen Divisionen steht jeweils ein sog. *Business Unit (BU) Manager* vor. Zur weiteren Erschließung der von der Center-Positioniersysteme GmbH bedienten Märkte sowie zur Orientierung auf neue Märkte wurde die Stabsstelle *New Business Development* etabliert, die seit drei Jahren von Herrn Georg Steinbrink besetzt wird. Herr Steinbrink untersteht direkt der Geschäftsführung. Er führt diverse Innovationsprojekte innerhalb des Unternehmens durch und arbeitet auf diese Weise eng mit den verantwortlichen Business Unit Managern sowie deren Mitarbeitern zusammen. Mit der Einführung der Stabsstelle wurde ein Team von fünf Mitarbeitern benannt, das Herrn Steinbrink im Bedarfsfall unterstützt.

Ausgangssituation

Die Center-Positioniersysteme GmbH agiert seit mehreren Jahren erfolgreich am Markt, sieht sich jedoch ähnlich wie viele andere Unternehmen mit einem immer schärfer werdenden Wettbewerb konfrontiert. Als visionärer Unternehmer hatte Herr Dr. Kerner diese Problematik erkannt und erhofft, durch innovative Produkte und durch die Erschließung neuer Märkte ein neues Standbein für sein Unternehmen zu schaffen. Aus diesem Grund bekam Herr Steinbrink vor einiger Zeit den Auftrag, ein neues, imageträchtiges Produkt zu planen, das der Center-Positioniersysteme GmbH ermöglichen sollte, in neue, wachstumsträchtige Märkte vorzudringen.

Wunsch nach systematischem und gezieltem Vorgehen

Herr Steinbrink war sich seiner „Mission" durchaus bewusst und wollte die ihm übertragene Aufgabe so gut wie möglich erledigen. In der Vergangenheit hatten er und seine Mitarbeiter sich bei der Suche nach Innovationsmöglichkeiten und Wachstumsmärkten oft auf ihre „ingenieursmäßige Intuition" verlassen. Doch dieses Mal wollte Herr Steinbrink systematischer und gezielter an den Innovationsplanungsprozess herangehen und hatte in diesem Zusammenhang viel, z.T. sehr neue Fachliteratur gewälzt, allerdings mit unbefriedigendem Ergebnis. Herr Steinbrink war auf der Suche nach einer verständlichen, praxisnahen Methodik, die ihm notwendige Werkzeuge für eine durchgängige Planungsunterstützung bieten sollte.

Entscheidung für die InnovationRoadMap-Methodik

Vor einigen Monaten hatte sich Herr Steinbrink bei einem Fortbildungsseminar über neue Methoden und Konzepte im Innovationsmanagement informiert. Dabei hatte er mit großem Interesse den Vortrag über die InnovationRoadMap-Methodik verfolgt und die Gelegenheit genutzt, direkt mit Vertretern vom Fraunhofer-Institut für Produktionstechnologie IPT über die konkrete Anwendung der Methodik zu diskutieren. Aus diesem persönlichen Gespräch und durch umfangreiches Informations- und Arbeitsmaterial zur IRM-Methodik erwuchs der Gedanke, die Methodik für eigene Innovationsvorhaben zu verwenden. Daraufhin beschloss Herr Steinbrink, die Anwendung der IRM-Methodik in der nächsten Vorstandssitzung vorzustellen.

Die Präsentation traf bei Herrn Dr. Kerner und den BU-Managern auf großen Zuspruch, so dass mit der Unterstützung der Unternehmensleitung und Führungsebene gerechnet werden konnte. Sofort wurde mit der Geschäftsleitung ein Termin für die kommende Woche vereinbart, an dem der Innovationsplanungsprozess in seine erste Phase gehen sollte ...

Die Planungsphasen der IRM-Methodik

3.3 Zielbildung

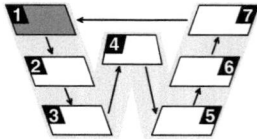

> Bei der Zielbildung werden die strategischen Leitlinien und Innovationsziele aus der übergeordneten Unternehmensstrategie abgeleitet. Darauf basierend werden
> - Unternehmenspotenziale definiert und
> - Gestaltungsfelder identifiziert.
>
> Die eindeutige Zielbildung ist Voraussetzung für die gerichtete Planung erfolgreicher Produktinnovationen.

Festlegung allgemeiner Randbedingungen

Bei der Zielbildung gilt es, die Ausgangssituation des Unternehmens zu erkennen, Innovationsziele abzuleiten und strategische Gestaltungsfelder zu definieren. In den nachfolgenden Schritten werden konzeptionelle Lösungsvorschläge erarbeitet. Inhalt der ersten Planungsphase der Methodik ist es, die allgemeinen Randbedingungen für die Produktinnovationsplanung festzulegen. Hierbei sind aus den übergeordneten Unternehmenszielen bzw. -strategien Innovationsziele sowie eine Innovationsstrategie abzuleiten.

Im Sinne einer periodisch-revolvierenden Planung ist die Innovationsstrategie zunächst als Eingangsinformation, gleichzeitig aber auch als Planungsziel zu verstehen (Abb. 3.3). Damit einhergehend müssen die Kompetenzen oder Potenziale des Unternehmens ermittelt werden. Diese dienen einerseits als Basis für Produktinnovationen, andererseits werden durch die Gegenüberstellung von Kompetenzen oder Potenzialen mit den Unternehmenszielen und -strategien Kompetenzdefizite deutlich, die durch die Innovationsplanung zu beheben sind (Brandenburg 2002). Aus Effizienz- und Praktikabilitätsgründen können in der Regel nicht alle möglichen Gestaltungsfelder eines Unternehmens betrachtet werden. Vielmehr ist eine Fokussierung auf die aus unternehmensstrategischen Gesichtspunkten „wichtigen" bzw. aussichtsreichen Bereiche nötig. Dementsprechend wird die Zielbildung untergliedert in drei Teilaktivitäten, welche dem nachfolgend dargestellten Methodenbaukasten entnommen werden können (Abb. 3.3). Die Beschreibung bzw. der Verweis auf die entsprechenden Methoden und Hilfsmittel, die in der Zielbildung Anwendung finden, erfolgt an den entsprechenden Stellen in diesem Kapitel.

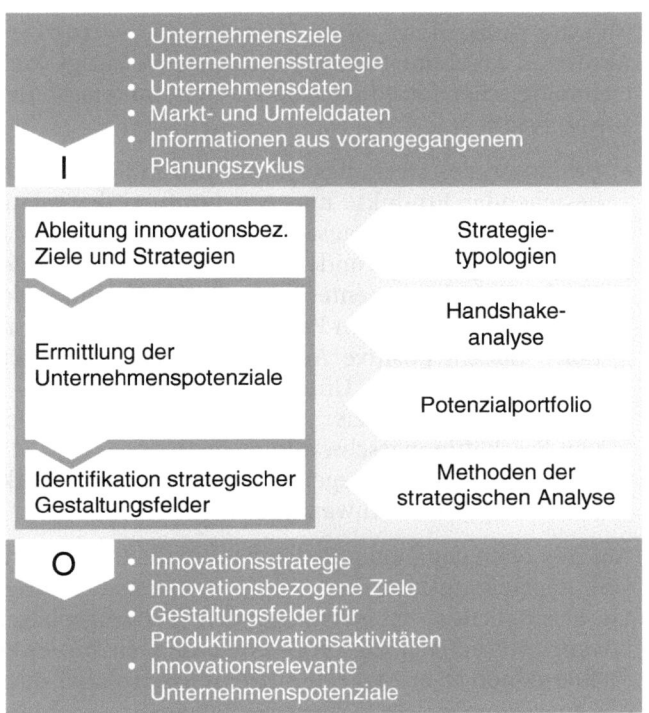

Abb. 3.3 Methodenbaukasten »Zielbildung« (vgl. Brandenburg 2002)

3.3.1
Ableitung innovationsbezogener Ziele und Strategien

Die Ziel- und Strategiebildung hat den Zweck, die Ziel- und Strategiekongruenz der nachfolgenden Planungsaktivitäten sicherzustellen. Die Ziele[6], die mit technologischen Produktinnovationen verfolgt werden, sind von Unternehmen zu Unternehmen verschieden. Sie resultieren z. B. aus der übergeordneten Unternehmensstrategie, den Nachfragegewohnheiten des zu bedienenden Marktes oder der Positionierung gegenüber dem Wettbewerb. Ohne hier auf grundlegende Vorgehensweisen

---

[6] Ziele sind Aussagen darüber, was mit einer zu gestaltenden Lösung und was auf dem Weg zu dieser Lösung erreicht bzw. vermieden werden soll. Von Zielen wird insbesondere gesprochen, wenn die Vorstellung über das, was angestrebt wird, in starkem Maße handlungsrelevant (operational) formuliert ist und im Zusammenhang mit konkreten Problemen und deren Lösung steht (Haberfellner et al. 1999).

für die Aufstellung von Zielsystemen einzugehen, werden in Anlehnung an BROSE folgende wichtige Ziele technologischer Produktinnovationen unterschieden (Brose 1982):

Gewinnsteigerung
- Erhöhung des Deckungsbeitrags durch Substitution bestehender Produkte und Abschöpfung des relativ hohen Deckungsbeitrags von Produktinnovationen.

Wachstumssicherung bzw. -steigerung
- Gewinnung neuer Kundengruppen und/ oder neuer Märkte/ Marktsegmente sowie Ausgleich sinkender Nachfrage nach älteren Produkten (Produktsubstitution). Zudem positive Auswirkungen von Produktinnovationen auf das Unternehmensimage.

Kapazitätsauslastung
- Auslastung ungenutzter Kapazitäten und Ausgleich von Beschäftigungsschwankungen.

Risikostreuung
- Unempfindlichkeit gegen Turbulenzen im Markt (z. B. Wechselkursschwankungen).

Ziele als Beurteilungskriterien
Auf den oben genannten Zielen basiert die Erarbeitung von Beurteilungskriterien (z.B. zur Ideenbewertung). Sie ermöglichen, in nachfolgenden Planungsphasen Lösungsalternativen zu vergleichen und zu bewerten (Haberfellner et al. 1999). Sie beeinflussen dabei auch die Ausprägungen der Kriterien, die von Unternehmen zu Unternehmen unterschiedlich ausfallen können. Die eindeutige Definition und transparente Darstellung dieser strategischen Bewertungskriterien ist deshalb ein zentraler Erfolgsfaktor unternehmerischer Innovationstätigkeit (vgl. Pleschak 1996; Cooper 1993) und bildet den Ausgangspunkt der im W-Modell vorgesehenen *Top-down-Vorgehensweise* bei der Bewertung technologischer Produktinnovationen.

Wettbewerbsstrategien
Für den Erfolg von Produktinnovationen ist neben der Orientierung am Zielsystem auch eine damit harmonierende *Innovationsstrategie* von Bedeutung. Diese steht in enger Beziehung zur Wettbewerbs- und Timingstrategie eines Unternehmens (AWK 1999). Der Ausdruck Wettbewerbsstrategie bezeichnet die Wahl offensiver und defensiver Maßnahmen, um im Wettbewerb erfolgreich zu sein (Porter 1997). Bei der Timingstrategie wird der Zeitpunkt der Markteinführung neuer Produkte in den Vordergrund der Betrachtungen gestellt (vgl. Meffert 1998; Buchholz 1996; Perillieux 1996; Pleschak 1996). Zu den klassischen Wettbewerbsstrategien zählen (vgl. Porter 1997):

- kostengünstigstes Anbieten von Produkten in einem Markt/ Marktsegment bei vergleichbaren Leistungsmerkmalen anstreben,
- Leistungsmerkmale (z. B. Technologie- oder Qualitätsführerschaft) bei nahezu gleichen Kosten umsetzen,
- Schwerpunkt innerhalb eines eng begrenzten Marktes/ Marktsegmentes setzen.

Kostenführerschaft

Differenzierung

Konzentration

Bei den Timingstrategien wird grundsätzlich zwischen »Innovationsführer« und »Innovationsfolger« unterschieden (vgl. Gassmann 1996), wobei weiter zwischen frühen und späten Folgern differenziert wird (Gassmann 1996; Meffert 1998).

Timingstrategien

Dem Innovationsführer (First-to-Market) gelingt als erstem die erfolgreiche Umsetzung der Produktidee am Markt durch die Beherrschung des Zusammenspiels von Markt und Technologie.

Innovationsführer (Pionier)

Die »Frühe-Folger-Strategie« (Second-to-Market) soll dazu beitragen, das Innovationsrisiko zu mindern, indem die Erfahrungen des Pioniers und der durch ihn vorbereitete Markt genutzt werden. Dazu muss der frühe Folger in möglichst kurzem Zeitabstand zum Pionier mit einem mindestens gleichen Leistungsangebot in den Markt eintreten. Häufig setzt sich der Folger durch ein ausgefeiltes Marketingkonzept, technologische Modifikationen, kundenspezifische Applikationsentwicklung oder andere Zusatzleistungen vom Innovationsführer ab (Gassmann 1996).

Frühe-Folger-Strategie

Durch die »Späte-Folger-Strategie« (Later-to-Market) soll das Innovationsrisiko vollständig vermieden werden; der Markteintritt erfolgt erst, wenn sich Standards herausgebildet haben und das Käuferverhalten relativ sicher einschätzbar ist. Hier erfolgt die Differenzierung vom Wettbewerb häufig über den Produktpreis (Eversheim u. Schuh 1996).

Späte-Folger-Strategie

3.3.2
Ermittlung der Unternehmenspotenziale

Neben den strategischen Zielen sind für die Produktinnovationsplanung die (technologischen) Unternehmenspotenziale relevant. Unter Unternehmenspotenzialen wird dabei die Gesamtheit aller Fähigkeiten eines Unternehmens verstanden, die Nachfrage nach Problemlösungen (Produkten) erfüllen zu können sowie schnell auf neue Marktforderungen zu reagieren und

Ableitung neuer Produkte

44 3 Die InnovationRoadMap-Methodik

Interne Nutzenpotenziale

neue Produkte und Geschäfte hervorbringen und ökonomisch nutzen zu können (vgl. VDI 1983).

Im Zusammenhang mit Unternehmenspotenzialen wird häufig auch von Unternehmenskompetenzen oder Kernkompetenzen gesprochen (vgl. Prahalad 1991). PÜMPIN verwendet in diesem Zusammenhang den Begriff der *internen Nutzenpotenziale* (Pümpin 1991). Nutzenpotenziale sind in der Umwelt, im Markt oder im Unternehmen selbst vorhandene Konstellationen, die durch Aktivitäten des Unternehmens zum Vorteil seiner Bezugsgruppen erschlossen werden können (Pümpin 1991).

Methoden zur Ableitung von Innovationspotenzialen

Im vorliegenden Anwendungszusammenhang – der Innovationsplanung – sind insbesondere Unternehmenspotenziale von Interesse, die starken Einfluss auf die Innovationsaktivitäten eines Unternehmens haben. Methoden zur Ableitung derartiger Innovationspotenziale aus (fertigungs-)technologischen Kompetenzen und Potenzialen eines Unternehmens entwickelten z. B. PELZER (Pelzer 1999), EßMANN (Eßmann 1995) und KEHRMANN (Kehrmann 1972).

Handshake-Analysis

Einen Ansatz zur integrativen, d.h. technologie- und marktorientierten Abbildung der Unternehmenspotenziale stellt TSCHIRKY mit der *Handshake-Analysis* vor (Tschirky et al. 1996). Sie dient dazu, auf einer strategischen Betrachtungsebene systematisch die Zusammenhänge zwischen Bedürfnissen, Technologieeinsatz und Produkt-Markt-Kombinationen aufzuzeigen. Dazu wird ein System mit mehreren Matrizen aufgestellt, welches die Zusammenhänge systematisch strukturiert und gegenüberstellt. Jede einzelne Matrix enthält dabei eine Gegenüberstellung jeweils zweier Betrachtungsgrößen. Über definierte Knotenpunkte können zudem matrixübergreifende Beziehungen dargestellt werden. Ein festgelegter Leseweg sorgt für den einfachen Umgang mit dem Matrizensystem und vermittelt das richtige Verständnis der dokumentierten Zusammenhänge.

3.3.3
Identifikation strategischer Gestaltungsfelder

Chancen und Notwendigkeiten bestimmen die Auswahl der Gestaltungsfelder

Aufbauend auf den Ergebnissen der Ziel- und Strategiebildung und der Ermittlung der Unternehmenspotenziale sind im folgenden Schritt Gestaltungsfelder zu bestimmen, die den Betrachtungsbereich für die nachfolgenden Planungsaktivitäten eingrenzen und deren

Bezugspunkt bilden. AEBERHARD spricht in diesem Zusammenhang von der aufgabenspezifischen Umwelt, welche die direkten Interaktionspartner eines Unternehmens umfasst (Aeberhard 1996): Kunden, Lieferanten, Konkurrenten, Kapitalgeber, Forschungspartner etc. Hierbei sind vor allem die Gestaltungsfelder auszuwählen, in denen die Chance oder die Notwendigkeit besteht, mit Produktinnovationen einen Beitrag zur Erfüllung der Unternehmensziele zu leisten. Sie können mittels integrativer strategischer Analysen bestimmt werden, die verschiedene Aspekte komplexer Sachverhalte miteinander in Beziehung bringen. Häufig eingesetzte und in der praktischen Anwendung bewährte Methoden sind z.B. die Gap- und die SWOT-Analyse (vgl. Webster 1989):

Bei der Gap-Analyse wird der Umsatz über der Zeit aufgetragen. Dabei werden 3 Bereiche unterschieden (Abb. 3.4): *Gap-Anlayse*

1. Gesicherter Umsatz mit vorhandenen Produkten,
2. Geplanter Umsatz mit Alt- und Neuprodukten („Operative Lücke"),
3. Diskrepanz zwischen Umsatzvorgabe (Zielwert) sowie dem Umsatzplanwert mit Alt- und Neuprodukten („Strategische Lücke").

Je nach Größe und zeitlichem Eintreffen der strategischen Lücke müssen entsprechende Maßnahmen, z.B. Produktinnovationsaktivitäten, initiiert werden.

Die SWOT-Analyse zielt darauf ab, Stärken (Strengths) und Schwächen (Weaknesses) des Unternehmens sowie Chancen (Opportunities) und Risiken (Threats) des Unternehmensumfeldes zu analysieren und daraus Schlüsselprobleme bzw. -aufgaben (Strategic Key-Issues) für die Zukunft abzuleiten. *SWOT-Analyse*

Weitere an dieser Stelle einsetzbare Methoden wie »Portfolio-Analysen«, »Lebenszyklus-Analysen« und »Szenario-Technik« werden in Kapitel 4 beschrieben.

3 Die InnovationRoadMap-Methodik

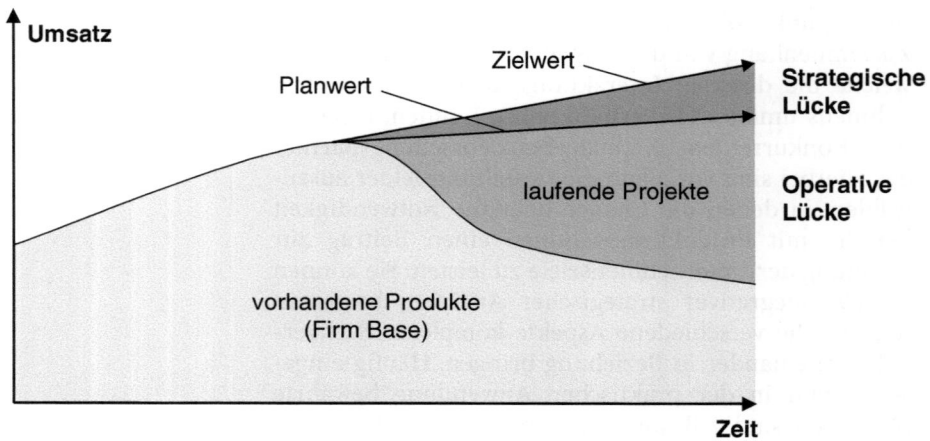

Abb. 3.4 Schließung der strategischen Lücke durch Produktinnovationen

Zielplanung bei der Center-Positioniersysteme GmbH

... „Was müssen Sie alles wissen, Herr Steinbrink?" fragte Dr. Kerner seinen Stabschef. Herr Steinbrink hatte sich gut auf dieses Gespräch vorbereitet, denn in dieser ersten Prozessphase, der Zielbildung, werden grundlegende Entscheidungen getroffen, die den gesamten Innovationsplanungsprozess beeinflussen. Als Diskussionsgrundlage hatte Herr Steinbrink einen Ordner mit unternehmensinternen Dokumenten zusammengestellt, denen die aktuelle Unternehmenssituation in Form von Zahlen zu entnehmen ist. So hatte er z.B. Umsatzdaten, den aktuellen Cash Flow sowie Gewinn- und Verlustbilanzen, jedoch auch eigene Analysen zu den Themen *Marktsituation, Umfelddaten*, d.h. *Wettbewerbersituation* und *Experteneinschätzungen* zur Situation der Branche aufbereitet.

Ableitung innovationsbezogener Ziele und Strategien

„Mit der InnovationRoadMap-Methodik werden Innovationen geplant, die zum einen wirklich neuartig sind, zum anderen optimal zu unserem Unternehmen passen" leitete Herr Steinbrink das Strategiegespräch ein. „Aus diesem Grund müssen unsere Innovationen auf unsere Unternehmensphilosophie und -strategie optimal abgestimmt sein. Sind diese klar definiert, kann unser Potenzial mit den Marktanforderungen verglichen werden. Auf diese Weise ist es möglich, neue Märkte zu erschließen und gleichzeitig die Unternehmensstrategie nicht zu verlassen. Daher möchte ich heute mit Ihnen, Herr Dr. Kerner, die Innovationsstrategie ableiten und innovationsbezogene Ziele definieren."

Herr Dr. Kerner lehnte sich aus seinem Bürostuhl hervor: „Herr Steinbrink! Wir müssen unsere Produktpalette erweitern, wir müssen für uns neue Märkte entdecken ... und dann zuschlagen! So funktioniert das Geschäft! Wir waren schon immer Spitzenreiter in Sachen Technologie ... und werden das auch bleiben!"

Herr Steinbrink kannte diese Strategievorgaben aus früheren Gesprächen mit seinem Chef und hatte die gehörten Aussagen erwartet. Daher konnte er die Visionen seines Chefs inhaltlich gut einordnen. Er notierte unter dem Stichwort *Innovationsstrategie*, dass mit der Verfolgung einer Technologieführerschaft eine Pionierstrategie erreicht werden sollte. Des Weiteren werde eine Diversifikation der Produktpalette angestrebt, wodurch neue wachstumsträchtige Märkte erschlossen werden sollen.

„Die Strategie, mit der wir durch Innovationsprojekte neue, zukunftsträchtige Märkte erschließen wollen, wäre nun geklärt" leitete Herr Steinbrink zum Thema *innovationsbezogene Ziele* über. „Aus den Bilanzen kann ich erkennen," führte er fort, „dass unsere bisherigen Innovationsvorhaben rein der Gewinnsteigerung dienten. Wie sollen im vorliegenden Fall, also für die geplante Produktinnovation, die Prioritäten gewichtet sein?" Diese Frage entfachte eine intensive Diskussion, in der allgemeine Unternehmensziele wie Wachstumssicherung, Risikostreuung oder die Aufbesserung des Unternehmensimages erörtert und jeweils hinsichtlich der geplanten Produktinnovationen abgewägt wurden. „Herr Steinbrink, ich muss ihnen den Ernst der Lage nicht erklären", sagte Dr. Kerner, „die Werkzeugmaschinenbranche steht auch nicht mehr so da wie es einmal war! Wann haben wir zum letzten Mal etwas wirklich Neues auf den Markt gebracht? Ich möchte, dass in Fachkreisen endlich wieder der Name Center-Positioniersysteme fällt. Wir müssen zurück an die Spitze!" Herr Steinbrink notierte sich neben den „traditionellen" Zielen wie Gewinnsteigerung die weiteren Ziele Imagegewinn, Gewinnung neuer Kundengruppen und Wachstumssicherung. Diese Leitlinien sollten ihm helfen, den nächsten Planungsschritt, nämlich die Ermittlung der Unternehmenspotenziale, durchzuführen.

Aufnahme der Innovationsstrategie

Erarbeitung der innovationsbezogenen Ziele

Für den folgenden Montag hatte Herr Steinbrink alle BU-Manager zu einer Sitzung bestellt. Laut Agenda sollte es um die Identifizierung der *innovationsrelevanten Unternehmenspotenziale* gehen. Sehr gespannt auf das, was nun folgen würde, fanden sich die BU-Manager pünktlich zu der Sitzung ein. Nach einer kurzen Einleitung durch Herrn Steinbrink folgte die inhaltliche Diskussion. „Meine Herren, überlegen Sie doch mal genau, was Sie in Ihren BU's besonders gut können", versuchte Herr Steinbrink die Manager zu motivieren. „Sie, Herr Sadowski, Sie stellen doch unsere Hochpräzisions-Positioniersysteme her, wie gut können wir das denn?" „Bislang waren wir mit unseren Systemen doch ganz erfolgreich ...", entgegnete der BU-Manager zögerlich. „Genau! Dann ist das doch schon mal ein Potenzial, auf das wir aufbauen können!", sagte Herr Steinbrink. „Unsere Schlittensysteme sind aber auch nicht so ohne!", warf Herr Blei, BU-Manager »Schlittensysteme« ein. Plötzlich entfachte sich eine lebhafte Diskussion, aus der zahlreiche Anmerkungen zu vielversprechenden, im Unternehmen vorhandenen Potenzialen resultierten. Als Herr Steinbrink sich am Ende der Sitzung seine Liste mit innovationsrelevanten Unternehmenspotenzialen ansah, waren folgende wesentliche Potenziale zu erkennen:

> Diskussionen dienen häufig der erfolgreichen Informationsakquise

- Die Center-Positioniersysteme GmbH hat ein sehr gutes Technologie-Know-How in den Bereichen »Präzisions-Positioniersysteme«, »Schlittensysteme« sowie »Sensorik und Steuerung«.
- Die Produkte »Positioniergeräte« und »Schlittensysteme« für verschiedenartige Anwendungen sind Bestseller.
- Mit der vorhandenen Produktpalette können prinzipiell die Funktionen *Aufnehmen, Transportieren* und *Absetzen* realisiert werden.
- Es ist ein flächendeckendes Vertriebsnetz vorhanden.

„Das hängt doch stark mit diesen »Pick and Place«-Funktionen zusammen, von denen ich neulich noch gehört habe, aber das war doch nicht im Bereich Werkzeugmaschinenbau ...", überlegte Herr Steinbrink beim nochmaligen Begutachten der Unternehmenspotenziale, „... sondern irgendetwas im medizinischen Bereich", entsann er sich. „Naja, das ist ja nicht gerade

> Fachspezifisch orientiertes Denken verhindert das Überspringen von Denkbarrieren

unsere Branche", dachte er sich und begann den nächsten Planungsschritt anzugehen.

„Aha, es geht also darum, für die identifizierten Unternehmenspotenziale *Gestaltungsfelder* – und zwar neue – zu finden", fasste Herr Steinbrink laut zusammen, als er sich die Theorie zum nächsten Planungsschritt der IRM-Methodik zu Gemüte führte. „Wo also werden die Funktionen Aufnehmen, Transportieren und Absetzen gebraucht?", überlegte er. Da fiel sein Blick auf seinen Computer und ihm kam die Idee, einfach mal nach diesen Begriffen im Internet zu suchen.

Herr Steinbrink war sehr überrascht, als er auf die Uhr schaute, und sah, dass es schon spät war. Die letzten Stunden waren enorm interessant für ihn gewesen. Ihm schwebten – beflügelt durch die Menge potenzieller Anwendungen für Aufnahme-, Transport- und Abgabefunktionen – jede Menge Ideen im Kopf herum. „Schnell mal notieren!", dachte er sich, „bevor ich morgen früh nicht mehr weiß, was das alles war." „Schon interessant", resümierte er seine Internetrecherche, „wo diese Pick and Place-Funktionen überall im Kommen sind."

Am nächsten Morgen telefonierte Herr Steinbrink mit Herrn Dr. Dent, einem ehemaligen Komillitonen, mit dem er an der RWTH Aachen zusammen studiert hatte und der jetzt als Privatdozent zum Thema »Automation im Werkzeugmaschinenbau« an der Hochschule in Aachen lehrte. „Hallo, Arthur!", begrüßte er seinen Freund, „Sag mal, Du beschäftigst Dich doch auch mit diesen Pick and Place-Funktionen, die sind ja ziemlich im Kommen! Kannst du mir sagen, in welchen Bereichen oder Branchen diese Funktionen gebraucht werden bzw. zukünftig gebraucht werden?"

Die Antwort verblüffte Herrn Steinbrink. Sein Freund hatte ihm soeben mitgeteilt, dass die Medizintechnik eine der wichtigsten Wachstumsmärkte für Pick and Place-Funktionen sein wird. Dies bestätigte zwar seine Internetrecherche, doch der hatte er bislang noch nicht so recht trauen wollen. Die Auskunft seines Freundes, der ja schließlich Experte war, überzeugte ihn jedoch. Jetzt wurde ihm auch das Potenzial weiterer Wachstumsbranchen deutlich, die ebenfalls Resultate seiner Internetrecherche waren.

Identifikation von Gestaltungsfeldern

Internet als Medium zur Informationsbeschaffung

Ideendokumentation

Gestaltungsfelder   Am nächsten Tag präsentierte Herr Steinbrink seinem Stabsteam die neuen Gestaltungsfelder für die zu planenden Produktinnovationen: Medizintechnik, Mikrosystemtechnik und Biotechnologie.

Nach der Sitzung mit seinem Innovations-Team begann Herr Steinbrink mit der Vorbereitung der zweiten Produktinnovations-Planungsphase laut IRM-Methodik. Er hatte schon eine Idee im Kopf, wie er die soeben präsentierten Gestaltungsfelder auf ihre Zukunftsträchtigkeit untersuchen könnte. Da war doch diese Studentin, die wegen einer Diplomarbeit zum Thema Trendanalysen angefragt hatte ...

3.4 Zukunftsanalyse

Bei der Zukunftsanalyse werden systematisch aus Trends und Unternehmenspotenzialen Innovationspotenziale deduziert. Das Verfahren ermöglicht den proaktiven, frühzeitigen Anstoß von Produktinnovationsaktivitäten. Der Gestaltungsbereich des Unternehmens wird mit einem Matrizensystems analysiert und zukunftsträchtige Innovationspotenziale identifiziert, die Erfolg versprechend sind. Die Ableitung der Innovationspotenziale erfolgt in drei Schritten:
- Zukunfts-Anforderungsfindung,
- Chancenanalyse,
- Aufgabendefinition.

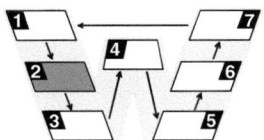

Das Ergebnis dieser Phase sind ausgewählte Innovationsaufgaben, die im Hinblick auf ihre Zukunfts- und Unternehmens-Kohärenz, ihre zeitliche Einordnung sowie den Fokus der weiteren (Ideenfindungs-)Aktivitäten umfassend beschrieben sind.

Das Ziel der »Zukunftsanalyse« ist es, innerhalb eines definierten Gestaltungsfeldes »Innovationspotenziale« aufzudecken. Innovationspotenziale sind Problemstellungen, denen in Form einer Produktinnovation erstens ein Marktpotenzial zugerechnet wird und die zweitens in Beziehung zu Unternehmenskompetenzen gesetzt werden können bzw. dem Aufbau neuer Kompetenzen dienen. Die Zukunftsanalyse umfasst drei Hauptschritte (Abb. 3.5) (vgl. Brandenburg 2002):

- In der *Zukunfts-Anforderungsfindung* wird zunächst das Gestaltungsfeld bezüglich seiner zukünftigen Entwicklung analysiert. Dazu werden – vom Groben zum Detail vorgehend – zunächst Trends in der Umwelt des Gestaltungsfeldes untersucht. Die Auswirkungen der Trends auf das Gestaltungsfeld werden als »Zukunftsprojektionen« dokumentiert und entsprechend ihrer Bedeutung bewertet.   Zukunfts-Anforderungsfindung
- Im zweiten Schritt gilt es, in der *Chancenanalyse* – aufbauend auf den Zukunftsprojektionen – zukünftige Innovationspotenziale des Gestaltungsfeldes zu identifizieren.   Chancenanalyse
- In der *Aufgabendefinition* werden die Innovationspotenziale einer extern und intern orientierten Bewertung unterzogen, um das Marktpotenzial der In-   Aufgabendefinition

novationsidee sowie die unternehmensspezifische Fähigkeit und strategische Bereitschaft zur Ideenumsetzung einzuschätzen.

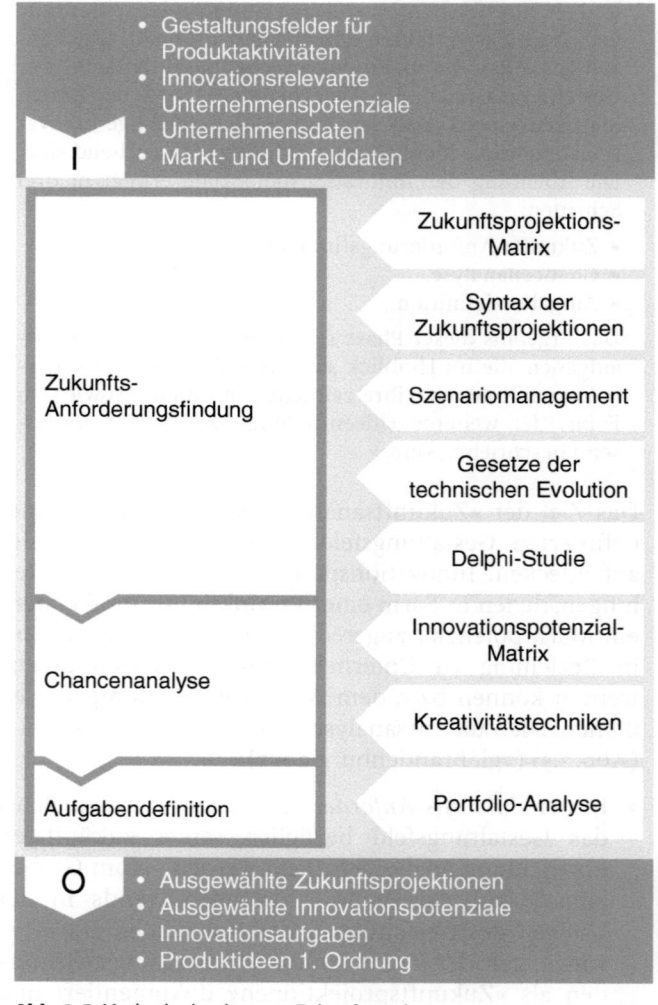

Abb. 3.5 Methodenbaukasten »Zukunftsanalyse« (vgl. Brandenburg 2002)

Zur Durchführung der Zukunftsanalyse sind spezielle Hilfsmittel entwickelt worden, welche zusammen mit diversen Methoden die effiziente Bearbeitung der Planungsaufgaben ermöglichen (Abb. 3.5). Die aufgeführten Eingangsinformationen werden in den drei

Planungsschritten innerhalb der jeweiligen Methodenanwendung benötigt, um die dargestellten Ausgangsinformationen zu generieren.

Um ein systematisches Vorgehen und eine lückenlose Informationsverarbeitung sicher zu stellen, wurde für die Zukunftsanalyse eine Systematik entwickelt, die Zukunftsprojektionsmatrix (ZP-Matrix) (Abb. 3.6). In der ersten Matrix werden die Ergebnisse der Zukunfts-Anforderungsfindung dokumentiert, die zweite Matrix verarbeitet die Erkenntnisse der Chancenanalyse. Die Portfolio-Darstellung (unten rechts) dient als Hilfsmittel für die strategische Bewertung. Im Folgenden werden die Vorgehensschritte der Zukunftsanalyse beschrieben.

Zukunftsprojektionsmatrix

3.4.1
Zukunfts-Anforderungsfindung

Ziel des Planungsschritts »Zukunfts-Anforderungsfindung« ist die Ableitung von Zukunftsprojektionen. Zukunftsprojektionen sind Aussagen über zukünftige Entwicklungen innerhalb des Betrachtungsbereichs, die unternehmensintern als wahr bzw. wahrscheinlich angenommen werden. Diese werden in einem kreativen Prozess aus den Trends generiert. Methodisches Ziel ist das Füllen der Zukunftsprojektionsmatrix.

Ableitung von Zukunftsprojektionen

Die Sammlung der Trends ist ein fortwährender Prozess, der bei der Frühaufklärung betrieben wird. Unter einem Trend wird die Grundrichtung einer Entwicklung bzw. einer Entwicklungstendenz verstanden. Das »Trendscanning« findet in verschiedenen Beobachtungsbereichen statt, die zusammen genommen das Beobachtungsfeld bilden. Es stellt die globale Umwelt des Gestaltungsfeldes dar. Im Idealfall liegen im Unternehmen bereits detaillierte Informationen über Entwicklungen in einzelnen Beobachtungsbereichen vor, so dass diese gestaltungsfeldspezifisch analysiert werden können. Grundsätzliche Trends sowie mögliche Entwicklungen in diversen Themenbereichen können z. B. einer Delphi-Studie entnommen werden (Delphi 1998).

Trendscanning

Zur Unterteilung des Beobachtungsfeldes existieren verschiedene Modelle. Einen Überblick über die Gliederungsmodelle gibt AEBERHARD (Aeberhard 1996). In der Synthese der Modelle strukturiert AEBERHARD die globale Umwelt in fünf Beobachtungsbereiche (Abb. 3.7) (Aeberhard 1996).

Beobachtungsbereiche der Zukunftsanalyse

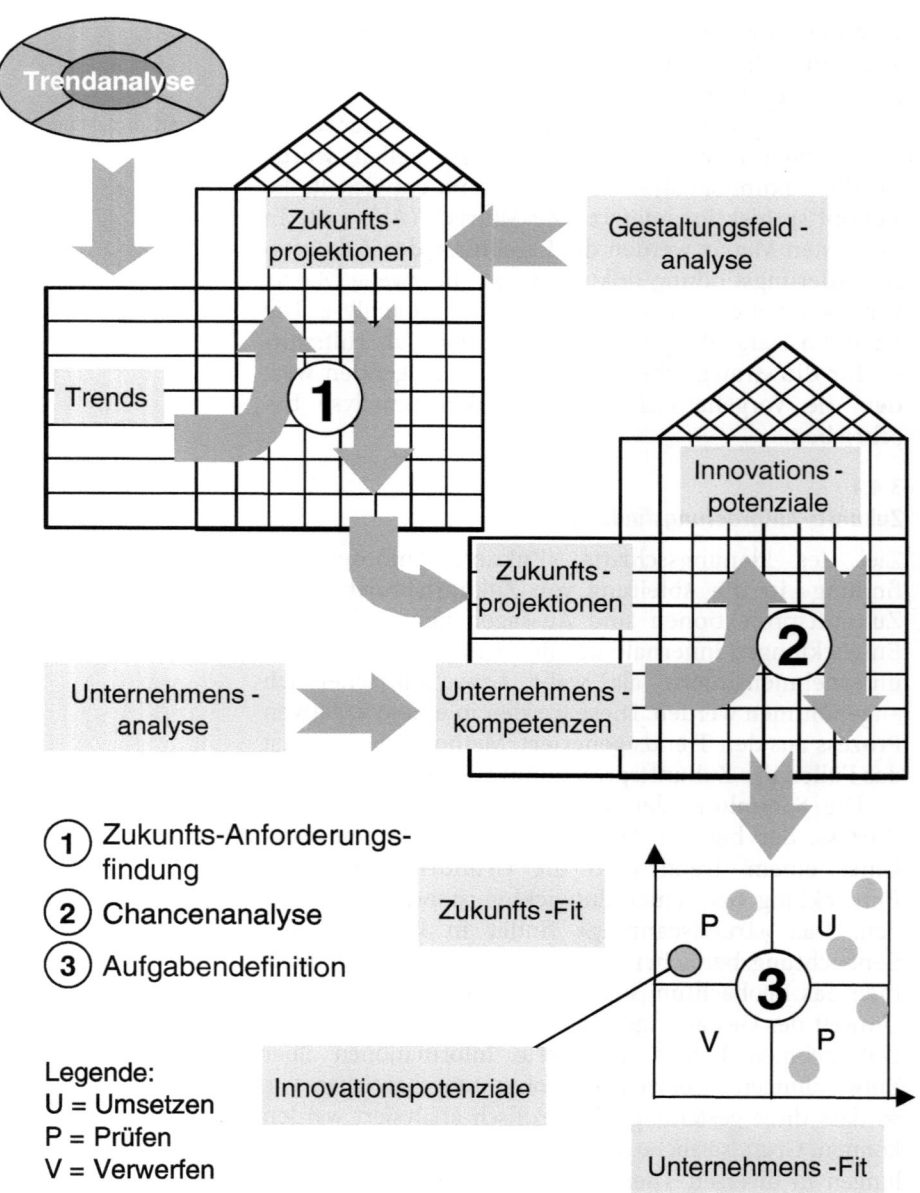

Abb. 3.6 Das Matrizensystem der Zukunftsanalyse

Die ökonomische Umwelt umfasst diejenigen Trends, welche die gesamtwirtschaftliche Entwicklung beschreiben und auf die relevanten Märkte eines Unternehmens ausstrahlen. Zu untersuchende makroökonomische Faktoren sind z.B. (Aeberhard 1996):

1. Ökonomische Umwelt

- Entwicklung des Bruttosozialproduktes,
- Konjunkturbedingte Schwankungen des Gesamtwachstums,
- Wachstumsrate und Produktivität der industriellen Produktion nach Branche,
- Einkommensentwicklung.

Bei der Analyse der sozio-kulturellen Umwelt handelt es sich um einen indirekten Ansatz zur Erfassung der zukünftigen Kundenwünsche (Brandenburg 2002): Die Verbraucher orientieren ihren Bedarf am gesellschaftlichen Wertesystem, das einem permanenten Wandel unterliegt. Indikatoren für diesen Wandel sind die gesellschaftlichen Trends, die u.a. durch Trendforscher identifiziert und benannt werden (Horx 1996). Die Berufsgruppe der Trendforscher entstand in den achtziger Jahren. Die bekanntesten Vertreter wie NAISBITT, POPCORN und HORX veröffentlichen in regelmäßigen Abständen ihre Beobachtungen (u.a. Naisbitt 1991; Horx 1996; Popcorn 1995). Die von den Trendforschern identifizierten Trends dauern durchschnittlich 10 Jahren an (Popcorn 1995). Die den Wertewandel beschreibenden Trends sind von sog. »Hypes[7]« und »Moden[8]« zu unterscheiden, die wesentlich kurzlebiger sind und daher für die Ableitung von Produktideen eine untergeordnete Rolle spielen.

2. Sozio-kulturelle Umwelt

---

[7] Ein Hype ist ein kurzfristig andauerndes Trendphänomen mit hoher Wirkungsbreite. Durch die weltweit immer einfacher werdende Informationszugänglichkeit kann diese kurweilige Erscheinung enorm viele Menschen erreichen und ansprechen. Beispiel für einen Hype ist das Tamagotchi oder saisonale Farbtrends (vgl. Buck 1998).

[8] Eine Mode ist gegenüber einem Hype eine Trenderscheinung mit kurfristiger Wirkungsdauer und geringer Wirkungsbreite. Moden sind gesellschaftsspezifisch und stehen in Konkzrrenz zu anderen Moden. Charakteristisch für Moden ist, dass sie gemäß eines wellenförmigen Verlaufs wiederkehrend sind. Beispiele: Schlaghosen, Plateauschuhe (vgl. Buck 1998).

Abb. 3.7 Die Beobachtungsbereiche der Zukunftsanalyse

Die identifizierten Trends werden durch gesellschaftliche Phänomene und Verhaltensweisen erklärt. Um Trends für die Ableitung von Zukunftsprojektionen nutzen zu können, ist es sinnvoll, die hinter einem Trend liegenden Erklärungsmuster zu kennen.

3. Technologische Umwelt

Hauptaufgabe der Technologieanalyse ist es, den Übergang von einer alten zu einer neuen Technologie frühzeitig zu erkennen, um dem betroffenen Unternehmen ausreichend Reaktionszeit zu verschaffen (Aeberhard 1996). Hilfsmittel zur Erkennung und Darstellung dieser Übergänge sind der Technologie-Lebenszyklus und das darauf aufbauende S-Kurven-Konzept – eines der acht Gesetze technischer Evolution (Kap. 4.5).

Durch die zunehmende Sensibilität der Bevölkerung für die indirekten Folgen neuer Technologien, insbesondere in ökologischer und gesellschaftlicher Hinsicht, gewinnt die »Technologiefolgenabschätzung« an Bedeutung (vgl. Servatius 1992; Wolfrum 1994). Ziel der Technologiefolgenabschätzung ist die systematische Erarbeitung und Analyse aller Sekundär- und Tertiäreffekte, die durch Entwicklung, Anwendung und Verbreitung neuer technischer Problemlösungen hervorgerufen werden könnten. Die Folgenabschätzung soll es ermöglichen, externe Effekte, die sich aus dem Einsatz neuer Technologien für zentrale gesellschaftliche Bereiche ergeben, zu antizipieren und zu evaluieren, um potenziell negative Auswirkungen auf das Firmenimage und Absatzzahlen zu vermeiden (Wolfrum 1994). Die Kernenergie, asbesthaltige Bausubstanzen oder die

Gentechnik sind Beispiele für eine verspätete Technologiefolgenabschätzung.

Die politisch-rechtliche Umwelt beinhaltet Entwicklungen, die durch die Aktivitäten des Staates sowie von Körperschaften mit Gesetzgebungshoheit vorgegeben werden. Solche Aktivitäten sind in erster Linie die staatlichen Gesetzgebungen für den nationalen Bereich. Im Zuge der Globalisierung der Märkte gewinnt die internationale Gesetzgebung, z. B. EU-Richtlinien, an Bedeutung (Aeberhard 1996; Hill 1989). Hinzu kommen internationale bzw. länderspezifische Produkt-Testverfahren wie z. B. Crash-Tests im Automobilbereich. Entstehen in diesem Bereich neue Testverfahren oder Verordnungen in der Entwicklung, so sind diese frühzeitig aufzuspüren und ggf. in die Produktplanung zu integrieren.

4. Politisch-rechtliche Umwelt

Die zunehmende Diskussion ökologischer Forderungen, wie z. B. die Reduzierung des Verbrauchs nichtregenerativer Ressourcen und die Herstellung umweltverträglicher Produkte, macht die Berücksichtigung ökologischer Belange immer mehr zu einer Voraussetzung des strategischen Erfolgs. In diesen Zusammenhang fallen auch Aspekte der Technologiefolgenabschätzung, die bereits in der Beschreibung der technologischen Umwelt erläutert wurden (s. o.).

5. Ökologische Umwelt

Ist das Trendscanning in einem Unternehmen etabliert, so existiert eine Liste von Trends aus den Beobachtungsbereichen, die ständig vervollständigt bzw. auf ihre Aktualität hin überprüft wird. Zusätzlich zu den vorhandenen Trends können die Beobachtungsbereiche gestaltungsfeldspezifisch untersucht werden. Der Sammlung von Trends schließt sich die Prüfung der Trends an.

Trendscanning

Bei der Trendprüfung steht die Überprüfung der Ähnlichkeit der in den einzelnen Beobachtungsbereichen identifizierten Trends im Vordergrund. Mit der Ähnlichkeitsanalyse soll die objektive Gewichtung der Trends begünstigt und eine latente Über- bzw. Unterbewertung einer Trendrichtung durch die Berücksichtigung mehrerer ähnlicher Trends vermieden werden. Eine Aufnahme ähnlicher Trends in die ZP-Matrix zieht u. U. eine Überbewertung von Zukunftsprojektionen nach sich. Außerdem wird mit der Zusammenfassung ähnlicher Trends eine unnötige Matrix-Vergrößerung vermieden (vgl. Gausemeier 1996). Durch die Ähnlich-

Ähnlichkeitsprüfung der Trends

keitsprüfung wird gleichzeitig die möglichst eindeutige Beschreibung der Trends gefördert.

Wird ein Trend in der ersten Beschreibung ungenau definiert, tritt schnell eine Ähnlichkeit zu anderen Trends auf. Als Beispiel sind die sozio-kulturellen Trends *Fitness* und *Wellness* zu nennen. Beide Trends beschreiben das zunehmende Gesundheitsbewusstsein der Gesellschaft. Damit sind sie sich zunächst ähnlich und müssten zusammengefasst werden. Bei einer genaueren Untersuchung ergeben sich Differenzen im Inhalt der Trends: bezogen auf die Art der Gesundheitspflege, die Art der körperlichen Betätigung und der Altersgruppen, in denen der jeweilige Trend verstärkt auftritt. In einer konkreten Trendbeschreibung werden diese Differenzen erfasst und folgerichtig die Trends getrennt in die Matrix aufgenommen.

Szenario-Management

Im *Szenario-Management* nach GAUSEMEIER wird die Ähnlichkeitsanalyse anhand von Berechnungen durchgeführt (vgl. Gausemeier 1996). Eine sachlogische Überprüfung erscheint an dieser Stelle jedoch ausreichend (Brandenburg 2002).

Nachdem die Trends ausreichend beschrieben sind und die Ähnlichkeitsanalyse abgeschlossen ist, werden die Trends für die ZP-Matrix endgültig ausgewählt.

Bewerten der Trends

Es besteht die Möglichkeit, die Trends entsprechend ihrer Bedeutung für das Gestaltungsfeld zu gewichten. Mit den Gewichtungsfaktoren wird die relative Bedeutung festgelegt, die den Trends bei der Bewertung der Zukunftsprojektionen zukommen soll. Die Gewichtungsfaktoren werden häufig intuitiv festgelegt, es können aber auch systematische Methoden unterstützend herangezogen werden (z.B. Paarweiser Vergleich) (vgl. Anhang).

Während der Trendrecherche in den einzelnen Beobachtungsbereichen ergeben sich häufig Ideen für neue Gestaltungsfelder, die innerhalb der Situations-/Unternehmensanalyse bisher nicht berücksichtigt wurden. Diese Ideen sind festzuhalten und in zukünftige Planungszyklen einzubringen.

Damit sind die Trends in der ZP-Matrix aufgenommen und gewichtet. Im nächsten Schritt werden Zukunftsprojektionen generiert.

Aufstellen der Zukunftsprojektionen

Zukunftsprojektionen beschreiben die Auswirkungen von Trends aus den Beobachtungsbereichen auf das Gestaltungsfeld. Zur Formulierung der Zukunftsprojektionen sind sowohl die Kenntnis der Trends und deren Hintergründe wie auch der Zusammenhänge des Gestaltungsfeldes notwendig. Im Gegensatz zu den Trends sind die Zukunftsprojektionen spezifisch auf den Gestaltungsraum bezogen und bilden damit die Grundlage für eine gezielte und systematische Ideenfindung. Die Zukunftsprojektionen sind in interdisziplinären Teams und im Konsens herzuleiten, da sie wiedergeben, wie das Unternehmen zukünftige Entwicklungen einschätzt.

Zur eindeutigen und exakten Beschreibung von Zukunftsprojektionen bietet sich die Festlegung einer Syntax an, in der die Zukunftsprojektionen formuliert sind (Abb. 3.8). Neben einem Schlagwort oder einer Schlagzeile wird die Zukunftsprojektion durch zusätzliche Erläuterungen und Quellenangaben spezifiziert.

Syntax zur Beschreibung von Zukunftsprojektionen

Die Formulierung brauchbarer Zukunftsprojektionen					
Im Jahre 2010 wird die Abstimmung bei Bundestagswahlen über das Internet erfolgen.					
Beobachtungs-feld Trend	Indikator	Zeithorizont	Entwicklung	Wahrscheinlichkeit	Intensität
Um welches Beobachtungsfeld geht es? Welcher Trend hat zu der Annahme geführt?	Welcher Indikator ist betroffen?	Um welchen Zeitpunkt oder Zeitraum geht es?	Wie entwickelt sich der Indikator?	Wie wahrscheinlich ist diese Entwicklung?	Wie intensiv ist die Entwicklung?
• Technologie • Ökologie • ...	• Lieferantentreue • Bit-Transferrate • Datensicherheit	• 2005 • 2036 • in zehn Jahren • nächstes Jahr	• steigen • stagnieren • abnehmen	• wird • wird wahrscheinlich • könnte • nicht auszuschließen • muss	• allmählich • revolutionär • gewinnt an Bedeutung • explodierend • enorm

Abb. 3.8 Syntax für die Formulierung brauchbarer Zukunftsprojektionen (vgl. Micic 2000)

Intuitive Kreativitätstechniken können den Prozeß der Formulierung von Zukunftsvisionen unterstützen. Dazu zählt u.a. das Brainstorming als bekannteste Methode. In jedem Fall bietet sich ein systematisches Vorgehen entlang der Beobachtungsfelder an.

Kreativitätstechniken

Zur Generierung der Zukunftsprojektionen kann darüber hinaus die Methode des „vernetzten Denkens"

Methode des „vernetzten Denkens"

eingesetzt werden. Diese Methode zur Erfassung komplexer Zusammenhänge (Probst 1991) unterstützt die umfassende Untersuchung der Trendauswirkungen auf das Gestaltungsfeld. Zu jedem Trend ist mindestens eine Zukunftsprojektion zu formulieren, die die Auswirkung des Trends auf das Gestaltungsfeld beschreibt. Hier sind jedoch keine widersprüchlichen, sich gegenseitig ausschließenden Aussagen zugelassen, wie sie bspw. in der Szenario-Technik zulässig bzw. beabsichtigt sind (Kap. 4.1). Dieses zur Szenario-Technik differente Vorgehen ergibt sich aus einer anderen Zielsetzung. Während bei Szenario-Projekten mit Hilfe der Zukunftsprojektionen mehrere Szenarien ausgearbeitet werden sollen, besteht hier das Ziel darin, mit Hilfe der Zukunftsprojektionen *Innovationspotenziale* herzuleiten, die zu konkreten Produktideen führen. Dazu sind eindeutige Aussagen notwendig. Allerdings ist bei der Untersuchung der Widersprüchlichkeit zu berücksichtigen, dass besonders im sozio-kulturellen Bereich Trend und Gegentrend nebeneinander existieren können. Daraus resultieren Zukunftsprojektionen, die ebenfalls gegenläufig sind, sich jedoch nicht widersprechen müssen, sondern bspw. für unterschiedliche Marktsegmente oder unterschiedliche Altersgruppen gelten.

Gestaltungsfeldanalyse Neben der Sammlung der Trends aus den Beobachtungsbereichen ist eine Gestaltungsfeldanalyse durchzuführen, um weitere Zukunftsprojektionen aufzunehmen, die sich direkt aus dem Gestaltungsfeld ergeben. Dies sind bspw. Nischentrends, die (bisher) nur auf den Zielmarkt einwirken. Diese werden direkt in die Spalte der Zukunftsprojektionen aufgenommen. Der Bearbeitungsschritt »Formulierung von Zukunftsprojektionen« wird mit der Ähnlichkeitsanalyse der Zukunftsprojektionen abgeschlossen (s.o.).

Gewichtung und Bewertung der Zukunftsprojektionen Nach der Formulierung der Zukunftsprojektionen sind diese zu gewichten, um ihre Bedeutung für das Gestaltungsfeld zu bestimmen. Die Gewichtung der Zukunftsprojektionen findet zweigeteilt statt. In der Zusammenhangsmatrix (Abb. 3.9) wird der Zusammenhang zwischen den Zukunftsprojektionen und den Trends bewertet. Aus dieser Bewertung ergibt sich der »Trend-Fit«. Der Trend-Fit liefert eine Aussage darüber, wie stark eine Zukunftsprojektion Trends aus den Beobachtungsbereichen in das Gestaltungsfeld hineinträgt. In

Trend-Fit

3.4 Zukunftsanalyse

der Korrelationsmatrix wird der Zusammenhang zwischen den Zukunftsprojektionen bewertet und der »Gestaltungsfeld-Fit« berechnet. Er gibt Aufschluss über die Konformität einer Zukunftsprojektion zu den übrigen Zukunftsprojektionen. Ein hoher Wert lässt darauf schließen, dass diese Zukunftsprojektion im Einklang mit den übrigen Entwicklungen steht und einer evtl. vorhandenen Grundströmung entspricht.

Gestaltungsfeld-Fit

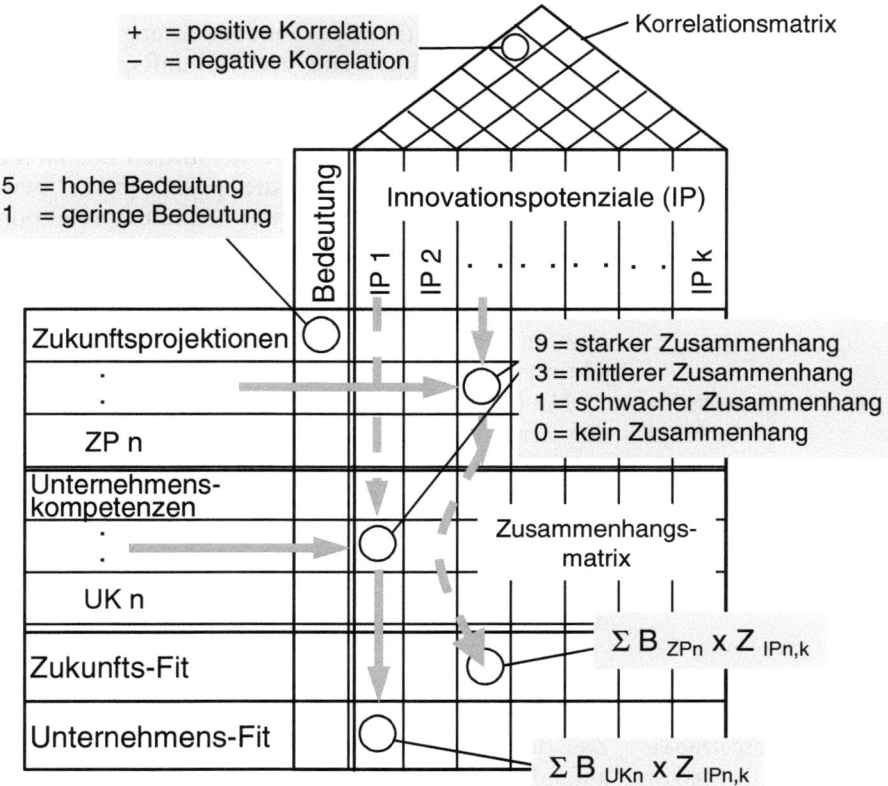

Abb. 3.9 Die Herleitung der Zukunftsprojektionen in der Zukunftsanalyse

Zusammenhangswerte berechnen	In der Bewertung der Zusammenhänge werden drei Zusammenhangsstärken unterschieden. Ein starker Zusammenhang wird mit 9, ein mittlerer Zusammenhang mit 3, ein schwacher Zusammenhang mit 1 bewertet. Besteht zwischen einem Trend und einer Zukunftsprojektion kein Zusammenhang, so bleibt das Feld in der Zusammenhangsmatrix leer. Der Trend-Fit einer Zukunftsprojektion berechnet sich aus der Summe der Zusammenhangswerte der Zukunftsprojektion zu den einzelnen Trends. Die Zusammenhangswerte ergeben sich durch Multiplikation der Trendbedeutung und des Zusammenhangs von Trend und Zukunftsprojektion. In der Korrelationsmatrix – dem „Dach" der ZP-Matrix – werden eine positive, eine negative und eine neutrale Einschätzung unterschieden. Unterstützen sich zwei Zukunftsprojektionen, so wird dies positiv mit „1" bewertet. Widersprechen sich zwei Zukunftsprojektionen oder schließen sie einander aus, so wird dies mit „-1" negativ bewertet. Besteht kein Zusammenhang zwischen den Zukunftsprojektionen, wird kein Wert eingesetzt. In der Summe der Werte erhält jede Zukunftsprojektion ihren Gestaltungsfeld-Fit.
Gestaltungsspezifisches Zukunftsbild	Mit der Formulierung der Zukunftsprojektionen hat der Anwender ein „gestaltungsfeld-spezifisches" Zukunftsbild gezeichnet. Auf dieser Grundlage lassen sich die »Innovationspotenziale« systematisch herleiten. Darüber hinaus lassen sich aus den Unternehmenskompetenzen weitere Innovationspotenziale herleiten. Die Vorgehensschritte der Chancenanalyse werden im nächsten Abschnitt beschrieben.

3.4.2
Chancenanalyse

Innovationspotenziale aufdecken	Ziel der Chancenanalyse ist es, Innovationspotenziale aufzudecken (Abb. 3.10). Den informatorischen Input liefern die Zukunftsprojektionen aus dem Planungsschritt Zukunfts-Anforderungsfindung und die Definition von Unternehmenskompetenzen in der Zielbildung. Ein Innovationspotenzial wird durch eine Problemidee oder eine Lösungsidee aufgedeckt. Eine Problemidee definiert ein zukünftiges Problem bzw. Kundenbedürfnis, das als Folge einer Zukunftsprojektion auftritt und zu dem bisher keine oder nur eine unzureichende Lösung existiert. Eine Lösungsidee beschreibt eine neu-

artige technische Prinziplösung, für die neue (zusätzliche) Anwendungsbereiche gesucht werden. Aus der Identifizierung von Problem- bzw. Lösungsidee entstehen »Produktideen«, die aus einer Problemidee und mindestens einer zugehörigen Lösungsidee bestehen. Die Kombination von Problem- und Lösungsidee ist prinzipiell bereits Bestandteil der Lösungsfindung. Der Lösungsgedanke ist in der Chancenanalyse zweitrangig. Im Vordergrund steht die Suche nach Innovationspotenzialen.

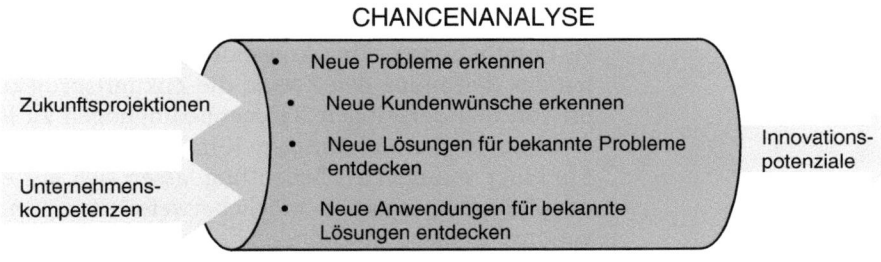

Abb. 3.10 Aufdecken von Innovationspotenzialen in der Chancenanalyse

Zur Analyse der Zukunftsprojektionen und der Unternehmenskompetenzen können neben intuitiven Kreativitätstechniken Methoden eingesetzt werden, die sich näher mit den Randbedingungen, die mit einer Zukunftsprojektion verbunden sind, beschäftigen:

Methoden zur Analyse der Zukunftsprojektionen

- *Sich Hineindenken* bzw. mit den „Augen" der Zielperson[9] sehen, ist eine Methode, den Anwender auf wichtige ungelöste Probleme der Zielperson aufmerksam zu machen. Dazu eignen sich Workshops sehr gut, da ein moderiertes und somit anwendungs- und zielorientiertes Arbeiten unterstützt wird. In den Workshops werden Fragen beantwortet; z. B.: Wie sieht der Tag unserer Zielperson in der Zukunft aus? Dabei ist zu beachten, dass die Zielperson in der Zukunft sich deutlich von einer gleichaltrigen Person im Heute unterscheiden kann.

Sich Hineindenken

- *Customer Process Monitoring (CPM):* Beim CPM wird der Prozess, in dem der Kunde ein Produkt ein-

Customer Process Monitoring

---

[9] Der Begriff Zielperson steht hier synonym für eine repräsentative, potenzielle Kundengruppe oder für ein entsprechendes Marktsegment.

setzt, genau untersucht, um Verbesserungsmöglichkeiten bspw. in der Handhabung des Produkts zu entdecken (vgl. Schröder 1998). Übertragen auf die Chancenanalyse kann der Planer das Verhalten eines Kunden unter Einfluss der definierten Zukunftsprojektion untersuchen, um so Probleme zu entdecken, die für den Kunden im Umgang mit der zukünftigen Situation entstehen.

Reframing
- *Reframing*: Reframing bedeutet: „etwas in einen anderen Zusammenhang stellen". Der aus dem Neurolinguistischen Programmieren (NLP) stammende Denkansatz verändert den Bezugsrahmen einer Aussage, um ihr eine andere Bedeutung zu verleihen (O'Connor 2000). Im Anwendungszusammenhang hat das Reframing den Zweck, die Zukunftsprojektion von den derzeitigen Rahmenbedingungen zu lösen und in den zukünftigen Kontext zu versetzen. Mit einer veränderten Bedeutung lassen sich aus einer Zukunftsprojektion möglicherweise neue Innovationspotenziale ableiten.

Ein Beispiel für die Herleitung einer Zukunftsprojektion und die Generierung einer Innovationsaufgabe läßt sich anhand des Gestaltungsbereich „Wohnen" nachvollziehen (Abb. 3.11).

Trend	Zukunftsprojektionen	Innovationspotential	Innovationsaufgabe
Die **Mobilität der Bevölkerung** nimmt stetig zu. Ein Ende dieses Trends ist nicht abzusehen.	Die mobile Bevölkerung wird ihre **Wohnungseinrichtung** zunehmend auf häufige **Wohnungswechsel** abstimmen.	**Mobile Küchen und Bäder** Einrichtungsgegenstände wie Küche und Bad bilden bei Umzügen einen Problemfaktor. Für eine kurze Nutzungszeit sind sie zu teuer. Für die Mitnahme in eine neue Wohnung sind die bisherigen Lösungen zu unflexibel und die handwerklichen Umbauleistungen zu aufwendig.	**Mobiles Küchensystem** Planung von Küchensystemen, die den veränderten Anforderungen gerecht werden.

Abb. 3.11 Vom Trend zur Innovationsaufgabe

Bevor die Innovationspotenziale bewertet werden, ist die Ähnlichkeit der Innovationspotenziale zu überprüfen. Da die Innovationspotenziale aus zwei verschiedenen Quellen hergeleitet werden (Zukunftsprojektionen, Unternehmenskompetenzen), können Überschneidungen entstehen, die erst in der Ähnlichkeitsanalyse deutlich werden.

3.4.3
Aufgabendefinition

Die Bewertung der Innovationspotenziale erfolgt in der Innovationspotenzial-Matrix analog zur Bewertungssystematik für die Zukunftsprojektionen (s. o.). Die Gewichtung der Zukunftsprojektionen orientiert sich an der Bewertung der Zukunfts-Anforderungsfindung. Die Unternehmenskompetenzen können sowohl intuitiv als auch systematisch gewichtet werden. Die Bewertung der Zusammenhänge zwischen Innovationspotenzialen und Zukunftsprojektionen bzw. Unternehmenskompetenzen führt zu den Werten für den »Zukunfts-Fit« bzw. »Unternehmens-Fit« (Abb. 3.12).

<small>Bewertung der Zusammenhänge zwischen Innovationspotenzialen und Zukunftsprojektionen mittels Zukunfts- und Unternehmens-Fit</small>

Der Zukunfts-Fit ist ein Maß für das Potenzial aus Umfeldsicht. Der Unternehmens-Fit gibt Aufschluss über den Zusammenhang zwischen Innovationspotenzialen und Unternehmenskompetenzen. Es wird die Fähigkeit des Unternehmens zur Umsetzung der Innovationspotenziale bewertet. In einer Korrelationsmatrix werden die Wechselbeziehungen zwischen den Innovationspotenzialen beurteilt. Aus ihnen ergibt sich der Synergiewert der Innovationspotenziale. Der Zukunfts-Fit und der Unternehmens-Fit können in einer Portfolio-Darstellung visualisiert werden (s. S. 54, Abb. 3.6, unten rechts). Dabei wird auf der vertikalen Achse der Zukunfts-Fit aufgetragen und auf der horizontalen Achse der Unternehmens-Fit. Auf der Grundlage dieser Darstellung findet die strategische Bewertung der Innovationspotenziale statt.

<small>Zukunfts- und Unternehmens-Fit</small>

In Abhängigkeit von der Platzierung der Innovationspotenziale im Portfolio werden folgende Handlungsempfehlungen unterschieden:

<small>Ableitung von Handlungsempfehlungen</small>

3 Die InnovationRoadMap-Methodik

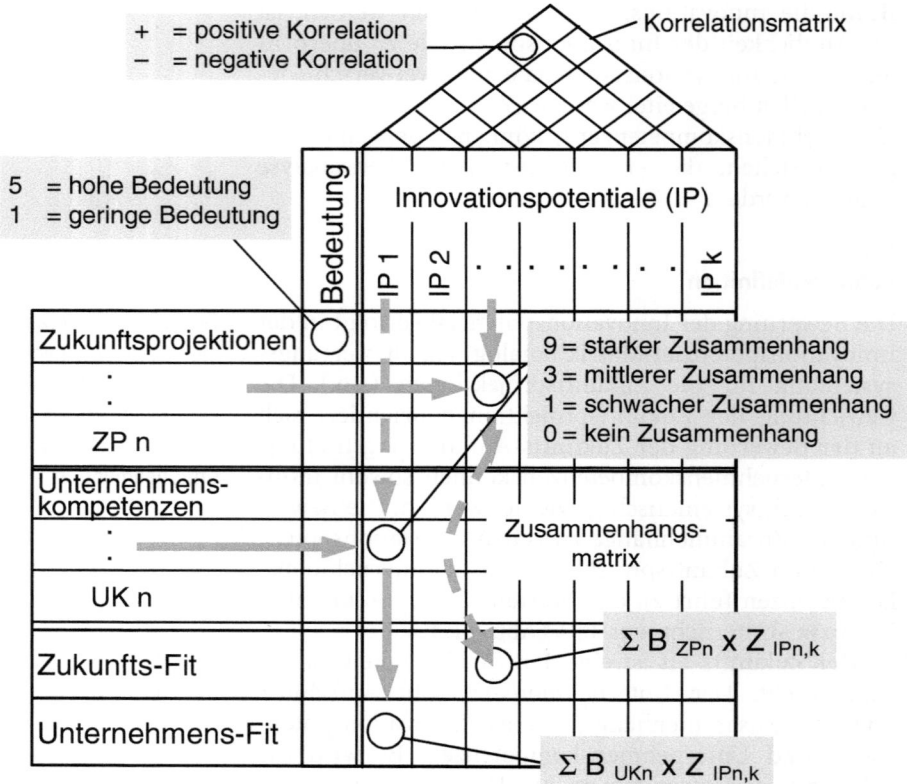

Abb. 3.12 Innovationspotenzial-Matrix in der Chancenanalyse

Zurückstellen/ Verwerfen
• Das aufgedeckte Innovationspotenzial hat einen geringen Zukunfts-Fit, es können kaum Unternehmenskompetenzen genutzt werden. Von der Weiterverfolgung des Innovationspotenzials ist zunächst abzusehen.

Prüfen
• Das Innovationspotenzial hat einen hohen Unternehmens-Fit, aber einen geringen Zukunfts-Fit. Es ist zu prüfen, wie Innovationspotenziale bewertet wurden, zu denen eine enge Korrelation besteht: Kann die Idee unter Ausnutzung der Synergieeffekte mit geringem Mehraufwand umgesetzt werden? Generell

ist die Innovationsidee mit der Strategie-Kriterienliste aus der Zielbildung zu prüfen.

Das Innovationspotenzial hat einen hohen Zukunfts-Fit, jedoch können Unternehmenskompetenzen nur in geringem Maße genutzt werden. Deshalb sollten folgende Fragen beantwortet werden: Können Wettbewerber ihre Unternehmenskompetenzen besser nutzen als wir? Werden mit der Umsetzung des Innovationspotenzials strategische Vorhaben, bspw. die Erschließung eines neuen Geschäftsfeldes, einer neuen Kundengruppe etc., umgesetzt? Werden die Innovationspotenziale als „Lern-Projekte" intendiert, in denen neue Unternehmenskompetenzen aufgebaut werden? Auch hier ist die Strategiekonformität der Innovationspotenziale zu prüfen.

- Die Handlungsempfehlung richtet sich auf Innovationspotenziale, die einen hohen Zukunfts-Fit besitzen; zusätzlich können Unternehmenskompetenzen genutzt werden. Stimmen die Innovationspotenziale mit den strategischen Vorgaben bzw. Unternehmenszielen überein, besitzen sie ein hohes Potenzial, zum Unternehmenserfolg beizutragen, und sollten deshalb umgesetzt werden. Stimmen die Innovationspotenziale nicht mit den strategischen Vorgaben oder den Unternehmenszielen überein, so sind die Widersprüche kritisch zu prüfen: Wurden bei der Aufstellung der strategischen Richtlinien zukünftige Entwicklungen außer Acht gelassen?

Umsetzen

Die in der strategischen Bewertung ausgewählten Innovationspotenziale sind im letzten Schritt der Zukunftsanalyse in »Innovationsaufgaben« zu übersetzen. Die Innovationsaufgabe definiert die Aufgabenstellung für die »Ideenfindung«. In Abhängigkeit davon, ob das Innovationspotenzial eine sog. Produktidee 1. Ordnung – also eine Problem- oder eine Lösungsidee – beinhaltet, ist es Aufgabe der Planungsphase »Ideenfindung«, Lösungsideen zu einer Problemidee zu finden oder Problemideen zu einer Lösungsidee zu zuordnen. Als Frage formuliert, heißt die Aufgabenstellung (vgl. Trux et al. 1985):

Formulierung von Innovationsaufgaben

- Hier ist das Problem, wo ist die Lösung? oder:
- Hier ist die Lösung, wo ist das Problem?

Zusammenfassung	In der Zukunfts-Anforderungsfindung werden in den Gestaltungsfeldern Zukunftsprojektionen formuliert, die zukünftige Entwicklungen eines Gestaltungsbereichs aus der Sicht des Unternehmens beschreiben. Aus diesen Annahmen werden Innovationspotenziale abgeleitet, die Potenzial für zukünftige Neuprodukte bieten. Dazu wurde ein Matrizensystem vorgestellt, das die systematische Herleitung der Innovationspotenziale durch Zuhilfenahme und Integration geeigneter Methoden fördert und visualisiert. Die systematische Auswahl der Innovationspotenziale wird durch die Bewertung des Zukunfts-Fits, des Unternehmens-Fits und der Strategiekonformität unterstützt. Zu den ausgewählten Innovationspotenzialen werden Innovationsaufgaben formuliert, die in der Phase »Ideenfindung« gelöst werden sollen. Durch die frühzeitige Aufdeckung der Innovationspotenziale verbleibt eine größere Zeitspanne, um die Innovationspotenziale in marktfähige Neuprodukte umzusetzen.
Zukunftsanalyse der Center-Positioniersysteme GmbH	... Kerstin Schmidt hatte vor einigen Monaten bei der Center-Positioniersysteme GmbH wegen einer Diplomarbeit angefragt und war kurz darauf von Herrn Steinbrink zu einer Besprechung eingeladen worden. In dem Gespräch hatte Herr Steinbrink den Zweck der Diplomarbeit erläutert und Frau Schmidt überzeugt, die Arbeit durchzuführen.
Zukunftsprojektionen	Die Studentin der Wirtschaftsingenieur-Wissenschaften hatte sich seit dem Gespräch intensiv mit der Suche nach zukünftigen Trends und Entwicklungstendenzen auseinandergesetzt. Zunächst hatte sie mit der
Globaltrends	Suche nach Globaltrends begonnen, um sich anschließend auf spezielle, interessierende Bereiche zu fokussieren. Sie hatte den Suchbereich in fünf Kategorien – ökonomische, sozio-kulturelle, technologische, politisch-rechtliche und ökologische Umfelder – strukturiert. Deutlich hatte sie trendartige wie potenzielle Veränderungen in den verschiedenen Kategorien
Trendscanning	identifizieren können. In einem ersten Trendscanning hatte sie u.a. mögliche Wechselkursschwankungen und die Entwicklung der Einkommensteuer im ökonomischen Umfeld betrachtet. Die Analyse berücksichtigte die Anforderungen der jeweiligen Umfelder. Das sozio-kulturelle Umfeld greift z.B. Entwicklungen in der

Bildung auf, während die Bildungspolitik eher in den Bereich politisch-rechtliches Umfeld fällt. Herrn Steinbrink waren vor allem die technologischen, ökonomischen und ökologischen Umfelddaten wichtig, da diese Daten Trends in der Produkt- und Produktionstechnologie (z.B. neue CAD-Technologien, neuartige Fertigungsverfahren etc.), Steuerentwicklung und -politik als auch Umweltaspekte (z.B. Ressourcenverbrauch, Gesetzesauflagen etc.) enthalten.

Neben der Untersuchung von Globaltrends hatte sich die angehende Wirtschaftsingenieurin auch mit der Entwicklung von Markttrends auseinandergesetzt. In dieser Untersuchung identifizierte sie erste potenzielle Kundenbedürfnisse. Schwerpunkt der Markttrend-Recherche waren die Gestaltungsfelder Medizintechnik, Mikrosystemtechnik und Biotechnologie, die Herr Steinbrink vorgegeben hatte und die durch die Suche bestätigt wurden. Die identifizierten Trends hatte Frau Schmidt in Form von Zukunftsszenarien aufbereitet.

Markttrends

Heute, knapp vier Monate nach dem ersten Gespräch mit Herrn Steinbrink, legte sie ihm die fertige Diplomarbeit mit dem Titel »Technologie- und Markttrends im Bereich Positioniersysteme« vor. Sie wollte sich für die gute Zusammenarbeit bedanken und den erfolgreichen Abschluss der Arbeit in einer gemütlichen Runde mit Kaffee und Kuchen, den sie für diesen Anlaß gebacken hatte, feiern.

Herr Steinbrink kannte den Inhalt der Arbeit fast auswendig, schließlich hatte er den Fortschritt in den letzten Monaten intensiv verfolgt. Für ihn persönlich waren die Ergebnisse aus dem fünften Kapitel wichtig, in dem anhand eines Fallbeispiels der Center-Positioniersysteme GmbH die Identifizierung von relevanten Zukunftstrends beschrieben wurden. Noch einmal ging er die ausgewählten Zukunftsprojektionen durch:

- In der Mikrosystemtechnik werden in den nächsten 10 Jahren Umsatzsteigerungen von jährlich 30% erwartet. Die Mikrosystemtechnik wird neben „klassischen" Bereichen wie z.B. Werkzeugmaschinen nahezu alle Bereiche der Ingenieurwissenschaften betreffen.

Mikrosystemtechnik

- In der Medizintechnik (insbesondere in der minimalinvasiven Chirurgie) werden Applikationen zur Un-

Medizintechnik

terstützung der ferngesteuerten Operation herkömmliche Operationsmethoden in vielen Bereichen ablösen. Der operierende Arzt übernimmt mehr und mehr die Funktion eines Überwachers und lässt sich durch intelligente Systeme, die Operationen automatisch durchführen und diverse Funktionen erfüllen, unterstützen.

- Biotechnologie • Die Biotechnologie wird viele Bereiche revolutionären. Insbesondere im Bereich der DNA-Analyse werden ausschlaggebende Erfolge erwartet. Die exorbitante Zunahme durchzuführender Analysen wird durch (automatisierte) Funktionen möglich, die optimal an die Aufgabe angepasst sind. Die Technologie zur Realisierung unterstützender (Analyse-) Funktionen ist bereits vorhanden, so dass sich kurz- bis mittelfristig neue Systeme durchsetzen und zum Standard werden.
- Messtechnik • In der Messtechnik wird die Vermessung immer kleinerer Bauteile durch ebenso kleiner werdende Messapparaturen realisiert werden können, wodurch in-process Prüfschritte zum state-of-the-art werden. Noch steckt die Technologie dieser neuen Generation von Vermessungsgeräten in den Kinderschuhen, erste Erfolge werden aber in den nächsten fünf Jahren erwartet.
- • ...

Potenzialableitung: Herr Steinbrink überflog die Zukunftsszenarien und
Portfolio-Technik nahm seine eigenen Aufzeichnungen zur Hand, die aus den zahlreichen Diskussionen während der Erstellung der Diplomarbeit entstanden waren. Er betrachtete eine Skizze, die er angefertigt hatte. Sie enthielt die Erfolg versprechendsten Innovationspotenziale für die Center-Positioniersysteme GmbH (Abb. 3.13).

Für die Transformation hatte er die Portfolio-Technik benutzt, welche die IRM-Methodik an dieser Stelle vorschlägt. Anhand seiner Aufzeichnung vollzog er noch einmal, welche Schritte die Diplomarbeiterin durchgeführt und wie sie ihre Resultate begründet hatte:

Die Studentin hatte an mehreren Sitzungen der BU-Manager teilgenommen, in denen die Zukunftsszenarien von den Experten eingeschätzt worden waren.

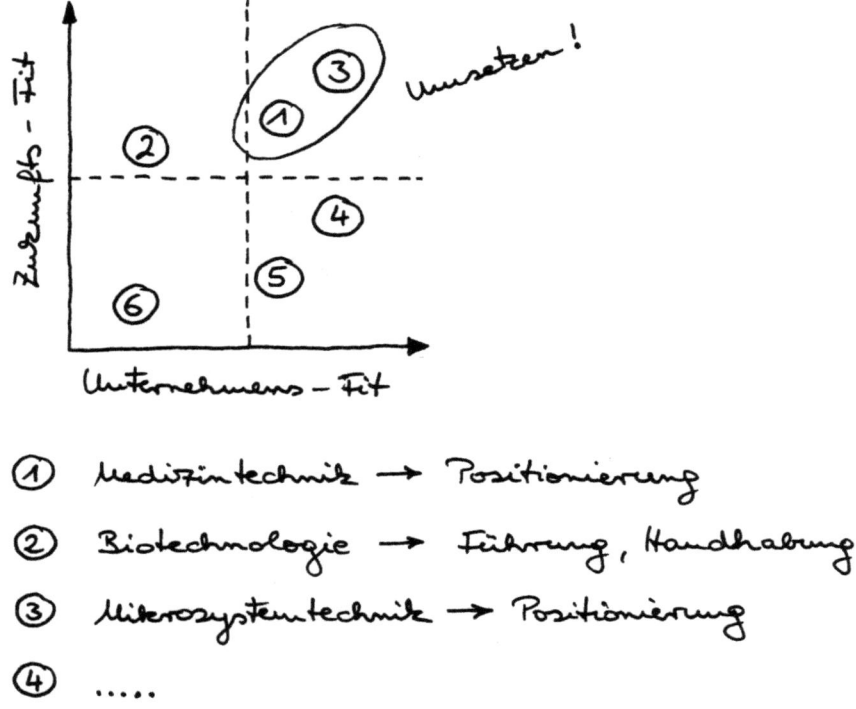

Abb. 3.13 Portfolio-Technik zur Auswahl vielversprechender Innovationspotenziale

Daraufhin hatte Kerstin Schmidt begonnen, aus den Zukunftsszenarien Innovationspotenziale abzuleiten, indem sie die Entwicklungen und Trends zu den identifizierten Unternehmenspotenzialen (Transportieren, Aufnehmen, Positionieren etc.) genauer untersuchte. Herr Steinbrink überflog das Ergebnis dieser Recherche:

- In der Medizintechnik werden die Funktionen *Positionieren* und *Handhaben* ca. 80% der insgesamt zu erfüllenden Funktionen einnehmen. Dazu ist eine exakte Positionierung von (automatisierbaren) Systemen zu entwickeln.
- Wesentliches Problem der Miniaturisierung von Positioniersystemen ist der Widerspruch zwischen langen Verfahrwegen und den Abmessungen des Positioniersystems. Die Lösung dieses Widerspruchs

stellt eine aktuelle Forschungs- und Entwicklungsaufgabe dar.
- In der Biotechnologie werden DNA-Analysen automatisiert ablaufen müssen, da die enorme Anzahl durchzuführender Probeuntersuchungen nicht mehr in realistischer Zeit von Hand durchzuführen sind. Wesentliche Anforderungen an eine Automation sind das automatische Aufnehmen, das Verfahren, Absetzen, Wiederaufnehmen und Zurückbringen der Proben. Auf Grund der hohen Anzahl gleichzeitig durchzuführender Analysen werden minimale Mengen von DNA mit Mikropipetten in sog. *Templates* gefüllt – Platten mit einer großen Anzahl von Vertiefungen (*Spots*). Die Spot-Größe ist im Mikro- bis Nanometerbereich anzusiedeln. Die moderne DNA-Sequenzierung erfordert geeignete Systeme zur automatisierten Durchführung der genannten Funktionen.
- ...

Er blickte auf. In der Tat hatten sich seine Vorahnungen bestätigt. Nahezu alle der identifizierten Gestaltungsfelder für zukünftige Produktinnovationen lagen in der rechten oberen Ecke des Portfolios. „Sehr wertvolle und gute Arbeit!", dachte Herr Steinbrink und schlug das Manuskript zu. „Dann kann ja mit dem nächsten Planungsschritt der Zukunftsanalyse begonnen werden ...", sagte er, während er den mit »IRM-Methodik« beschrifteten Ordner aus dem Regal nahm.

Aufgabendefinition

„Aufgabendefinition", las er. „Zu den ausgewählten Innovationspotenzialen müssen Innovationsaufgaben formuliert und in einer Terminierungsbasis festgehalten werden. Das heißt doch eigentlich, bis wann will ich welche Aufgaben zur Konkretisierung welcher Innovationspotenziale erledigt haben?", führte er sich das Gelesene noch einmal vor Augen.

Zeitplan

Zunächst überlegte sich Herr Steinbrink einen groben Zeitplan bis zur nächsten Planungsphase, der Ideenfindung. „Drei Monate sollten reichen ...", überschlug er den Zeitraum, während er in seinen Terminkalender blickte. Dann widmete er sich der Formulierung konkreter Aufgaben. Beim Lesen der Diplomarbeit waren ihm bereits viele Ideen eingefallen, die er nun in einer Liste festhielt. Ergänzend wollte er Anregungen und Meinungen von den jeweiligen BU-Managern

Im Unternehmen vorhandenes Wissen nutzen

einholen. „Der Günter Blei von den Schlittensystemen müsste doch eigentlich wissen, welche Informationen wir zur Realisierung technischer Mikrosysteme, z.B. für Positionieraufgaben, benötigen", dachte Herr Steinbrink, während er den Telefonhörer aufnahm.

Am späten Nachmittag hatte er mit allen BU-Managern telefoniert und konkrete Informationen erhalten oder zumindest die Zusage bekommen, diese bis zum Ende der Woche zu erhalten. Als Herr Steinbrink am Freitag Abend seine Liste mit Innovationsaufgaben in den Ordner ablegte, enthielt die Aufzählung folgende Arbeitspunkte:

Innovationsaufgaben

- Aufwand zur Realisierung von Mikro-Positioniersystemen ermitteln,
- Ermittlung weiterer, konkreter Anwendungen in den Bereichen Medizintechnik, Biotechnologie und Mikrosystemtechnik,
- Expertentreffen mit Ärzten/ Medizinern, Biowissenschaftlern und Werkzeugmaschinenherstellern sowie Institutsvertretern zum Thema »Positionieren und Führen« vereinbaren,
- Durchführung einer primären (OEM-und Händlerbefragungen etc.) und sekundären Marktforschung (Literatur, Internet etc.),
- Durchführung von Kundenbefragungen zur Bestimmung der Kundenbedürfnisse.

Direkt am Montag Morgen wollte er beginnen, konkrete Termine mit den Experten auszumachen und detaillierte Deadlines für die einzelnen Aufgaben festzulegen ...

3.5
Ideenfindung

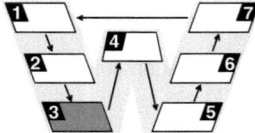

In der Planungsphase »Ideenfindung« werden Produktideen erarbeitet, die inhaltlich auf den identifizierten Innovationspotenzialen der vorherigen Planungsphase aufbauen. Dabei sind folgende Planungsschritte mit vertretbarem Aufwand durchzuführen:

- Zu den Problemideen sind Prinziplösungen zu identifizieren, mit denen die gewünschte(n) Funktion(en) grundsätzlich erfüllt werden können.
- Zu den Lösungsideen sind Anwendungsmöglichkeiten, d. h. Problemideen, zu identifizieren, in denen die Lösungsideen gewinnbringend eingesetzt werden können.
- Die aus Problemidee mit dazugehöriger Lösungsidee bestehenden Produktideen sind zu konkretisieren.

Das Ergebnis der Ideenfindung sind strukturierte Produktideen 2. Ordnung, die im Hinblick auf die planungs- und bewertungsrelevanten Informationen einheitlich und eindeutig beschrieben sind.

Ideenfindung: Überführung von Innovationsaufgaben in zukunftsträchtige Produkte

Mit den in der Zukunftsanalyse abgeleiteten unternehmensbezogenen Innovationsaufgaben liegen (zukunftsorientierte) Problemstellungen vor, die in der Planungsphase »Ideenfindung« in zukunftsträchtige Produktideen überführt werden sollen. Dabei ist zu beachten, dass diese »Produktideen 1. Ordnung« möglichst allgemein und ohne unternehmensbezogene Einschränkungen er-/ gefunden werden, wobei sie sich gegenseitig ergänzen sowie ausschließen können (Brandenburg 2002). Als Produktideen 1. Ordnung werden sowohl marktbezogene Problemideen als auch technologieseitige Lösungsideen bezeichnet. Der Begriff Problemidee umfasst neue Anwendungsmöglichkeiten, Probleme, Anforderungen oder auch Funktionen im Marktbereich. Lösungsideen können in Form konstruktiver Prinziplösungen wie auch als produkt-, werkstoff- und produktionstechnologische Ansätze ausgearbeitet werden. Wird eine Problemidee mindestens mit einer Lösungsidee eindeutig verknüpft, so bezeichnet man das Ergebnis als »Produktidee 2. Ordnung«.

Die Ideenfindung erfolgt in vier Planungsschritten (vgl. Brandenburg 2002):

- Analyse der Innovationsaufgabe,
- Sammlung und Generierung von Produktideen 1. Ordnung,
- Ideenstrukturierung und -verdichtung,
- Formulierung von Produktideen 2. Ordnung.

Zielsetzung der Ideenfindung ist die Ansammlung von Produktideen 2. Ordnung, die in kreativen Denkprozessen ausgearbeitet werden. Da die Ideen möglichst ohne Einschränkungen entwickelt werden sollen, ist es sinnvoll, den beteiligten Mitarbeitern insbesondere in dieser Phase weitreichenden Freiraum für Kreativität und Eigeninitiative zu gewährleisten (vgl. Albers u. Eggers 1991).

Freiraum für Kreativität und Eigeninitiative

Die kreativen Denkprozesse können u.a. durch die Bildung interdisziplinärer Teams und den Einsatz intuitiv-kreativer und/ oder analytisch-systematischer Methoden unterstützt werden[10].

Methoden zur Unterstützung kreativer Denkprozesse

Damit in der nächsten Planungsphase eine zielführende Ideenbewertung durchgeführt werden kann, besteht die Notwendigkeit, die Ideen in einem Mindestmaß zu konkretisieren und zu strukturieren. Dazu werden diverse Methoden und Hilfsmittel vorgeschlagen, welche in den einzelnen Planungsschritten unterstützend eingesetzt werden können (Abb. 3.14).

Ein Mindestmaß an Struktur und Konkretisierung ist notwendig

3.5.1
Analyse der Innovationsaufgabe

Bei der Analyse der Innovationsaufgaben werden die zur Verfügung stehenden Informationen für die nachfolgenden Planungsphasen aufbereitet. Zusätzlich wird die Innovationsaufgabe derart strukturiert, dass einerseits eine zielgerichtete Ideengenerierung bzw. Ideensuche möglich ist, andererseits die Grundlage für eine abschließende Ideenverdichtung geschaffen wird (vgl. Brandenburg 2002).

Aufbereitung der benötigten Informationen

---

[10] Ein Überblick über weitere Kreativitätstechniken, der eine situations- und problemspezifische Auswahl einer effektiven Technik fördert, findet sich im Anhang des vorliegenden Buchs (siehe auch Friese 1975, Hauschildt 1996).

Strukturierung der Innovationsaufgaben durch Funktionsanalyse

Zur Strukturierung der Innovationsaufgabe wird zunächst eine *Funktionsanalyse* durchgeführt. Dabei wird die Innovationsaufgabe unter funktionalen Gesichtspunkten betrachtet und in einzelne Zweck-Mittel-Beziehungen zerlegt. Im weiteren Verlauf sind diejenigen potenziellen (Wettbewerbs-)Lösungen zu analysieren, die entweder in einem technologischen oder einem funktionalen Zusammenhang mit der Innovationsaufgabe stehen. Damit ist gewährleistet, dass evtl. schon existierende Lösungen nicht imitiert oder „ein zweites Mal" erfunden werden (Brandenburg 2002). Die Überprüfung der Lösung kann z.B. mit Hilfe von Patentanalysen (Wagner u. Thieler 1994) oder einer Wertanalyse (VDI 1995) von Wettbewerbsprodukten methodisch unterstützt werden.

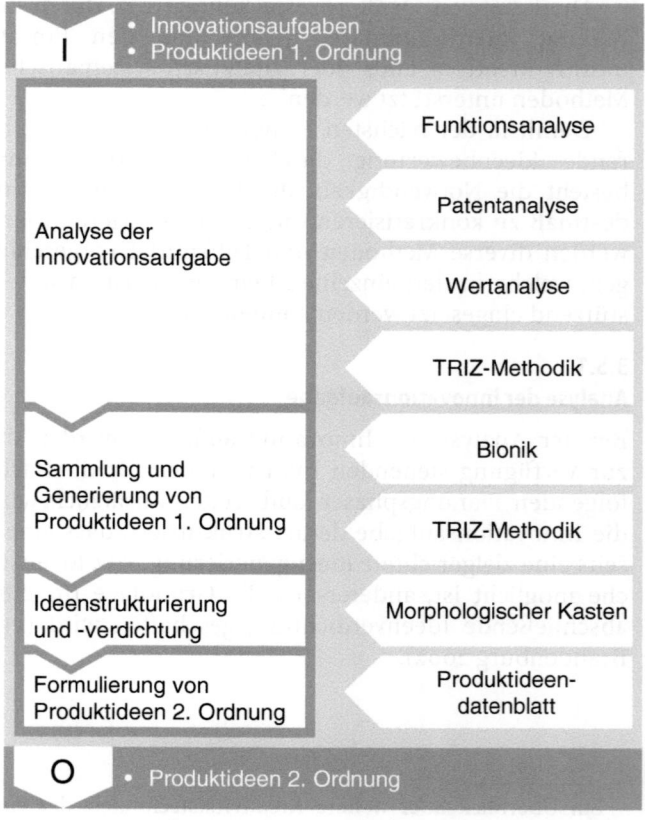

Abb. 3.14 Methodenbaukasten »Ideenfindung«
(vgl. Brandenburg 2002)

Aufbauend auf der Analyse bestehender (Wettbewerbs-)Lösungen werden relevante Anforderungen und Ziele konkretisiert, anhand derer sich die Innovationsaufgabe kennzeichnen lässt.

Schließlich werden die Kernfunktionen herausgearbeitet und anschließend das »Ideale Produkt« formuliert. Bei dem Idealen Produkt handelt es sich um ein rein theoretisches Konstrukt. Seine besondere Eigenschaft besteht darin, dass es die vorgegebenen Kernfunktionen erfüllt, ohne dabei Ressourcen zu verbrauchen oder negative Nebeneffekte zu erzeugen. Die Definition des Idealen Produktes dient dazu, neben einer Vorgabe zur Eingrenzung des Suchraums zusätzlich einen Orientierungspunkt für die Herleitung anspruchsvoller Lösungen zu besitzen. Des Weiteren lassen sich auf diese Weise vorhandene Denkbarrieren überwinden (vgl. Linde u. Hill 1993).

Das Ideale Produkt formulieren

3.5.2
Sammlung und Generierung von Produktideen 1. Ordnung

Die zentrale Aktivität in der Planungsphase Ideenfindung ist das Sammeln und Generieren von Produktideen 1. Ordnung (Brandenburg 2002). Dabei werden einerseits vorhandene Informationen für die weitere Nutzung erfasst und aufbereitet, andererseits neue Informationen erzeugt.

In der Literatur existiert eine Vielzahl an Methoden und Instrumenten in Form sog. Kreativitätstechniken, die nahezu ausschließlich auf den grundlegenden Prinzipien der Assoziation, Abstraktion, Kombination und Variation basieren. Zur Anwendung dieser Prinzipien eignet sich u. a. die Bionik, bei der Lösungen aus der Natur durch Anwenden der Prinzipien auf technische Problemstellungen übertragen werden. In den letzten Jahren werden zudem vermehrt Methoden eingesetzt, mit denen sich widerspruchsorientierte Ideen und Lösungen entwickeln lassen. Dazu gehört z. B. die *TRIZ-Methodik* (die Theorie des erfinderischen Problemlösens, Kap. 4.4), bei der eine systematische Vorgehensweise zur Problemlösung mit verschiedenen Methoden und Hilfsmitteln kombiniert wird (Altschuller 1998). Diese Methodenbausteine können sowohl bei der Ideenfindung als auch später bei der Ideendetaillierung sinnvoll und zielführend angewandt werden (Brandenburg 2002).

Methoden und Instrumente

Beispiel: TRIZ-Methodik

Eine ausführliche Beschreibung der TRIZ-Methodik sowie weiterer Methoden der Ideenfindung befindet sich in Kapitel 4.

3.5.3
Ideenstrukturierung und -verdichtung

Ideen strukturieren und verdichten

Die Problem- und Lösungsideen, die zu diesem Zeitpunkt als Ergebnisse vorliegen, unterscheiden sich sowohl in ihrem Detaillierungs- und Konkretisierungsgrad als auch in ihrer prinzipiellen Ausrichtung (Problemidee oder Lösungsidee) sowie in ihrer Beziehung zueinander (sich ergänzende oder konkurrierende Ideen). Damit dennoch aus den Einzellösungen sinnvolle kombinatorische Gesamtlösungen in Form von Produktideen 2. Ordnung entwickelt werden können, müssen die vorliegenden Problem- und Lösungsideen strukturiert und verdichtet werden. Dazu werden die Ideen mit der anfänglich analysierten und beschriebenen Innovationsaufgabe abgeglichen (Brandenburg 2002).

Gesamtidee bilden: Morphologische Verknüpfung von Problem- und Lösungsidee

Die eigentliche Kombination von Problem- und Lösungsidee zu einer Gesamtidee erfolgt schließlich über eine morphologische Verknüpfung von Funktionsstrukturen und Lösungsideen. Nach einer Untergliederung des Gesamtsystems in charakteristische Merkmale bzw. Funktionseinheiten werden für alle diese Merkmale die möglichen Lösungsideen in einen *Morphologischen Kasten* eingetragen. Jede Kombination einer – zu einem Merkmal gehörenden – Lösungsidee mit einer anderen Lösungsidee eines anderen Merkmals stellt eine theoretisch denkbare Lösungskombination dar. Werden verschiedene, benötigte Merkmale miteinander verknüpft, so entstehen unterschiedliche Lösungskonzepte. Das Ziel dieser methodischen Vorgehensweise besteht darin, die Bildung auch ungewöhnlicher Lösungskombinationen zu fördern, wodurch letztendlich die Auswahlmöglichkeit an Lösungskonzepten erweitert wird (Haberfellner et al. 1999).

Ideenpool

In dem vorangestellten Planungsschritt der Ideengenerierung können durchaus Ideen entwickelt werden, die nicht im direkten Zusammenhang mit der Innovationsaufgabe stehen. Selbst wenn es sich nur um Teillösungen handelt, sollten diese nicht verworfen, sondern in einem entsprechenden unternehmensspezifischen Ideenpool dokumentiert werden (Brandenburg 2002).

3.5.4
Formulierung von Produktideen 2. Ordnung

Die Planungsphase Ideenfindung endet mit der Ausarbeitung von Produktideen 2. Ordnung. Damit in der nachfolgenden Planungsphase »Ideenbewertung« möglichst keine unterschiedlich detailliert ausgearbeiteten Ideen miteinander verglichen werden, müssen im Vorfeld aus den vorhandenen systematisierten Teilfunktionen sinnvolle Ideen einer vergleichbaren Ebene definiert werden (Breiing 1997). Um eine einheitliche Aufbereitung und Bereitstellung von relevanten Informationen zu gewährleiste, empfiehlt sich der Aufbau und die Anwendung eines unternehmensspezifischen Informationsmodells (Brandenburg 2002). Im Folgenden soll der prinzipielle Aufbau eines solchen Informationssystems kurz erläutert werden.

Unternehmensspezifisches Informationsmodell: Gleicher Informationsreifegrad der Ideen

Damit einerseits die Planungsaktivitäten transparent gestaltet und andererseits die nachfolgenden Planungsschritte anforderungsgerecht durchgeführt werden, bedarf es der Erfassung und Verknüpfung einer Vielzahl verschiedenster Informationen. In der Praxis bereitet die Erfassung und Aggregation der relevanten Informationen und Daten allerdings oft Probleme, da die Daten nur teilweise konkret dokumentiert – z. B. als Studien, Patente etc. – vorliegen. Der überwiegende Anteil der Informationen existiert lediglich immateriell in Form von Erfahrungswerten, Mitarbeiter-Know-how etc.. Darüber hinaus sind die Informationen und Informationsträger sowohl unternehmensintern als auch -extern verteilt. Zudem entspricht der Informationsgehalt oft nicht den notwendigen Anforderungen, weil entweder relevante Daten fehlen oder – stattdessen – irrelevante Informationen vorliegen. Die beschriebenen Aspekte haben zur Folge, dass sowohl verhältnismäßig viele Planungsressourcen eingesetzt werden müssen, als auch die Gefahr einer unzulänglichen Fundierung wichtiger Entscheidungen im Unternehmen besteht.

Aufbau eines Informationssystems

Im Folgenden wird ein Informationsmodell vorgestellt, mit dem der produktideenbezogene und planungsrelevante Informationsbedarf abgedeckt wird. Bei Anwendung des Informationsmodells ergeben sich für den Planenden bzw. Durchführenden verschiedene positive Effekte in Bezug auf die Methodikanwendungen. Praxisrelevante Vorteile entstehen für den Anwen-

Informationsmodell

der z. B. dadurch, dass mit der Nutzung eines Informationsmodells (vgl. Brandenburg 2002):

- eine effektive und effiziente Planung auf Grund vorhandener ziel- und anwendungsorientierter bzw. relevanter Planungsinformationen sichergestellt wird,
- alle in die Planung involvierten Mitarbeiter einen aktuellen und einheitlichen Informationsstand besitzen,
- sowohl die bereichsübergreifende Informationsbeschaffung bzw. der Informationsaustausch als auch die Informationsaufbereitung und -bereitstellung gefördert werden,
- der Ideengeber einen Leitfaden an die Hand bekommt, welche für die Entwicklung einer Produktidee relevanten Informationen benötigt und beschafft werden müssen[11],
- eine Wissensbasis geschaffen wird, auf die bei nachfolgenden Planungen systematisch zurückgegriffen werden kann.

Produktideendatenblätter

Die Zielsetzung des planungsorientierten Informationsmodells besteht darin, alle produktideenbezogenen und planungsrelevanten Informationen in einem einzigen Informationsträger zusammenzustellen. Als Informationsträger haben sich u. a. Produktideendatenblätter (PDB) bewährt (Abb. 3.15) (Brandenburg 2002).

Struktur der PDB

Die Daten eines Produktideendatenblatts werden inhaltlich in die vier Teilbereiche *Organisation, Ideenbeschreibung, Technologie* und *Markt* untergliedert. Die jeweiligen Teilbereiche stehen in wechselseitiger informatorischer Beziehung mit den Planungsphasen des Innovationsprozesses (Brandenburg 2002). Das abgebildete PDB zeigt als Beispiel einige mögliche Informationsinhalte für die vier Bereiche (Abb. 3.15). Sowohl die inhaltliche Gliederung der Produktdatenblätter als auch deren Informationsinhalte erheben jedoch keinen Anspruch auf Vollständigkeit; sie dienen lediglich als Anregung für eine unternehmensspezifische Gestaltung von Produktideendatenblättern. Ein exemplarisch ausgefülltes Produktideendatenblatt befindet sich im Anhang; es beschreibt eine Produktidee aus dem fiktiven Fallbeispiel.

---

[11] Einen Überblick über praktisch erprobte Informations-Beschaffungstechniken findet sich u.a. bei HABERFELLNER (Haberfellner et al. 1999).

Abb. 3.15 Informationsstruktur eines Produktideendatenblattes

Als Ergebnis der Planungsphase *Ideenfindung* liegen Produktideen 2. Ordnung in strukturierter Form vor. Diese besitzen bezogen auf die planungs- und bewertungsrelevanten Informationen einen einheitlichen Detaillierungs- und Beschreibungsgrad (Brandenburg 2002).

Ergebnis der Ideenfindung: Ausgewählte Produktideen 2. Ordnung

Neben den oben angeführten positiven Effekten entsteht zusätzlich der Vorteil, dass bei einer späteren Auswahl Erfolg versprechender Ideen diese das gleiche formale Niveau besitzen. Die Entscheidung, welche Produktideen schließlich weiterverfolgt werden, – vollzogen in der Ideenbewertung – ist letztendlich jedoch unabhängig von der Art und Detaillierung der Ideenbeschreibung.

Ideenfindung bei der Center-Positioniersysteme GmbH

Primäre Marktforschung

... „Auf Wiedersehen, Herr Professor Lübke!", verabschiedete sich Herr Steinbrink von dem Spezialisten für endoskopische Diagnostik. Soeben hatte er in einem interessanten Gespräch viele Details über die Verwendung und Nutzungsmöglichkeiten von Endoskopen erhalten und sich ein umfassendes Bild über diese Diagnose- und Behandlungsmöglichkeit bilden können. So hatte er gehört, dass vor allem in der minimalinvasiven Medizin, d.h. bei Apparaturen, bei deren Verwendung das menschliche Gewebe nur minimal verletzt wird, ein enormes Entwicklungspotenzial vorhanden sei. Der vielfältige Einsatz von Endoskopen zur Diagnose und zu Operationszwecken verspricht derartigen Geräten eine überaus erfolgreiche Zukunft.

Das Hauptproblem derzeitiger endoskopischer Anwendungen liegt in dem eingeschränkten Fokussierbereich der Kameraoptik, der nur durch aufwendige, oft schmerzverursachende Drehbewegungen erweiterbar ist. Sinnvolle Innovationen in diesem Bereich wären demnach Systeme, die eine Kamera, die sich im Kopf des Endoskops befindet, beliebig bewegen können, ohne dabei das Endoskop als Ganzes in seiner Lage verändern zu müssen. In dem Gespräch wurden auch Alternativen zu einer Kamera aufgezeigt, wie z.B. die Verwendung einer Greifermechanik, mit der kleinere Operationen getätigt werden können. Dieses Greifersystem müsste über ein entsprechendes Positioniersystem ansteuerbar sein. Herr Steinbrink und Herr Lübke hatten bei dieser Thematik bereits vollautomatisierte Operationen diskutiert. Herr Steinbrink musste bei diesen Ideen ein wenig lächeln. Der Gedanke, ein vollautomatisches Endoskop zur Unterstützung des „operate by wire", wie Herr Steinbrink diese Form der Operationstechnik getaufte hatte, herzustellen, war noch ein wenig gewöhnungsbedürftig. Schließlich hatte er bislang mit Positioniersystemen für Werkzeugmaschinen zu tun gehabt. „Mal schauen, ob automatisierte Endoskope bald in den Aufgabenbereich der Center-Positioniersysteme GmbH fallen", dachte er, als er zu seinem Auto ging, um die Heimreise in den Schwarzwald anzutreten.

Wieder in seinem Büro musterte Herr Steinbrink die Expertenberichte, die seine Mitarbeiter anhand ähnlicher Interviews, wie das an diesem Morgen geführte, angefertigt hatten. Von einfacheren Verbesserungsvorschlägen bis hin zu wirklich interessanten, innovativen Ideen lag eine große Menge an Expertenideen vor. Ausgangspunkt der Interviews waren grobe Produktideen gewesen, die sich im Laufe der Interviews konkretisiert hatten.
Sammlung von Produktideen 1. Ordnung

Zur Durchführung der Interviews hatten sich Herr Steinbrink und seine Mitarbeiter über verschiedene Methoden der Problemformulierung informiert und diese bei den Experten eingesetzt. Eine Methode, die die Diskussion besonders häufig anregte, war die Formulierung des Idealen Produkts, eines der TRIZ-„Werkzeuge", über die Herr Steinbrink sich besonders intensiv informiert hatte. Diese Problemformulierungsmethodik hatte auch im Gespräch mit Professor Lübke zum Erfolg geführt. Die Idee des automatisierten Endoskops rangierte momentan unter der Vielzahl der Produktideen ganz weit oben.
TRIZ-Methodik: „Das Ideale Produkt"

Um möglichst frühzeitig die potenzielle Umsetzung von Produktideen zu überprüfen, gab Herr Steinbrink eine Patentrecherche in Auftrag. Dazu gab er einem seiner Mitarbeiter die Liste der Produktideen 1. Ordnung mit der Bitte, die Ideen auf ihren Patentschutz hin zu untersuchen.
Patentanalyse

Am nächsten Tag hatte Herr Steinbrink erneut eine Sitzung mit den unternehmenseigenen Experten einberufen. In der Sitzung sollten zu den nun konkreter formulierten Produktideen 1. Ordnung prinzipielle Lösungsideen gefunden werden. Dazu hatte sich Herr Steinbrink ein besonderes Vorgehen überlegt.
Ideenstrukturierung und -verdichtung

Anhand einer Folie wollte er jeweils eine Produktidee vorstellen. Dann sollte jeder Experte eine mögliche Lösungsidee aufschreiben und an seinen Nachbarn weitergeben. Auf diese Weise konnten die Lösungsideen des jeweiligen Vorgängers aufgegriffen und gegebenenfalls konkretisiert bzw. erweitert und ergänzt werden.
Einsatz einer Kreativitätstechnik: Brainwriting

Dieses Vorgehen wurde für jede Produktidee erneut durchgeführt, so dass am Ende der Sitzung zu jeder Produktidee mindestens eine Lösungsidee vorhanden war. Die resultierenden Produktideen 2. Ordnung wurden anschließend über eine morphologische Verknüpfung der Problem- mit den alternativen Lösungsideen ermittelt.

Produktideen 2. Ordnung

Als Herr Steinbrink nach der Sitzung das Protokoll durchsah, hatte er folgende Produktideen 2. Ordnung dokumentiert:

- Positioniersystem für Prothesen: Ein Positioniersystem steuert eine Mechanik, die es ermöglicht, Prothesen(-komponenten) (z. B. Finger) zu bewegen.
- Positioniersystem für die endoskopische Diagnostik: Ein Positioniersystem im Inneren eines Endoskopkopfs positioniert eine Kamera.
- Positioniersystem für die DNA-Analyse: Mehrere Pipetten sind an einer Laufkatze angebracht. Das Aufnehmen bzw. Abgeben der Proben erfolgt mittels der Pipetten über einen Kapillareffekt. Der Transport der Pipetten zwischen Aufnahme- und Abgabestation erfolgt durch ein hochgenaues Positioniersystem.
- Dynamisches Positioniergerät in der Spionageindustrie: Eine optisch täuschend echt wirkende Vogelattrappe soll mit einem künstlichen Flügelschlag ausgestattet werden. Eine Kamera sendet dabei Bilder an die Bodenstation.
- Positioniersystem für die Mikroperforierung von Kaffeefiltern: Das Perforierungswerkzeug soll mittels Positioniersystem zyklisch Schritt für Schritt weiterbewegt werden.
- Positioniersystem für Mikro-Montageroboter: Ein Positioniersystem soll einer schnellen und automatisierten Montage von Halbleiterbauelementen dienen.
- Positioniersystem für die Mikrosystemtechnik: Zur Herstellung kleinster mehrkomponentiger Bauteile sind entsprechende Fertigungs- und Montagesysteme bereitzustellen. Positioniersysteme leisten dabei die notwendige Realisierung entsprechender „Mikro"-Verfahrwege.
- ...

„Die eine oder andere Idee ist ja ganz pfiffig", dachte Herr Steinbrink, als er sich die Produktideen noch einmal durchlas. „Ich bin ja mal gespannt, was in der Ideenbewertung herauskommt ...", überlegte er und machte ein Häkchen hinter dem Stichwort »Ideenfindung« auf seinem Projektkoordinationsbogen, der groß mit „IRM-Methodik" tituliert war. Soeben hatte Herr Steinbrink die Phase Ideenfindung abgeschlossen ...

3.6 Ideenbewertung

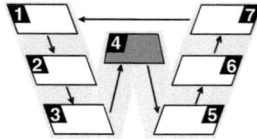

Die »Ideenbewertung« dient der Identifizierung Erfolg versprechender Produktideen. Die Produktinnovationsprinzipien müssen hinsichtlich ihres Unternehmenspotenzials sowie ihres Markt- und Technologiepotenzials bewertet werden. Dabei kennzeichnen unscharfe Informationen und ein ungenauer Zeithorizont die Bewertungssituation in dieser Phase. Die Ideenbewertung wird in zwei prinzipiellen Schritten vollzogen:

- Aufstellung des Beurteilungs- und Bewertungssystems,
- Bewertung der Produktideen und zugehöriger Lösungsprinzipien.

Die in dieser Phase ermittelten Informationen werden zur Einordnung der Produktideen in die InnovationRoadMap verwendet.

Benötigte Eingangsinformationen

Basis für die Bewertung neuer Produktideen sind die Ergebnisse der vorausgegangenen Phasen des W-Modells. Die in der Zielbildung formulierte und in der Zukunftsanalyse angepasste Innovationsstrategie dient als Eingangsinformation für die Bewertung der in der Ideenfindung erarbeiteten Produktideen. Zu diesen Ideen existiert bereits mindestens eine prinzipielle Lösungsidee.

Bewertungskriterien

Die noch grob formulierten Produktideen müssen nun im Sinne einer systematischen Innovationsplanung hinsichtlich *Unternehmensnutzen*, *Technologiepotenzial* sowie *Zukunftsträchtigkeit* bewertet werden. Ziel ist es, die Produktideen in eine Rangfolge zu bringen, die eine zielgerichtete Zuweisung der begrenzten Ressourcen für die weitere Ideenbearbeitung erlaubt.

Einordnung in die InnovationRoadMap

Das Resultat der »Ideenbewertung« ist eine inhaltliche und zeitliche Einordnung ausgewählter Produktideen in die InnovationRoadMap (IRM). Diese stellt alle Maßnahmen, die zur Umsetzung einer Produktidee nötig sind, auf einer Zeitachse in einer Übersicht dar.

Die Ideenbewertung erfolgt prinzipiell in zwei Schritten, dem Aufstellen des Beurteilungs- und Bewertungssystems sowie der eigentlichen Bewertung der Produktideen mit den dazugehörigen Lösungsprinzipien (Brandenburg 2002).

Bei der Ideenbewertung können diverse Methoden und Hilfsmittel angewendet werden, deren inhaltliche Zuordnung zu den entsprechenden Planungsschritten dem Methodenbaukasten entnommen werden kann (Abb. 3.16).

Methoden und Instrumente

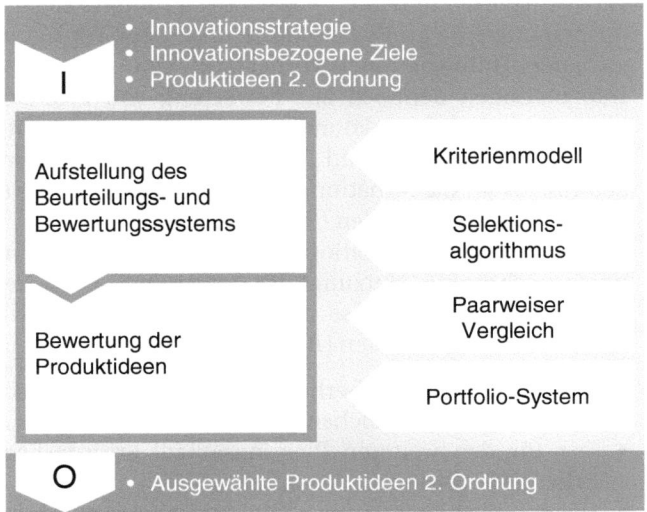

Abb. 3.16 Methodenbaukasten »Ideenbewertung« (vgl. Brandenburg 2002)

3.6.1
Aufstellung des Beurteilungs- und Bewertungssystems

Das Beurteilungs- und Bewertungssystem besteht aus einer Anzahl unternehmensspezifischer wie unternehmensneutraler Kriterien, anhand derer die Produktideen beurteilt und bewertet[12] werden. Ein Selektionsalgorithmus dient der Identifizierung von wichtigen und weniger wichtigen Kriterien, die in einem Paarweisen Vergleich relativ zueinander im Hinblick auf die Zielsetzung und Unternehmensstrategie gewichtet werden. Anhand von Checklisten können quantitativ bewertbare Kriterien kardinal erfasst und zur Bewertung

Beurteilungs- und Bewertungssystem

---

[12] In diesem Zusammenhang wird die Zuordnung von Ausprägungen eines Kriteriums zu einem Merkmal als *Beurteilen* verstanden. Die Brauchbarkeitsermittlung von Mitteln, um einen definierten Zweck zu erzielen, wird hingegen als bewerten verstanden (Brandenburg 2002; vgl. Lenk 1994; Brose 1982).

herangezogen werden. Die Bewertungsergebnisse werden in zwei Portfolio-Darstellungen visualisiert, aus denen wiederum Handlungsmaßnahmen zur Weiterentwicklung der Produktideen abgeleitet werden.

Problematisch bei der Bewertung der Produktideen ist, dass speziell in frühen Phasen der Produktinnovationsplanung eine große Unschärfe in den zur Verfügung stehenden Informationen vorherrscht. Um diese vagen Informationen dennoch zur Bewertung von Produktideen heranziehen zu können, müssen über die traditionellen Investitions- und Wirtschaftlichkeitsrechnungen hinaus an die Situation angepasste Bewertungsmethoden eingesetzt werden (Staudt et al. 1991).

Die Bewertungssituation, die eine zielführende und uneingeschränkte Nutzung der bekannten Verfahren einschränkt und teilweise unmöglich macht, kann wie folgt beschrieben werden (Brandenburg 2002):

- Die Informationssicherheit bezüglich der Produktideen ist nicht ausreichend.
- Der für den weiteren Planungsablauf erforderliche Erkenntnisgewinn ist zu gering.
- Die Praktikabilität ist angesichts der hohen Anzahl und Komplexität der Bewertungsobjekte nicht gegeben.

Die Informationen sind dabei durch vier wesentliche Arten von Unsicherheit charakterisiert (Brandenburg 2002; vgl. Kern 1977):

Generelle Ergebnisunsicherheit
- Die *generelle Ergebnisunsicherheit* betrifft die Frage, ob bei Außerachtlassung von Kosten- und Zeitaspekten die gesuchte Information überhaupt erreicht werden kann.

Zeitunsicherheit
- Die *Zeitunsicherheit* beschreibt die Unsicherheit, mit der Informationen zu einem gewünschten Zeitpunkt vorhanden sind oder die zu diesem Zeitpunkt erreicht werden können.

Aufwandsunsicherheit
- Die *Aufwandsunsicherheit* beschreibt, mit welchem Aufwand eine gewünschte Information zu einem bestimmten Zeitpunkt erreichbar ist.

Verwertbarkeitsunsicherheit
- Die *Verwertbarkeitsunsicherheit* schließlich enthält die Unsicherheit über die wirtschaftliche Verwertbarkeit der erzielten Ergebnisse der Produktinnovationsplanung.

3.6 Ideenbewertung

Um dem ganzheitlichen, strategischen Ansatz des Innovationsmanagements gerecht zu werden, müssen insbesondere die unscharfen Informationsgrade sowie der zu betrachtende zeitliche Horizont Berücksichtigung finden. Dies stellt enorme Anforderungen an ein Produktinnovationsvorhaben, das sich in frühen Entwicklungsstadien befindet; der Zeithorizont ist weit, die Ungewissheit über zukünftige Entwicklungen ist groß und die Informationbasis über die Vorteilhaftigkeit der Produktideen ist gering (Brandenburg 2002). Des Weiteren können die Informationen zur Beurteilung von Produktinnovationen bezüglich Kosten, Nutzen und weitere Kriterien nur durch Schätzungen ermittelt werden. Basierend darauf ist eine Bewertung verschiedener Strategien mittels eines Alternativenvergleichs anhand quantitativer Maßstäbe unzureichend. Folglich müssen bei der Ideenbewertung sowohl der jeweilige Grad an Ungewissheit berücksichtigt, als auch geeignete Beurteilungsmethoden bezüglich des Spannungsfeldes zwischen Ungewissheit und Zeithorizont angewendet werden. Vor diesem Hintergrund wurde am Fraunhofer-Institut für Produktionstechnologie (IPT) eine Bewertungssystematik entwickelt, die den Anforderungen der Situation gerecht wird (Brandenburg 2002). Die Bewertungsmethodik wird im weiteren Verlauf dieses Kapitels beschrieben.

Schwierigkeiten durch unsichere Informationen

Nach dem W-Modell ist das methodische Ziel des Innovationsplanungsprozesses die InnovationRoadMap. Sie stellt die Ergebnisse der Produktinnovationsplanung dar. Somit müssen die Ergebnisse der Ideenbewertung neben der Berücksichtigung der oben aufgeführten Unsicherheitsproblematik zielgerichtet zu dieser Roadmap hinführen. Diese soll die wesentlichen Informationen zu den Produktideen bzw. den damit verbundenen Innovationsaktivitäten abbilden. Zu unterscheiden sind dabei folgende Beschreibungsparameter, deren Ausprägungen aus dem Bewertungsprozess resultieren (Brandenburg 2002):

Die InnovationRoadMap stellt das Ergebnis des Innovationsplanungsprozesses dar

IRM-Beschreibungsparameter

- *Fristigkeit:* Die Fristigkeit der definierten Aktivitäten mit den Ausprägungen „kurz-, mittel- und langfristig" müssen branchen- bzw. unternehmensspezifisch definiert werden. Eine sinnvolle Einteilung ist z. B.: < 1 Jahr/ 1-3 Jahre/ 3-5 Jahre.

- *Priorität:* Die Prioritätsausprägung einer produktinnovationsbezogenen Aktivität wird in Anlehnung an die Portfolio-Normstrategien in Umsetzen, Prüfen, Wiedervorlegen und Verwerfen unterschieden.
- *Art der Aktivität:* Die Art der Aktivität gibt zum einen die Planungsphase an, die als nächstes durchlaufen wird; zum anderen können innerhalb einer solchen Planungsphase z. B. markt- und technologieorientierte Aktivitäten differenziert werden.
- *FuE-Einsatz:* Der FuE-Einsatz für eine Produktidee kann zwischen komplett eigener FuE, FuE-Kooperation und keiner eigenen FuE (z. B. Zukauf oder Abwarten) variieren.
- *Kernargument(e):* Kernargumente für die inhaltliche und zeitliche Einordnung können z. B. das Inkrafttreten neuer gesetzlicher Bestimmungen, der Ablauf eines Patentschutzes oder die (angekündigte) Markteinführung eines Wettbewerbsproduktes sein.

Portfolio-Bewertung Die Vielzahl der möglichen Zielgrößen und Faktoren, die die Produktinnovationsplanung respektive die Bewertung von Produktideen in Unternehmen beeinflussen, spricht für ein systematisches Vorgehen bei der Bewertung anhand eines geeigneten Kriterienmodells. Das Problem der Kriterienwahl besteht darin, ein Optimum zu finden zwischen den Extrempunkten „pragmatische Festlegung im Einzelfall" und „zu starke Verallgemeinerung bei systematischer Erarbeitung" (Pfeiffer 1995). Dieses Optimum kann prinzipiell durch eine Kombination aus inhaltlicher und methodischer Definition gelöst werden. Letztere ergibt sich aus dem Portfolio-Konzept, das einen beeinflussbaren und einen unbeeinflussbaren Hauptparameter fordert, wobei jeder Parameter über entsprechende Kriterien weiter aufgegliedert werden kann (Pfeiffer 1995).

3.6.2
Bewertung der Produktideen

Eingangsinformationen Die für die Bewertung benötigten Eingangsinformationen sind aus den vorhergehenden Phasen der Zielbildung, Zukunftsanalyse und Ideenfindung vorhanden. D. h., es sind diejenigen Produktideen mit jeweils mindestens einer Lösungsidee ausgewählt worden, die am besten den anfänglich (in der Zielbildung) formulierten Zielsetzungen genügen. Die ausgewählten Informationen sind hinsichtlich ihrer Aufwands- und Ertragswirkung sehr unterschiedlich. Beispielsweise kann die Produktidee aus der Substitution eines bestehenden Produktes bestehen. In diesem Fall sind der zu erbringende Aufwand sowie der zu erwartende Ertrag (also der Nutzen) relativ leicht abzuschätzen. Die Produktidee kann allerdings auch die Erschließung völlig neuer Märkte bzw. Marktsegmente betreffen. In solchen Fällen sind erwarteter Aufwand und Ertrag nur sehr grob abzuschätzen (Brandenburg 2002).

Die Kriterien der Produktideenbewertung können im Wesentlichen den Bereichen Unternehmensnutzen, Zukunftsträchtigkeit und Technologiepotenzial zugeordnet werden (Brandenburg 2002).

Bewertungskriterien

Bei der Ideenbewertung wird ein unternehmensspezifisches Kriterienmodell aufgebaut, anhand dessen die Bewertung der Produktideen erfolgt. Die Portfolio-Technik ermöglicht die geeignete Darstellung der Produktideen in Form von Werten (Abb. 3.17).

Darstellung im Portfolio

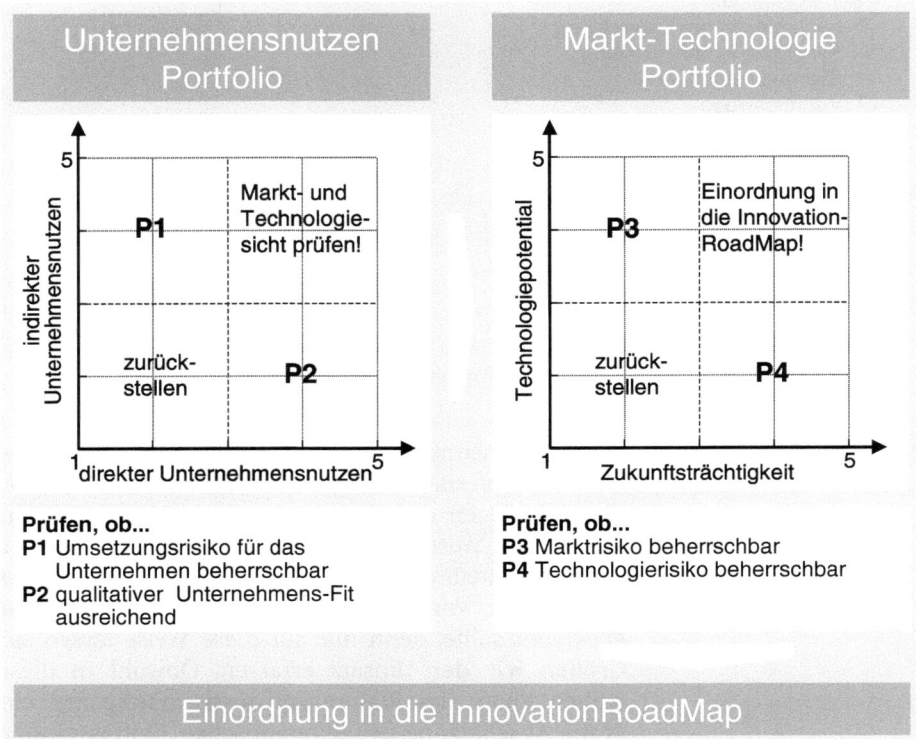

Abb. 3.17 Portfolio-System zur Ableitung von Handlungsempfehlungen (vgl. Brandenburg 2002)

3 Die InnovationRoadMap-Methodik

Unternehmensnutzen-Portfolio

Diese können sowohl zahlenmäßig erfassbar, jedoch auch sprachlich differenziert sein, z. B. „gering", „mittel" oder „hoch". Aus der Portfolio-Darstellung ableitend können Normstrategien, d. h. Handlungsempfehlungen, ermittelt werden. Die oben beschriebene Vorgehensweise ermöglicht, Handlungsempfehlungen in die InnovationRoadMap einzuordnen. Dazu wird die im Folgenden beschriebene Vorgehensweise verwendet.

Zunächst wird ein *Unternehmensnutzen-Portfolio* aufgestellt, in dem direkter wie indirekte Nutzen für das Unternehmen gegenübergestellt und bewertet werden. Die Einordnung der Produktidee in das Portfolio folgt einem Kriteriensystem. Die Kriterien des Systems präzisieren die jeweilige Achse des Portfolios (Abb. 3.18).

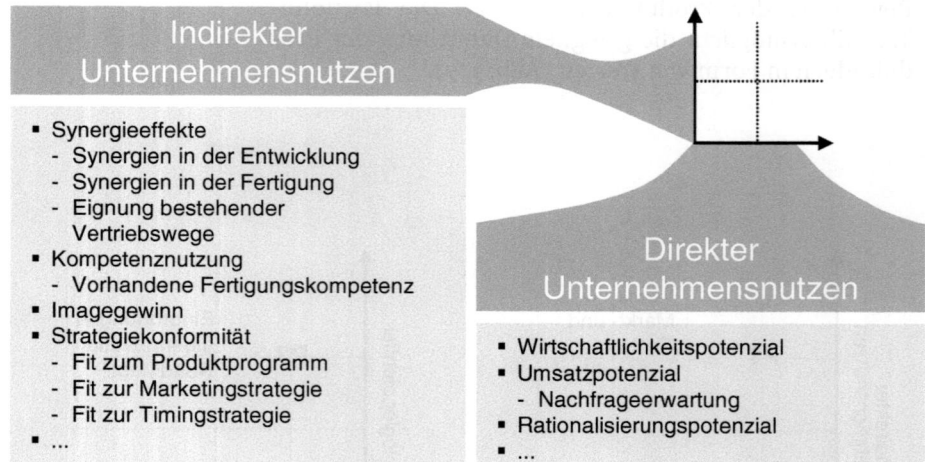

Abb. 3.18 Kriterien des Unternehmensnutzen-Portfolios

Bewertungskriterium: Direkter Unternehmensnutzen

Der Unternehmensnutzen umfasst zum einen den *direkten Unternehmensnutzen* im Sinne der Zielerreichung bezogen auf Umsatz, Gewinn, Rationalisierung etc., also im Wesentlichen die in der Zielbildung formulierten monetären Zielgrößen. Dies impliziert, dass bereits eine Vorstellung über den möglichen Absatz existieren sollte, denn nur auf diese Weise lassen sich Größen wie der Umsatz erfassen. Obwohl in dieser frühen Phase des Planungsprozesses häufig nur eine grobe Abschätzung des ökonomischen Einflusses einer Produktinnovation möglich ist, muss diese hier bereits berücksichtigt werden.

Zum anderen ist der *indirekte Unternehmensnutzen* bei Produktinnovationen zu bewerten, der u. a. erzielt wird über (Brandenburg 2002):

Bewertungskriterium: Indirekter Unternehmensnutzen

- Synergieeffekte in sämtlichen Unternehmensbereichen (Einkauf, Entwicklung, Produktion, Vertrieb),
- Nutzung und Ausbau von Kompetenzen,
- positive Imagewirkung für das Unternehmen und
- Strategiekonformität.

Auch der indirekte Unternehmensnutzen unterliegt in frühen Phasen der Produktinnovationsplanung Unsicherheiten.

Für eine aussagefähige Bewertung und Darstellung der Produktideen in dem Portfolio müssen die Bewertungskriterien hinsichtlich ihrer Konformität zu den Unternehmenszielen bzw. -strategien gewichtet werden. Die Wichtung erfolgt durch einen Paarweisen Vergleich. Dabei werden die Kriterien paarweise gegenübergestellt und relativ zueinander gewichtet. Ist ein Kriterium im Hinblick auf die Unternehmensziele bzw. -strategien wichtiger als ein anderes, erhält es eine höhere Wichtung als das andere Kriterium. Ergebnis des Paarweisen Vergleichs ist die relative Bedeutung der Kriterien hinsichtlich der Unternehmensziele und -strategien.

Wichtung der Kriterien und Einordnung der Ideen in das Portfolio

Nachdem die Bedeutung der Kriterien festgelegt ist, erfolgt eine Nutzwertanalyse, welche den Nutzwert einer Produktidee ermittelt. Bei dieser Analyse werden die Produktideen den Bewertungskriterien gegenübergestellt und jedem Kriterium ein Erfüllungsgrad zugeordnet. Durch Multiplikation der Kriteriumbedeutung und mit dem jeweiligen Erfüllungsgrad eines Kriteriums erhält man den Einzelnutzwert zu jedem Kriterium. Durch die anschließende Aufsummierung der Einzelnutzwerte ergibt sich ein Gesamtwert – der Nutzwert einer Produktidee. Der Paarweise Vergleich und die Nutzwertanalyse werden sowohl für den direkten als auch für den indirekten Unternehmensnutzen durchgeführt. Ergebnis des beschriebenen Vorgehens sind konkrete Zahlen, welche den Eintrag der Produktideen in das Portfolio ermöglichen.

Analog zum Unternehmensnutzen-Portfolio wird ein *Markt-Technologie-Portfolio* erstellt, das die Oberkriterien Technologiepotenzial und Zukunftsträchtigkeit gegenüberstellt und bewertet. Auch hier sind die Achsen des Portfolios durch entsprechend hinterlegte

Das Markt-Technologie-Portfolio

Bewertungskriterium:
Zukunftsträchtigkeit

Kriterien hinreichend genau spezifiziert, so dass Produktideen konkret in das Portfolio eingeordnet werden können (Abb. 3.19).

Das Oberkriterium *Zukunftsträchtigkeit* korrespondiert unmittelbar mit den in der Zukunftsanalyse gewonnenen Erkenntnissen. Wesentliche Teilaspekte sind hierbei der Kundennutzen, d.h. das Ausmaß, in dem die Produktinnovation zu den zukünftigen Bedürfnissen der Abnehmer beiträgt, das Differenzierungspotenzial, welches den Grad der Differenzierung von bestehenden oder zukünftigen Alternativlösungen angibt, sowie die Substitutionssicherheit, also die dauerhafte „Resistenz" der Produktinnovation gegen Nachahmung oder Ersetzung, die z.B. aus Markteintrittsbarrieren wie bspw. Patenten, Systembindung o.ä. resultiert (Brandenburg 2002).

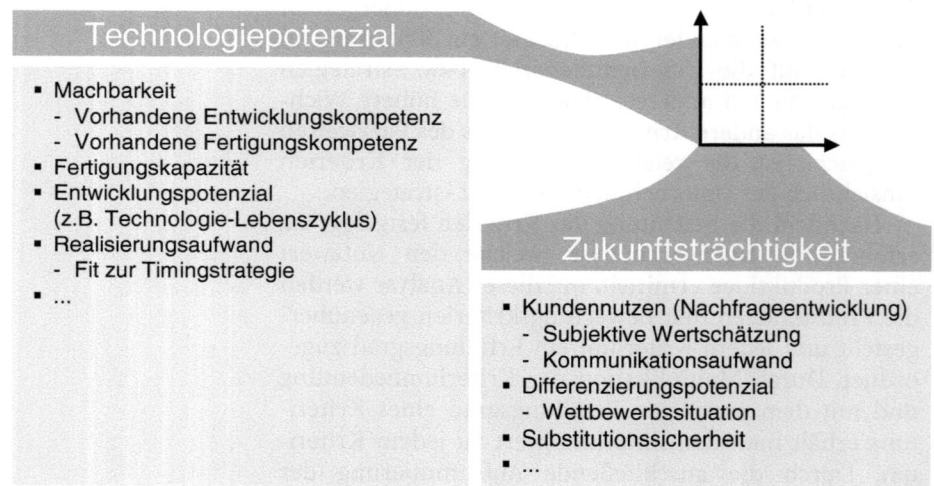

Abb. 3.19 Kriterien des Markt-Technologie-Portfolios

Bewertungskriterium:
Technologiepotenzial

Das Oberkriterium *Technologiepotenzial* beinhaltet im Wesentlichen die bei der Ideenfindung bzw. -detaillierung zu untersuchende technologische Machbarkeit, die durch Kriterien wie Grad der technologischen Beherrschung (entwicklungsseitig und fertigungstechnologisch), Reproduzierbarkeit der Lösung, Verfügbarkeit materieller Ressourcen (Rohstoffe), Umweltverträglichkeit etc. bestimmt wird. Darüber hinaus ist das Entwicklungspotenzial einer Produktidee u.a. bezogen auf technologische Aspekte der Zukunftsanalyse, z.B. hinsichtlich der Position im Technologielebenszyklus und der aktuellen Entwicklungsdynamik, zu bewerten. Schließlich muss analog zur Nutzenbetrachtung auch eine grobe Abschätzung des Realisierungsaufwandes getroffen werden. Hierzu werden basierend auf der Analyse des Unternehmenspotenzials der erforderliche FuE-Aufwand, Investitionen und sonstige Initialaufwendungen beurteilt (Brandenburg 2002).

Die in Abbildung 3.19 dargestellten Kriterienlisten sind als Grundlage für ein unternehmensspezifisches Kriteriensystem zu sehen und daher als offene Listen zu verstehen, die durch individuelle Kriterien ergänzt werden können.

Nachdem alle Kriterien gewichtet und bewertet sind, kann jede Produktalternative in das Portfolio eingetragen werden. Zu den Positionen des jeweiligen Portfolios können dann Strategien abgeleitet werden, die zu unterschiedlichen Einordnungen der Produktidee in die InnovationRoadMap führen (Brandenburg 2002).

Einordnung in das Portfolio und Ableitung von Handlungsstrategien

Da sich das industrielle Umfeld ständig im Wandel befindet, können Ideen, die momentan nicht Erfolg versprechend sind, in einigen Jahren durchaus attraktive Innovationen darstellen. Durch die Speicherung in einem Ideenpool können diese Ideen schnell wieder aufgegriffen werden. Die InnovationRoadMap ermöglicht die Ideenspeicherung, in dem sie mögliche Produktideen zu zukünftigen Märkten in Abhängigkeit von der Zeit darstellt (Kap. 3.9). Ein Instrumentarium, das die systematische und übersichtliche Ideenablage technologiespezifischer Ideen unterstützt, ist der Technologiekalender (Kap. 4.9).

Ideenpool: Unberücksichtigte Ideen zugänglich aufbewahren

Bei der Ideenbewertung werden Erfolg versprechende Produktideen bewertet und ausgewählt. Dazu wird zunächst ein Beurteilungs- und Bewertungsmodell erarbeitet, mit dem der vorherrschenden Unsicherheit von Informationen begegnet werden kann. Die eigentliche Bewertung der Problem- und Lösungsideen erfolgt anhand eines unternehmensspezifischen Kriteriensystems. Die bewerteten Ideen werden abschließend in Portfolios dargestellt. Aus der Einordnung der Ideen in Portfolios können Handlungsmaßnahmen abgeleitet werden. In der nächsten Phase der Produktinnovationsplanung sind die bewerteten Ideen weiter zu detaillieren und zu Produktkonzepten weiterzuentwickeln.

Zusammenfassung

Ideenbewertung bei der Center-Positioniersysteme GmbH

... „Gut, dass ich alle Informationen so akribisch notiert habe", dachte Herr Steinbrink, als er in der Theorie zur IRM-Methodik nachlas, dass zur Ideenbewertung Informationen aus der Zielbildung und Zukunftsanalyse benötigt werden. „Davon hängt ja schließlich ab, wie wir die Produktideen bewerten", gab er sich selbst die Begründung, warum die Informationen aus den ersten beiden Planungsphasen in der Ideenbewertung zu verwenden sind. „Interessante Vorstellung", schmunzelte Herr Steinbrink, „wenn ich darüber nachdenke, wie früher über die Wichtigkeiten von Zielen diskutiert wurde, als es noch keine wirkliche Innovationsstrategie gab, die definiert, was wichtige innovationsbezogene Ziele sind." Aus früheren Innovationsprojekten wusste Herr Steinbrink, dass Entscheidungen oft auf Basis von Interpretationen persönlicher Erfahrungen und subjektivem Wissen getätigt worden waren. Durch die Verwendung der IRM-Methodik war eine wesentlich größere Objektivität zu bemerken. Die bei der Zielbildung definierten und dokumentierten Richtlinien würden dem Bewertungsteam die Entscheidung leichter machen und zu einer objektiveren Beurteilung der Idee führen.

Bewusstsein für Sinn und Zweck einer systematischen Innovationsplanung schaffen

Beurteilungs- und Bewertungssystem aufstellen

Als vorbereitende Maßnahme zur Bewertung der Produktideen begann Herr Steinbrink, zunächst das unternehmensspezifische Beurteilungs- und Bewertungssystem aufzustellen. Auf einem großen Blatt Papier notierte er die vier Oberkriterien *Indirekter Unternehmensnutzen*, *Direkter Unternehmensnutzen*, *Technologiepotenzial* und *Zukunftsträchtigkeit*. Darunter schrieb er jeweils weitere Kriterien, die zur detaillierten Definition der Oberkriterien dienten.

Paarweiser Vergleich

Danach führte er einen Paarweisen Vergleich der zu einem Oberkriterium gehörenden Unterkriterien durch. „Wir wollen Technologieführer sein und in neue, wachstumsträchtige Märkte vorstoßen", überlegte Herr Steinbrink, „dann muss ja das Kriterium *Strategiekonformität* wichtiger sein als *Synergieeffekte in der Fertigung*", führte er den Gedankengang fort und markierte an der entsprechenden Stelle im Paarweisen Vergleich eine „1". Nach einer Weile hatte er im Bereich »Indirekter Unternehmensnutzen« die Reihenfolge »Strategiekonformität«, »Kompetenznutzung«, »Imagegewinn« und »Synergieeffekte« in absteigender Wichtigkeit als die Hauptkriterien dieser Kategorie identifiziert und entsprechend gewichtet.

Ähnlich verfuhr er auch für die drei verbleibenden Oberkriterien. Als wichtigstes Kriterium des Bereichs »direkter Unternehmensnutzen« markierte er das »Umsatzpotenzial«. Für den Bereich »Technologiepotenzial« bildete er ein Ranking der Kriterien »Vorhandene Entwicklungs- und Fertigungskompetenz« und »Entwicklungspotenzial«. Abschließend ergab sich für die »Zukunftsträchtigkeit« eine Reihenfolge in der Wichtigkeit von »Differenzierungspotenzial«, »Substitutionssicherheit« und »Kundennutzen«.

Kriterien gewichten

Mit diesen Vorarbeiten gerüstet begab sich Herr Steinbrink zu Herrn Dr. Kerner. Gemeinsam wollten sie die einzelnen Gewichtungen der Kriterien noch einmal durchsprechen und gegebenenfalls anpassen. Doch Herr Steinbrink hatte gute Arbeit geleistet, so dass keine wesentlichen Änderungen vorgenommen werden mussten. Herr Dr. Kerner hatte lediglich überprüfen wollen, ob die Relationen zu den Unternehmenszielen bzw. zur übergeordneten Unternehmensstrategie und -philosophie passten. Den strategischen Komponenten der IRM-Methodik fühlte er sich als Unternehmensleiter natürlich besonders verpflichtet.

Strategiekonformität der Kriteriengewichtungen prüfen

Als nächsten Schritt hatte Herr Steinbrink die eigentliche Bewertung der Produktideen vorgesehen. Dazu versammelte er erneut die BU-Manager und diskutierte und bewertete mit ihnen die dokumentierten Kriterien. Bei einigen Produktideen ging die Bewertung sehr schnell, bei anderen dauerte sie länger, da es häufiger zu intensiven Diskussionen kam. Herr Steinbrink merkte, dass ab und zu die Bedeutung eines speziellen Kriteriums von den Managern unterschiedlich bewertet wurde. Dann schritt er in die Diskussion ein und erklärte noch einmal den Hintergrund und die Bedeutung des jeweiligen Kriteriums. Für die Zukunft notierte er sich, dass er alle Kriterien zunächst erläutern wollte, bevor es in die Bewertungsrunde ging.

Produktideen bewerten

Einheitliches Verständnis schaffen

Bereits während der Diskussion hatte Herr Steinbrink im Kopf das jeweilige Bewertungsergebnis zu den vier Oberkriterien überschlagen und qualitativ die beiden Bewertungsportfolios skizziert, die die IRM-Methodik vorschlägt (Abb. 3.20).

Portfolio-System

Als Herr Steinbrink seine Skizzen ansah, konnte er feststellen, dass sich bereits einige Produktideen heraus-

Ausgewählte Produktideen 2. Ordnung

hoben, die ein außerordentliches Potenzial aufwiesen. Andere hingegen waren für wenig sinnvoll erachtet worden. „Da wird sich auch nicht mehr viel ändern", dachte er, als er seine Skizzen und Notizen betrachtete. Aus den bewerteten Produktideen konnten folgende Produktideen 2. Ordnung für eine weitere Betrachtung ausgewählt werden:

- Positioniersystem für die DNA-Sequenzierung,
- Positioniersystem zum Einsatz in Prothesen,
- Positioniersystem für die endoskopische Diagnostik,
- Positioniersystem für die Montage von Mikrobauteilen,
- Positioniersystem für Schlittensysteme von Mikrowerkzeugmaschinen.

Aus der Einordnung der Ideen in die Portfolios ergaben sich verschiedene Handlungsoptionen.

Handlungsoption: Einordnung in die InnovationRoadMap

Die Produktideen »Positioniersystem für die endoskopische Diagnostik« sowie »Positioniersystem für die DNA-Sequenzierung« konnten in die InnovationRoadMap eingeordnet werden. Dazu schaute Herr Steinbrink noch einmal in den Unterlagen zur Phase Zukunftsanalyse nach, denen er entnehmen konnte, wann der Bereich der Medizintechnik bzw. Biotechnologie eine genügend große Marktnachfrage aufweisen würde. Aus der heutigen Diskussion konnte er den groben Zeitrahmen zur Realisierung der entsprechenden Positioniersysteme ableiten und als Balken grob in die InnovationRoadMap eintragen. „Die technische Machbarkeit wird sich sicherlich noch während der Konzeptbewertung konkretisieren", dachte Herr Steinbrink und heftete seine erste Grobskizze der InnovationRoadMap zu den Akten.

„Für das Positioniersystem zum Einsatz in Prothesen müssen wir noch prüfen, ob das Umsetzungsrisiko für unser Unternehmen nicht zu hoch ist", fasste Herr Steinbrink die Handlungsempfehlung für diese Produktidee zusammen. „Da könnte ich morgen den Professor Lübke doch noch mal fragen, wie er die Situation einschätzt", überlegte er und klebte einen gelben Notizzettel an seinen Monitor.

Er überflog kurz die Handlungsmaßnahmen, die sich aus der jeweiligen Einordnung in die Portfolios ergaben und archivierte dann auch diese Informationen in seinem IRM-Ordner.

Es war inzwischen Abend geworden, als Herr Steinbrink erneut das Handbuch zur IRM-Methodik aus dem Regal nahm und studierte. „Jetzt müssen wir die Produktideen zu Produktkonzepten ausarbeiten und erneut bewerten", hielt sich Herr Steinbrink noch einmal die weitere Vorgehensweise vor Augen. „Mal sehen, was uns die »Ideendetaillierung« so bringt ...", dachte er und knipste seine Schreibtischlampe aus ...

Vorausschauend vorgehen und planen

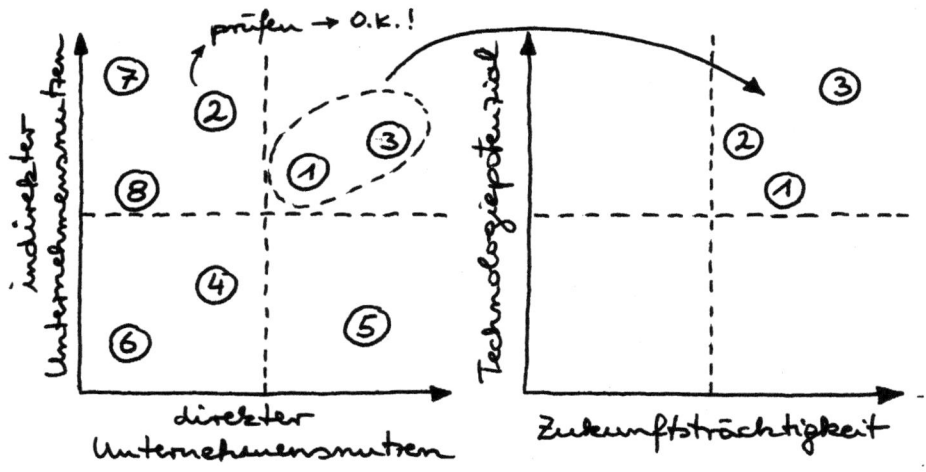

Abb. 3.20 Portfolio-System zur Ideenbewertung (Fallbeispiel: Center-Positioniersysteme GmbH)

3.7 Ideendetaillierung

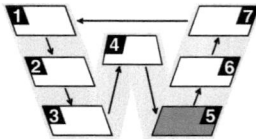

In der Planungsphase »Ideendetaillierung« werden zu ausgewählten Produktideen weitere Markt- und Technologieinformationen akquiriert mit dem Ziel, Produktkonzepte zu entwickeln. Folgende Planungsschritte sind dazu vorgesehen:

- Produktideenbezogene Informationsakquisition,
- Konkretisierung der Produktanforderungen,
- Ableitung von Produktmerkmalen,
- Sammlung und Generierung von Detaillösungen,
- Aufstellung von Produktkonzepten.

Das Ergebnis der Planungsphase »Ideendetaillierung« sind einzelne Konzeptvarianten zu den Produktideen. Teilweise können diese Konzeptvarianten bereits durch erste Demonstratoren validiert werden.

Zielsetzung der Ideendetaillierung

Die Risiken von Innovationsvorhaben lassen sich deutlich reduzieren, indem bereits zu einem sehr frühen Zeitpunkt relevante Marktinformationen eingeholt und die technologische Realisierung überprüft wird (Geschka 1999). Vor diesem Hintergrund gilt es in der Phase »Ideendetaillierung« diejenigen Produktideen 2. Ordnung zu vertiefen und dafür entsprechende Lösungsalternativen zu entwickeln, die im Vorfeld als zukunftsträchtig bewertet worden sind (Brandenburg 2002).

Methodenbaukasten »Ideendetaillierung«

Zur methodischen Unterstützung der Ideendetaillierung existieren diverse Methoden und Hilfsmittel, die in den einzelnen Planungsschritten herbeigezogen werden können (Abb. 3.21).

Produktideenbezogene Informationsakquisition

Für die Detaillierung der Produktideen 2. Ordnung werden planungsrelevante Informationen gesammelt. Die Suche orientiert sich an den Perspektiven Markt und Technologie.

Primäre und sekundäre Marktforschung

Zur Ermittlung der Kundenanforderungen wurde in der Ideenfindung bereits sekundäre Marktforschung betrieben. Darauf aufbauend werden in der Ideendetaillierung auch Methoden der primären Marktforschung angewandt, um Ergebnisse der Sekundärforschung zu verifizieren oder in der Sekundärforschung bisher nicht verfügbare Daten zu generieren.

Methodisches Ziel ist es, die Spalte der Kundenanforderungen im ersten House of Quality (HoQ) der QFD-Methodik zu füllen (zu QFD s. Kap. 4.2).

Mit den Hilfsmitteln der primären Marktforschung werden vor allem die im Modell von Kano als Leistungsmerkmale bezeichneten Kundenanforderungen erfasst (Kap. 4.2). Im Modell von Kano werden die Kundenanforderungen in Basis-, Leistungs- und Begeisterungsmerkmale unterschieden. Daher sind zur Vervollständigung der Kundenanforderungskataloge diejenigen Methoden einzusetzen, die die Aufnahme der Basis- und der Begeisterungsmerkmale ermöglichen.

Kano-Modell

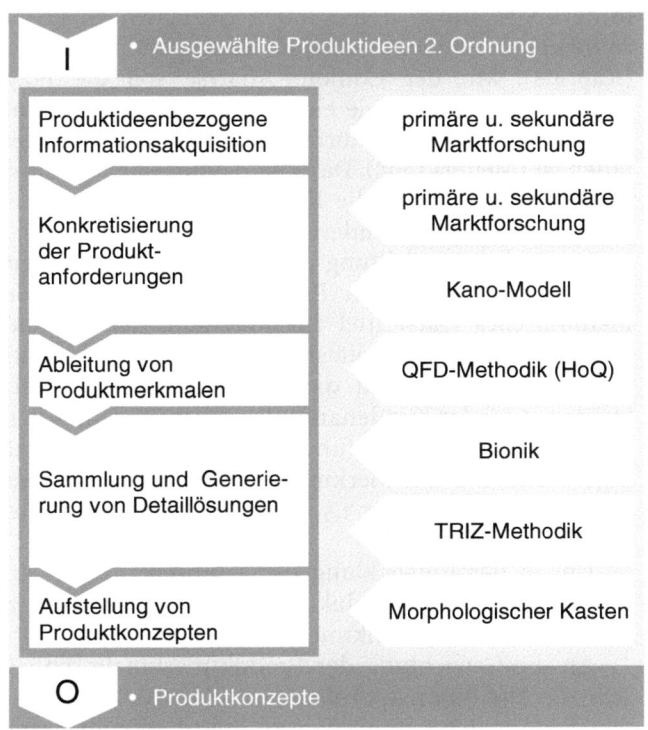

Abb. 3.21 Methodenbaukasten »Ideendetaillierung« (vgl. Brandenburg 2002)

Die Aufnahme der Begeisterungsmerkmale wird durch die TRIZ-Werkzeuge „Ideales Produkt" und „Gesetze technischer Evolution" unterstützt (Kap. 4.4). Das „Ideale Produkt" wurde bereits in vorhergehenden Phasen eingesetzt, so dass die Ergebnisse dieser Vorgehensschritte herangezogen werden können. Durch die Annäherung an das Ideale Produkt oder die Verwirklichung einer weiteren Evolutionsstufe nach den Geset-

TRIZ-Methodik

zen der technischen Evolution oder den Evolutionsgesetzen der Bionik lassen sich Begeisterungsmerkmale generieren, die dem Kunden bisher nicht bekannt sind (Kap. 4.5 bzw. Kap. 4.6). Zur Aufnahme der Basisanforderungen können Vorgängerprodukte herangezogen werden. Detailliertere Angaben zur Anwendung und Nutzung der erwähnten Methoden sind in Kapitel 4 aufgeführt.

Kundenanforderungen strukturieren und wichten

Die Strukturierung der Kundenanforderungen erfolgt anhand des Modells von Kano. Um die Kundenanforderungen durch den Kunden gewichten zu lassen, sollte eine Conjoint-Analyse durchgeführt werden (Kap. 4.8). Mit der Conjoint-Analyse soll die Frage beantwortet werden, wie eine Neuproduktidee optimal im Hinblick auf die Bedürfnisse der Kunden auszugestalten ist (Meffert 1998). Dazu wird eine reale Kaufsituation simuliert, in der die Kunden mehrere Produkteigenschaften gegeneinander abwägen müssen.

Generierung der Produktmerkmale mit Kreativitätstechniken

Nach der Gewichtung der Kundenanforderungen werden die technischen Produktmerkmale generiert. Methodisches Hilfsmittel zur Ableitung der Produktmerkmale sind Kreativitätstechniken, in denen intuitiv vorgegangen wird und die in Workshops eingesetzt werden. Zu jeder Kundenanforderung muss mindestens ein Produktmerkmal gefunden werden. Das anzahlmäßige Verhältnis der Merkmale zu den Anforderungen sollte aber den Faktor 1,5 bis 1,8 nicht überschreiten (Teufelsdorfer 1998).

Um in der Entwicklung der Produktkonzepte eine Priorisierung der Produktmerkmale vornehmen zu können, sind die Produktmerkmale zu gewichten.

Definition technischer Problemstellungen

An die Gewichtung der Produktmerkmale schließt sich die Definition technischer Problemstellungen an, die sich aus den geforderten Produktmerkmalen ergeben. Dazu ist es hilfreich, die Wechselbeziehungen zwischen den einzelnen Produktmerkmalen zu untersuchen, um Synergien und Widersprüche frühzeitig zu identifizieren. Zu diesem Zweck wird das Dach des HoQ genutzt.

Technische Probleme mit der TRIZ-Methodik lösen

Für die Lösung der technischen Problemstellungen, die sich aus den Produktmerkmalen ergeben, bietet sich der Einsatz der TRIZ-Methodik an. Insbesondere die im Dach des HoQ identifizierten Widersprüche können mit Hilfe der Widerspruchsmatrix aufgelöst werden. Neben der TRIZ-Methodik existieren weitere Methoden zur Lösung technischer Problemstellungen (vgl. u. a. Walter 1997).

Die Lösungen zu den technischen Problemstellungen werden im letzten Schritt der Ideendetaillierung zu Produktkonzepten zusammengeführt (Brandenburg 2002). Dazu sind die Methoden der Kombinatorik zu nutzen. Ein häufig eingesetztes Hilfsmittel ist der Morphologische Kasten (Schlicksupp 1995). Dabei wird das Gesamtsystem in charakteristische Parameter unterteilt (Merkmale, Funktionseinheiten, Subsysteme, etc.). Für jeden dieser Parameter werden die möglichen Lösungsprinzipien in ein Schema, den sog. Morphologischen Kasten eingetragen. Jede Kombination eines einzelnen Lösungsprinzips zu einem Parameter mit je einem zu einem anderen Parameter stellt eine theoretisch denkbare Lösungskombination dar. Die Verknüpfung der benötigten Teillösungen führt zu verschiedenen Lösungskonzepten. Die Methode soll zur Bildung ungewöhnlicher Lösungskombinationen anregen, wodurch die Auswahlmöglichkeiten erweitert werden.

Aufstellung von Produktkonzepten

Die ausgearbeiteten Produktkonzepte stellen das Ergebnis der Ideendetaillierung dar.

Ergebnis

… gespannt öffnete Herr Steinbrink den gerade erhaltenen Umschlag. Vor anderthalb Wochen hatte er bei verschiedenen Herstellern diverse produktideenbezogene Informationen akquiriert. In diesem Fall kam die Antwort von einem Hersteller medizinischer Komponenten, der detaillierte Unterlagen über Endoskope und deren Herstellung gesendet hatte. Herr Steinbrink hatte inzwischen sehr konkrete Daten zur Herstellung von Endoskopen vorliegen. Durch primäre und sekundäre Marktforschung hatte er weitere produktideenbezogene Informationsakquisitionen beauftragt und durchgeführt. Beispielsweise hatte er zahlreiche Telefonate mit Professor Lübke sowie weiteren Medizinern geführt und auf diese Weise die Anforderungen für die Produktidee „Positioniersystem für die endoskopische Diagnostik" konkretisieren können, dessen Ideendetaillierung er momentan vornahm.

Ideendetaillierung bei der Center-Positioniersysteme GmbH

Produktideenbezogene Informationsakquisition

Zur Durchführung der Ideendetaillierung wollte Herr Steinbrink die QFD-Methodik einsetzen, von deren erfolgreicher Anwendung er schon viel gehört hatte (s. Kap. 4.2). Da es zu schwierig war, die hierfür

Quality Function Deployment

ausgewählten Mediziner an einem Termin zusammenkommen zu lassen, hatte er für den heutigen Tag eine Videokonferenz geplant, bei der die Experten ein House of Quality aufstellen sollten. Dazu hatte er bereits im Vorfeld diverse Unterlagen wie die Agenda, ein Blanko des „House of Quality" sowie ein Schreiben, das den Zweck der Videokonferenz erläuterte, versandt.

Konkretisierung der Anforderungen

Um 10.00 Uhr war es dann soweit. Die beteiligten Experten erschienen auf dem Flachbildschirm der Videokonferenzanlage. Nach einer kurzen Begrüßung und Einleitung in die Thematik bat Herr Steinbrink die Experten, Anforderungen zu nennen, die für ein Endoskop mit automatischer Positioniereinheit im Endoskopkopf relevant sein könnten. Herr Steinbrink hatte für diese Aufgabe eine Liste mit Anforderungen vorbereitet, die bereits die meisten Merkmale enthielt. Sukzessive las er die Anforderungen vor und bat die Mediziner um ihre Meinung. Im Laufe der Diskussion kamen weitere Anforderungen hinzu, einige wurden auch gestrichen, so dass letztendlich eine konkrete Anforderungsliste vorlag.

Gewichtung der Kundenanforderungen

Im zweiten Abschnitt der Videokonferenz wurden die Anforderungen, die Herr Steinbrink später Kundenanforderungen nennen wollte, gewichtet. Auch hier entfachte sich an einigen Stellen eine lebhafte Diskussion. Prof. Lübke, der ebenfalls an der Videokonferenz teilnahm, betonte vor allem das Kriterum *schmerzfreie Anwendung*, während einige seiner Kollegen das Kriterium *einfache Bedienung* für wichtiger erachteten. Am Ende konnte jedoch zu allen Anforderungen ein Konsens in Form einer einheitlichen Gewichtung getroffen werden.

Herr Steinbrink hatte sich während der Konferenz die genannten Anforderungen notiert und betrachtete nun das Ergebnis.

Technische Merkmale ermitteln

„Jetzt müssen die Techniker noch mal aktiv werden", dachte Herr Steinbrink, als er die Skizze des House of Quality überflog und sein Blick auf die Leiste „Technische Merkmale" fiel. Er schickte eine Kopie seiner Skizze an die Manager der technologieorientierten BU`s, die sich die technischen Merkmale überlegen sollten, die bei der Herstellung des Positioniersystems für ein Endoskop relevant sein könnten. Anschließend müssten dann die Kundenanforderungen den technischen Merkmalen gegenübergestellt und entsprechende Zusammenhänge diskutiert werden.

„Mensch, das ging ja schnell!", freute sich Herr Steinbrink, als er schon am Mittwoch das komplett ausgefüllte House of Quality auf seinem Schreibtisch vorfand (Abb. 3.22). Die Kollegen hatten gute Arbeit geleistet. Die Zusammenhänge zwischen Kundenanforderungen und technischen Merkmalen waren entsprechend ihrer Stärke gewichtet worden. Deutlich waren die technischen Widersprüche im Dach des House of Quality auszumachen. Sogar einen Wettbewerbsvergleich hatten die Kollegen vorgenommen.

Technische Widersprüchen mit dem House of Quality herausarbeiten

Mit diesen Informationen war es möglich, die Produktideen zu Produktkonzepten zu verdichten:

Produktkonzepte aufstellen

- Produktkonzept 1: »Intelligent Endoscope – IntEnd«: Ein Mikro-Positioniersystem wird in den Kopf eines Endoskops eingesetzt und bewegt dort eine Optik, die aus einer Kamera und einer Beleuchtungseinheit besteht. Die Ansteuerung muss über Funk erfolgen, um den Endoskophals für minimalinvasive Behandlungen so dünn wie möglich gestalten zu können. Die Stromversorgung soll über den Endoskophals erfolgen, der aus einem flexiblen Draht besteht. Einmal in Position gebracht, soll von außen keine Bewegung mehr am Endoskop stattfinden, sondern nur durch die Optik ausgerichtet werden. Dazu sind 320°-Schwenkungen in der horizontalen und 120°-Schwenkungen in der vertikalen Ebene zu realisieren. Die Positionierung der Optik muss kontinuierlich erfolgen können und ohne Anfahrtsbeschleunigung oder Ruckeln auskommen, das sonst zur Veränderung der Endoskoplage führen könnte. Darüber hinaus müssen die verwendeten Bauteile den geforderten Hygienerichtlinien für medizinische Geräte entsprechen. Das Positioniersystem soll als System gefertigt und in ein handelsübliches Endoskop eingesetzt werden.
- ...

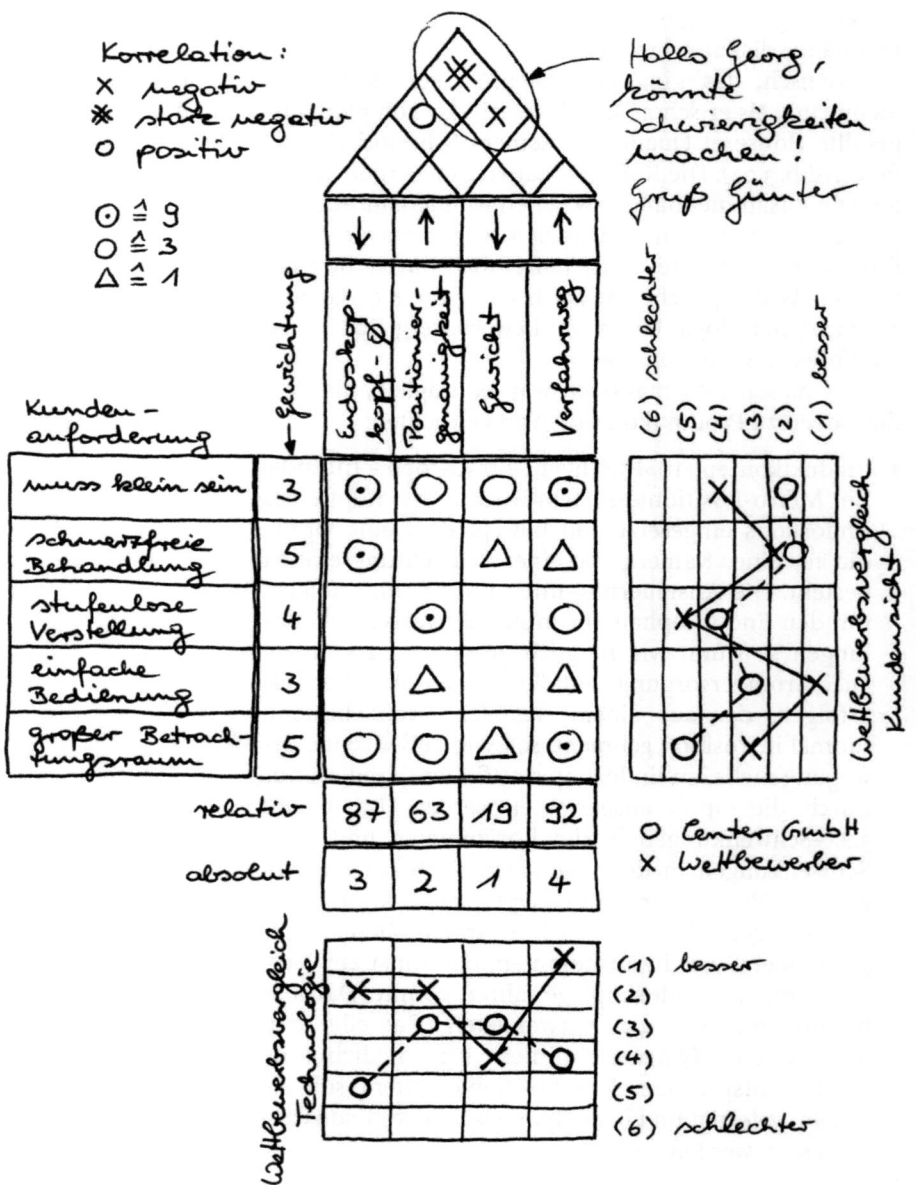

Abb. 3.22 House of Quality (Fallbeispiel: Center-Positioniersysteme GmbH)

„Das klingt doch schon alles recht viel versprechend", dachte sich Herr Steinbrink beim Lesen des Produktkonzepts für das Intelligent Endoscope, als er durch das Klingeln seines Telefons unterbrochen wurde.

Es war Günter Blei, BU-Manager »Schlittensysteme«. Herr Blei wollte eine Rückmeldung von Herrn Steinbrink zur geleisteten Arbeit bezüglich des House of Quality einholen. Die technischen Widersprüche machten Herrn Blei zu schaffen. Für ihn waren diese Widersprüche das „Aus" für das Endoskop. Nicht jedoch für Herrn Steinbrink.

Herr Steinbrink hatte über die TRIZ-Methodik gelesen, dass sie sich vor allem für die Lösung technischer Widersprüche eignet. „Günter, ich habe gelesen, dass das Fraunhofer-Institut für Produktionstechnologie IPT in Aachen TRIZ-Workshops durchführt. Wie wäre es denn, wenn wir dort mal mitmachten?" „Wenn wir es schaffen," fuhr Herr Steinbrink fort, „eine Lösung für die identifizierten technischen Widersprüche zu finden, wäre das Produktkonzept fertig ausgearbeitet und wir könnten in die nächste Planungsphase übergehen!"

Herrn Blei gefiel die Idee und er kontaktierte daraufhin die TRIZ-Experten des Fraunhofer IPT. Er wollte so bald wie möglich persönlich einen solchen Workshop besuchen, schließlich sollte die Phase Ideendetaillierung nicht unnötig lange dauern ...

TRIZ-Methodik

3.8 Konzeptbewertung

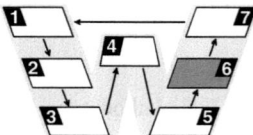

> In dieser Phase werden die erarbeiteten Produktkonzepte quantitativ bewertet. Dazu werden die Kriterien aus der Ideenbewertung erneut zur Bewertung der nun ausgereiften Produktideen herangezogen sowie mit den verifizierten Informationen aus der Ideendetaillierung vervollständigt. Die ausformulierten und detaillierten Produktinnovationsideen sind darüber hinaus hinsichtlich ihrer technischen Machbarkeit und Wirtschaftlichkeit zu bewerten. Die Konzeptbewertung unterteilt sich in drei Schritte:
> - Bewertung der Anforderungserfüllung,
> - Bestimmung der technischen Machbarkeit,
> - Wirtschaftlichkeitsbetrachtung.
>
> Nach Abschluss der Konzeptbewertung sind ausgewählte Produktkonzepte vorhanden, deren technische und wirtschaftliche Machbarkeit bestätigt ist.

Inhalt der Konzeptbewertung

Bei der »Konzeptbewertung« werden die in der Ideendetaillierung zusätzlich gewonnenen Informationen zur konkreteren Bewertung der Produktinnovationsideen herangezogen. Als Eingangsinformationen für die Durchführung dieser Planungsphase werden neben den Resultaten aus der vorherigen Ideendetaillierung insbesondere die Innovationsstrategie aus der Zielbildung und die innovationsbezogenen Ziele aus der Zukunftsanalyse herangezogen. Ergebnis dieser Planungsphase sind ausgewählte Konzepte, die sowohl in technischer als auch in wirtschaftlicher Hinsicht optimal auf die Unternehmensstrategie zugeschnitten sind und die gesetzten Unternehmensziele umzusetzen vermögen. Durch den an dieser Stelle des Planungsprozesses vorliegenden Informationsreifegrad können im Gegensatz zur Ideenbewertung andere, genauere Bewertungsmethoden eingesetzt werden, die dementsprechend auch detailliertere Aussagen liefern (vgl. Brandenburg 2002).

Vorgehen bei der Konzeptbewertung

Die Konzeptbewertung wird in drei Schritten vollzogen, in denen der Kundenbezug sowie die technische und wirtschaftliche Machbarkeit sichergestellt werden.

Im Einzelnen werden die Planungsaktivitäten

- Bewertung der Anforderungserfüllung,
- Bestimmung der technischen Machbarkeit und
- Wirtschaftlichkeitsbetrachtung

unterschieden (Brandenburg 2002). Die einzelnen Vorgehensschritte werden dabei von diversen Methoden unterstützt (Abb. 3.23).

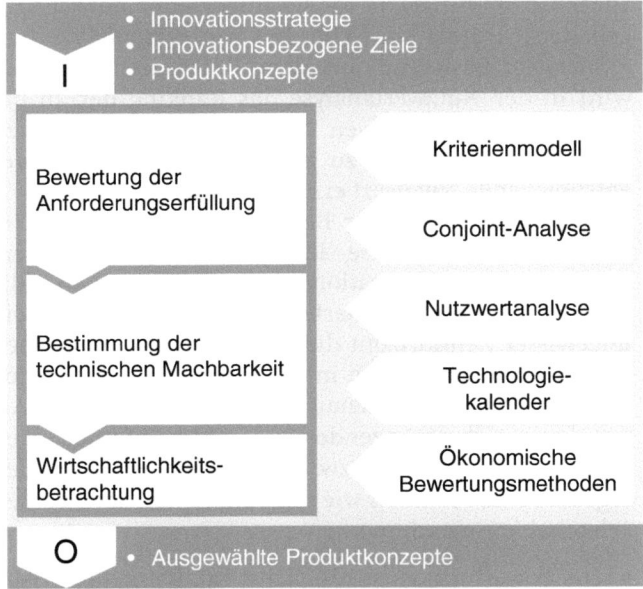

Abb. 3.23 Methodenbaukasten »Konzeptbewertung« (vgl. Brandenburg 2002)

Ähnlich der Phase Ideenbewertung erfolgt die Bewertung der Innovationsideen anhand eines Beurteilungs- und Bewertungsmodells, das jedoch gegenüber der Ideenbewertung detaillierter ist und dadurch eine konkretere Bewertung der Produktkonzeptalternativen erlaubt. Essentielle Erweiterung der Bewertung an dieser Stelle der Innovationsplanung gegenüber der Ideenbewertung ist die wirtschaftliche Bewertung der Produktkonzepte durch ökonomische Bewertungsmethoden.

Mit der Technologiekalender-Methode wird die informatorische Ermittlung der notwendigen Daten unterstützt, sie trägt damit zur Validierung der techni-

Wesentlicher Unterschied zur Ideenbewertung ist die Wirtschaftlichkeitsbetrachtung

Technologiekalender

Nutzwertanalyse

schen wie auch der wirtschaftlichen Machbarkeit der zu betrachtenden Produktkonzeptalternativen bei (Kap. 4.9).

Der Paarweise Vergleich dient der relativen Gewichtung verschiedener Kriterien und führt zu einem Ranking der unterschiedlichen Kriterien. Die Gewichtung der Kriterien erfolgt im Hinblick auf die unternehmensspezifischen, ziel- und strategiekonformen Aspekte. Beispielsweise bestimmen die Unternehmensstrategie bzw. die Unternehmensziele, ob ein Kriterium wie *Kostenreduzierung* für wichtiger oder unwichtiger gehalten wird als ein Kriterium wie *Fertigungszeitminimierung*. Basierend auf dem Paarweisen Vergleich wird in der Nutzwertanalyse das Ranking der zu betrachtenden Alternativen vorgenommen, indem zu jeder Alternative (d.h. zu jedem Produktkonzept) der entsprechende Nutzwert ermittelt wird.

Kennzeichen der Bewertungssituation

Die Kennzeichen der Bewertungssituation sind im Unterschied zur Phase Ideenbewertung zu diesem Zeitpunkt der Innovationsplanung nicht mehr die gleichen. Waren unscharfe Informationen und ein ungewisser Zeithorizont die wesentlichen Kennzeichen der Bewertungssituation in der Ideenbewertung, liegen nun konkretere und detailliertere Informationen vor, aus denen sich ergänzende sowie neue Anforderungen an eine Bewertung bzw. an Bewertungsmethoden ergeben. Diese können wie folgt charakterisiert werden (Pleschak u. Sabisch 1996):

- Die Bewertung muss möglichst fundierte, langfristig geltende Aussagen liefern.
- Die Bewertungsmethode muss dem hohen Komplexitätsgrad von Produktideen und -konzepten Rechnung tragen.

Mehrdimensionale Bewertungsverfahren

Für die beschriebenen Anforderungen sind mehrdimensionale Bewertungsverfahren vorgesehen, die geeignet sind, mehrere Ziele und Merkmale in die Bewertung aufzunehmen und zu berücksichtigen. Je größer die Anzahl der Ziele und Merkmale ist, desto unschärfer gestaltet sich jedoch das Bewertungsergebnis, da zu jedem Bewertungsobjekt meistens mehrere Vor- und Nachteile vorliegen. Gelingt es jedoch, die Anzahl an Merkmalen auf wenige wichtige Merkmale zu reduzieren, kann als Synthese das Bewertungsergebnis zum einen genau und zum anderen mehrdimensional bewertet werden. Diese Reduzierung wird erreicht durch die Transformation der technischen, organisatorischen und sozialen Merkmale, die zur Bewertung der Produktkonzepte verwendet werden, in wirtschaftliche Größen wie Rentabilität oder Amortisation.

3.8.1
Bewertung der Anforderungserfüllung

Bei der Bewertung der Anforderungserfüllung gilt es zu beurteilen, inwieweit ein Produktkonzept geeignet ist, die konkretisierten Kundenanforderungen im Einzelnen zu erfüllen (Brandenburg 2002). In diesem Bewertungsschritt werden die Produktkonzepte auf ihre Korrelation mit den aufgenommenen Kundenwünschen überprüft. Auf diese Weise wird sichergestellt, dass nur diejenigen Konzepte realisiert werden, die hinsichtlich der Kundenorientierung das bestmögliche Ergebnis erzielen konnten. Hierzu können die Produktideen an den Forderungen und technischen Merkmalen gespiegelt werden, die bereits im House of Quality in der Phase 5 (Ideendetaillierung) des Innovationsplanungsprozesses nach der IRM-Methodik formuliert worden sind. Durch die nun detaillierter vorliegenden Informationen können die Kundenanforderungen zudem weiteren, ebenfalls detaillierteren, technischen Kriterien gegenübergestellt werden. Darüber hinaus können Kundenbefragungen, z. B. durch Conjoint-Analysen (Kap. 4.8), die notwendigen Erkenntnisse bringen.

Kundenorientierung sicherstellen

Die auf diese Weise erweiterten Bewertungsgrundlagen können in den Kriterienkatalog aus der Ideenbewertung eingepflegt werden, so dass bei der hier durchzuführenden Konzeptbewertung eine sehr detaillierte Bewertung anhand technischer und wirtschaftlicher Kriterien möglich ist.

Detaillierte technische und wirtschaftliche Bewertung möglich

3.8.2
Bestimmung der technischen Machbarkeit

Zur Bestätigung der technischen Machbarkeit sollte in vielen Fällen ein sog. Demonstrator, ein physischer – in jüngeren Jahren zunehmend digitaler – Nachweis der Funktionsfähigkeit eines Produktkonzeptes, gebaut bzw. modelliert und getestet werden (vgl. Brandenburg 2002). In den letzten Jahren werden zur schnelleren Umsetzung von Produktkonzepten in Prototypen Rapid Prototyping-Verfahren eingesetzt. Diesbezüglich bieten kommerzielle Software-Tools unterstützende Simulati-

Prototyp

onstechniken an. Sie erlauben, den Prototypen des Produktes virtuell im Computer darzustellen und softwaretechnisch auf seine Funktionseigenschaften zu testen (vgl. AWK 2002). Insgesamt dient die praktische Prüfung der Produktkonzepte als Nachweis für die (fertigungs-) technische Machbarkeit der umzusetzenden Innovationsideen.

Weitere Aspekte zur Bestimmung der technischen Machbarkeit

Neben der rein fertigungstechnischen Machbarkeit eines Produktes spielen Aspekte wie Stückzahlen, Varianten, Qualitätsmerkmale, geometrische Anforderungen und Festigkeitsanforderungen eine Rolle. Die Auswahl der Fertigungstechnologien sollte daher im Hinblick auf diese Faktoren erfolgen. Eine Methode, die sowohl die fertigungstechnischen Aspekte als auch eine marktorientierte, strategische Technologieplanung vereint, ist der Technologiekalender, auf den in Kapitel 4.9 eingegangen wird.

Auswahl der Bewertungskriterien

Der erste Schritt zur Bestimmung der technischen Machbarkeit besteht in der Auswahl der (technischen) Bewertungskriterien. Sind spezielle Randbedingungen (Umweltschutz, Gesetze, soziale Aspekte etc.) zu beachten, können die Bewertungskriterien auf ökologische oder soziale Kriterien ausgeweitet werden. Aus Gründen der Übersichtlichkeit sollte darauf geachtet werden, nur die jeweils wichtigsten und relevantesten Kriterien heranzuziehen, die in engem, direktem Zusammenhang mit den Unternehmenszielen bzw. Unternehmensstrategie stehen.

Relative Gewichtung der Kriterien

Nach der Identifikation der Bewertungskriterien werden diese einem Paarweisen Vergleich unterzogen, um die Kriterien relativ zueinander zu gewichten. Anschließend kann die Bewertung, d.h. die Zuordnung eines Erfüllungsgrades zu jedem Kriterium, hinsichtlich der Zielerfüllung erfolgen, wozu eine dimensionslose Bewertungszahl verwendet wird. Die Summe aus dem Produkt von Gewichtung eines Kriteriums und Bewertungszahl ergibt *den Nutzwert eines Produktkonzepts*.

Nutzwert eines Produktkonzepts

Es ist nur sinnvoll, eine derartige Bewertung durchzuführen, wenn mindestens zwei konkurrierende Produktideen vorhanden sind, die anhand des Nutzwertes verglichen werden können.

Vorteil der Bewertungsmethode

Der Vorteil des hier angewandten mehrdimensionalen Bewertungsverfahrens liegt in der Möglichkeit, komplexe Beurteilungen vornehmen und eine einheitliche Gesamtaussage über das Bewertungsobjekt, das Produktkonzept, treffen zu können. Zudem ist das Verfahren leicht anwendbar und kann flexibel auf den tatsächlich vorhandenen Unsicherheitsgrad abgestimmt werden.

3.8.3
Wirtschaftlichkeitsbetrachtung

Eine Wirtschaftlichkeitsbetrachtung schließt die Phase Konzeptbewertung ab. Hierzu ist eine Reihe von Methoden entwickelt und bereits in der Praxis eingesetzt worden[13] (Brandenburg 2002). Die Entscheidung für oder gegen eine Produktinnovation oder ein entsprechendes Projekt ist quasi einer „Investition" gleichzusetzen. Deshalb sind auch bei Wirtschaftlichkeitsbetrachtungen von Produktinnovationen fallweise Bewertungsverfahren wie bei der Investitions-, Rentabilitäts- und Amortisationsrechnung anzuwenden. Im Folgenden werden nur die prinzipiell möglichen Bewertungsverfahren genannt; auf eine ausführliche Darstellung wird jedoch verzichtet und auf die entsprechende Fachliteratur verwiesen.

Methoden zur Wirtschaftlichkeitsbetrachtung

Die Betrachtung der Wirtschaftlichkeit kann nach statischen oder dynamischen Verfahren erfolgen (Schierenbeck 1993) (Abb. 3.24).

Statische und dynamische Verfahren

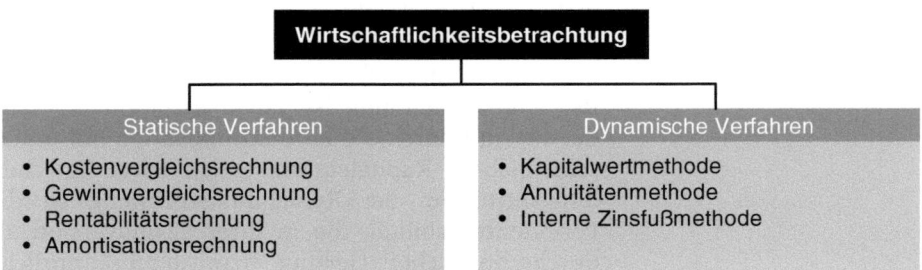

Abb. 3.24 Übersicht statischer und dynamischer Wirtschaftlichkeitsrechenverfahren

- Bei Anwendung der *Kostenvergleichsrechnung* wird diejenige Produktinnovation als wirtschaftlichste ausgewählt, die die geringsten Kosten verursacht. Dabei müssen sowohl die Betriebskosten als auch die Kapitalkosten berücksichtigt werden, die bei der

Kostenvergleichsrechnung

---

[13] Zu Methoden zur Wirtschaftlichkeitsbetrachtung von Produktinnovationen s.a. STUMMER (Stummer 1998), MARTINO (Martino 1995) oder BROSE (Brose 1982).

Realisierung des neuen Produktes anfallen. Da bei dieser Methode keine Berücksichtigung von Gewinnen stattfindet, ist eine Kostenvergleichsrechnung häufig bei reinen Ersatz- oder Rationalisierungs-„Investitionen" vorzufinden, da hier die Gewinnerwartung bei allen Alternativen ähnlich ausfällt (Kruschwitz 1993). Eine gleiche Nutzungsdauer der Produkte bei gleichem Kapitaleinsatz muss für eine sinnvolle Vergleichbarkeit der Alternativen gegeben sein.

Gewinnvergleichsrechnung
- Eine Ergänzung zur Kostenvergleichsrechnung stellt die *Gewinnvergleichsrechnung* dar. Hierbei ist das Entscheidungskriterium der durchschnittliche Investitionsgewinn pro Periode, definiert als Saldo der durchschnittlichen Kosten und Erlöse pro Periode. Anzuwenden ist die Gewinnvergleichsrechnung, wenn die qualitativen Leistungsabgaben der verglichenen Produktkonzepte unterschiedlich sind. Zur Wahrung der Vergleichbarkeit verschiedener Innovationsobjekte ist die Gewinnvergleichsrechnung sinnvollerweise auf solche Alternativen anzuwenden, die sich durch eine gleiche Lebensdauer bei gleichem Kapitaleinsatz auszeichnen.

Rentabilitätsrechnung
- Im Gegensatz zur Kosten- und Gewinnvergleichsrechnung berücksichtigt die *Rentabilitätsrechnung,* dass Investitionsobjekte, in diesem Kontext Innovationsprojekte, unterschiedlich viel Kapital binden. Eine Rentabilitätsrechnung ist daher anzuwenden, wenn der Gewinn durch die Produktinnovation mit unterschiedlichem Kapitaleinsatz erzielt wird. Entscheidungskriterium der Rentabilitätsrechnung ist die Periodenrentabilität, die in ihrer Grundversion als durchschnittlicher Gewinn bzw. durchschnittliche Kostenersparnis pro Periode zum durchschnittlichen Kapitaleinsatz definiert wird. Von mehreren Produktkonzepten ist bei dieser Wirtschaftlichkeitsbetrachtung dasjenige auszuwählen, das die höchste Rentabilität verspricht. Wie auch bei der Kostenvergleichs- und der Gewinnvergleichsrechnung sollten die zu bewertenden Produktkonzepte einen gleichen Zeitraum hinsichtlich der Realisierung beanspruchen, damit die Aussage vergleichbar ist. Auf Grund dieser Einschränkungen liefert die Rentabilitätsrechnung bei gleichem Kapitaleinsatz die gleichen Ergebnisse wie die Gewinnvergleichsrechnung und bil-

det somit keine bessere Entscheidungsgrundlage (Kruschwitz 1993).
- Zur Ermittlung der Zeitdauer, die bis zur Wiedergewinnung der "Erstanschaffungsausgaben" verstreicht, dient die *Amortisationsrechnung*. Bei der Bewertung der Produktinnovationskonzepte ist dasjenige auszuwählen, das die kürzeste Amortisationsdauer besitzt. Zu beachten ist bei Anwendung der Amortisationsrechnung jedoch, dass die zu vergleichenden Objekte eine ähnliche Lebensdauer aufweisen sollten, da sonst Abschreibungskosten, die die Amortisationsdauer wesentlich beeinflussen und von der Lebensdauer abhängig sind, das Aussageergebnis verfälschen würden. Auf Grund der genannten Einschränkung sollte die Amortisationsrechnung nicht das alleinige Entscheidungskriterium für eine ökonomisch sinnvolle Entscheidung liefern (Kruschwitz 1993).

Amortisationsrechnung

Generelle Einschränkung bei Anwendung der statischen Wirtschaftlichkeitsrechenverfahren ist, dass zeitliche Unterschiede im Auftreten von Ein- und Ausnahmen nicht oder unvollständig berücksichtigt werden. Dies leisten die dynamischen Wirtschaftlichkeitsverfahren.

Dynamische Wirtschaftlichkeitsrechenverfahren

- Bei der *Kapitalwertmethode* werden die mit einer Investition verbundenen zukünftigen Ein- und Auszahlungen mit einem Kalkulationszinsfuß auf den Entscheidungszeitpunkt abgezinst. Die Summe dieser Barwerte abzüglich der Anschaffungsausgabe stellt den Kapitalwert der Investition dar. Ist er positiv, so wird die Investition unter Gewinnaspekten als vorteilhaft beurteilt. Anschaulich lässt sich der Kapitalwert interpretieren als derjenige Betrag, der zum Zeitpunkt der Investitionsentscheidung zusätzlich zur erforderlichen Anfangsauszahlung für die Investition aufgenommen und konsumiert werden kann, ohne dass andere Mittel als die Einzahlungsüberschüsse der Investition für die Verzinsung und Tilgung der Finanzierung verwendet werden müssen.

Kapitalwertmethode

- Die Höhe des Kapitalwertes einer Investition ist von der Höhe des Kalkulationszinsfußes abhängig. Demzufolge sinkt der Kapitalwert mit einem steigenden und steigt mit einem fallenden Kalkulationszinsfuß. Die *interne Zinsfußmethode* legt im Gegensatz zur

Interne Zinsfußmethode

Kapitalwertmethode keinen Kalkulationszinsfuß fest, sondern sucht denjenigen Kalkulationszinsfuß, bei dem der Kapitalwert der Investition den Wert Null annimmt. Dieser interne Zinsfuß entspricht damit der effektiven Verzinsung des gebundenen Kapitals. Liegt er über dem Kalkulationszinsfuß, so erweist sich dies unter Gewinnaspekten als vorteilhaft.

Annuitätsmethode
- Als drittes dynamisches Wirtschaftslichkeitsrechenverfahren soll die *Annuitätsmethode* betrachtet werden. Diese wird aus der Kapitalwertmethode abgeleitet, indem die jährlich erwirtschafteten Ergebnisse einer Investition gleichmäßig auf die Jahre der Nutzungsdauer des Investitionsobjektes verteilt werden. Das heißt, die tatsächlichen Zahlungsströme werden in eine äquivalente (gleicher Barwert), äquidistante (gleiche zeitliche Abstände) und uniforme Zahlungsreihe (gleiche Zahlungshöhe) transformiert.

Technologiekalender

Zur Ermittlung der informatorischen Basis der Berechnungen bietet sich mit dem in Kapitel 4.9 vorgestellten Ansatz des Technologiekalenders ein Hilfsmittel, das die mittel- bis langfristige Abschätzung der Herstellkosten eines Produktes erlaubt.

Ergebnis: ausgewählte Produktkonzepte

Ergebnis der Konzeptbewertung sind ausgewählte Produktkonzepte, deren technische und ökonomische Machbarkeit bestätigt ist, so dass eine Realisierung in Form eines Produkt- und Marktentwicklungsprozesses angestoßen werden kann (Brandenburg 2002).

Konzeptbewertung bei der Center-Positioniersysteme GmbH

Eingangsinformationen stammen aus vorausgegangenen Planungsphasen

... An diesem Morgen wollte Herr Steinbrink mit der Prozessphase »Konzeptbewertung« beginnen. Dazu hielt er sich noch einmal die in der Zielbildung definierte Innovationsstrategie sowie die innovationsbezogenen Ziele vor Augen. „Herr Steinbrink! Wir müssen unsere Produktpalette erweitern, wir müssen für uns neue Märkte entdecken ... und dann zuschlagen! So funktioniert das Geschäft!", erinnerte sich Herr Steinbrink lächelnd an den visionären Vortrag seines Chefs während der Strategiesitzung zur Zielbildung. Neben dem Einstieg in neue Wachstumsmärkte hatte sich Herr Steinbrink *Technologieführerschaft* sowie *Diversifikation* in der Produktpalette als Innovationsstrategie notiert.

„Was schlagen die hier vor? Noch einmal QFD?", fragte sich Herr Steinbrink überrascht, als er die Vorgehensweise zur Konzeptbewertung im Innovationsmanagement-Handbuch zur IRM-Methodik las. Nach anfänglicher Skepsis wich diese jedoch der Überzeugung, dass eine Kundenwunschüberprüfung mittels der QFD-Methodik gar nicht so schlecht wäre „...und da steht ja auch schon, wie das geht!", stellte er zufrieden fest.

Am Nachmittag bat Herr Steinbrink die BU-Manager zu einer erneuten Besprechung, um die neuen Erkenntnisse aus der Ideendetaillierung zu diskutieren. Dazu hatte er das Beurteilungs- und Bewertungsmodell aus der Ideenbewertung und die aus der Ideendetaillierung zusätzlich gewonnenen Erkenntnisse bereits in das Modell eingetragen. Zu der heutigen Sitzung sollten die technischen, nun ausgereiften Produktmerkmale erneut an den gewichteten Kundenwünschen gespiegelt werden, welche in der Ideendetaillierung durch das House of Quality ebenfalls konkretisiert worden waren.

Die Diskussion verlief ganz nach den Erwartungen von Herrn Steinbrink. Seine Kollegen arbeiteten gut mit und bewerteten die Produktkonzepte anhand der Kriterien des Beurteilungs- und Bewertungsmodells. Gemessen an den Kundenanforderungen nahm das »IntEnd« erneut eine Spitzenposition ein. Herr Steinbrink bedankte sich für die eifrige Mitarbeit und ging zurück in sein Büro. Er wollte noch trotz der vorangeschrittenen Zeit den nächsten Planungsschritt vorbereiten.

„Guten Morgen, Hans-Willy!", sagte Herr Steinbrink etwas blinzelnd, als er in die Abteilung Werkzeug- und Formenbau eintrat. Er war am vorigen Abend Herrn Dr. Kerner begegnet und hatte mit ihm das Resultat der gestrigen Besprechung diskutiert. Sichtlich begeistert von der systematischen Arbeit seines Stabchefs hatte Herr Dr. Kerner den Auftrag zu einem Prototypenbau für das »IntEnd« frei gegeben. Anhand dieses Prototypen sollte die technische Machbarkeit bestätigt werden.

Hans-Willy Baumeister leitete seit über 15 Jahren den Prototypenbau der Center-Positioniersysteme GmbH und hatte schon die eine oder andere Innovationsidee in Form eines Prototypen umgesetzt. Doch diese Aufgabe war auch für Herrn Baumeister eine besondere Herausforderung; es ging schließlich um etwas ganz Neues aus dem Bereich der Medizintechnik,

Validierung der technischen Machbarkeit

Prototyp des »IntEnd«

wo nur sehr wenig unternehmensinterne Erfahrung vorlag. „Das könnte aber etwas Zeit brauchen ...", überlegte Herr Baumeister, „das können wir nämlich mit konventionellen Werkzeugen nicht herstellen."

Nach fünf Wochen hatte Herr Steinbrink schließlich doch das erste Modell eines Mikro-Positioniersystems zur Anwendung in einem Endoskop auf seinem Schreibtisch stehen. Ganz vorsichtig begutachtete Herr Steinbrink diese winzige Hybrid-Konstruktion aus Polyethylen und Titan. „Kaum zu glauben, dass dieses System voll funktionsfähig ist", dachte Herr Steinbrink.

Ende der Woche hatte er bereits einen Termin mit dem leitenden Professor der Inneren Medizin des Universitätsklinikums Aachen vereinbart, wo die Produktinnovation zum ersten Mal vorgestellt werden sollte. Behutsam packte Herr Steinbrink den Prototypen zurück in die Verpackung. „Jetzt muss das System nur noch in den Endoskop-Grundkörper eingebaut werden", dachte er laut. Aus diesem Grund hatte er bereits vor zwei Wochen mit diversen Herstellern von Endoskopen gesprochen und sich für ein Basismodell entschieden, in das zukünftig die Mikro-Positioniersysteme eingebaut werden sollten. In drei Tagen würde er das Komplettsystem zum ersten Mal Herrn Dr. Kerner vorlegen.

Erneute Anwendung der Portfolios aus der Ideenbewertung

Bis dahin wollte Herr Steinbrink sowohl die technische als auch die wirtschaftliche Machbarkeit des Systems bestätigt wissen. Er wollte sich noch einmal die Portfolios ansehen, die er bereits bei der Ideenbewertung aufgestellt hatte. Das Unternehmensnutzen-Portfolio blieb unverändert, das Technologie-Markt-Portfolio hingegen konnte noch weiter angepasst werden. Die neuen Erkenntnisse aus der Ideendetaillierung sowie die Diskussion mit den BU-Managern hatten weitere Kriterien geliefert, die dazu führten, dass sich die Einordnung der Produktideen im Portfolio leicht verschob. So konnte der *Kundennutzen* detaillierter angegeben, die *Substitutionssicherheit* besser abgeschätzt und *Synergieeffekte zur eigenen FuE bzw. Fertigungskompetenz* besser bestimmt werden. Bezüglich des Kundennutzens war der *Einfluss subjektiver Wertschätzungen* sehr deutlich zu bemerken. Da zum jetzigen Zeitpunkt eine Einschätzung durch wesentlich mehr technische Kriterien erfolgen konnte, war der Einfluss der persönlich geleiteten Beurteilungen deutlich geringer, was sich in einer Verschiebung der Produktidee im Portfolio auswirkte. Hinsichtlich der *Substitutionssicherheit* brachten Patentrecherchen sowie Wettbewerbsanalysen genauere Informationen zur Bewertung der Produktideen. „Ein System wie unser IntEnd macht uns so schnell keiner nach!", nickte Herr Steinbrink zuversichtlich. Ebenso konnten die detaillierteren Informationen das *Synergiepotenzial zur eigenen FuE* besser herausstellen. Beispielsweise war Herrn Steinbrink und seinem Team gar nicht bewusst, dass die Entwicklung von Mikro-Positioniersystemen und die Entwicklung von größeren Systemen für Werkzeugmaschinen prinzipiell ähnlich laufen, nur die Größenordnung eine andere ist. Daraus resultierend musste das *vorhandene Technologiepotenzial* angepasst werden, so dass die Produktidee »IntEnd« an die Spitze der möglichen Produktideealternativen rückte.

Herr Steinbrink hatte schon zahlreiche Wirtschaftlichkeitsbetrachtung durchgeführt; dennoch wollte er seinen jungen Kollegen aus dem Controlling noch einmal nach der sinnvollsten Kostenrechnungsart fragen, um ganz sicher zu gehen. Dass die dynamischen Wirtschaftlichkeitsrechenverfahren genauere Aussagen als die statischen liefern, war Herrn Steinbrink natürlich bewusst, dennoch tat die kleine Auffrischung zum Thema Kostenrechnung durch den Jung-Akademiker gut. Herr Steinbrink entschied sich schließlich zur Durchführung einer Rentabilitätsrechnung in Kombination mit einer Amortisationsrechnung.

„Nicht gerade wenig Kosten, die da auf uns zukommen", dachte Herr Steinbrink und runzelte die Stirn, „dennoch ist eine Rentabilität von 35% selbst bei grober Schätzung ein sehr gutes Argument zur Durchführung und Umsetzung dieses Innovationsvorhabens. Und das vor dem Hintergrund einer Amortisationszeit von weniger als drei Jahren!", nickte er bestätigend. „Ich würde es machen!", entschied er für sich und begann, die Bewertung für die anderen Produktinnovationsalternativen durchzurechnen ...

Wirtschaftlichkeitsbetrachtung

3.9 Umsetzungsplanung

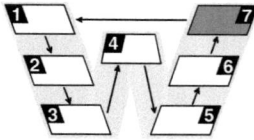

In der Planungsphase »Umsetzungsplanung« werden die in den vorherigen Planungsphasen ausgearbeiteten Erkenntnisse und Ergebnisse in einer so genannten InnovationRoadMap (IRM) aggregiert. Die InnovationRoadMap wird angewandt, um die Wechselbeziehungen zwischen den Umfeld- und Marktanforderungen einerseits sowie den technologischen Produktlösungen und deren zeitliche Entwicklungen andererseits über eine kurz-, mittel- und langfristige Zeitspanne abzubilden. Bei der Ausarbeitung der InnovationRoadMap werden folgende Planungsschritte durchlaufen:

- Einordnung der Zukunftsprojektionen und Innovationsaufgaben,
- Verknüpfung der marktseitigen mit den technologiebezogenen Innovationsaufgaben,
- Ableitung unternehmensspezifischer Umsetzungsaktivitäten.

Das Ziel der Umsetzungsplanung besteht in der systematischen Darstellung spezifischer Unternehmensaktivitäten für die ausgearbeiteten Produktideen und -konzepte unter Anwendung der InnovationRoadMap.

InnovationRoadMap als Ergebnisdarstellung des Innovationsplanungsprozess

In der letzten Planungsphase der InnovationRoadMap-Methodik werden die Einzelergebnisse der vorangegangenen Planungsphasen zusammengeführt und aggregiert. Die graphische Darstellung der Einzelergebnisse erfolgt mit Hilfe der »InnovationRoadMap«, mit der die Prognosen zukünftiger Markt- und Technologieentwicklungen an den unternehmensindividuellen Produktinnovationsplanungen gespiegelt werden.

Gegenüberstellung von marktseitigen Anforderungen und Produktideen

Mit der InnovationRoadMap steht dem Anwender ein Hilfsmittel zur Verfügung, mit dem in verständlicher Weise eine systematische, nachvollziehbare und unternehmensindividuelle Gegenüberstellung von marktseitigen Anforderungen bzw. Potenzialen und den dazu passenden Produktideen bzw. technologischen Innovationspotenzialen über einen mittel- bis langfristigen Zeitverlauf dargestellt werden kann (Brandenburg 2002).

Unternehmensweite Produktinnovationsaktivitäten ableiten und synchronisieren

Ein wesentliches Ziel der Anwendung der InnovationRoadMap-Methodik besteht darin, unternehmensweite Produktinnovationsaktivitäten abzuleiten bzw. zeitlich zu synchronisieren. Dazu werden die Positionen und beschriebenen Merkmale der Markt- und Technologieeinordnungen genutzt.

Die Grundlagen der RoadMap-Methodik sind in Kapitel 4.9 ausführlich beschrieben. Um darüber hinaus zusätzliche, im Methodikablauf gewonnene Erkenntnisse integrieren und darstellen zu können, bedarf es einer methodikkonformen Erweiterung des ursprünglichen Roadmapping-Ansatzes. Die benötigten Eingangsinformationen für die Erstellung der InnovationRoadMap sind dem Methodenbaukasten für die Umsetzungsplanung zu entnehmen (Abb. 3.25).

Zur Durchführung der drei Planungsschritte werden neben dem Instrument der RoadMap keine weiteren Methoden benötigt. In dieser letzten Planungsphase werden vielmehr alle im Ablauf der IRM-Methodik gesammelten Informationen in eine RoadMap eingetragen, die auf diese Weise zur InnovationRoadMap wird.Die entwickelte, modifizierte Struktur der InnovationRoadMap ist in Abbildung 3.26 dargestellt.

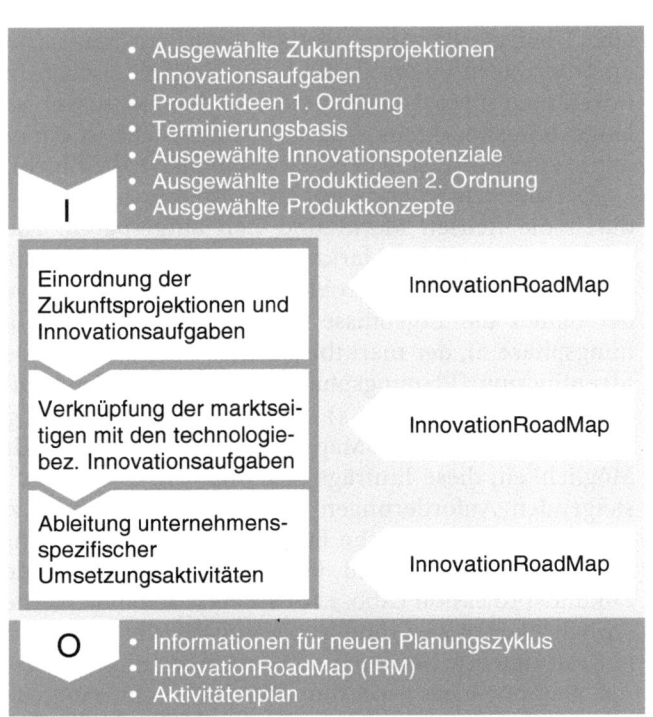

Abb. 3.25 Methodenbaukasten »Umsetzungsplanung« (vgl. Brandenburg 2002)

3.9.1
Einordnung der Zukunftsprojektionen und Innovationsaufgaben

Dreibein aus Markt, Produkttechnologie und Zeit

Der Aufbau der InnovationRoadMap entspricht einem „Dreibein", das durch die Achsen *Markt, Produkttechnologie* und *Zeit* aufgespannt wird. Die Einträge für die jeweiligen Bereiche der InnovationRoadMap werden aus den Erkenntnissen der vorangegangenen Planungsphasen abgeleitet.

Strategic Window

Bei der Wahl des Markteintrittzeitpunktes wird von der Voraussetzung ausgegangen, dass durch technologische Produktinnovationen das zukünftige Marktgeschehen als Innovationsführer aktiv bestimmt und beeinflusst wird. Dabei erweist sich der frühest mögliche Eintrittstermin nicht immer auch als der strategisch günstigste (Brandenburg 2002). ABELL spricht in diesem Zusammenhang von einem »Strategic Window«, mit dem er einen sinnvollen und im Endeffekt erfolgreichen Markteintritt zeitlich abgrenzt. Er vertritt die Ansicht, dass lediglich in einem begrenzten Zeitraum eine Übereinstimmung existiert zwischen den Marktanforderungen einerseits und den technologischen Innovationen eines Unternehmens andererseits. Nur solange dieses Markteintrittsfenster offen steht, ist ein erfolgreicher Einstieg in den Markt möglich (Abell 1978).

Der Bereich »Markt« der InnovationRoadMap

Der Bereich »Markt« der InnovationRoadMap wird durch die Achsen Markt und Zeit aufgespannt. Hier sind die zukünftigen Marktentwicklungen in Form von Innovationsaufgaben (Problemideen) aufgetragen. Dabei bilden die Ergebnisse der Zukunftsanalyse (Planungsphase 2), der marktbezogenen Untersuchung der Ideenfindung (Planungsphase 3) und der Ideendetaillierung (Planungsphase 5) die Grundlage der Einträge in die InnovationRoadMap. Grundsätzlich besteht die Möglichkeit, diese Einträge z.B. mit – im Zeitverlauf – steigenden Anforderungen zu konkretisieren bzw. zu priorisieren. Die zeitliche Einordnung der Innovationsaufgaben erfolgt sowohl über dem Zeithorizont der Zukunftsprojektion (Abb. 3.26) als auch anhand externer Dringlichkeiten der Innovationsaufgabe, die z.B. durch in Kraft tretende Normen und Gesetze bestimmt werden. Als ein mögliches Kriterium für die Einordnung der Innovationsaufgaben entlang der Achse »Markt« können bspw. die ermittelten Zukunftswichtungen der Innovationsaufgaben herangezogen werden (Brandenburg 2002).

Einordnung der Innovationsaufgaben entlang der Achsen »Markt« und »Zeit«

3.9 Umsetzungsplanung 123

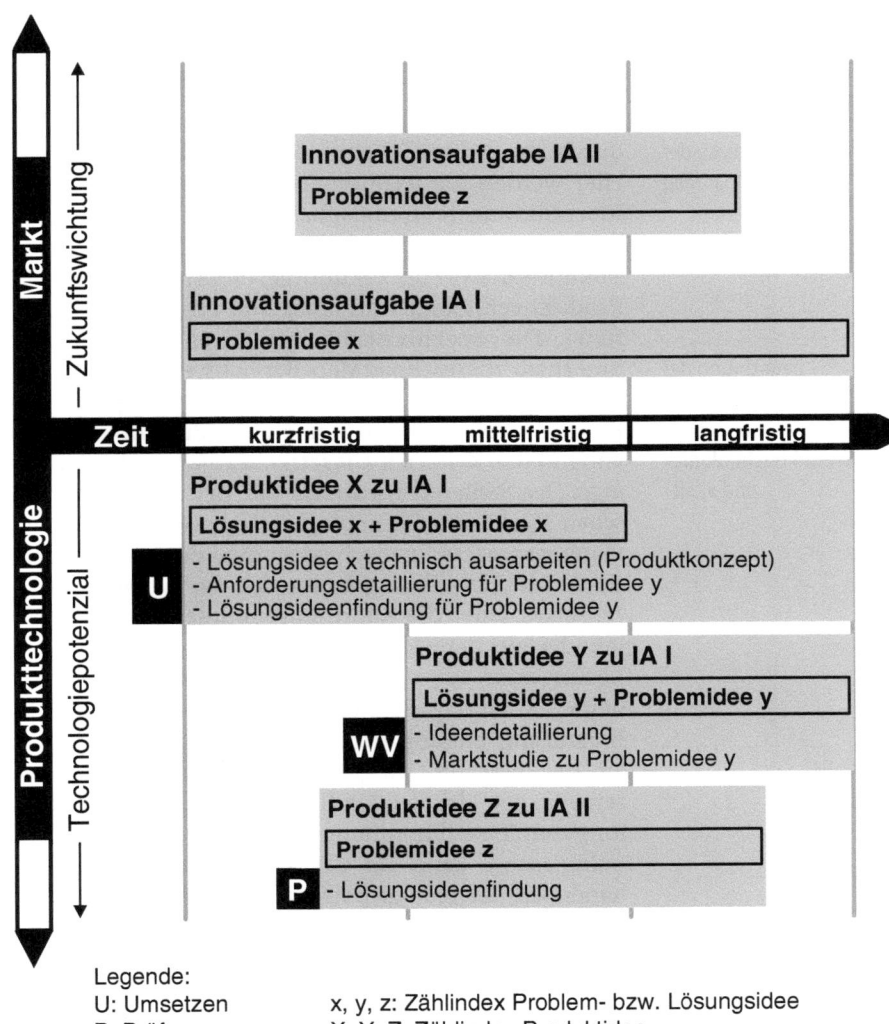

Abb. 3.26 Struktur der InnovationRoadMap (vgl. Brandenburg 2002)

3.9.2
Verknüpfung der markseitigen mit den technologiebezogenen Innovationsaufgaben

Der Bereich »Technologie« der InnovationRoadMap

Der »Technologie«-Bereich der InnovationRoadMap wird durch die Achsen Technologie und Zeit aufgespannt. Hier werden die technologiebezogenen Ergebnisse der Ideenfindung (Planungsphase 3) und der Ideendetaillierung (Planungsphase 5) sowie die Erkenntnisse der Zukunftsanalyse als zukünftige, unternehmensrelevante Produkttechnologien in Form von Produktideen aufgeführt. Die Spezifizierung der Ideen und Potenziale innerhalb dieses RoadMap-Bereichs erfolgt auf Grund mehrerer Aspekte. Eine Priorisierung der einzelnen Produktideen bzgl. ihrer zeitlichen Einordnung erfolgt anhand der Kriterien *Umsetzen*, *Prüfen* und *Wiedervorlage*. Des Weiteren wird nach der Art der Aktivität zwischen Markt- und Technologiebezug sowie dem Status im Planungsprozess unterschieden. Eine zusätzliche charakteristische Einordnung ergibt sich aus der Art des FuE-Einsatzes. Über die Zuordnung mindestens einer Problemidee aus dem Marktbereich mit einer Produkt- oder Lösungsidee aus dem Technologiebereich werden die beiden RoadMap-Bereiche miteinander verknüpft. Eine Einstufung entlang der Zeitachse resultiert einerseits aus der internen Dringlichkeit der Produktideen, andererseits aus der letztendlich erforderlichen Entwicklungszeit. Eine Einordnung in Richtung der Produkttechnologieachse kann auf Grund der Bewertung des vorhandenen Technologiepotenzials vorgenommen werden (Brandenburg 2002).

Einordnung der Produktideen entlang der Achsen »Produkttechnologie« und »Zeit«

Nachdem sämtliche Informationen und Ergebnisse der vorangegangenen Planungsphasen in die InnovationRoadMap eingetragen worden sind, erfolgt in der Umsetzungsphase die Ausarbeitung unternehmensrelevanter Innovationsaktivitäten zur Umsetzung der ausgewählten Produktideen.

3.9.3
Ableitung unternehmensspezifischer Umsetzungsaktivitäten

Strategische und operative Entscheidungen treffen

Mit der Darstellung der InnovationRoadMap erhält der Anwender einen Überblick darüber, mit welchen Produktideen innerhalb eines kurz-, mittel- oder langfristigen Planungszeitraums die analysierten Innovationsaufgaben realisiert werden sollen bzw. können. Auf

Grund der Betrachtung verschiedener Markt- und Technologiebereiche über unterschiedliche Zeiträume hinweg ist eine umfassende, integrierte und synergetische Sichtweise gewährleistet. Anhand der Ergebnisdarstellung mit der InnovationRoadMap können u. a. folgende strategische und operative Entscheidungen getroffen werden (vgl. Brandenburg 2002):

- Ein ausgewähltes Produktkonzept soll als unternehmensinterner oder -externer Entwicklungsaufträge realisiert werden.
- Die technische Realisierung Erfolg versprechender Produktideen ist durch Demonstratorbau oder Prototypen zu unterstützen.
- Im Falle einer notwendigen, jedoch aufwendigen Produkttechnologieentwicklung soll eine Entwicklungskooperation mit Zulieferfirmen initiiert werden.
- Sind Innovationspotenziale oder Produktideen identifiziert, können konkrete Marktstudien in Auftrag gegeben werden.
- Zur Ausarbeitung offensichtlich fehlender Problem- bzw. Lösungsideen sollen Ideenfindungs- und Detaillierungsworkshops initiiert werden.
- Markteinführungsstrategien sind frühzeitig zu planen.
- Bei Produktideen mit hohem Innovationspotenzial sind gezielt Patentanalysen in Auftrag zu geben.
- Für identifizierte Produktideen mit hohem Innovationspotenzial sind neue Geschäftsfelder aufzubauen.
- Für Produktideen bzw. -konzepte oder Innovationspotenziale, die bei der Bewertung mit „Wiedervorlage" eingestuft wurden, sind Verantwortliche zu benennen, die das Monitoring nachhaltig betreuen.

Durch die zusammenfassende Darstellung aller Innovationsaktivitäten werden Synergieeffekte zwischen einzelnen Aktivitäten sicht- und damit auch nutzbar. Die Gegenüberstellung von unternehmensspezifischen Technologiepotenzialen mit Markt- und Umfeldgegebenheiten fördert einen kreativen (Ideen-)Austausch in beide Richtungen. Durch die Zuordnung von Produktideen und Innovationsaufgaben wird eine transparente Verknüpfung von Markt- und Technologiesicht erreicht (Brandenburg 2002).

Bestehende Synergieeffekte erkennen

Neben den Vorzügen, die die Darstellungsart der modifizierten RoadMap bietet, ergeben sich mit der Anwendung der InnovationRoadMap-Methodik weitere

Vorteile für den Anwender

Vorteile. So können Technologielücken aufgedeckt und gezielt geschlossen werden. Zudem besteht die Möglichkeit, die Zuteilung von Ressourcen zur Ausarbeitung der Produktideen der zeitlichen Dringlichkeit entsprechend zu priorisieren (Brandenburg 2002).

Regelmäßige Wiederholplanung

Die InnovationRoadMap ist als ein dynamisches Planungsinstrument zu verstehen. Deswegen empfehlen sich regelmäßige Wiederholplanungen, deren zeitliche Abfolge in Abhängigkeit von der Marktsituation, der Branche, dem Umfeld und dem Unternehmen bestimmt werden. Durch die zyklische Wiederholplanung ist neben der einmaligen instrumentellen Unterstützung eines Planungsprojektes auch eine nachhaltige und kontinuierliche Förderung von Innovationsaktivitäten im Sinne eines umfassenden Innovationscontrollings gewährleistet (Brandenburg 2002).

Umsetzungsplanung bei der Center-Positioniersysteme GmbH

... der große Tag der Ergebnispräsentation rückte immer näher. Doch dies war kein Grund zur Besorgnis für Herrn Steinbrink, im Gegenteil, er fieberte der Vorstellung der Planungsergebnisse entgegen. „Die letzten Wochen waren zwar recht anstrengend, doch die Resultate können sich sehen lassen", dachte er, während er sich die Aufgabenliste für die letzte Phase, die »Umsetzungsplanung«, ansah. Mittlerweile schon fast routiniert, begann Herr Steinbrink wie zuvor, die erforderlichen Eingangsinformationen aufzuschreiben. „Die notwendigen Informationen sind ja schon alle vorhanden!", stellte er zufrieden fest und holte die entsprechenden Dokumente aus dem Planungsordner. Wie bereits zuvor, lieferten die Ausgangsinformationen vergangener Planungsphasen Eingangsinformationen für nachfolgende Planungsphasen. Dazu gehörten hier die »ausgewählten Zukunftsprojektionen« und »Innovationspotenziale«, »Innovationsaufgaben«, »Terminierungsbasis« und »Produktideen 1. Ordnung« aus der zweiten Planungsphase, sowie die »ausgewählten Produktideen 2. Ordnung« und die »Produktkonzepte« aus der Ideen- bzw. Konzeptbewertung.

Einordnung von Zukunftsprojektionen und Innovationsaufgaben in die InnovationRoadMap

In einem ersten Schritt begann Herr Steinbrink, die Zukunftsprojektionen und Innovationsaufgaben in die InnovationRoadMap einzuordnen. Dazu nahm er die Terminierungsbasis zur Hilfe, mittels der die einzelnen Zukunftsprojektionen bzw. Innovationsaufgaben auf einer Zeitachse angeordnet wurden. So zog er einen Balken für die Zukunftsprojektion »Medizintechnik« und kennzeichnete diesen entsprechend mit dem Schriftzug „ZP: Medizintechnik". Der Balken überlappte die zeitlichen Bereiche kurz- bis langfristig. Anschließend wendete er sich den formulierten Innovationsaufgaben zu. In analoger Weise kennzeichnete er diejenigen Zeitbereiche, die in der Terminierungsbasis – z. B. für die Innovationsaufgabe »Positionieren in der Endoskopie« – niedergelegt waren. Zusätzlich trug er die Problemideen zu den jeweiligen Innovationsaufgaben ein.

Nachdem Herr Steinbrink alle Innovationsaufgaben niedergeschrieben hatte, wandte er sich der Produkttechnologie-Seite der IRM zu. Wieder zeichnete er die Zeitbereiche ein, in denen die Produktkonzepte umgesetzt werden sollten. In die so entstehenden Kästen schrieb er die technologiebasierten Produktideen sowie einige Maßnahmen, die zur Realisierung des Produktes noch notwendig waren.

Verknüpfung mit technologiebezogenen Produktideen und Innovationspotenzialen

Es war bereits Mittag als Herr Steinbrink die erste Version der InnovationRoadMap als Skizze vor sich auf seinem Schreibtisch liegen hatte (Abb. 3.27). Den Nachmittag wollte er nutzen, die IRM fertig zu stellen und auf ein präsentationsreifes Niveau zu bringen. „Das war ja gar nicht so schwer, wie ich zunächst angenommen hatte!", dachte Herr Steinbrink, als er einige Stunden später die fertige InnovationRoadMap betrachtete und zu seinen Präsentationsunterlagen legte.

Erste Skizze der IRM

Am nächsten Tag kümmerte sich Herr Steinbrink um den letzten Schritt der Umsetzungsplanung, der Ableitung unternehmensspezifischer Produktinnovationspotenziale. Dazu nahm er noch einmal die bisher gesammelten Planungsdokumente zur Hand, um die fachlichen Einschätzungen der Produktkonzepte durch seine BU-Manager-Kollegen nachzulesen. Aus diesen Beurteilungen konnte Herr Steinbrink schnell ersehen, dass das Konzept »IntEnd« auf Grund sehr guter Synergien zwischen Markt und Technologie bei mittelfristiger Realisierung sehr potenzialträchtig für die Center-Positioniersysteme GmbH zu sein schien. Herr Steinbrink notierte daher als Handlungsempfehlung, dass ein unternehmensinterner Entwicklungsauftrag ausgesprochen werden sollte. Zudem sollte der Kontakt zu Spezialisten für Endoskopie intensiviert und über eine Entwicklungskooperation zwischen Ärzten und Ingeni-

Unternehmensspezifische Produktinnovationspotenziale

euren der Center-Positioniersysteme GmbH nachgedacht werden. Diese Handlungsempfehlungen fügte Herr Steinbrink in die IRM ein und schloss dann seine Präsentationsmappe. Mit einem guten Gefühl ging er ins Wochenende.

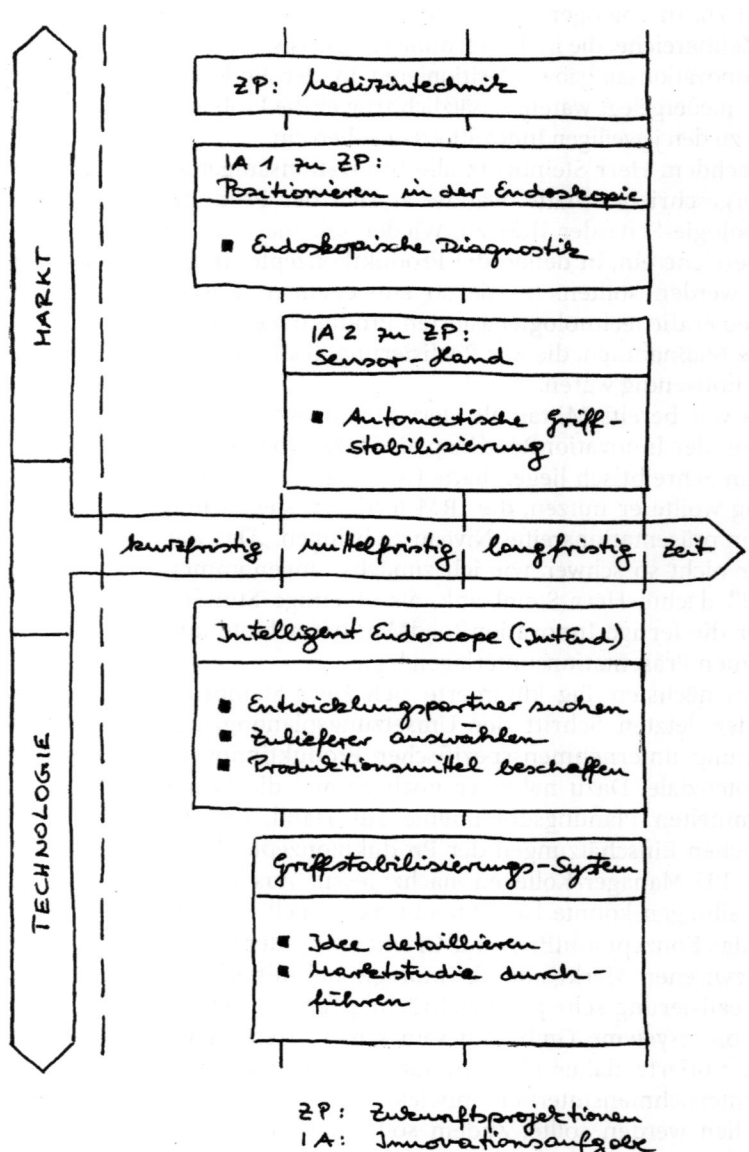

Abb. 3.27 Skizze der InnovationRoadMap (Fallbeispiel: Center-Positioniersysteme GmbH)

Am folgenden Montag fand die Präsentation der zukünftigen Aktivitäten der Center-Positioniersysteme GmbH vor der Geschäftsleitung statt. Die systematische Vorgehensweise bei der Planung der Produktinnovationen sowie die gute Dokumentation von Herrn Steinbrink verhalfen zu überzeugenden und fundierten Argumenten, so dass bereits nach kurzer, zweitägiger Überdenkzeit das „Go" von Herrn Dr. Kerner zur Umsetzung des »Intelligent Endoscope« gegeben wurde. „Da haben Sie wirklich tolle Arbeit geleistet", sagte Herr Dr. Kerner und klopfte seinem Stabschef auf die Schultern, „so gehen wir die Sache an!"

Abschlusspräsentation

Fazit zur IRM-Methodik

Eine periodische Wiederholplanung ist wichtig

Am Ende der Umsetzungsplanung liegen bei erfolgreicher Anwendung der IRM-Methodik Produktkonzepte vor, die hinsichtlich der damit verbundenen Entwicklungsaufgaben bis zum geplanten Markteintrittszeitpunkt ausgearbeitet sind. Damit ist der Planungszyklus, der dem einer IRM-Methodik zu Grunde liegt, im Prinzip abgeschlossen. Um jedoch dynamische Entwicklungen von Markt, Technologie und Unternehmen gerecht zu werden, sollten die Hauptaktivitäten der Planungsphasen Zielbildung, Zukunftsanalyse und Umsetzungsplanung periodisch wiederholt werden (Brandenburg 2002). Die IRM-Methodik stellt somit ein Instrumentarium dar, das zur Steigerung der Innovationsfähigkeit beitragen kann.

Die IRM-Methodik ist ein Instrument zur systematischen Planung, keine Innovationsmaschine!

Es ist falsch anzunehmen, dass aus der Anwendung der IRM-Methodik automatisch innovative, erfolgreiche Produkte resultieren. Die Kreativität der beteiligten Menschen ist immer noch einer der ausschlaggebenden Faktoren; der allerdings durch die systematische Anwendung der Methodik zielgerichtet verstärkt wird. Das Vorgehensmodell der Methodik gewährleistet die redundanzfreie und systematisch-strukturierte Durchführung der auf dem Weg zu erfolgreichen Produktinnovationen notwendigen Planungsschritte.

Die Anwendung der IRM-Methodik kann flexibel erfolgen

Die konkrete Anwendung der Methodik in der Praxis kann von dem beschriebenen idealtypischen Ablauf abweichen und ist auch dafür ausgelegt. Wie das Fallbeispiel der Center-Positioniersysteme GmbH gezeigt hat, kann die Anwendung und Ausprägung einzelner Planungsphasen und -schritte mit den entsprechenden Methoden unterschiedlich ausfallen. Unterschiede in der Anwendung können u.a. finanziell, zeitlich oder auch inhaltlich bedingt sein. So kann z.B. das Budget über den Umfang einer Marktstudie entscheiden, terminliche Dringlichkeiten zwingen u.U. zur Kürze in der Durchführung einer Planungsphase, hoch komplexe Produktideen erfordern gegebenenfalls einen entsprechenden Detaillierungsgrad bei der Analyse und Bewertung.

Die IRM-Methodik als Komplettinstrument

Die hier vorgestellte Methodik zur Planung technischer Produktinnovationen zeichnet sich durch eine hohe Zielorientierung aus; sie fördert die Generierung qualitativ hochwertiger Ideen und erlaubt, latente wie künftige Kunden- und Marktanforderungen früh zu erkennen. Die Unternehmensstärken werden optimal genutzt, die Entwicklung komplexer Produkte wird durch transparente Prozesse beherrschbar gemacht, was sich u.a. in einer objektiven, nachvollziehbaren Ideen- oder Lösungsauswahl widerspiegelt. Die Methodik ist in der Lage, mit Unsicherheiten umzugehen, die Entwicklung von Markt und Technologie zu synchronisieren und dabei Offenheit zu bewahren sowie Kreativität zu stimulieren.

Die IRM-Methodik ist ein Instrumentarium, mit dem die systematische Planung von Produktinnovationen unterstützt wird.

4 Methodenbeschreibung

WALTER EVERSHEIM, THOMAS BREUER,
MARKUS GRAWATSCH, MICHAEL HILGERS,
MARKUS KNOCHE, CHRISTIAN ROSIER,
SEBASTIAN SCHÖNING, DANIEL E. SPIELBERG

Für die erfolgreiche Planung von Produktinnovationen ist es nicht nur wichtig zu wissen, „was" zu tun ist, d.h. welche Informationen innerhalb des Innovationsprozesses generiert werden müssen, sondern vor allem „wie" dies geschehen kann. Dazu wurden in Kapitel 3 bereits an einigen Stellen sinnvoll einsetzbare Methoden genannt und deren Einsatz kurz beschrieben.

Der Blick in die Methoden-"landschaft" wird in diesem Kapitel intensiviert, indem einige wichtige und umfassende Methoden der Produktplanung ausführlicher beschrieben werden. Dabei stehen die wichtigsten Grundlagen der jeweiligen Methode im Fokus. Des Weiteren werden die Möglichkeiten zur Verwendung der Methoden in der Praxis herausgestellt. Dies sind im Besonderen Einsatzbereiche, Aufwand, Möglichkeiten bzw. Vorteile, Nachteile und Grenzen der Methoden. Darüber hinaus wird ihr Einsatz innerhalb der InnovationRoadMap-Methodik beschrieben.

Einen Überblick über die Methoden und ihre Zuordnung zu den Phasen der IRM-Methodik zeigt Abbildung 4.1.

Szenario-Management hat das Ziel, alternative Zukunftsbilder zu entwickeln. Mit den Gesetzen der technischen Evolution werden technologische Entwicklungen prognostiziert. Die Portfolio-Analyse als Bewertungsmethode wird vornehmlich in den Phasen Ideen- und Konzeptbewertung aber auch in der Zukunftsanalyse eingesetzt. Zur Lösung technischer Probleme sowie zur Erarbeitung von Produktideen werden in den Phasen Ideenfindung und Ideendetaillierung die QFD-Methodik, intuitive und analogiebasierte Lösungsfindung, TRIZ (die Theorie des erfinderischen Problemlösens), die Gesetze der technischen Evolution sowie Bionik empfohlen.

Die Conjointanalyse kommt bei der Konzeptbewertung zum Einsatz, um die Akzeptanz von zukünftigen Produkten beim Kunden abzuschätzen. Mit dem Technologie-Roadmapping werden zukünftige Technologieentwicklungen prognostiziert, analysiert und visualisiert.

Weitere Methoden, die im Rahmen der IRM-Methodik Anwendung finden, sind im Anhang auf Methodendatenblättern festgehalten.

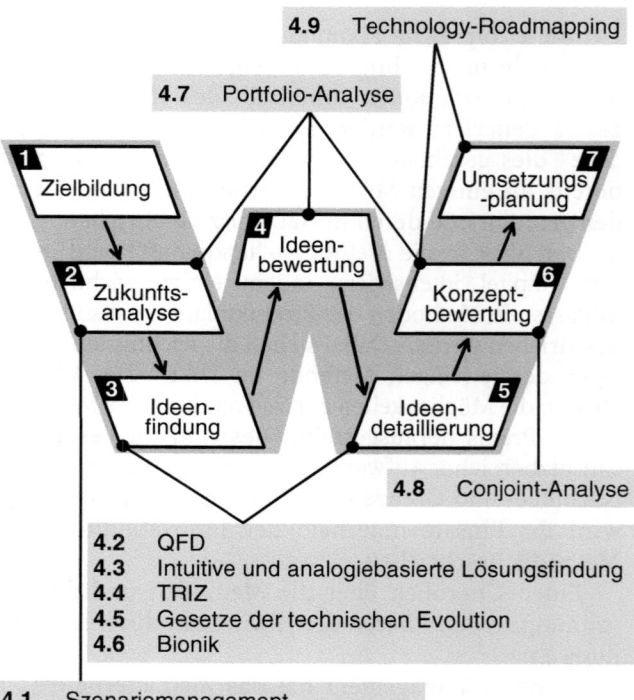

Abb. 4.1 Zuordnung der Methoden zu den Prozessphasen

4.1 Szenario-Management

Szenario-Management hat zum Ziel, sog. zukunftsrobuste Leitbilder, Ziele und Strategien zu entwickeln.
- In einem 5-phasigen Vorgehen wird die Entwicklung der wesentlichen Einflussfaktoren eines Betrachtungsrahmens prognostiziert und in Zukunftsszenarien zusammengefasst.
- Das Szenario-Management ist ein relativ aufwendiges Verfahren innerhalb der Zukunftsanalyse mit dessen Hilfe ein umfassendes Bild der möglichen Entwicklungen eines Betrachtungsbereiches erstellt wird.

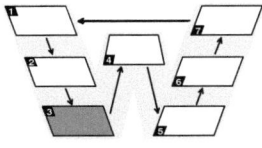

Die zunächst im militärischen Bereich eingesetzte Szenario-Technik wurde durch KAHN und WIENER[1] in die Wirtschaftswissenschaften übertragen. Sie definierten ein Szenario als „a hypothetical sequence of events constructed for the purpose of focusing attention on causal processes and decision points" (Kahn 1967).

Aufbauend auf diesen Grundgedanken wurde die Szenario-Technik bzw. Szenario-Analyse für die industrielle Anwendung in einen Ablaufplan, das sog. Szenario-Management, eingebettet, das einen Leitfaden zur Abwicklung von Szenario-Projekten darstellt.

Szenario-Management hat zum Ziel, sog. zukunftsrobuste Leitbilder, Ziele und Strategien zu entwickeln. Eine Kernthese ist dabei, dass mit Hilfe der Szenarien nicht eine allgemeingültige Prognose erstellt wird, sondern mehrere Entwicklungsmöglichkeiten berücksichtigt werden. Mit Hilfe solcher alternativer Zukunftsbilder sollen Unternehmen der Gefahr entgehen, sich insbesondere in turbulenten Zeiten zu „verspekulieren" (Gausemeier 1996).

Die primäre Aufgabe eines Szenario-Projektes ist die Unterstützung unternehmerischer Entscheidungen. Die Entscheidungen können sich auf ein Unternehmen, ein Produkt oder eine Technologie beziehen. Im Rahmen der InnovationRoadMap-Methodik kann das Szenario-Management insbesondere die Zukunftsanalyse unterstützen.

Grundgedanken des Szenario-Managements

Ziel: zukunftsrobuste Strategien entwickeln

Szenario-Management unterstützt die Zukunftsanalyse

---

[1] HERMAN KAHN und ANTHONY WIENER entwickelten das „scenario writing" in den sechziger Jahre am Hudson Institute, USA.

Für die Anwendung der Szenario-Technik existieren in der Literatur mehrere Prozessmodelle. Diese unterscheiden sich hauptsächlich in der genauen Abgrenzung der einzelnen Schritte und durch das benutzte, meist verfahrensspezifisch orientierte Fachvokabular der Autoren. Die inhaltliche Bandbreite der vorgeschlagenen Gliederungen ist im Wesentlichen die Gleiche (Mißler-Behr 1993). Stellvertretend wird an dieser Stelle das Szenario-Management nach dem Phasenmodell von GAUSEMEIER beschrieben, das im deutschsprachigen Raum weite Verbreitung gefunden hat. Das Modell enthält fünf Phasen, die nachfolgend dargestellt werden(Gausemeier 1996):

Phase 1: Szenario vorbereiten

In der *Szenario-Vorbereitung* werden das Gestaltungsfeld und das Szenariofeld, das dieses Gestaltungsfeld umgibt, definiert. Innerhalb der InnovationRoadMap-Methodik ist das Gestaltungsfeld aus der Zielfindung bekannt. Das Gestaltungsfeld wird analysiert und in seiner gegenwärtigen Situation beschrieben.

Phase 2: Szenariofeld anaysieren

Ziel der *Szenariofeld-Analyse* (2. Phase) ist es, Schlüsselfaktoren zu identifizieren. Dazu wird das Szenariofeld zunächst in Einflussbereiche gegliedert, innerhalb derer Einflussfaktoren ermittelt werden. Die relevanten Einflussfaktoren werden als sog. Schlüsselfaktoren in einem Schlüsselfaktoren-Katalog zusammengefasst.

Phase 3: Zukunftsprojektionen entwerfen

Die *Szenario-Prognostik* ist die Kernphase des Szenario-Managements. Sie beginnt mit der Aufbereitung der Schlüsselfaktoren, die in ihrer gegenwärtigen Situation beschrieben werden. Im Rahmen der Bildung von Zukunftsprojektionen erfolgt der „Blick in die Zukunft". Für jeden Schlüsselfaktor können mehrere Projektionen entworfen und in einem Projektionskatalog zusammengefasst werden.

Phase 4: Szenario bilden

Ziel der *Szenario-Bildung* ist es, die Zukunftsprojektionen zu Projektionsbündeln zusammenzufassen und im zweiten Schritt diese Projektionsbündel zu sog. Rohszenarien zu verdichten. Werkzeuge dieser Verfahrensschritte sind die Konsistenzanalyse und die Clusteranalyse. Mit Hilfe der Konsistenzanalyse werden die gebündelten Zukunftsprojektionen auf ihre gegenseitige Verträglichkeit (Widerspruchsfreiheit) überprüft und widerspruchsbehaftete Zukunftsbündel eliminiert. Mit der Clusteranalyse werden solange die beiden ähnlichsten Projektionsbündel bzw. Gruppen zusammengefasst, bis die angestrebte Zahl von Rohszenarien (i. Allg. zwei bis vier) erreicht ist. Den Abschluss der Szenario-Bildung stellt die kreative Interpretation und bildhafte Beschreibung der Rohszenarien dar, so dass anschauliche Zukunftsbilder vorliegen (Gausemeier 1996). Die Phasen der Szenariofeld-Analyse, Szenario-Prognostik und Szenario-Bildung sind in Abbildung 4.2 zusammengefasst.

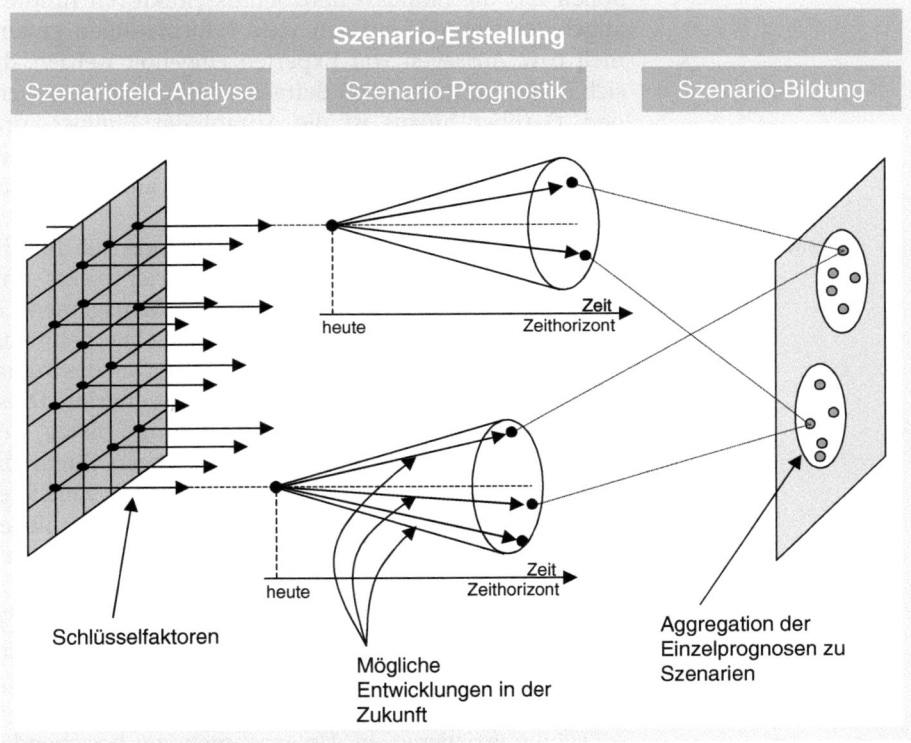

Abb. 4.2 Die drei Phasen der Szenario-Erstellung (vgl. Gausemeier 1996)

Der *Szenario-Transfer* beginnt mit der Auswirkungsanalyse. Hier werden die Auswirkungen der Szenarien auf das Gestaltungsfeld ermittelt, um anschließend mögliche Maßnahmen zur Chancennutzung und Risikovermeidung zu planen. Ziel des Szenario-Transfers ist die Ableitung von Innovationspotenzialen, die sich aus den erstellten Szenarien ergeben.

Phase 5:
Szenario transferieren

Ein Vorzug der Szenario-Technik ist die Beachtung der allgemeinen Interdependenzen der Einflussfaktoren. Alternative Entwicklungstendenzen werden in viele Richtungen ausgelotet. Insbesondere bei komplexen

Vor- und Nachteile

Prognoseproblemen, die keine einfache Trendextrapolation gestatten, und wenn es um das fundierte Ausleuchten von Zukunftsperspektiven geht, bietet die Szenario-Technik wertvolle Entscheidungshilfen.

Der Arbeitsaufwand für die Durchführung eines vollständigen Szenario-Projektes ist allerdings beträchtlich. Sollen z. B. die Einfluss- bzw. Schlüsselfaktoren fundiert abgeleitet werden, müssen viele Informationen gesammelt bzw. Aussagen von Experten eingeholt werden, die sich in den verschiedenen Betrachtungsbereichen auskennen. Darüber hinaus ist die Anzahl der Einfluss- und Schlüsselfaktoren von ca. 30-40 in der Handhabung zeitaufwendig. Für die Szenariobildung sind außerdem Auswertungsprogramme notwendig.

Branchenszenarien

Auf Grund der relativ hohen Aufwände, die für die vollständige Durchführung eines Szenarioprojekts notwendig sind, eignet sich das Szenario-Management in erster Linie für große Unternehmen bzw. Unternehmensverbünde oder Verbände. Letztgenannte nutzen die Szenariotechnik zur Erstellung von Branchenszenarien. Diese unternehmensübergreifende Anwendung bietet den Vorteil, dass die zukünftigen Entwicklungen durch die beteiligten Partner (Unternehmen, Kunden, Zulieferer, Verbandsvertreter, Institute etc.) aus unterschiedlichen Blickrichtungen beleuchtet werden und so zu objektiven Einschätzungen führen.

Bestehende Produkte kombinieren: Verknüpfung von SM und QFD

Um die Szenario-Technik für die (Weiter-) Entwicklung konkreter Produkte zu nutzen, bietet sich die Methoden-Kombination mit der QFD-Methodik an (Eversheim et al. 2001a).

Häufig existieren in Unternehmen zu bestehenden Produkten bereits aus früheren Projekten Kundenanforderungslisten, die als Eingangsinformation für die Anwendung von QFD dienen. Die bestehenden Analysen beinhalten die heutigen Kundenanforderungen und die relative Gewichtung der Kundenanforderungen zueinander. Ausgehend von den Kundenanforderungen werden die technischen Leistungsmerkmale definiert und deren Bedeutung für die Erfüllung der Kundenanforderungen errechnet. Aufbauend auf den technischen Merkmalen wird das Produktdesign entwickelt (Kap. 4.2). Auf Grund der unterschiedlichen Bedeutung der technischen Merkmale, bestimmen vor allem die wichtigsten technischen Merkmale das Produktdesign.

Verändern sich die wesentlichen Kundenanforderungen über der Zeit, werden die Anforderungen an das Produktdesign verändert. Die Szenario-Technik kann dazu genutzt werden, die Entwicklung der Kundenanforderungen in der Zukunft zu prognostizieren (Abb. 4.3).

Veränderungen in den Kundenanforderungen erfassen

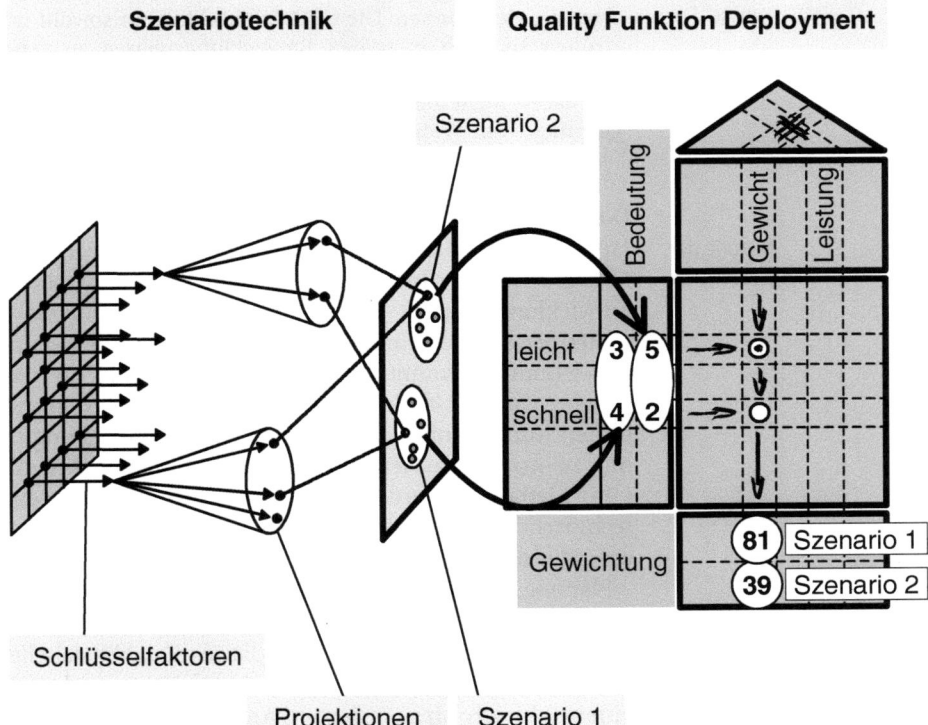

Abb. 4.3 Verknüpfung von Szenariotechnik und QFD (Eversheim et al. 2001a)

Ausgehend von den prognostizierten Szenarien können zukünftige Kundenanforderungen abgeleitet werden. Dabei kann auf die in der Szenario-Analyse identifizierten Schlüsselfaktoren zurückgegriffen werden, da diese häufig in direkter oder indirekter Beziehung zu den Kundenanforderungen bzgl. eines Produkts stehen. In Abhängigkeit von der prognostizierten Entwicklung der Schlüsselfaktoren verändert sich die Wichtigkeit der Kundenanforderungen (Abb. 4.3).

4.2
Quality Function Deployment (QFD)

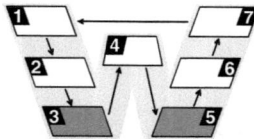

Mit der Methodik des Quality Function Deployment werdem frei formulierte Kundenwünsche systematisch in eine technische Sprache übersetzt, mit der Bewertungen und Gewichtungen einzelner Kundenwünsche vorgenommen werden können. Die QFD-Methodik kann sowohl in frühen als auch in späten Entwicklungsphasen zu verschiedenen Zwecken eingesetzt werden. In Innovationsvorhaben dient die QFD-Methodik vor allem zur Identifizierung von Widersprüchen, die dann bspw. mit der TRIZ-Methodik in Problemlösungen überführt werden.

Historie der QFD-Methodik

Das erstmals Ende der sechziger Jahre durch YOJI AKAO in Japan vorgestellte und 1972 in der Schiffswerft der Mitsubishi Heavy Industries, Kobe angewandte Qualitätsentwicklungskonzept »*Quality Function Deployment*« (QFD) ist erst seit Ende der siebziger Jahre unter dieser Bezeichnung bekannt. QFD ist eine Methodik, die ausgehend von meist nicht technisch und komplex formulierten Kundenanforderungen eine Prozessdarstellung bis hin zu kritischen Herstellungsschritten erlaubt. Mit der QFD-Methodik werden die Kundenwünsche in eine technische Sprache übersetzt, so dass die Entwicklung anforderungsgerechter Produkte über alle Prozessschritte – Planung, Entwicklung, Konstruktion – hinweg unterstützt wird (Akao 1992). Für die Übersetzung dienen mehrere Übersetzungsmatrizen, die als Qualitätstabellen oder »House of Quality« (HoQ) bezeichnet werden. In einem einfach strukturierten Ansatz findet die Übersetzung in vier Phasen statt (Abb. 4.4). In jeder Phase werden Matrizen zur Herleitung, Darstellung und Bewertung der Zusammenhänge benutzt. In detaillierten Ansätzen der QFD-Methodik werden bis zu 30 Matrizen bearbeitet (King 1994).

House of Quality

Vier Phasen der QFD-Methodik

In der ersten Phase werden die Kundenanforderungen aufgenommen und in Produktmerkmale transformiert. Anschließend werden in der zweiten Phase die ermittelten Produktmerkmale in Baugruppen und Einzelteile übersetzt. In der dritten Phase werden die zur Erfüllung der Merkmale wichtigen Prozessstufen und -parameter ermittelt. Die vierte Phase dient der Übersetzung der Herstellvorschriften in Produktionsanweisungen bzw. Qualitätssicherungsmaßnahmen (Akao 1992).

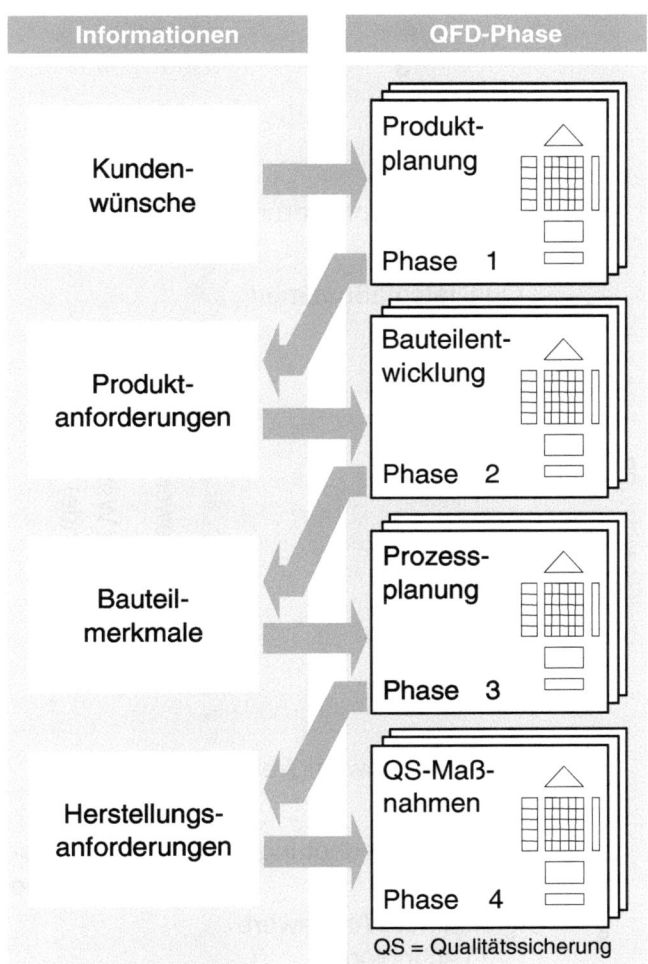

Abb. 4.4 Phasen des Quality Function Deployment

Die prinzipielle Vorgehensweise zur Erstellung eines House of Quality beschreibt Abbildung 4.5.

Insbesondere für die frühen Phasen der Produktplanung ist die erste Phase der QFD-Methodik besonders geeignet, in der die Kundenanforderungen in lösungsneutrale Produktmerkmale bzw. Leistungsmerkmale übersetzt werden (Geisinger 1999). Hierzu werden zunächst die Kundenanforderungen ermittelt, strukturiert und gewichtet. GEISINGER empfiehlt, für die Forderungsgewichtung die Conjoint-Analyse einzusetzen (Geisinger 1999).

QFD in frühen Phasen: Kundenanforderungen ermitteln und in Produkt- bzw. Leistungsmerkmale übersetzen

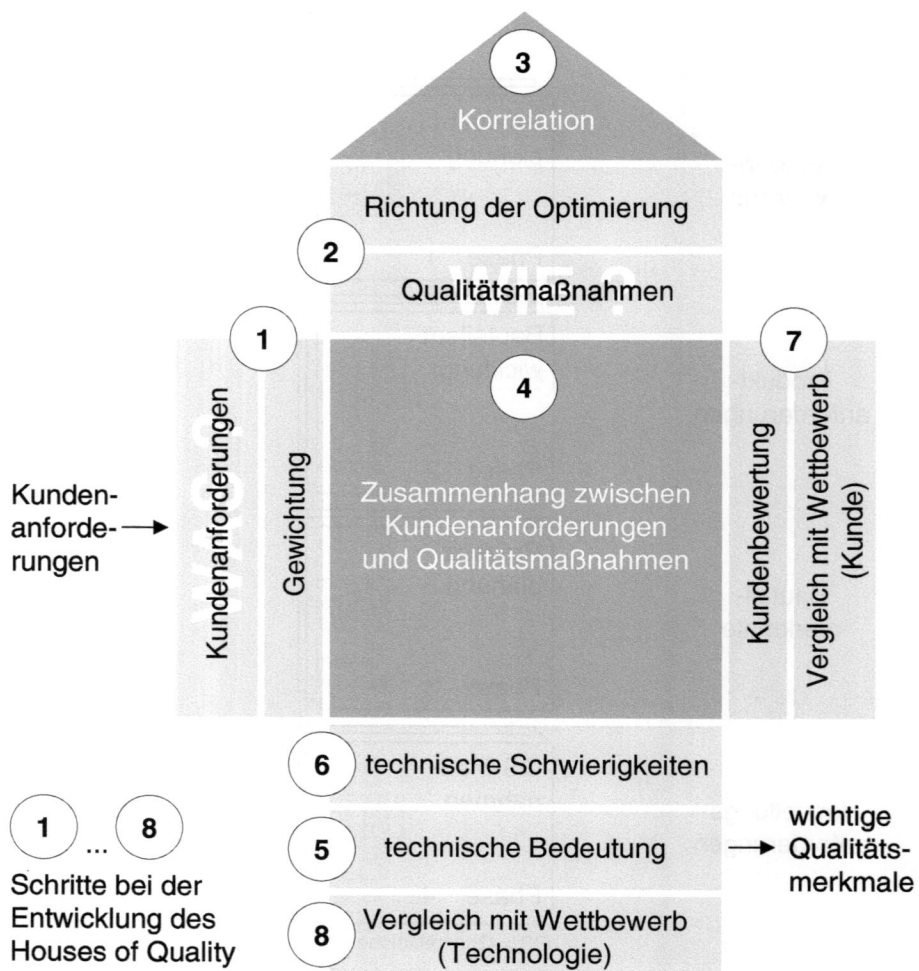

Abb. 4.5 Aufbau House of Quality

Darüber hinaus kann eine Gewichtung mittels Paarweisem Vergleich vorgenommen werden (Wengler 1996). Für die Strukturierung der Kundenanforderungen bietet das *Kano-Modell* einen Ansatz (Abb. 4.6). Dabei wird die Zufriedenheit des Kunden in Abhängigkeit vom Erfüllungsgrad der jeweiligen Kundenanforderung aufgetragen (Kano 1995)[2].

---

[2] Das Kano-Modell wurde benannt nach NORIAKI KANO, einem japanischen Professor und Unternehmensberater (Kano 1995).

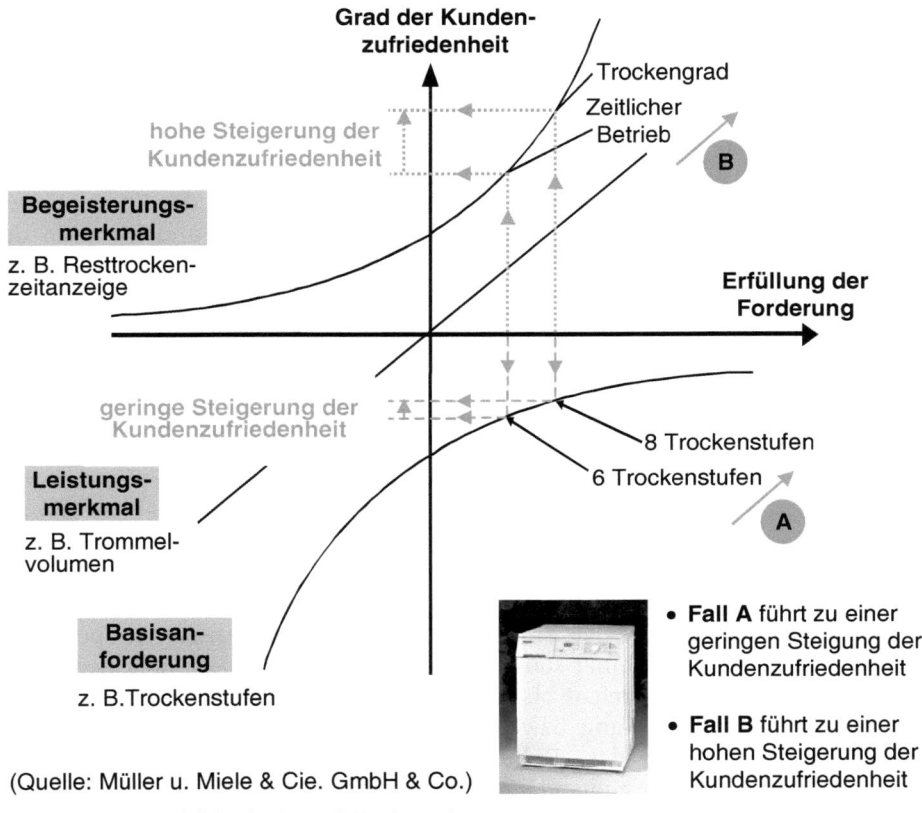

Abb. 4.6 Kano-Modell für das Beispiel Wäschetrockner

KANO unterscheidet drei Arten von Anforderungsmerkmalen. Die *Basisanforderungen* werden vom Kunden als selbstverständlich vorausgesetzt. Die *Leistungsmerkmale* tragen proportional zur Kundenzufriedenheit bei. Die *Begeisterungsmerkmale* werden vom Kunden nicht erwartet, tragen aber in hohem Maße zu seiner Zufriedenheit bei. Die empirische Grunderkenntnis ist, dass der Kunde in Befragungen nur einen bestimmten Teil seiner Anforderungen artikuliert (King 1994). Dabei ist zu beachten, dass auf Grund zeitlicher Dynamik Begeisterungsmerkmale, die sich am Markt etabliert haben, zu Leistungsmerkmalen und später zu Basisanforderungen werden. Für den Erfolg eines Produktes ist die Ausgewogenheit dieser drei Faktoren von entscheidender Bedeutung (Teufelsdorfer u. Conrad 1998).

Kano-Modell:
Drei Arten von Anforderungsmerkmalen

2. Schritt: Kundenanforderungen in technische Parameter umsetzen

Für die Umsetzung von Kundenanforderungen in objektiv messbare technische Parameter werden im zweiten Schritt bei der Erstellung des House of Quality die Produktmerkmale identifiziert (Eversheim 1994; Hartung 1994). TEUFELSDORFER und CONRAD schlagen hierzu eine Funktionsanalyse vor (Teufelsdorfer u. Conrad 1998). Anschließend werden die Korrelationen zwischen den Merkmalen ermittelt und im Dach des HoQ eingetragen. Zur Einschätzung der Korrelation wird zu jedem Produktmerkmal eine Optimierungsrichtung angegeben. Der Zusammenhang zwischen Kundenanforderungen und Qualitätsmerkmalen wird in der Zusammenhangsmatrix hergestellt, aus der die Gewichtung der Qualitätsmerkmale abgeleitet wird (Akao 1992). Neben diesen obligatorischen Vorgehensschritten können im HoQ wahlweise Wettbewerbsvergleiche aus Kundensicht (rechts in den Zeilen) und aus technischer Sicht (unten in den Spalten) abgebildet werden.

Vor- und Nachteile der QFD-Methodik werden gegenübergestellt

Die Durchführung der QFD-Methodik verlangt einen erheblichen Aufwand. Der Ansatz ist zudem auf einer stark technisch-operativen Ebene angesiedelt und reicht bis weit hinei in die Phasen der Serienentwicklung bzw. von Produktionsplanung. Vorteilhaft ist die klare Dokumentationsstruktur, die eine funktionsübergreifende Kommunikation sowie die Konsensbildung unterstützt. Die systematische, marktorientierte Ableitung der „richtigen" Produktmerkmale und die damit verbundene Zieltransparenz ist auf die Innovationsplanung technischer Produkte übertragbar.

4.3
Intuitive und analogiebasierte Lösungsfindung

In diesem Kapitel wird das Prinzip »intuitive Lösungsfindung« anhand praxisrelevanter Kreativitätstechniken wie Brainstorming und Brainwriting beschrieben. Des Weiteren wird dargestellt, wie bei der Synektik, der Bionik und der TRIZ-Methodik mit Analogien gearbeitet wird. Grundregeln zur Anwendung von Kreativitätstechniken bilden den Abschluss dieses Kapitels.

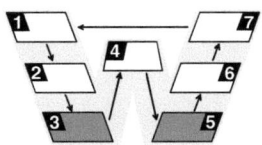

Die intuitive Lösungsfindung entspricht der natürlichen Herangehensweise des Menschen an eine Problemlösung. Im sog. »Trial-and-Error«-Verfahren werden unterschiedliche Ansätze zur Lösung des Problems solange getestet, bis eine zufriedenstellende Lösung erreicht wird (Spielberg 2002) (Abb. 4.7).

Intuitive Lösungsfindung

»Trial-and-Error«-Verfahren

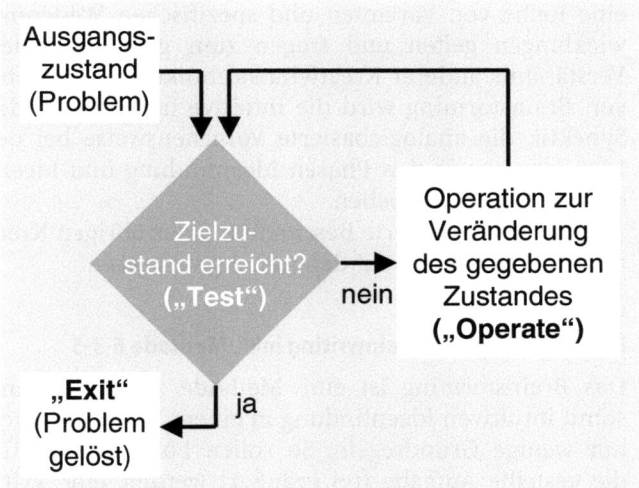

Abb. 4.7 TOTE-Zyklus (Test, Operate, Test, Exit) als intuitiver Problemlösungsprozess (Müller 1990)

Zur Unterstützung dieses minimal-systematischen Vorgehens wurden in der Vergangenheit zahlreiche Kreativitätstechniken entwickelt, die der Unterstützung der Ideenfindung im Problemlösungsprozess dienen (Spielberg 2002). Sie werden in der Literatur auch als intuitiv-kreative Methoden bezeichnet. Techniken, bei denen die Lösungssuche durch eine gezielte Problemanalyse und

Minimal-systematisches Vorgehen

ein systematisches Vorgehen unterstützt wird, werden hingegen als systematisch-analytische Methoden bezeichnet (Schlicksupp 1992). Viele Techniken beider Kategorien werden in einem mehrstündigen Workshop mit einem meist interdisziplinären Team eingesetzt, um mit vergleichsweise geringem Aufwand und einfachen Hilfsmitteln Ideen von verschiedenen Personen mit unterschiedlichem Background zu erhalten.

In der Literatur wird eine Reihe von Methoden und Instrumenten zur Ideenfindung aufgeführt (Abb. 4.8) (u.a. Geschka 1986; Haberfellner 1999; Hauschild 1997; Schlicksupp 1992; Walter 1997).

Kreativitätstechniken: Brainstorming Und Synektik

Aus der Vielzahl der insbesondere im betriebswirtschaftlichen Umfeld entwickelten Kreativitätstechniken, die nicht nur zur Lösung technischer Probleme eingesetzt werden, werden hier als wesentliche Repräsentanten das *Brainstorming* und die *Synektik* herausgegriffen und erläutert. Die Methoden können stellvertretend für eine Reihe von Varianten und spezifischen Weiterentwicklungen gelten und tragen zum grundsätzlichen Verständnis anderer Kreativitätstechniken bei. Anhand von Brainstorming wird die intuitive und anhand der Synektik die analogiebasierte Vorgehensweise bei der Lösungssuche in den Phasen Ideenfindung und Ideendetaillierung beschrieben.

Analogiebasierte Vorgehensweise in der Ideenfindung und Ideendetaillierung

Für eine detaillierte Beschreibung der übrigen Kreativitätstechniken sei auf den Anhang verwiesen.

4.3.1
Brainstorming und Brainwriting inkl. Methode 6-3-5

Brainstorming

Das Brainstorming ist eine Methode zur freien und somit intuitiven Ideenfindung in einem Team. Es gelten nur wenige Grundregeln. So sollen Lösungsideen für die gestellte Aufgabe frei geäußert werden, eine kritische Diskussion findet zunächst nicht statt. Vielmehr sollen Ideen anderer Teilnehmer bewußt aufgegriffen und zu neuen Ideen weiterentwickelt werden. Wichtigster Leitgedanke bei dieser Form der Ideengenerierung ist das Prinzip Quantität vor Qualität und Assoziation. Um konkurrenzbedingte Hemmschwellen niedrig zu halten, sollte das Team hierarchisch homogen, jedoch fachlich interdisziplinär aufgebaut sein. Für die entstandenen Ideen gibt es kein Urheberrecht.

Analogiemethode	Lösung von technischen Problemen durch Untersuchung von Vorbildern aus fachfremden Bereichen (siehe Synektik)
Bionik	Übertragung biologischer Strukturen, Mechanismen und Systeme auf technische Lösungen
Brainstorming	Freie Ideen- bzw. Lösungsfindung im kreativen Umfeld
Delphi-Methode	Nutzung von Expertenwissen zur Lösung oder Erstellung von Prognosen
Force-Fit-Methode	Generierung neuer Lösungsideen, durch Zusammenbringen zweier unterschiedlicher Begriffe mittels kreativer Denkprozesse
Funktionsanalyse	Berücksichtigung vieler Funktionserfüllungsmöglichkeiten bei der Auswahl von verschiedenen Produktfunktionen
Heuristiken	Unterstützung und Anleitung bei der Suche nach Lösungen auf der Basis von heuristischen Prinzipien
Methode 6-3-5	Aufgreifen und Weiterentwickeln von Ideen
Mind-Mapping	Kartographische Darstellung von Denkinhalten und des daraus folgenden Ideenflusses
Morphologische Matrix	Systematische Entwicklung neuer Ideen durch direkte Konfrontation verschiedener Attributsausprägungen
Nebenfeldintegration	Erarbeitung von Lösungsansätzen unter Berücksichtigung der Umfeld- bzw. Randbedingungen
Problemlösungsbaum	Graphische Darstellung von komplexen Zusammenhängen und Sachverhalten
SIL-Methode	Zusammenführung von Einzellösungen zu einer Gesamtlösung
Synektik	Intensivierung der Aktivitäten zur Lösungssuche (siehe Analogiemethode)
TILMAG-Methode	Ermittlung neuer Lösungsideen durch mehrstufigen Assoziationsprozess
TRIZ	Theorie zur erfinderischen Problemlösung

Abb. 4.8 Methoden zur Lösungsfindung (siehe Anhang) (Eversheim et al. 1996)

Eine wesentliche Variante von Brainstorming ist das sog. Brainwriting, das den geschilderten Prozess der freien gegenseitigen Anregung in einen schriftlich niedergelegten, teilweise auch räumlich und zeitlich aufgeteilten

Methode 6-3-5

Ablauf bringt. Hier sei stellvertretend die *Methode 6-3-5* genannt: Sechs Teilnehmer schreiben in fünf Minuten jeweils drei Ideen zum Thema auf. Anschließend wird das Formular weitergegeben und der Vorgang fünf mal wiederholt. Durch dieses Vorgehen lenken die Vorgänger die Gedanken der folgenden Teilnehmer, da diese die zuvor aufgeschriebenen Ideen lesen und ausbauen können (Brankamp 1971; Schlicksupp 1992).

In der industriellen Praxis sind die Grundprinzipien dieser Methoden weitgehend bekannt. Da das Brainstorming bereits seit den sechziger Jahren propagiert und erfolgreich angewendet wird, haben sich inzwischen die genannten Regeln einer kreativen Arbeit in vielen Unternehmen als selbstverständlicher Bestandteil der Unternehmenskultur etabliert. Diese Regeln besitzen eine gewisse Allgemeingültigkeit für andere Kreativitätstechniken (Schelker 1976).

4.3.2
Synektik

Synektik

Die Methode der Synektik wurde mit dem Ziel entwickelt, die Ideenfindung im Problemlösungsprozess in Richtung unkonventioneller Lösungsansätze zu unterstützen (Spielberg 2002). Hierzu wird die im Brainstorming noch völlig freie Ideenfindung durch die gezielte Analyse problemfremder Sachverhalte erweitert – die Lösungsfindung wird gelenkt. Das Ziel besteht darin, Analogien zu entdecken, deren Übertragung auf das betrachtete Problem dann neue Lösungsansätze hervorbringen kann. In einem festgelegten Vorgehen wird zunächst das betrachtete Problem soweit abstrahiert, dass Analogiebildungen – z.B. im Bereich der Natur, Technik oder Gesellschaft – möglich werden. Die identifizierten Reizbegriffe werden auf das eigene Problem übertragen (Abb. 4.9).

Analogien entdecken

Gezielte Lenkung der Kreativität

Der Vorteil dieser Methodik liegt in einer gezielten Lenkung der Kreativität. Sie erzeugt einerseits eine stärkere Problemzentrierung, andererseits in der Regel neuartige bis überraschende Lösungsansätze. Einfache Fragen wie z.B.: "Existiert das Problem in der Natur und wie löst es die Biologie?" können die Suche in vielversprechende Richtungen lenken.

Die Synektik ist wesentlich aufwendiger als das Brainstorming und hat sich in der Praxis nicht so weit durchgesetzt. Die Ergebnisse werden in der Regel als wertvoll beurteilt (Schlicksupp 1992; Schelker 1976).

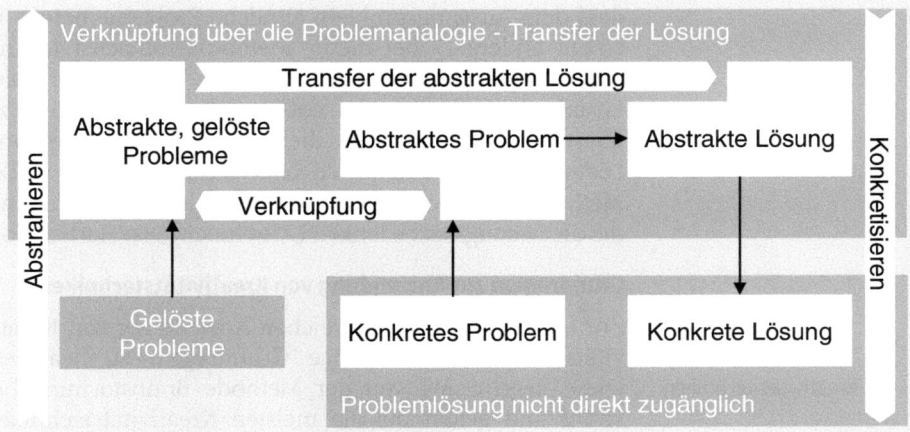

Abb. 4.9 Prinzip der analogiebasierten Problemlösung

Die Synektik kann stellvertretend für den methodischen Ansatz gesehen werden, eine Problemlösung durch Analogiebildung und Transfer herbeizuführen. Eine wesentliche Ausarbeitung dieses Grundansatzes erfolgte in der Bionik (Kap. 4.6). In der Bionik kann durch umfangreiche Grundlagenstudien im Bereich der Biologie auf geeignete Analogien zurückgegriffen werden, die nach Übertragung in den Bereich der Technik den Anwender dabei unterstützen, überlegene Problemlösungen zu entwickeln. Wesentliche Erfolge sind hier in der Vergangenheit in der Aerodynamik (Einführung sog. Winglet-Flügelenden; Haifischhaut-Oberflächen bei Flugzeugen), im Leichtbau (Sandwich-Bauweisen) oder in der Oberflächentechnik (selbstreinigende Lotus-Oberflächen) zu verzeichnen gewesen. Einen wesentlichen Beitrag zur Systematisierung der Problemlösung mit Gestaltungsprinzipien der Natur leistet HILL. Er greift vom methodischen Ansatz her auf die Prinzipien der widerspruchsorientierten Problemlösung zurück (Kap. 4.4.5). Es ist damit – z. B. durch die Katalogisierung von Strukturen – erstmals gelungen, die Bionik für die systematische Unterstützung des Problemlösungsprozesses zu erschließen (Nachtigall 1998; Hill 1999) (Kap. 4.6).

Die Analogiebildung bildet einen wesentlichen Bestandteil der TRIZ-Methodik (Kap. 4.4). GENRICH ALTSCHULLER – der Begründer der TRIZ-Methodik – hat erkannt, dass viele kreative Problemlösungen auf einem analogen Vorgang basieren. ALTSCHULLER geht davon aus,

Problemlösung durch Analogiebildung und Transfer

Bionik

Widerspruchsorientierte Problemlösung

TRIZ-Methodik

dass dem Ausgangsproblem ähnliche Probleme bereits in einem anderen – bei dieser Methodik zunächst technischen – Zusammenhang gelöst wurden. Es gilt daher, diese Lösungen zu finden und auf das konkrete Problem zu übertragen. Für das Ziel, die Analogien zu bilden und Lösungen auf Probleme zu übertragen, stellt die TRIZ-Methodik effektive Werkzeuge (Methoden) zur Verfügung, die die Lösungssuche lenken (Altschuler 1984; Herb 2000).

Grundregeln zur Anwendung von Kreativitätstechniken

Grundregeln zur Anwendung von Kreativitätstechniken

Zur effektiven und erfolgreichen Anwendung von Kreativitätstechniken sind einige Grundregeln zu beachten. Diese Regeln sind von der Methode Brainstorming bekannt und gelten für die meisten Kreativitätstechniken (Schlicksupp 1992; Herb 2000):

- Zur Problemlösung wird möglichst das Gruppenpotenzial (Expertise mehrerer Personen) genutzt.
- Kritik während der Ideengenerierung und Killerphrasen werden nicht zugelassen.
- Ideen werden in der Gruppe aufgegriffen, um Assoziationen zu initiieren.
- Auch ungewöhnlichen Ansätzen wird Raum zur Entwicklung gegeben.
- Es werden möglichst viele Ideen gesammelt – bewertet wird später.

Fazit

Auswahl geeigneter Methoden richtet sich nach dem angestrebten Lösungsniveau

Zur Unterstützung der Lösungsfindung in den Phasen Ideenfindung und Ideendetaillierung stehen viele Methoden zur Auswahl. Die Art der Kreativitätsförderung, die Systematik des Vorgehens und der Arbeitsaufwand der verschiedenen Methoden fallen jeweils unterschiedlich aus. Bei der situationsspezifischen Auswahl der geeigneten Methode sind die zur Verfügung stehenden zeitlichen, finanziellen und personellen Ressourcen dem angestrebten Lösungsniveau gegenüberzustellen. Dabei ist zu beachten, dass in der Regel durch den gesteigerten Aufwand, der für die gelenkten Kreativität aufgebracht wird, Lösungen auf einem höheren Niveau zu erwarten sind.

4.4 TRIZ-Methodik

Die TRIZ-Methodik bietet die Möglichkeit, technische Widersprüche, die sich häufig in den operativen Planungsphasen ergeben, zu abstrahieren und auf diese Weise in eine Lösung zu überführen. Die Methodik ist sehr gut in den Phasen der Ideenfindung bzw. -detaillierung einzusetzen, da in diesen Phasen Ideen generiert werden, welche häufig in einem technischen Widerspruch resultieren, der gelöst werden kann. Die hohe Systematik der Methodik unterstützt den Anwender, den Durchführungsaufwand möglichst gering zu halten. Wesentliches Element der TRIZ-Methodik ist die Widerspruchsmatrix, die auf der Analyse von mehr als 2,5 Mio. Patenten beruhen soll[3]. Neben dieser Hilfsmittel bietet die TRIZ-Methodik weitere hilfreiche Werkzeuge, die eine Lösungsfindung erleichtern.

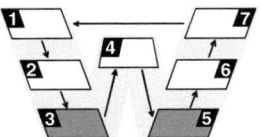

Die TRIZ-Methodik

TRIZ ist eine in der ehemaligen Sowjetunion entwickelte Methodik für den technischen Problemlösungsprozess. TRIZ ist das russische, jetzt international gebräuchliche Akronym für „Theorie zur Lösung inventiver Probleme". Die Grundlagen der Methodik beruhen auf den Arbeiten und empirischen Studien des russischen Wissenschaftlers GENRICH ALTSCHULLER. Er nimmt an, dass der Weg zu einer Erfindung bestimmten Gesetzmäßigkeiten und Regeln folgt. Um diese Annahme zu beweisen, analysierte ALTSCHULLER zahlreiche Patente und kam zu folgenden Feststellungen:

- Die präzise Beschreibung eines Problems führt häufig schon zu kreativen Problemlösungen.
- Viele Probleme wurden bereits in anderen Gebieten und Branchen unter anderen Namen, aber durchaus inhaltlich vergleichbar, gelöst.
- Der Widerspruch ist das zentrale, Innovationen produzierende Element zahlreicher Patentschriften.
- Die Weiterentwicklung technischer Systeme folgt bestimmten Grundregeln.

---

[3] Die Angaben über die Anzahl der analysierten Patente sind unterschiedlich. Altschuller selbst soll 200.000 Patente analysiert haben. In der Weiterentwicklung der Methodik sollen mittlerweile bis zu 2,5 Mio. Patente in die TRIZ-Wissensbasis eingeflossen sein.

Analogien werden identifiziert und genutzt

Das generelle Vorgehen der TRIZ-Methodik basiert auf der Identifikation und Nutzung von Analogien und erfolgt im Grundmuster in vier Schritten. Zunächst wird das spezifische Problem analysiert und abstrahiert. In der abstrahierten Form der Problembeschreibung werden Analogien zu früheren Problemstellungen genutzt, um die Lösungsprinzipien dieser Probleme auf das spezifische Problem zu übertragen (Abb. 4.10).

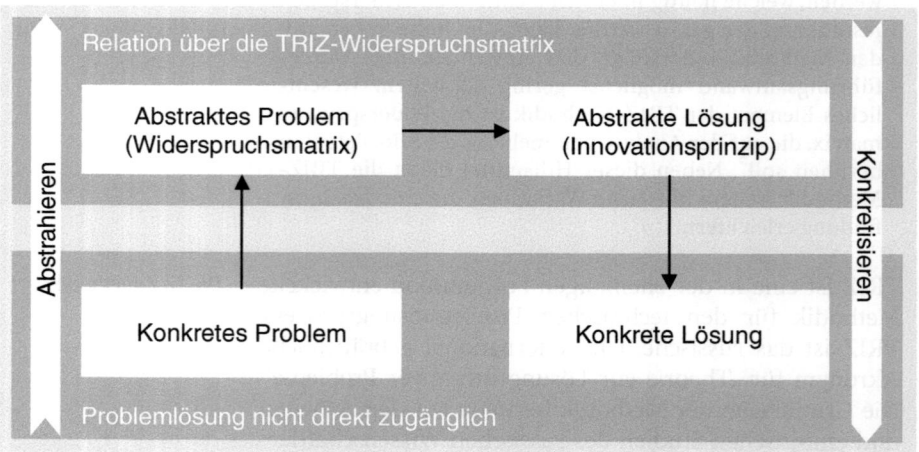

Abb. 4.10 Theoretischer Problemlösungsprozess in der TRIZ-Methodik

TRIZ-Methodik ist eine Sammlung von Werkzeuge

Zur methodischen Unterstützung haben ALTSCHULLER und seine Mitarbeiter verschiedene Werkzeuge entwickelt, die im Folgenden vorgestellt werden (Abb. 4.11). Prinzipiell lassen sich diese Werkzeuge – Methoden – den Kategorien Systematik, Wissen sowie Analogie zuordnen, die drei fundamentale Säulen der TRIZ-Methodik darstellen.

Systematische Werkzeuge

Die systematischen Werkzeuge unterstützen den Entwickler bei der Analyse und Strukturierung der Problemsituation. Sie dienen beispielsweise der Erarbeitung von Grundkonzepten oder der Identifikation zu optimierender Funktionen.

Wissensbasierte Werkzeuge

Die wissensbasierten Werkzeuge der TRIZ-Methodik steuern ein breites Spektrum an Wissen aus Chemie, Physik, Mechanik und Thermodynamik bei und machen dieses durch entsprechende Methoden zugänglich.

Analogie-Werkzeuge

Den Analogie-Werkzeugen liegt einerseits die von ALTSCHULLER begonnene und bis heute anhaltende Patentanalyse zu Grunde; sie stützen sich andererseits auf langjährige Erfahrungen aus Forschung, Entwicklung und Anwendung.

Die Werkzeuge der Systematik-Säule dienen vornehmlich der Formulierung eines konkreten Problems, während die wissens- und analogiebasierten Werkzeuge primär zur Problemlösung eingesetzt werden. Die nachfolgende Vorstellung der TRIZ-Werkzeuge folgt der Darstellung in Abbildung 4.11. Die TRIZ-Methodik erfordert keine bestimmte Abfolge bei der Werkzeuganwendung bzw. zur Einhaltung einer bestimmten Vorgehensweise. Daher ist die nachstehende Auflistung der Werkzeuge lediglich eine von vielen möglichen.

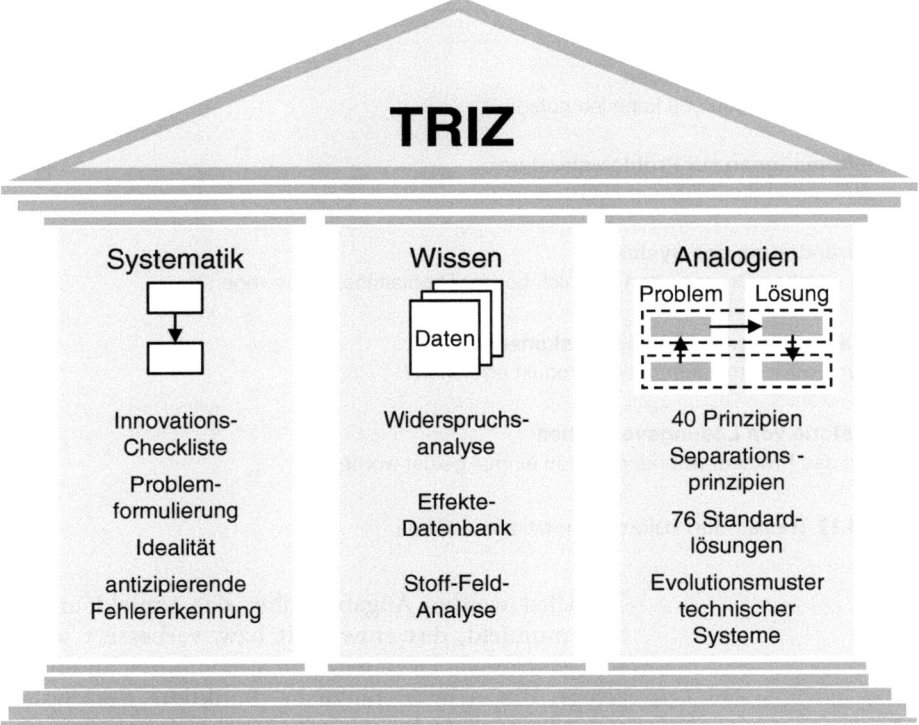

Abb. 4.11 Werkzeuge der TRIZ-Methodik

4.4.1
Innovations-Checkliste

Innovations-Checkliste

Mit der *Innovations-Checkliste* wird die Problemformulierung durch eine strukturierte Auflistung system- und situationsbedingter Aspekte unterstützt (Terniko et al. 1998). In der Checkliste werden Informationen aufgenommen, die sechs inhaltlich verschiedenen Thematiken zugeteilt werden können (Abb. 4.12).

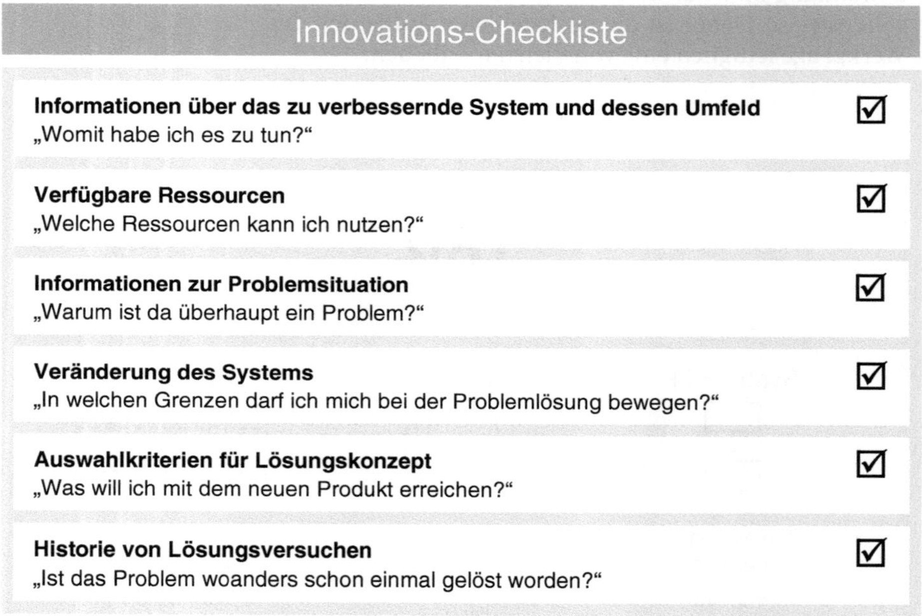

Innovations-Checkliste

Informationen über das zu verbessernde System und dessen Umfeld „Womit habe ich es zu tun?"	☑
Verfügbare Ressourcen „Welche Ressourcen kann ich nutzen?"	☑
Informationen zur Problemsituation „Warum ist da überhaupt ein Problem?"	☑
Veränderung des Systems „In welchen Grenzen darf ich mich bei der Problemlösung bewegen?"	☑
Auswahlkriterien für Lösungskonzept „Was will ich mit dem neuen Produkt erreichen?"	☑
Historie von Lösungsversuchen „Ist das Problem woanders schon einmal gelöst worden?"	☑

Abb. 4.12 Thematische Inhalte der Innovations-Checkliste

Zunächst werden Angaben über das Umfeld und das Systemumfeld, das entwickelt bzw. verbessert werden soll, gesammelt. Dazu wird die Systembezeichnung festgelegt, die primär nützliche Funktion des Systems formuliert und die derzeitige oder wünschenswerte Systemstruktur dargelegt. Darauf aufbauend kann die Arbeitsweise des Systems bei der Ausübung der primär nützlichen Funktion beschrieben werden.

Verfügbare Ressourcen

Zur Identifikation und Nutzung der verfügbaren Ressourcen dient eine genaue Analyse des Systemumfelds. Beispielsweise kann freiwerdende Wärme als Energiequelle für ein Subsystem genutzt werden. Inhaltlich können die identifizierten Ressourcen des Systems bzw. Systemumfelds nach stofflichen, feldförmigen, funktionalen, informativen, zeitlichen und räumlichen Ressourcen gegliedert werden.

Die nächste Thematik, die in der Innovationscheckliste aufgegriffen wird, sind Informationen zur Problemsituation. Hier werden Angaben über angestrebte Verbesserungen des Systems bzw. der Konstruktion sowie Nachteile, die eliminiert werden sollen, gesammelt. Mechanismus oder Wirkweise der "schlechten Lösung" wird beleuchtet und die Entwicklungsgeschichte des Problems wird analysiert. In einem weiteren Punkt der Checkliste wird die Veränderung des Systems betrachtet. Es wird festgelegt, ob sowie in welchem Umfang und in welchen Grenzen Veränderungen zulässig sind. Daran anschließend werden Auswahlkriterien für Lösungskonzepte formuliert, d. h. angestrebte technische und ökonomische Eigenschaften sowie ein entsprechender Zeitplan werden spezifiziert. Ebenso wird auch die zu erwartende Neuartigkeit des Systems dokumentiert. In einem abschließenden thematischen Schwerpunkt der Innovations-Checkliste wird auf die Historie von Lösungsversuchen eingegangen. Hier werden vorausgegangene Versuche der Problemlösung sowie Systeme, die ein ähnliches Problem beschreiben, untersucht.

Problemsituation anaysieren

Veränderung des Systems zulassen

Auswahlkriterien für Lösungskonzepte formulieren

Historie von Lösungsversuchen dokumentieren

4.4.2
Problemformulierung/Wirkstrukturanalyse

Nach einer ersten Konkretisierung der Aufgabenstellung sowie des zu entwickelnden Systems und dessen Umfeld wird das Gesamtproblem bei der *Wirkstrukturanalyse* in einer Verknüpfung dargestellt und in Teilprobleme zerlegt. Das Ziel besteht darin, komplexe Beziehungen in einfache, überschaubare Beziehungen zu zerlegen, um Probleme leichter erkennen zu können.

Wirkstrukturanalyse

Ein wichtiger Teilschritt ist die Formulierung eines *Ursache-Wirkungs-Diagramms*. Elemente des Diagramms sind zum einen schädliche (SF) und nützliche Funktionen (NF), zum anderen Verknüpfungen zwischen einzelnen Funktionen (Abb. 4.13). Bei der Erstellung des Diagramms wird „entweder mit der primär schädlichen Funktion (PSF) oder (mit) der primär nützlichen Funktion (PNF) des Gesamtsystems" (Terninko et al. 1998) begonnen. In einem zweiten Schritt können anhand von gezielten Standardfragen Verknüpfungen aufgebaut werden.

Ursache-Wirkungs-Diagramm

Abbildung 4.13 zeigt ein Ursache-Wirkungs-Diagramm für einen Schmelzofen. Die primär nützliche Funktion des Schmelzofens ist das *Gewinnen von Metall*; die primär schädliche Funktion die *Explosionsgefahr* auf Grund auslaufenden Wassers. Das Auslaufen des Wassers kann durch Risse im Rohr sowie hohe Wasserdrücke verursacht werden. Durch die systematische Darstellung lässt sich die Kausalitätskette von der PSF bis zur PNF, der Gewinnung von Metall, zurückverfolgen.

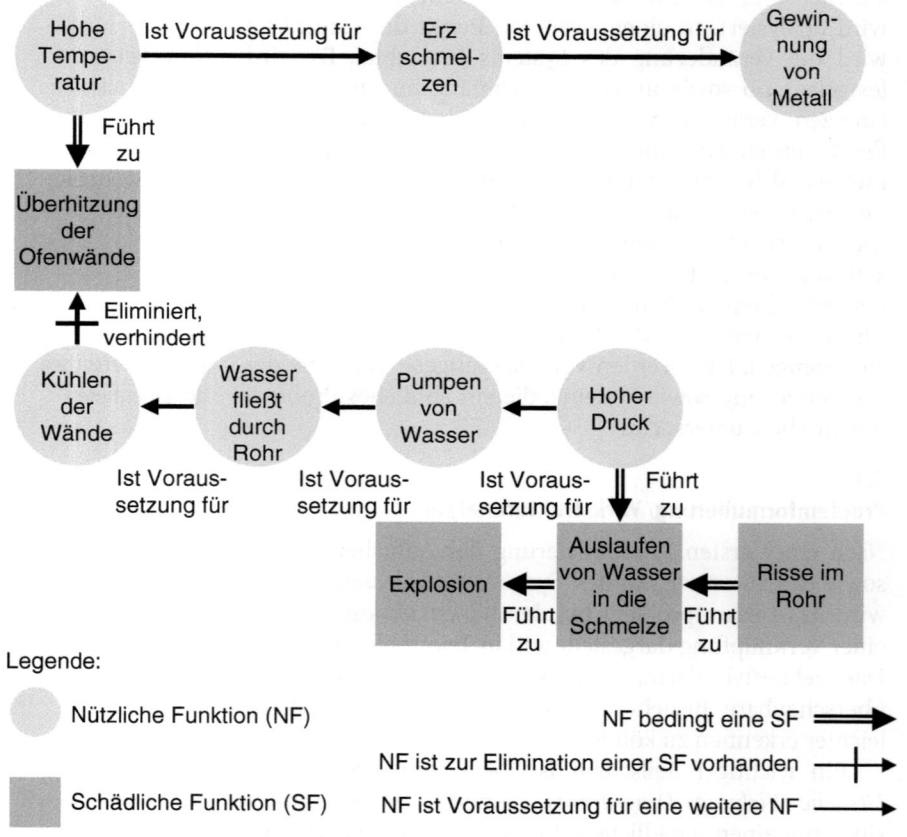

Abb. 4.13 Ursache-Wirkungs-Diagramm für das Beispiel Schmelzofen (Terninko et al. 1998)

Widerspruch erarbeiten   Durch gezielte Fragen zu jeder einzelnen Funktion lassen sich Teilprobleme formulieren. Die Fragen lauten: „Lässt sich ein Nutzen aus einer (SF) ziehen?" und „Lässt sich eine Verbesserung einer (NF) erzielen?" Wenn von einer Funktion zwei Verknüpfungen ausgehen, beispielsweise eine Funktion eine andere Funktion verursacht und Voraussetzung für eine Dritte ist, ergibt sich ein Widerspruch, der gelöst werden muss.

Für Systeme, bei denen z. B. wegen ihrer hohen Komplexität viele Möglichkeiten für Ursache-Wirkungs-Diagramme bestehen, wird die Anwendung der QFD-Methodik (Quality Function Deployment) empfohlen (Terninko et al. 1998). Die Anwendung der QFD-Methodik führt zur Darstellung von Widersprüchen in der sog. Korrelationsmatrix im Dach des House of Quality (Abb. 4.14).

QFD-Methodik mit TRIZ kombinieren

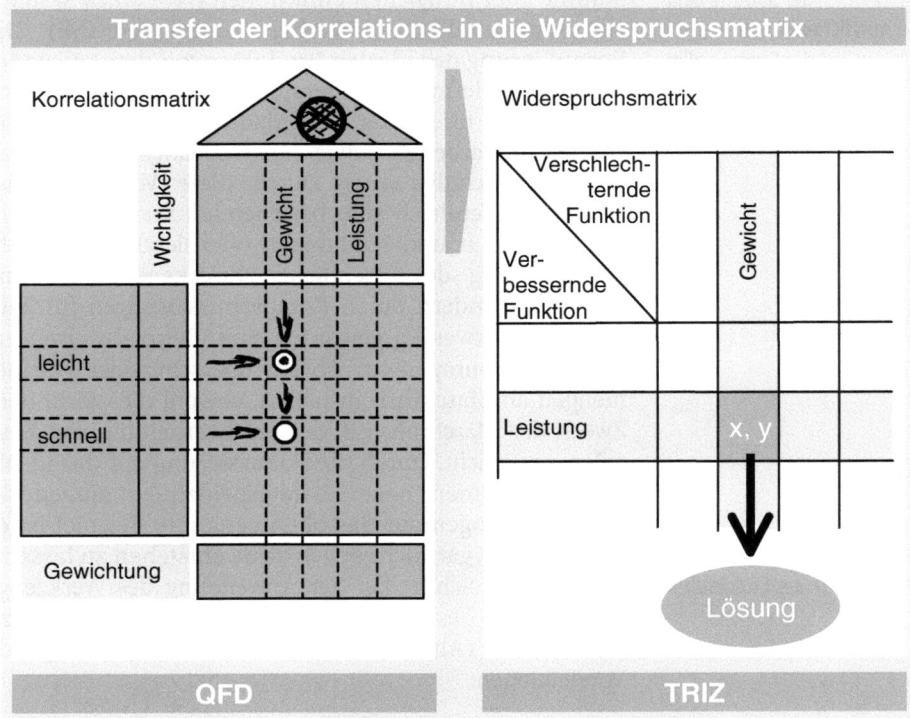

Abb. 4.14 Verknüpfung von QFD mit TRIZ (Eversheim et al. 2001a)

Da mit der QFD-Methodik Kundenanforderungen in technische Anforderungen übersetzt werden, ist sichergestellt, dass die Widersprüche in Form von technischen Widersprüchen vorliegen, die mit Hilfe der Widerspruchsmatrix (Abb. 4.15) aufgelöst werden können. Die systematische Verknüpfung der QFD-

Methodik und der TRIZ-Widerspruchsmatrix kann methodisch unterstützt werden. (vgl. dazu Eversheim et al. 2001a; Teufelsdorfer u. Conrad 1998).

4.4.3 Idealität

Ideales System

Ein *ideales System* ist dann erreicht, wenn es kein System mehr gibt, seine Funktion aber ausgeübt wird (Altschuller 1984). Dieses Resultat ist in der Regel utopisch, wird aber als Gedankenspiel angewendet, um Denkbarrieren abzubauen.

Idealität ist das Verhältnis der Summe aller nützlicher Funktionen zu der Summe aller schädlicher Funktionen

Die Idealität ist definiert als das Verhältnis der Summe aller nützlichen Funktionen (NF) eines Systems zur Summe aller schädlichen Funktionen (SF). Die Formulierung des idealen Produktes soll den Anwender bei der Zieldefinition unterstützen. Sie ermöglicht, sich am Ideal zu orientieren und dadurch zielgerichtet und effizient zu arbeiten sowie neue Lösungsprinzipien zu finden (Altschuller 1984). Durch diese Vorgehensweise werden im Vergleich zum bestehenden System Schwachstellen erkannt und Funktionen offensichtlich, die nicht zur Erfüllung des eigentlichen Zwecks der Maschine beitragen, sondern durch Kompromisslösungen für Teilprobleme notwendig geworden sind. Beispielsweise werden Wärmepumpen zur Abfuhr überschüssiger Wärmemengen an Maschinen installiert, obwohl dies nicht dem Zweck der Maschine, z. B. der Fräsbearbeitung von Bauteilen, entspricht. Durch die Fokussierung auf das ideale Produkt können neue Lösungsprinzipien aufgedeckt werden. Bezogen auf das oben genannte Beispiel ist es zweckmäßig, gar nicht erst Wärme entstehen zu lassen.

Ideales Endresultat

Der erste Schritt bei der Anwendung des Werkzeugs der Idealität besteht darin, das „ideale Endresultat" zu formulieren (Altschuller 1984). Dazu dienen folgende Vorstellungen:

- Es ist keine Maschine vorhanden, die geforderte Wirkung wird jedoch erreicht.
- Es findet kein Zeit- oder Energieverbrauch statt, die geforderte Wirkung wird jedoch (selbständig) erreicht.
- Es ist kein Stoff vorhanden, seine Funktion wird jedoch erfüllt.

Die folgenden Hinweise (Terninko et al. 1998) können auf dem Weg zur bestmöglichen Erfüllung der Idealität helfen:

- *Eliminieren unterstützender Funktionen*: Hilfsfunktionen tragen nicht direkt dazu bei, Aufgaben zu erfüllen, und können daher oft ersetzt werden.
- *Eliminieren von Teilen*: Die Aufgabe funktionaler Teile kann u. U. durch verfügbare stoffliche oder funktionale Ressourcen oder Felder übernommen werden.
- *Erkennen von Selbstversorgungen*: In vielen Systemen laufen Funktionen ab, die zusätzlich für andere Funktionen genutzt werden können. Dazu müssen die einzelnen Funktionen des Systems aufgedeckt werden.
- *Ersetzen von Einzelteilen*: Durch Einsatz von Modellen, Simulationen oder kostengünstigen Kopien können beträchtliche Kosten eingespart werden.
- *Ändern des Funktionsprinzips*: Andere Prozesse oder Arbeitssysteme können die gewünschte Funktion besser erfüllen als die bisherige.
- *Nutzen von Ressourcen*: Dieser Hinweis ist teilweise in den vorausgegangenen enthalten; er zielt speziell darauf ab, die mit der Innovations-Checkliste identifizierten Ressourcen für die Problemstellung zu nutzen.

4.4.4
Antizipierende Fehlererkennung

Die antizipierende Fehlererkennung ist auch als subversive[4] Fehleranalyse bekannt (Terninko et al. 1998). Ihr liegt die Frage zugrunde: „Was können wir und was kann Mutter Natur tun, um unser Produkt oder unseren Prozess zum Versagen zu bringen?" Gesucht werden schädliche oder ineffiziente Eigenschaften des Produkts oder des Prozesses, die das maximale Fehlerereignis – die Zerstörung des Produkts oder des Prozesses – bewirken können. Bei der antizipierenden Fehlererkennung werden normalerweise neun Stufen durchlaufen, die bei TERNINKO wie folgt beschrieben werden (vgl. Terninko et al. 1998):

1. *Das Originalproblem formulieren*: In diesem ersten Schritt werden die primären Nutzfunktionen sowie das zentrale Problem beschrieben. Ebenso wird versucht, Bedingungen und Gründe, die das Problem hervor-

Antizipierende Fehlererkennung

---
[4] subversiv (lat.): umstürzend, zerstörend

rufen, aufzunehmen. Die Elimination dieses Problems darf keine Nutzfunktion negativ beeinflussen oder gar neue Probleme erzeugen.
2. *Das invertierte Problem formulieren*: Im Gegensatz zum ersten Schritt wird an dieser Stelle das Problem als primäre Nutzfunktion formuliert und damit das Problem umgedreht. Das Problem wird als Anforderung formuliert.
3. *Das invertierte Problem verstärken*: Das nun invertierte Problem wird übertrieben dargestellt. Neue Effekte, die das Problem noch verstärken, werden gesucht und auf die Problemstellung angewandt.
4. *Nach offensichtlichen Lösungen für das invertierte Problem suchen*: Durch Analogien aus dem täglichen Leben wird versucht, Realisierungsmöglichkeiten für die invertierten Probleme zu finden. Dabei sollte in einer gefundenen Lösung auch der zuvor formulierte verstärkende Effekt einbezogen sein.
5. *Ressourcen identifizieren und nutzen*: Es wird versucht, nützliche Ressourcen, die zur Lösung des Problems beitragen können, aus dem vorhandenen Umfeld bzw. System zu identifizieren.
6. *Brauchbare Effekte suchen*: Zur Lösung des invertierten Problems werden neben physikalischen, chemischen und geometrischen Effekten auch menschliche, tierische oder psychologische Effekte herangezogen.
7. *Neue Lösungen suchen:* In diesem siebten Schritt soll versucht werden, den beschriebenen Effekt zu realisieren, d.h. das invertierte und verstärkte Problem unter Beachtung der limitierten Ressourcen zu lösen.
8. *Rück-Invertierung und Verifikation*: Basierend auf der Problemlösung werden Hypothesen formuliert und getestet.
9. *Vorgehensweisen zur Fehlervermeidung entwickeln*: Das Problem wird erneut invertiert, um die Lösung zur Fehler-Elimination auszuformulieren.

4.4.5
Analyse technischer Widersprüche: Widerspruchsmatrix

Ein anspruchvolles technisches Problem zeichnet sich durch einen (noch) nicht lösbaren Zielkonflikt aus, d. h. durch mindestens zwei zu optimierende Parameter, deren gleichzeitige Realisierung dem Entwickler mit bekannten technischen Mitteln nicht möglich ist bzw. keinen zufriedenstellenden Kompromiss erlaubt (Altschuller 1984). Zur Beschreibung der Widersprüche nennt ALTSCHULLER 39 Systemparameter bzw. technische Standardparameter, mit deren Hilfe sich die meisten Widersprüche bei hinreichender Abstraktion beschreiben lassen. Diese Standardparameter werden in der Widerspruchsmatrix einander gegenübergestellt (Abb. 4.15). Bei der Lösungssuche wird in den Zeilen derjenige Parameter ausgesucht, der eine Verbesserung erfahren soll. In den Spalten wird der Parameter ausgewählt, der eine Verschlechterung erfährt. ALTSCHULLER identifiziert 40 Innovationsprinzipien, die in den von ihm analysierten Patenten zur Problemlösung herangezogen werden und ordnet sie den entsprechenden Widersprüchen in der Widerspruchsmatrix zu. Es gibt Felder, die mehrere Prinzipien enthalten, aber es existieren auch leere Felder, d. h. bis dato wurde kein aussagekräftiges und abstrahierbares Patent zur Lösung des betreffenden Widerspruchs gefunden (vgl. Terninko et al. 1998). Die Reihenfolge der Innovationsprinzipien in einem Feld entspricht der Häufigkeit der Patente, die mit dem entsprechenden Innovationsprinzip gelöst wurden.

Die Anwendung der Widerspruchsmatrix soll an folgendem Beispiel erläutert werden: Ein Unternehmen fertigt Bohrwerkzeuge für verschiedene Anwendungszwecke. Ziel einer Optimierungsmaßnahme war es, den Bohrprozess zu beschleunigen. Dies kann durch die Steigerung der Bohrleistung, repräsentiert durch die Drehgeschwindigkeit des Bohrers, erreicht werden. Nachteilig wirkt sich dabei allerdings die höhere Wärmeentwicklung während des Bohrprozesses aus, die zu Reibschweißungen, Werkzeugbruch oder Materialverformungen führen kann. Die Erhöhung der Bohrgeschwindigkeit steht daher in einem technischen Widerspruch zu der steigenden Temperatur. Zur Lösung dieses Widerspruchs schlägt die Widerspruchsmatrix die Innovationsprinzipien *28: Mechanik ersetzen, 30: flexible Hüllen und*

Zielkonflikt

39 Systemparameter bzw. Technische Standardparameter

Widerspruchsmatrix

40 Innovationsprinzipien

Beispiel zur Widerspruchsanalyse

Filme, *36: Phasenübergang* und *2: Abtrennung* vor, die als häufigste Prinziplösungen für Probleme dieser Art ermittelt wurden.

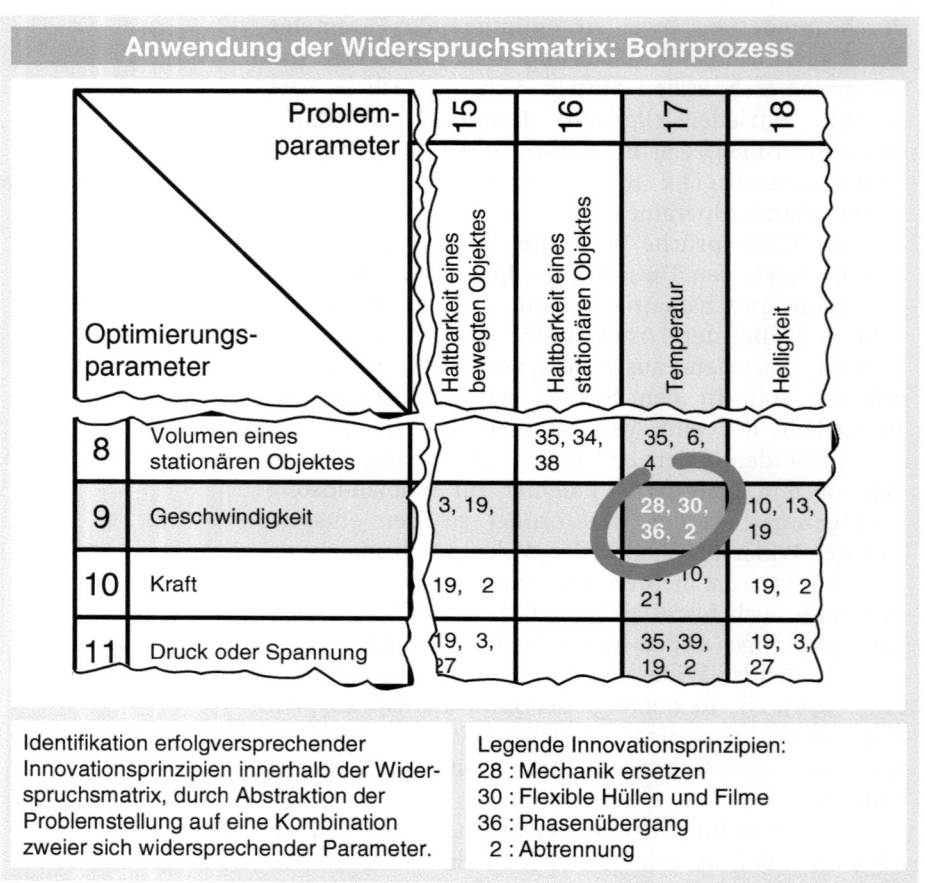

Abb. 4.15 Auszug aus der Widerspruchsmatrix

In der Liste der 40 von ALTSCHULLER ermittelten Innovationsprinzipien sind folgende Präzisierungen der genannten Prinzipien zu finden:

- *Mechanik ersetzen*: Der Widerspruch wird durch das Ersetzen oder Austauschen von Systemen (mechanisch, optisch, akustisch etc.) oder Feldern (elektrisch, magnetisch, stationär, periodisch, strukturiert etc.) aufgelöst. Beispiel: Um die Haltekraft eines metallischen Überzuges auf einem Thermoplast zu

erhöhen, wird der Beschichtungsprozess in Gegenwart eines elektromagnetischen Feldes ausgeführt, wodurch das Metall mit höherer Kraft angezogen wird.
- *Flexible Hüllen und Filme*: Das Lösungsprinzip besteht hier aus dem Ersetzen oder Isolieren üblicher Konstruktionen durch flexible Hüllen oder dünne Filme. Beispiel: Um den Wasserverlust von Pflanzen zu reduzieren, werden die Blätter mit Polyethylenspray behandelt. Das Polyethylen härtet aus und führt zu einem besseren Pflanzenwachstum, da Sauerstoff diese Schutzschicht passieren kann, Wasserdampf jedoch nur schlecht.
- *Phasenübergang*: Dieses Innovationsprinzip führt im Beispiel des Bohrwerkzeugs zur Lösung. Allgemein besagt es: Nutze die Effekte während des Phasenübergangs einer Substanz aus: Volumenveränderung, Wärmeentwicklung oder -absorption. Im Beispiel wurde das Bohrwerkzeug mit Paraffin beschichtet, das sich bei Erwärmung auflöst und die entstehende Wärme in Form von Dampf abführt (Abb. 4.16).
- *Abtrennung*: Bei diesem Innovationsprinzip kann durch Entfernen oder Abtrennen des störenden Teils eines Objektes bzw. durch das Separieren des notwendigen Teils oder der wesentlichen Eigenschaft der Widerspruch beseitigt werden. Beispiel: Die Sicherheit auf Flughäfen wird durch Bandaufnahmen von (Greif-)Vogelstimmen – andere Vögel bleiben dem Flugfeld fern – erhöht (Eigenschaft „Stimme" wird von Objekt „Vogel" getrennt und in einem anderen Kontext eingesetzt).

4.4.6
Analyse physikalischer Widersprüche: Separationsprinzipien

Ein physikalischer Widerspruch liegt vor, wenn die Existenz eines definierten Zustands zugleich mit einer konträren Eigenschaft gefordert ist (z. B. ein Gegenstand soll heiß und gleichzeitig kalt sein). Prinzipiell wird ein technischer Widerspruch in einen physikalischen transformiert, indem diejenige Charakteristik identifiziert wird, die sowohl das gewünschte als auch das ungewünschte Resultat beeinflusst. Genau diese Charakteristik definiert dann den physikalischen Widerspruch (Terninko et al. 1998):

Physikalischer Widerspruch

- *Technischer Widerspruch*:
  Erhitzen von Bauteil „A" verbessert „A", zerstört aber „B".
- *Physikalischer Widerspruch*:
  „A" muss heiß und kalt sein!

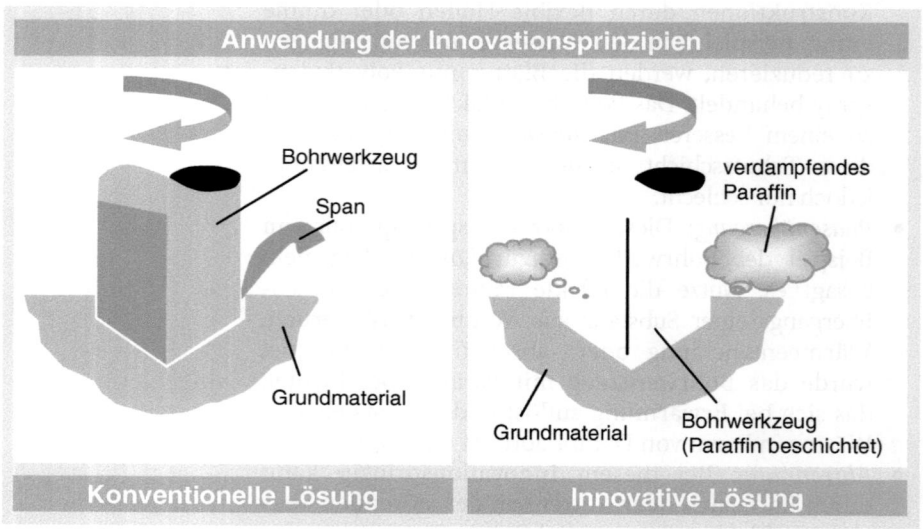

Abb. 4.16 Widerspruchsauflösung mit dem Innovationsprinzip 36: Phasenübergang

Technischer Widersprüche werden in physikalische transformiert

Die Transformation eines technischen in einen physikalischen Widerspruch kann insbesondere dann hilfreich sein, wenn die Widerspruchsmatrix keine geeignete Lösung anbietet. Die physikalischen Widersprüche sind besonders geeignet, nahezu ideale Lösungen auf physikalischem Niveau für zunächst völlig widersprüchliche Anforderungen zu finden. Letere werden durch die Separation der Anforderungen aufgelöst. Für die Auflösung existieren vier *Separationsprinzipien*:

Vier Separationsprinzipien

- *Separation im Raum*: Lösung der Problemstellung durch die örtliche Trennung von Komponenten oder Aufteilung eines Bauteils in mehrere Bauteile, die in Summe das gleiche Ergebnis erzielen. Beispiel: räumliche Trennung von Ladestation und Handy.
- *Separation in der Zeit*: Die Funktionsweise des Systems wird zeitlich so unterteilt, dass die sich widersprechenden Anforderungen, Funktionen oder Bedingungen zu verschiedenen Zeitpunkten benötigt

werden, d. h.: ein Vorgang wird in mehrere zeitlich nacheinander ablaufende Vorgänge aufgeteilt, die gewünschte Funktion dadurch aber nicht beeinflusst. Hierfür kann das Beispiel Sessellift dienen, bei dem die widersprüchlichen Funktionen *schnelle Beförderung während der Fahrt* und *langsame Fahrt zum sicheren Ein- und Aussteigen* zu realisieren sind. Der Widerspruch wird durch eine Separation in der Zeit gelöst: während die Personen umsteigen, werden die Sessel vom Zugseil abgekoppelt (Herb 2000).

- *Separation innerhalb eines Objekts und seiner Teile*: Wenn ein System sich widersprechende Funktionen erfüllen soll oder unter sich widersprechenden Bedingungen arbeiten muss, wird das System in Subsysteme unterteilt und eine der sich widersprechenden Funktionen einem anderen Subsystem zugeordnet. Beispiel: eine strukturierte Fensterscheibe, die Funktionen wie *lichtdurchlässig* und *vor Blicken schützend* vereint.
- *Separation durch Bedingungswechsel*: Die sich widersprechenden Anforderungen werden getrennt durch die Modifikation der Bedingungen, unter denen zeitgleich ein nützlicher und ein schädlicher Prozess ablaufen. Das System oder die Umgebung ist so zu modifizieren, dass nur der nützliche Prozess abläuft. Beispielsweise können Medikamente, deren übermäßige Einnahme lebensgefährlich sein kann, mit einem Brechreiz hervorrufenden Mittel überzogen werden, so dass bei übermäßiger Einnahme ein Erbrechen erzwungen wird (Terninko et al. 1998).

4.4.7
Effekte-Datenbank

Zur Nutzung der *Effekte-Datenbank* werden Funktionsstrukturen für das geplante Objekt ermittelt. Dazu wird zunächst die Gesamtfunktion bzw. der Zweck in einer Anforderungsliste mit allen Energie-, Stoff- und Signalflüssen als Black Box dargestellt (Abb. 4.17). Danach wird die Gesamtfunktion in Teilfunktionen zerlegt. Die Teilfunktionen werden anschließend strukturiert und kombiniert (VDI 1993).

Zweck und Gesamtfunktion beschreiben

Energie-, Stoff- und Signalflüsse darstellen

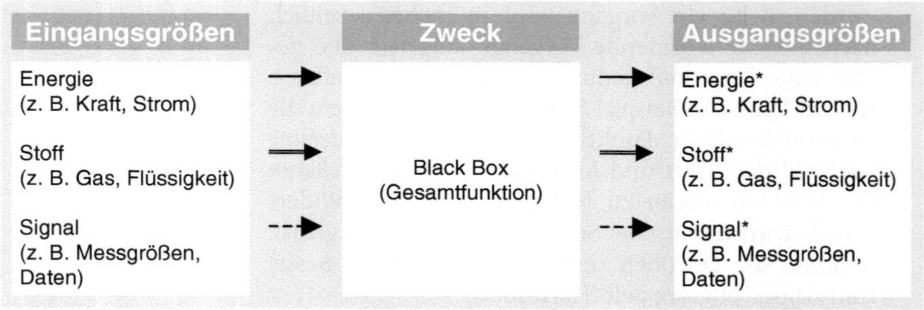

Eingangsgrößen	Zweck	Ausgangsgrößen
Energie (z. B. Kraft, Strom) →		→ Energie* (z. B. Kraft, Strom)
Stoff (z. B. Gas, Flüssigkeit) →	Black Box (Gesamtfunktion)	→ Stoff* (z. B. Gas, Flüssigkeit)
Signal (z. B. Messgrößen, Daten) --▶		--▶ Signal* (z. B. Messgrößen, Daten)

Abb. 4.17 Black Box

Definition: Funktion
: Unter einer Funktion wird die vollständige Beschreibung einer Tätigkeit eines bereits vorhandenen oder noch zu konstruierenden technischen Gebildes verstanden; ein technisches Konstrukt kann eine oder mehrere Funktionen (Tätigkeiten) realisieren (vgl. Koller 1994).

Elementarfunktionen
: Wenn Funktionen nicht mehr weiter in unterschiedliche Tätigkeiten aufgegliedert werden können, spricht Koller von *Elementarfunktionen*. Zu diesen Elementarfunktionen stellt er dem Produktentwickler Tabellen zur Verfügung, die nach Energie- und Stoffoperationen, Energie und Stoff verknüpfenden Operationen sowie Daten und Informationen umsetzenden Systemen sortiert sind. Aus der Tabelle lassen sich Funktionsstrukturen mit einheitlichem Erscheinungsbild ohne Vorwegnahme einer bestimmten Lösung ableiten. Eine solche Systematik der physikalischen Effekte findet sich beispielsweise bei KOLLER (Koller 1994) und bei LINDE (Linde u. Hill 1993). Die Software *TechOptimizer* erlaubt zudem eine softwaremäßige Unterstützung (Invention Machine 1998).

4.4.8
Stoff-Feld-(S-Feld-)Analyse

S-Feld-Analyse
: Die *S-Feld-Analyse* beruht auf der Annahme, dass jedes Grundelement technischer Systeme drei Komponenten hat: Eine Energie, ein Feld (F), das auf eine Systemkomponente (S1) in der Art einwirkt, dass eine andere Systemkomponente (S2) eine Veränderung erfährt (Altschuller 1984). Die S-Feld-Analyse wird meist eingesetzt, um Probleme existenter technischer Systeme zu modellieren und darauf basierend Lösungsideen – beispielsweise

aus der Effekte-Datenbank – zu analysieren und zu vergleichen (Terninko et al. 1998).

Mit der Stoff-Feld-Analyse lassen sich technische Systeme anschaulich modellieren. Die meisten Erfolge werden erzielt, wenn zuvor eine systematische Problemformulierung durchgeführt wurde. Ist das Problem formuliert, können mit Hilfe von Standardlösungen – ALTSCHULLER nennt 76 (Kap. 4.4.9) – sowie einigen elementaren Regeln verschiedene Lösungsansätze generiert werden (Altschuller 1984).

76 Standardlösungen

Zunächst muss der Wirkzusammenhang zwischen Feldern und Stoffen identifiziert werden, danach wird in einem zweiten Schritt das Stoff-Feld-Modell aufgebaut. Ein minimal arbeitsfähiges technisches System besteht aus zwei Stoffen und einem Feld.

Es wird zunächst untersucht, ob das System vollständig ist, eine zu eliminierende schädliche Funktion aufweist und/oder effizient genug ist. Stellt sich heraus, dass Verbesserungsbedarf vorhanden ist, können mit den 76 Standardlösungen neue Lösungsansätze ermittelt werden (Terninko et al. 1998).

Das Vorgehen ist in Abbildung 4.18 an dem Beispiel Presslufthammer dargestellt. Die dort behandelte Aufgabe besteht darin, einen Felsblock zu zertrümmern. Dies soll mit einem pneumatischen Hammer geschehen, der gepulste mechanische Kraft auf den Felsblock ausübt.

Das System ist mit den Komponenten (Pressluft-) Hammer, pulsierende Luft und Felsblock vollständig beschrieben. In einem nächsten Schritt kann die Effizienz des Systems analysiert und modellhaft dargestellt werden. So kann sich zum Beispiel herausstellen, dass die Schlagkraft nicht ausreicht, um den Felsblock zu zerstören (Abb. 4.18, Teil A). In Teil B der Abbildung wird mit Hilfe von Standardlösungen (Kap. 4.4.9) ein Verbesserungsvorschlag erarbeitet. Dabei führt die Adaption eines jeden Standards auf das konkrete Problem zu neuen, innovativen Ideen und Lösungen. Ausgehend von dem ineffizienten, vollständigen System wird durch das Hinzufügen einer zusätzlichen Energie, eines chemischen Feldes, ein vollständiges, effizientes System generiert. Das Feld kann beispielsweise durch den Einsatz einer aggressiven Flüssigkeit (chemisch) realisiert werden, die den Fels spröde und dadurch leicht zerstörbar macht.

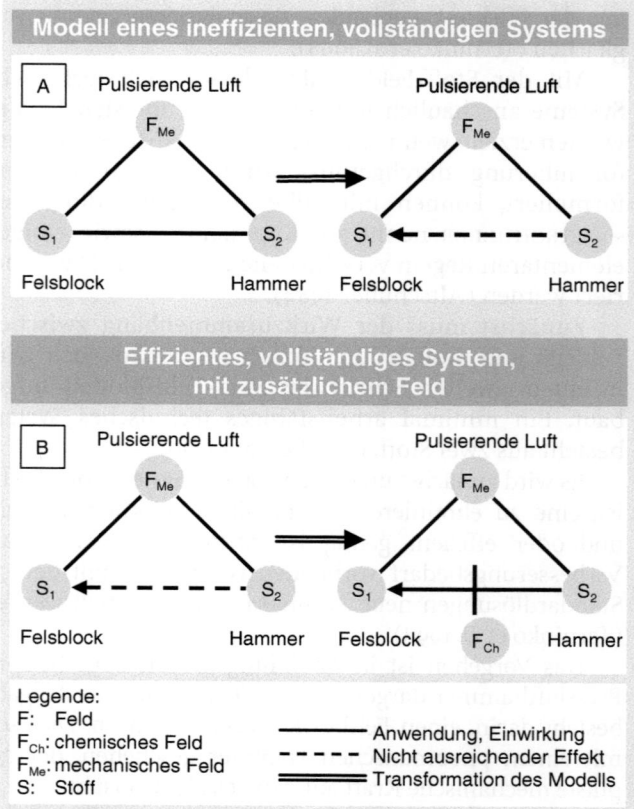

Abb. 4.18 Stoff-Feld-Analyse

4.4.9
76 Standardlösungen

Physical Effects and Phenomena

Die von ALTSCHULLER zusammengestellte Sammlung von Standardlösungen umfasst derzeit 76 „Physical Effects and Phenomena". Sie entstand mit der Zielsetzung, Erkenntnisse aus Wissenschaft und Technik außerhalb der Fachbereiche zu nutzen, in denen sie entdeckt wurden. Die Effektesammlung soll den Anwender dabei unterstützen, die Problemlösung außerhalb seines Fachgebietes zu suchen und psychologische (Denk-)Barrieren zu durchbrechen. Da die Effekte auf einem abstrakten Niveau dargestellt sind, bietet sich die S-Feld-Analyse zur Problemaufbereitung an (s. o.). Die im obigen Beispiel angewendete Standardlösung ist „Füge eine neue Substanz ein". Weitere Beispiele für Standardlösungen sind „Nutze magnetische Flüssigkeiten" und „Nutze Resonanz" (Altschuller 1984; Herb 2000).

4.4.10
Gesetze der technischen Evolution

ALTSCHULLER entdeckte bei seinen Untersuchungen, dass technische Konstruktionen den sog. *Standardentwicklungsmustern* der technischen Evolution (Kap. 4.5) folgen. Ein solches Standardentwicklungsmuster beschreibt im Sinne einer allgemein gültigen Regel die Sequenz von Veränderungen, die bei der Weiterentwicklung vieler verschiedener Systeme übereinstimmend auftreten. Kenntnis und Anwendung dieser Standardentwicklungsmuster erlauben es bereits heute, die technische Weiterentwicklung für die Zukunft zu finden. TERNINKO ET AL. (1998) unterscheiden folgende Entwicklungsmuster:

Standardentwicklungsmuster der technischischen Evolution

- *Stufenweise Evolution*: Jedes technische System durchläuft verschiedene Entwicklungsstadien, die den Reifegrad eines Designs oder die Güte des Systems als Funktion der Zeit beschreiben.
- *Erhöhung der Idealität*: Jedes System führt nützliche und schädliche Funktionen aus. Die generelle evolutionäre Weiterentwicklung von Systemen zu größerer Idealität basiert auf der Verbesserung des Verhältnisses von allen positiven zu allen negativen Funktionen.
- *Unterschiedliche Entwicklung einzelner Systemteile*: Ein Produkt besteht meist aus verschiedenen Systemelementen, die sich – isoliert gesehen – jeweils in einem anderen Stadium ihres Lebenszyklus befinden. Die Komponente, die zuerst die Reifephase hinter sich lässt, bremst das Gesamtsystem. Auch ein unterentwickeltes Teil limitiert bis zum Abschluss seiner Entwicklung das Gesamtsystem. Der Schlüssel zur Weiterentwicklung ergibt sich aus dem Verständnis der Gesamtfunktion, als Zusammenspiel vieler Teilfunktionen.
- *Erhöhte Dynamik und Regelbarkeit*: Erhöhte Dynamik meint die Entwicklung eines statischen Systems zu einem dynamischen System und in weiterer Folge zu einer Verbesserung der Dynamik. Unter erhöhter Regelbarkeit ist die Entwicklung eines Systems zu verstehen, welches auf unterster Entwicklungsstufe von außen unbeeinflußbar ist; in der nächsten Stufe wird das System steuerbar und entwickelt sich

schliesslich zu einem System, welches die Eigenschaften steuern und regeln integriert.
- *Zuerst erhöhte Komplexität, dann Vereinfachung:* Die Weiterentwicklung eines einfachen (Mono-) Systems führt über ein zweiteiliges System zu mehrteiligen Systemen, die in einem weiteren Schritt der Synthese alle diese Funktionen als einteiliges System einer höheren Idealität erfüllen.
- *Wechsel von Symmetrie und Asymmetrie:* Versuch der Lösungsfindung, bei dem einzelne Systemteile gezielt passend oder nicht-passend gestaltet werden, um unerwünschte Effekte auszuschließen und die Gesamtleistung zu verbessern.
- *Miniaturisierung und verstärkter Einsatz von Feldern:* Dieses Muster beschreibt die Entwicklung von großen, starren Systemen über kleiner werdende, leichtere Systeme zu immateriellen Systemen (Feldern).
- *Geringere menschliche Interaktion:* Darunter wird die Entwicklung weg von der manuellen hin zur überwachenden und rein intellektuellen Tätigkeit von Menschen in Systemen verstanden.

Anwendung der TRIZ-Werkzeuge

Um die Bausteine der TRIZ-Methodik in einen systematischen Ablaufplan zur Problemlösung zu integrieren, wurde der sog. *ARIZ[5]-Algorithmus* entwickelt. Die Vorgehensweise, die zunächst nur vier Schritte enthielt, wurde von 1959 bis heute immer komplexer, so dass eine aktuellere Version von *Ideation International Inc.* aus ungefähr 100 Einzelschritten besteht (IWB Software 1997). Der TRIZ-Algorithmus ist ein sehr anspruchsvoller Weg der Problemlösung: er sollte nur genutzt werden, wenn der Einsatz der anderen TRIZ-Werkzeuge zu keinem Ergebnis führt (Terninko et al. 1998).

---

[5] ARIZ: Algorithmus zur Lösung von Erfindungsaufgaben (Abkürzung nach dem russischen Akronym) (Altschuller 1973).

4.5
Gesetze der technischen Evolution

Die Gesetze technische Evolution können auf zweierlei Weisen im Entwicklungsprozess angewendet werden. Zum Einen können Lösungsideen durch die Anwendung von Evolutionsprinzipien erarbeitet werden und zum Anderen können durch die Kenntnis evolutionärer Prinzipien Vorhersage von technischen Entwicklungen getroffen werden.

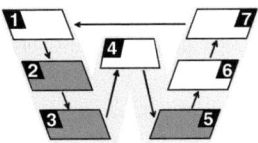

Die Gesetze der technischen Evolution beschreiben einen idealisierten Prozess, dem technische Systeme im Laufe der Zeit auf Grund von Weiterentwicklungen und Erfindungen unterliegen (Pannenbäcker 2001). Kenntnisse über diese Gesetze bergen nicht nur große Innovationspotenziale, sondern unterstützen den Anwender dabei, über Produktalternativen und Innovationsziele zu entscheiden. Die Gesetze technischer Evolutionen ermöglichen einen Blick in die Zukunft des Marktes und der Produktentwicklung (Terniko et al. 1998). Mit diesem Werkzeug wird der evolutionäre Stand eines Systems identifiziert und daraus der Handlungsbedarf abgeleitet. Kernelement ist die Kenntnis über Lebensphasen und Lebenslinien technischer Systeme (Altschuller 1984).

In die Zukunft des Marktes und der Technik blicken

Die Gesetze der technischen Evolution können sowohl in den Phasen Ideenfindung und Ideendetaillierung zur Lösungsfindung als auch in der Phase Zukunftsanalyse zur Innovationsplanung eingesetzt werden. Dabei sind sowohl der Arbeitsaufwand als auch die Teamgröße stark von der Situation abhängig.

Obwohl die Gesetze der technischen Evolution schon seit langem bekannt sind (Altschuller 1984), existiert bisher kein vollständiges, in sich abgestimmtes Verfahren, diese Erkenntnisse umzusetzen (Pannenbäcker 2001). Im Folgenden werden acht Evolutionsprinzipien vorgeschlagen, die dem Entwickler und Entscheider die Möglichkeit geben, neue Lösungsmöglichkeiten zu erarbeiten und technische Entwicklungen zu prognostizieren.

Die hier aufgeführten Prinzipien basieren im Wesentlichen auf verschiedenen Ansätzen der TRIZ-Methodik (Altschuller 1998; Herb et al. 2000; Linde u. Hill 1993; Livotov 2002; Pannenbäcker 2001; Terninko et al. 1998; Petroski 1992; Petrov 2001; TriSolver Group 2002; 2. Innovationswerkstatt 2002) (Kap. 4.4). Sie wurden für die praktische Anwendung vereinfacht. Die Evolutionsprinzipien sind nicht eindeutig voneinander zu trennen und beeinflussen sich gegenseitig.

Prinzipieller Aufbau und Vorgehensweise

Der Aufbau und das Vorgehen sind bei jedem der acht Prinzipien identisch. Die Evolution technischer Systeme ist über der Zeit aufgetragen und wird in Phasen unterteilt. Das zu betrachtende System und seine Teile werden analysiert, der aktuelle Entwicklungsstand wird anschließend dem jeweiligen Prinzip folgend einer Phase zugeordnet. Aufbauend auf der Positionierung wird nach zukünftigen Entwicklungen gesucht. Dabei wird für die Methodiken Synektik (Kap. 4.3) und TRIZ (Kap. 4.4) beschriebene Prinzip der Analogie genutzt:

Die konkrete technische Situation wird abstrahiert und mit den Phasen der einzelnen Evolutionsprinzipien verglichen. Durch die allgemeine Beschreibung dieser und der folgenden Phasen, die das System voraussichtlich durchlaufen wird, kann der Anwender durch Analogiebetrachtungen auf die aktuelle Situation wie auch auf die zukünftige Entwicklung des konkreten technischen Systems schließen.

Stufen der Evolutionsprinzipien

Die Anwendung der Evolutionsprinzipien wird nach Höhe des Aufwandes und dem Niveau der angestrebten Ergebnisse in drei Stufen gegliedert. Je nach Zielvorgabe wird eine der drei Stufe ausgewählt. Auf der ersten Stufe werden die Evolutionsprinzipien mit vergleichsweise geringem Aufwand auf ein bestehendes technisches System angewendet, um dessen Leistungsmerkmale in kurzer Zeit zu verbessern und die Produktionskosten zu reduzieren. Die zweite Stufe erlaubt eine detailliertere Prognose. Hier wird nicht nur das technische System, sondern es werden auch dessen Komponenten untersucht. Die Ergebnisse sind beispielsweise konstruktive Entwürfe, Spezifikationen von Komponenten und die Auswahl geeigneter Fertigungsverfahren, die mittelfristig umgesetzt werden. Auf der dritten Stufe werden die Evolutionsprinzipien umfassend angewendet, um Lösungsideen zu erarbeiten, die in der Regel erst weit in der Zukunft realisiert werden können und ein hohes innovatives Potenzial besitzen. Die Evolutionsprinzipien werden in dieser Stufe auf Technologien oder Branchen angewendet und von Patentrecherchen, Markt- und Trendanalysen begleitet (TriSolver Group 2002).

Handhabung wird durch Software unterstützt

Die Handhabung der im Folgenden beschriebenen Evolutionsprinzipien kann durch Software unterstützt werden. Die Programme von „Invention Machine" und TriSolver beschreiben vergleichbare Evolutionsprinzipien, liefern Anregungen und unterstützen den Anwender bei der systematischen Lösungssuche (Invention Machine 1998; TriSolver Group 2002).

**Evolutionsprinzip 1:
Lebenszykluskurve**

Die Lebensphasen technischer wie biologischer Systeme lassen sich durch eine S-förmige Kurve, die Lebenszykluskurve, darstellen (Abb. 4.19). Diese Erkenntnis basiert auf der systematischen Analyse der Technikgeschichte (Brockhoff 1999). Der Grundgedanke aller Lebenszyklus-Modelle und der darauf aufbauenden Konzepte basiert auf allgemein beobachtbaren biologischen Vorgängen: Objekte haben eine begrenzte Lebensdauer; sie entstehen und vergehen. In Analogie sind Modelle für Markt-, Branchen-, Unternehmens-, Produkt- und Technologiezyklen entwickelt und z. T. integriert worden (u. a. Brandenburg 2002; Bullinger 1994; Pümpin 1992; Servatius 1985; Pfeiffer 1982). Im Folgenden wird nur der Lebenszyklus für technische Systeme bzw. Produkte betrachtet. Da einzelne Produkte nicht grundsätzlich dem idealisierten Verlauf der S-Kurve folgen, Produktfamilien bzw. Technologien dies aber in der Regel tun, kann die Lebenszykluskurve als Entscheidungsunterstützung für die Entwicklung und Anwendung von Technologien genutzt werden (u. a. Brandenburg 2002; Perillieux 1987; Wolfrum 1994; Bullinger 1994; Michel 1987).

S-Kurve

Bei der graphischen Darstellung wird die Reife bzw. die Güte eines Systems über der Zeit aufgetragen (Terniko et al. 1998). Die Kurve lässt sich in vier Teilbereiche einteilen. In der ersten Phase, der Kindheit bzw. Entstehung der Produkte einer Produktfamilie, ist die Entwicklung des Systems noch langsam. Dann tritt die Produktfamilie in die Phase des Wachstums ein und wird schnell verbessert. In der Phase der Reife stagniert das Entwicklungstempo; im Alter werden die Produkte durch eine neue Produktfamilie verdrängt oder in Supersysteme integriert. Durch den hohen Kostendruck in der letzten Phase sinkt häufig die Qualität der Produkte (Altschuller 1998). Des Weiteren gibt die Lebenszykluskurve Auskunft über den Umsatz, der mit einem Produkt oder einer Produktfamilie in Abhängigkeit von der Zeit erzielt wird.

Lebensphasen

4 Methodenbeschreibung

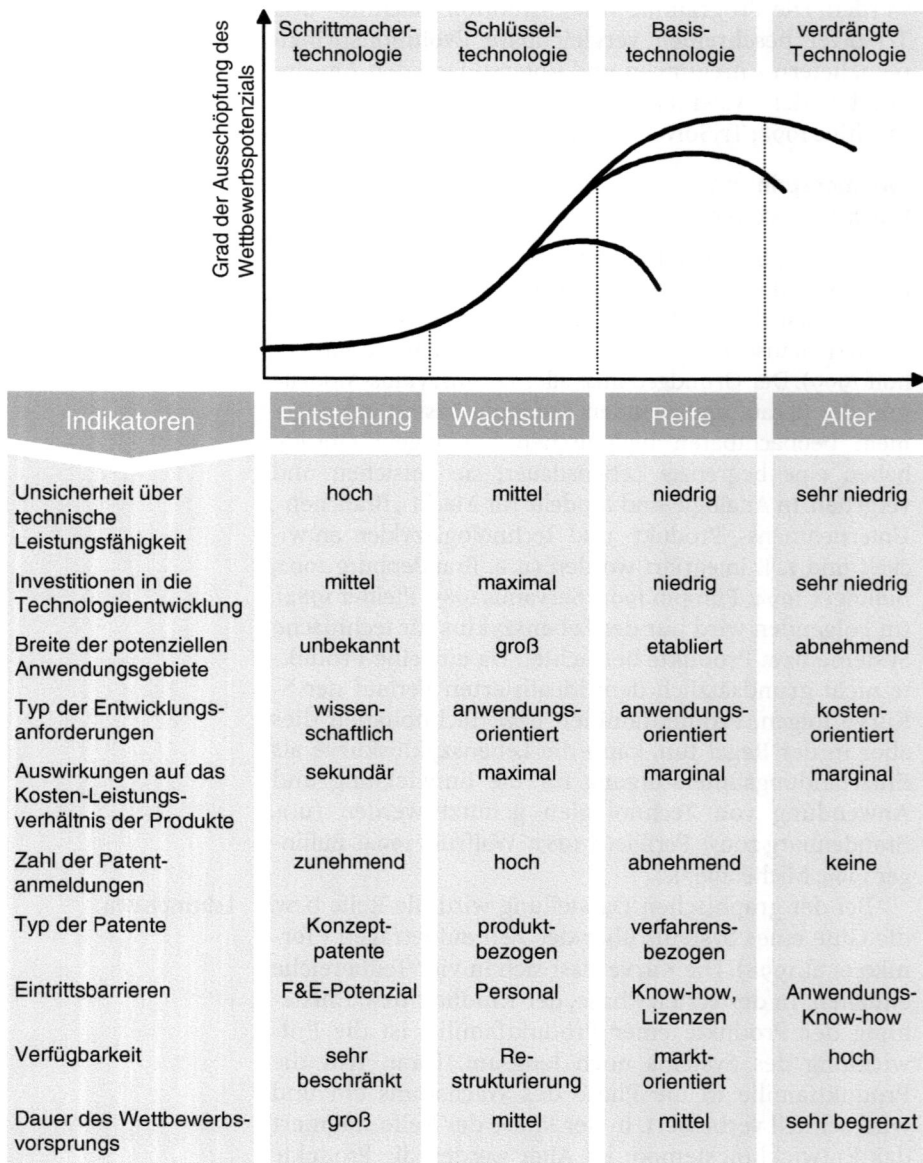

Indikatoren	Entstehung	Wachstum	Reife	Alter
Unsicherheit über technische Leistungsfähigkeit	hoch	mittel	niedrig	sehr niedrig
Investitionen in die Technologieentwicklung	mittel	maximal	niedrig	sehr niedrig
Breite der potenziellen Anwendungsgebiete	unbekannt	groß	etabliert	abnehmend
Typ der Entwicklungsanforderungen	wissenschaftlich	anwendungsorientiert	anwendungsorientiert	kostenorientiert
Auswirkungen auf das Kosten-Leistungsverhältnis der Produkte	sekundär	maximal	marginal	marginal
Zahl der Patentanmeldungen	zunehmend	hoch	abnehmend	keine
Typ der Patente	Konzeptpatente	produktbezogen	verfahrensbezogen	
Eintrittsbarrieren	F&E-Potenzial	Personal	Know-how, Lizenzen	Anwendungs-Know-how
Verfügbarkeit	sehr beschränkt	Restrukturierung	marktorientiert	hoch
Dauer des Wettbewerbsvorsprungs	groß	mittel	mittel	sehr begrenzt

Abb. 4.19 Lebenszyklusphasen von Technologien (Little 1981)

Kurven dienen der Vorhersage

Anhand derartiger Kurven kann vorhergesagt werden, wann welche Produkt von anderen Produkten verdrängt werden und am Markt keine Profite mehr zu erwarten sind. Unternehmen können diese Information nutzen, um ihrerseits neue Produkte zur richtigen Zeit auf den Markt zu bringen und alte Produkte rechtzeitig zu optimieren oder zu ersetzen (Brankamp 1971).

Mit Hilfe der S-Kurvendarstellung (Abb. 4.20) kann das betrachtete technische System, z. B. ein Produkt des eigenen Unternehmens, zur strategischen Entscheidungsfindung auf der Lebenszykluskurve positioniert werden. Da die S-Kurve qualitativ mit den Kurven „Zahl der Inventionen", „Erfindungshöhe" und „Erfolg des Produkts" korrelieren, kann die momentane Position auf der S-Kurve bestimmt werden, wenn die Position auf einer der anderen Kurven bekannt ist. Wenn die Entwicklung eines Systems nur über einen kleinen Zeitraum betrachtet werden kann, was in der Regel der Fall ist, können nur die Verläufe der Kurven in diesem Intervall beschrieben werden. Es besteht also nur das Wissen, ob die Kurve steigt oder fällt. Dem ermittelten Verlauf lassen sich unter Umständen mehreren Abschnitten der jeweiligen Kurven zuordnen. Die Positionierung kann konkretisiert werden, wenn die Teilverläufe mehrerer Kurven bekannt sind, da die Verläufe untereinander korrelieren.

Der Verlauf der Anzahl der Erfindungen kann durch eine Patenrecherche ermittelt werden. Um das Niveau der Erfindungen zu beurteilen, ist eine Analyse und die Bewertung der Erfindungen und Patente im entsprechenden Zeitraum notwendig. Eine Marktanalyse über diesen Zeitraum kann Aufschluss über den Erfolg des Produktes geben. Sinkt z. B. die Anzahl der zum Produkt angemeldeten Patente sowie deren Erfindungshöhe bei einem gleichzeitigen Wachstum des Erfolgs, wird das Produkt in der ersten Hälfte der Wachstumsphase positioniert (Herb et al. 2000).

**Evolutionsprinzip 2:
Zunehmende Idealität**

Technische Systeme entwickeln sich in Richtung zunehmender Idealität. Das bedeutet, die Zahl der nützlichen Funktionen steigt, während die Zahl der schädlichen Funktionen sinkt. Das ideale Endprodukt, das Ziel der Evolution, erfüllt eine Funktion, ohne selbst zu existieren (Altschuller 1984; Herb et al. 2000; Petrov 2001; Terninko et al. 1998).

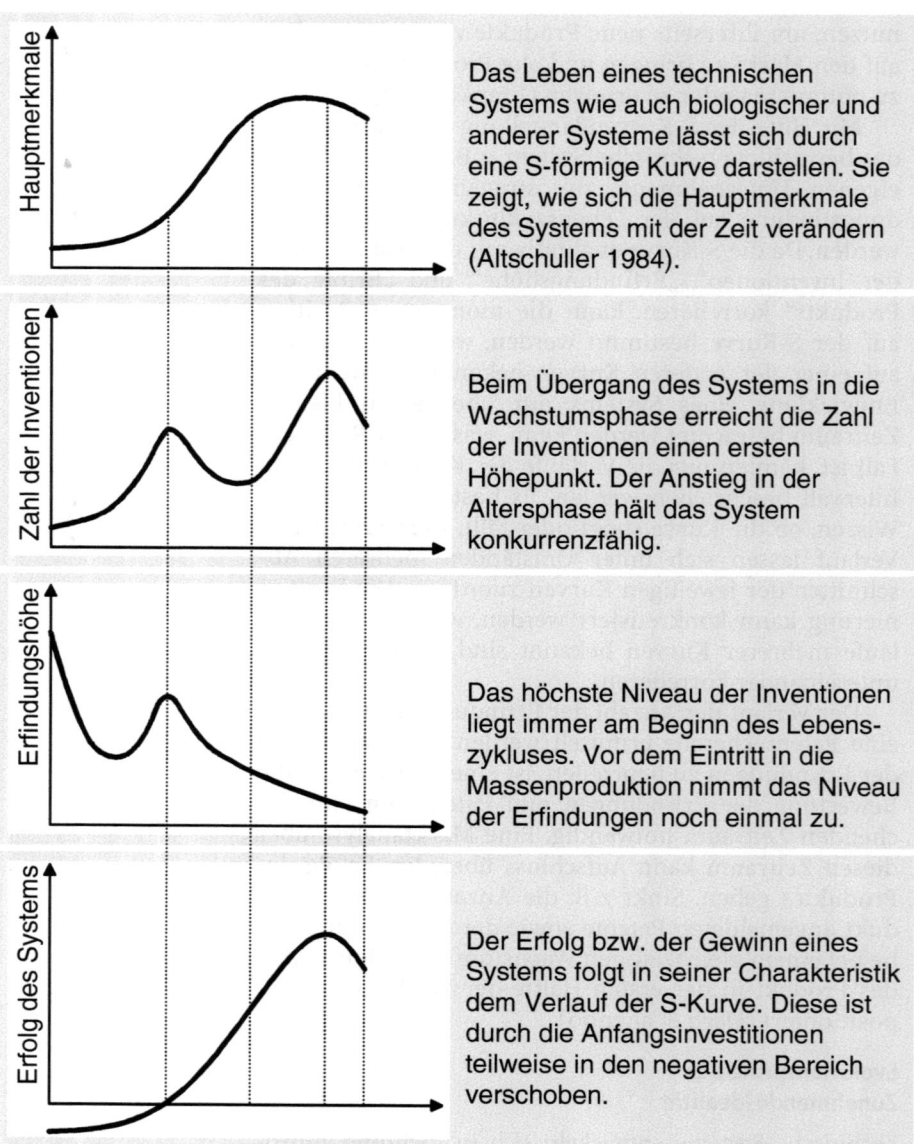

Abb. 4.20 Die Lebenszykluskurve und damit im zeitlichen Verlauf korrelierende Kurven (Altschuller 1998; Herb et al. 2000; Teufelsdorfer u. Conrad 1998))

Produktkonzepte entwickeln und bewerten

Das Prinzip der Idealität kann genutzt werden, um neue und bessere Produktkonzepte zu entwickeln (Kap. 4.4) und um Produktkonzepte zu bewerten. Dazu werden bestehende Produktkonzepte analysiert, indem die positiven und negativen Funktionen identifiziert werden. Neue Lösungen werden durch das Ziel, die positiven Funktionen zu vermehren und die schädlichen Funktionen zu reduzieren, oder durch das Ziel, das ideale Produkt zu entwickeln, provoziert. Die TRIZ-Methodik liefert Lösungswege, die den Entwickler unterstützen, Produktkonzepte zu idealisieren. Neue Produktkonzepte können bezüglich ihrer Idealitätshöhe bewertet werden.

Beispiel: Die ersten schnurlosen Telefone wurden als sog. „Feldtelefone" im militärischen Bereichen eingesetzt. Die Geräte konnten auf Grund ihres Gewichts und ihrer Größe gerade von einer Person getragen werden. Später folgten für den zivilen Einsatz in Deutschland die Geräte des C-Netzes, die immerhin schon die Größe und das Gewicht eines kleinen Koffers besaßen. Die kleinen, komfortablen Geräte der jüngsten Generation haben sich bereits deutliche in Richtung Idealität entwickelt. Möglicherweise werden sog. Micro-Telefone in Zukunft implantiert, so dass sie ihre Aufgabe erfüllen, ohne wahrnehmbar zu sein.

Evolutionsprinzip 3:
Ungleichmäßige Entwicklung von Systemen und deren Teilen

Jedes technische System besteht aus Subsystemen (z.B. Baugruppen und Komponenten), die als eigene technische Systeme verstanden werden. Diese Subsysteme besitzen eigene Lebenszyklen und unterliegen jeweils für sich den Gesetzen der technischen Evolution.

ALTSCHULLER empfiehlt, Systeme auf Vollständigkeit der notwendigen Subsysteme und den Energiefluss durch diese zu prüfen (Altschuller 1998).

Werden Subsysteme ungleichmäßig entwickelt, so können durch ein unterentwickeltes Subsystem die Entwicklung des Gesamtsystems gebremst und Verbesserungen an anderen Subsystemen nahezu überflüssig werden. Diese Erkenntnis kann genutzt werden, um die Subsysteme, die die Verbesserung des Supersystems behindern, zu identifizieren und weiterzuentwickeln. Eine Analyse der Subsysteme kann ergeben, dass das Gesamtsystem wesentlich zu verbessern ist, wenn das richtige Teilsystem optimiert wird.

Beispiel: Die Flugzeugentwicklung stagnierte lange Zeit, da sich die Entwickler auf die Steigerung der Moto-

Subsysteme analysieren

renleistung konzentrierten, anstatt die Aerodynamik der Flugzeuge zu verbessern. Nach der Entwicklung moderner stromlinienförmiger Flugzeugformen stagnierten die aerodynamischen Verbesserungen wieder. Dadurch wurden bei den Antrieben revolutionäre Verbesserungen notwendig, die zur Ablösung der Kolbenmotoren durch den Einsatz neu entwickelter Turbo- und Strahltriebwerke führte. Zur Zeit wird an der Verbesserung der Aerodynamik mit Prinzipien aus der Bionik (Winglets und Strukturfolien) gearbeitet.

Evolutionsprinzip 4:
Zunehmende Dynamisierung und Einsatz von Feldern

Freiheitsgrade erhöhen

Technische Systeme werden im Lauf der Zeit immer dynamischer, flexibler und vielfältiger – die Freiheitsgrade erhöhen sich. Die Entwicklung folgt drei Unterprinzipien (Herb 2000; Terninko et al. 1998; Petrov 2001):

- Systeme werden zunehmend in bewegliche Komponenten zerteilt.
- Es werden vermehrt Felder eingesetzt.
- Die Informationsdichte innerhalb eines Systems und seiner Teile steigt.

Abbildung 4.21 veranschaulicht dieses Prinzip symbolisch anhand des Beispiels Lenkrad.

Als weiteres Beispiel soll im Folgenden die Entwicklung des „Rades" als Subsystem von mobilen „Fahrzeugen" beschrieben werden:

Das massive Holzrad wurde in der ersten Evolutionsstufe durch ein Speichenrad ersetzt. Der Einsatz zusätzlicher Stoffe, die die Lauffläche unterstützen, führte über den Wechsel von Holz- zu Metallrädern zu der Entwicklung von luftgefüllten Gummireifen. Das Rad wird bei Luftkissenbooten vollkommen durch Luftkissen ersetzt. Nach dem Muster des Evolutionsprinzips folgt in der nächsten Stufe der Einsatz von Feldern, wie dies für die Magnetschwebebahn Transrapid erprobt wird.

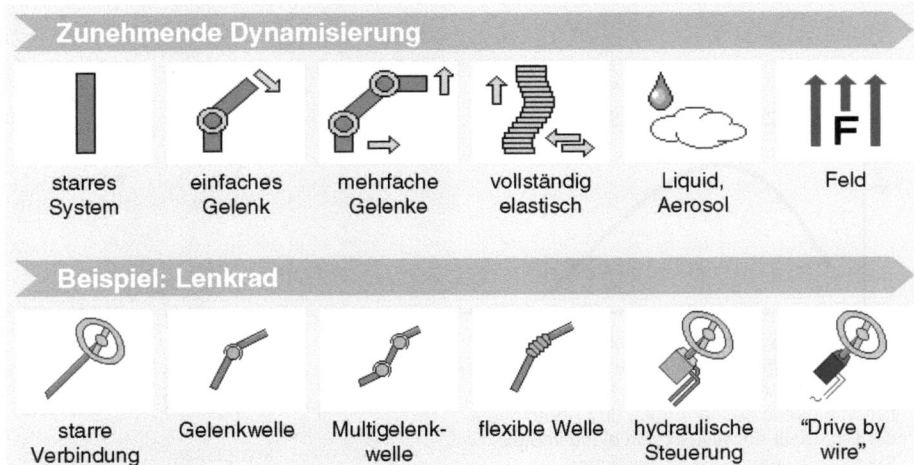

Abb. 4.21 Zunehmende Dynamisierung am Beispiel eines Lenkrades (Invention Machine 1998)

**Evolutionsprinzip 5:
Über Komplexität zum Einfachen**

Technische Systeme entwickeln sich zunächst in Richtung zunehmender Komplexität und werden dann genial einfach. Dabei geht die Entwicklung von einem allein existierenden System, das mit der Zeit immer komplexer wird, über mehrere parallel existierende Systeme zu einem kombinierten System, das die parallel existierenden Systeme beinhaltet. Dieses Kombisystem enthält die Funktionsvielfalt der vorherigen Systeme und kann als deren Obersystem betrachtet werden. Die weitere Evolution erfolgt auf der Ebene des Obersystems (Altschuller 1998; Herb et al. 2000; Terninko et al. 1998).

Abbildung 4.22 zeigt die Entwicklung eines Systems über der Zeit am Beispiel des Autocockpit. Der Verlauf der Systementwicklung lässt sich in zwei Phasen gliedern: In der ersten Phase nimmt die Komplexität zu. Es werden zunehmend mehr Funktionen bereitgestellt, und die Anzahl der Subsysteme bzw. parallel existierenden Systeme nimmt zu. Die zweite Phase ist die der Simplifizierung. Hier werden Funktionen und Systeme integriert, Komponenten reduziert und Prozesse vereinfacht.

Entwicklung über Komplexität zum Einfachen

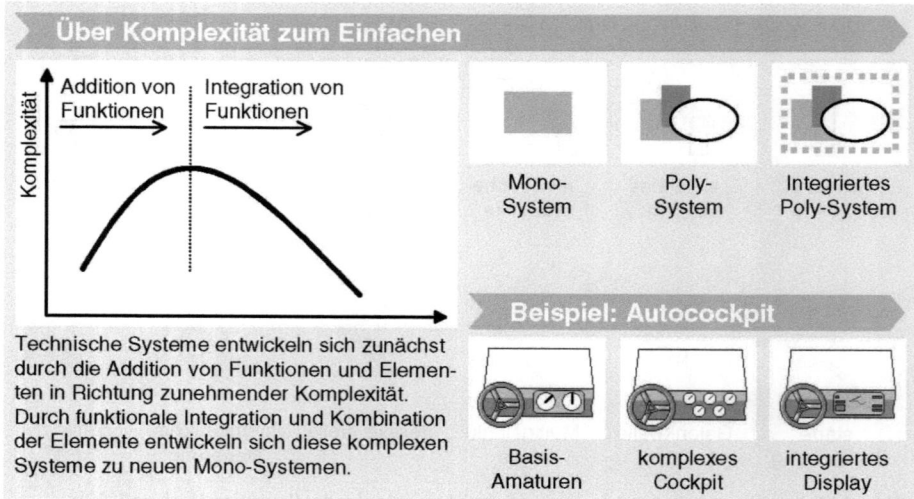

Abb. 4.22 Evolution technischer Systeme über Komplexität zum Einfachen am Beispiel des Autocockpit (Mann 2001; Invention Machine 1998)

Beispiel: Die ersten Autos hatten nur wenige Funktionen. Dementsprechend waren auch wenige Bedienungselemente und Anzeigen nötig. Mit der Entwicklung von Zusatzfunktionen und der Steigerung des Komforts mussten Bedienungselemente und Anzeigen hinzugefügt werden, die zu einer hohen Komplexität des Cockpits führten. In den neuen Autos der gehobenen Klasse werden die verschiedensten Funktionen in wenigen Bedienungselementen vereint, so dass wenige Elemente genügen, um alle existierenden Funktionen bedienen zu können. Beispielsweise ermöglicht es der „Controller" des iDrive-Bedienkonzeptes der BMW 7er Reihe, mit einem Element bis zu 700 Funktionen zu steuern.

Evolutionsprinzip 6:
Zunehmende Koordinierung

Koordinierung nimmt zu

Dieses Prinzip kann auch als „Gesetz der Abstimmung der Rhythmik der Teile eines Systems" bezeichnet werden. Es besagt, dass im Laufe der Evolution eines technischen Systems Aktionen und Rhythmen zunehmend koordiniert und verschachtelt werden (Abb. 4.23). Das Evolutionsprinzip kann durch drei Maßnahmen in der Praxis umgesetzt werden (Altschuller 1998; Herb et al. 2000; Terninko et al. 1998):

- Pausen und Intervalle gezielt nutzen.
- Systeme durch gezielte Übereinstimmung der Systemelemente optimieren. Symmetrien und Resonanzen nutzen.
- Systeme durch gezielte Nichtübereinstimmung der Systemelemente optimieren. Asymmetrien nutzen und Resonanzen vermeiden.

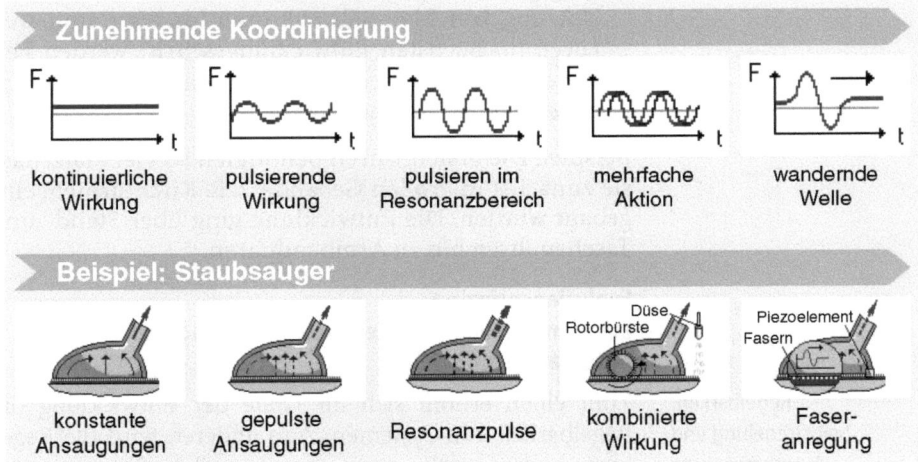

Abb. 4.23 Zunehmende Koordinierung am Beispiel eines Staubsaugers (Invention Machine 1998)

Beispiel: Die Nutzung einer Kerze oder einer einfachen Glühlampe kann als eine unkoordinierte Aktion verstanden werden, da die Ausleuchtung eines Raumes weder auf eine gewünschte Richtung fokussiert wird, noch gleichmäßig geschieht. Das Licht wird besser koordiniert, wenn zusätzlich ein Reflektor eingesetzt wird. Um Licht noch effektiver und effizienter einsetzen zu können, wurden die Lichtquellen und die sie unterstützenden Systeme bis zum Laser entwickelt, der annähernd achsenparalleles, monochromatisches, kohärentes Licht emittiert. In der nächsten Evolutionsstufe wird das Licht in Intervallen (gepulst) eingesetzt.

Evolutionsprinzip 7:
Übergang von der Makro- zur Mikroebene

Das Evolutionsprinzip „Übergang von der Makro- zur Mikroebene" umfasst drei Unterprinzipien (Altschuller 1998; Terninko 1998; Herb et al. 2000; Teufelsdorfer u. Conrad 1998):

Entwicklungen vollziehen sich zunächst auf der Makroebene dann auf der Mikroebene

- Die Evolution eines Systems geht in Richtung Miniaturisierung.
- Zunächst wird das Makro-, also das Gesamtsystem verbessert, dann finden Verbesserungen auf der Mikroebene, also in Teilsystemen statt.
- Zunehmend werden kleinere Elemente genutzt, um die gewünschte Funktion zu erfüllen. Die Entwicklung geht über die Nutzung einfacher Teile und die Nutzung von Materialstrukturen bis zum atomaren Level. Im nächsten Entwicklungsschritt werden Felder eingesetzt; dieses Niveau kann als das subatomare Level bezeichnet werden.

Beispiel: Die ersten Uhren benötigten so viel Platz, dass sie zunächst in großen Gebäude, z. B. Kirchtürmen, eingebaut wurden. Die Entwicklung ging über Stand- und Taschenuhren hin zu Armbanduhren.

Evolutionsprinzip 8:
Zunehmende Regelbarkeit, Selbstregelung und Automatisierung

Regelbarkeit, Selbstregelung und Automatisierung nehmen zu

Zum einen erhöht sich im Laufe der Entwicklung die Regelbarkeit von Systemen, zum anderen wird die Regelung immer mehr vom System selbst übernommen. Dadurch wird die Effektivität des Systems gesteigert und der Mensch von Routinearbeiten entlastet. Ausführung, Kontrolle und Entscheidung durch den Menschen werden in dieser Reihenfolge ersetzt (Herb et al. 2000; Line u. Hill 1993; Mann 2001; Terninko et al. 1998).

Beispiel: Früher wurde eine Feuerstelle für die Erwärmung des Wohnraums genutzt. Es musste regelmäßig Holz nachgelegt werden, um das Feuer in Gang zu halten oder die Temperatur zu steuern. Heute übernehmen Heizungssysteme diese Aufgabe. Sie regeln die Zufuhr von Heizmaterial, halten die gewünschte Temperatur und schalten sich selbstständig ein und aus.

4.6 Bionik

Die Bionik kann in vielfältiger Weise zur Lösung technischer Probleme beitragen, so z.B. durch die direkte Nutzung biologischer Systeme, die Nachbildung biologischer Strukturen, die Umsetzung biologischer Prinzipien sowie durch die Nutzung von Anregungen aus der Biologie für die Erarbeitung technische Lösungen.

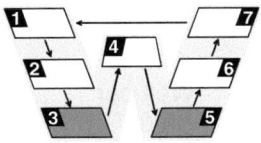

Von der Natur lernen

Seit jeher lernen die Menschen von der Natur. Die erste schriftliche Überlieferung zu diesem Thema stammt von LEONARDO DA VINCI (1452-1519). Er studierte unter anderem die Anatomie der Vögel und ihr Flugverhalten, um daraus Anregungen für den Entwurf von Flugapparaten zu erhalten (Hill 1999).

Biologie zum Vorbild nehmen

Auch heute noch dient die Natur der Technik als Vorbild: Der natürliche Evolutionsprozess hat über Millionen von Jahren eine riesige Fülle optimierter Adaptionen an die gegebenen Umstände geschaffen. So wird vermutet, dass auf der Erde ca. 1,5 Mio. Tierarten, wovon etwa die Hälfte Insektenarten sind, und ca. 0,5 Mio. Pflanzenarten existieren. Diese überströmende Vielfalt kann als nahezu unerschöpfliches Reservoir für technische Innovationen dienen. Trotzdem liefert die Natur nicht für jedes technische Problem Lösungsvorschläge. Das Rad wurde z.B. vom Menschen ohne biologisches Vorbild erfunden (Hill 1989).

Bionik

Die Bionik wird von NACHTIGALL (1998) wie folgt definiert: „Bionik als Wissenschaftsdisziplin (befasst) sich systematisch mit der technischen Umsetzung und Anwendung von Konstruktionen, Verfahren und Entwicklungsprinzipien biologischer Systeme. Dazu gehören auch Aspekte des Zusammenwirkens belebter und unbelebter Teile und Systeme sowie die wirtschaftlich-technische Anwendung biologischer Organisationskriterien." NACHTIGALL unterteilt die Wissenschaftsdisziplin in zwei Bereiche: die Biotechnik oder auch technische Biologie und die Bionik. Die technische Biologie betreibt biologische Grundlagenforschung mit dem Ziel, durch den Einsatz von Technik Wissen über Verfahrensweisen und Konstruktionen der Natur zu erlangen. Die Bionik hingegen nutzt genau dieses Grundlagenwissen als Anregung für technische Erfindungen (Abb. 4.24) (Nachtigall 1998).

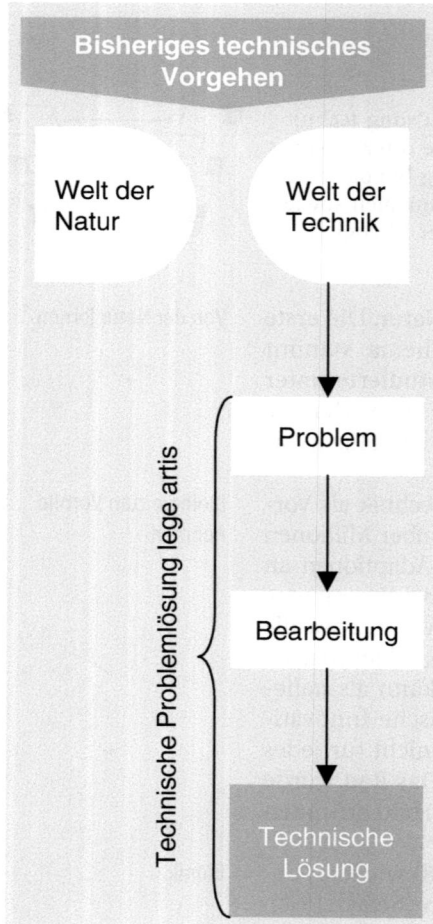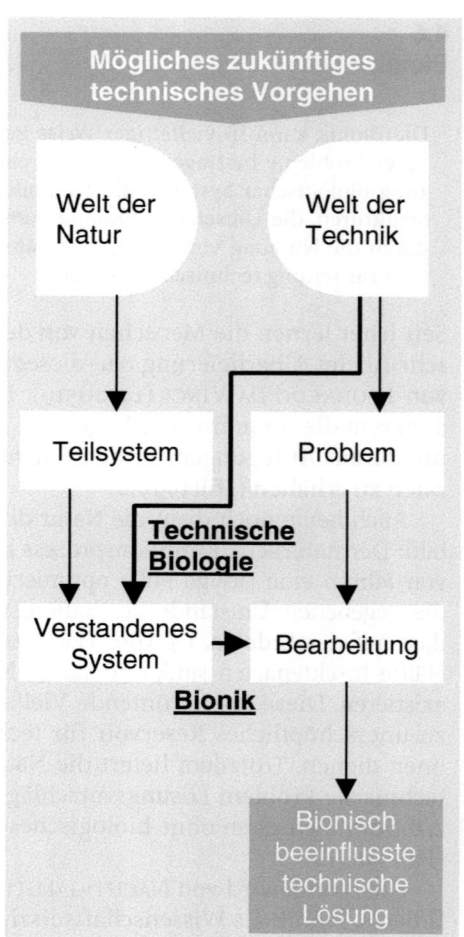

Abb. 4.24 Zusammenspiel von technischer Biologie und Bionik als mögliches zukünftiges technisches Vorgehen (Nachtigall 1998)

Unterdisziplinen der Bionik

Sowohl die technische Biologie als auch die Bionik umfasst eine Reihe von Unterdisziplinen, in denen sowohl themenspezifisch geforscht als auch themenspezifisch nach technischen Lösungen gesucht wird. Auf diese Einteilung wird am Ende des Abschnittes „Bionik" in Kapitel 4.6.4 eingegangen.

Nach HILL kann das Wissen über die Natur auf verschiedene Weise technisch genutzt werden: Biologische Systeme bzw. Teilsysteme können direkt genutzt werden oder durch Abstraktion und Assoziation zu neuen technischen Lösungen führen. Abbildung 4.25 zeigt zwei weitere Möglichkeiten des bionischen Vorgehens, die zwischen Abstraktion und direkter Anwendung liegen: Biologische Strukturen können durch technische Materialien nachgebildet und biologische Prinzipien in technische Lösungen umgesetzt werden. Die vier genannten Einsatzmöglichkeiten werden im Folgenden detaillierter beschrieben.

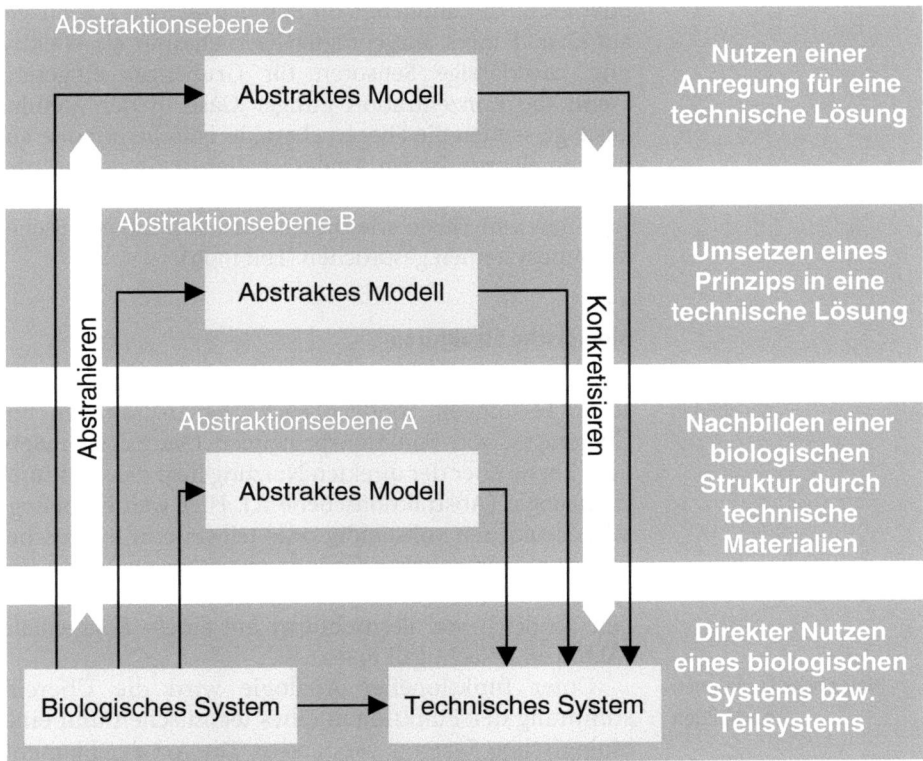

Abb. 4.25 Möglichkeiten des bionischen Vorgehens (Hill 1999)

Die Bionik ist vergleichsweise aufwendig und wird idealer Weise in einem interdisziplinären Team von Biologen und Ingenieuren durchgeführt. Dabei sind Innovationen auf einem hohen Niveau zu erwarten. Der Arbeitsaufwand kann durch Tabellen biologischer Strukturen und Prinzipien reduziert werden.

Im Folgenden wird beschrieben, wie die Bionik in den Phasen Ideenfindung und Ideendetaillierung ausgehend von einer Problemstellung zur Entwicklung von Lösungsideen nach dem Vorbild der Natur genutzt werden kann.

4.6.1
Direkte Nutzung biologischer Systeme

Biologische Systeme nutzen

Die direkte Nutzung biologischer Systeme hat diverse Vorteile, wie z. B. Verzicht auf Umweltbelastung und Rohstoffverbrauch. Außerdem sind solche Systeme vorhanden oder leicht zu kultivieren. Im Bergbau werden z. B. Fliegen auf Grund ihres ausgeprägten Geruchssinn als effektive und zuverlässige Sensoren für Grubengas eingesetzt. Wenn die Konzentration giftiger Gase in der Atemluft ansteigt, senden die Fliegen charakteristische Impulse aus, die von elektronischen Analysegeräten registriert werden können, die ihrerseits umgehend einen Alarm auslösen (Hill 1997). In Fällen wie diesen wird von biotechnischen Verbundsystemen gesprochen (Hill 1999).

4.6.2
Biologische Strukturen

Biologische Strukturen nachbilden

Nicht nur das Nachahmen der Natur führt zu schöpferischen Leistungen, sondern auch das Abstrahieren und Übertragen von Funktionsprinzipien (Nachtigall 1986b). Eine Ebene über der direkten Nutzung liegt die strukturelle Analogie (Abstraktionsebene A). Hier werden biologische Strukturen vollständig oder teilweise in technischen Strukturen umgesetzt (Klaus u. Liebscher 1976). Ein Beispiel für die strukturelle Analogie nennt Nachtigall durch den Vergleich von Fernsehturm mit einem Roggenhalm (Abb. 4.26)(Nachtigall 1986a).

Biologische Funktionen nachbilden

Unter funktioneller Analogie wird die Übereinstimmung der Funktionen eines technischen und eines biologischen Systems verstanden. Die Art der Elemente und der strukturelle Aufbau können sich voneinander unterscheiden (Klaus u. Liebscher 1976). „Der (Analogieschluss) geschieht durch gedankliches Übertragen von Funktionsmerkmalen des noch unbekannten, unscharf formulierten Suchobjektes (technisches System als Zielsystem) auf die Merkmale des Analogieobjektes (biologisches System als Ausgangssystem)" (Hill 1999).

Für eine systematische Lösungsfindung bietet HILL (1997) Strukturkataloge, die nach den Grundfunktionen Formen, Wandeln, Übertragen, Speichern/ Sperren, Trennen/ Verbinden sowie Stützen/ Tragen von Stoff, Energie und Informationen geordnet sind. Des Weiteren bietet er Effektkataloge für die Effekte Formen (Vergrößern/ Verkleinern) und Wandeln.

Die Kataloge können hervorragend in die Konstruktionssystematik nach VDI 2221 eingebaut werden. Wird das zu entwickelnde System zunächst durch eine „Black-Box" beschrieben und wird diese Gesamtfunktion dann in Teil- bzw. Elementarfunktionen zerlegt, können – nach WÜSTENBERG (1998) – Lösungen für die einzelnen Teilprobleme in HILLS Katalogen gefunden werden.

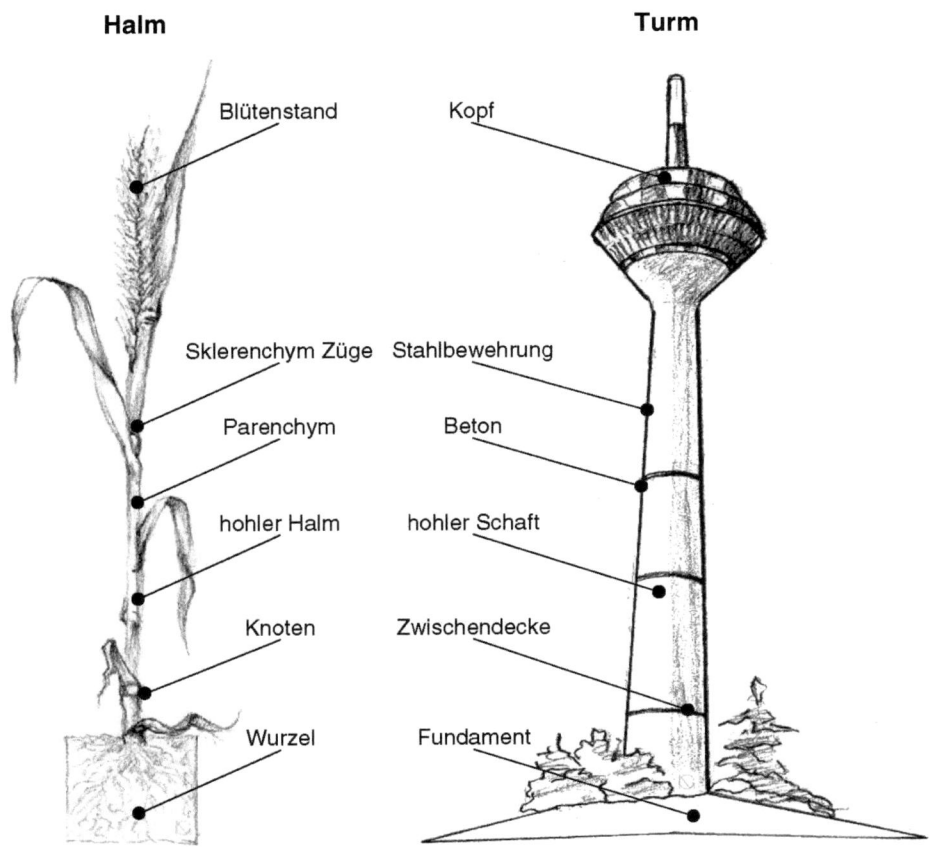

Abb. 4.26 Beispiel für strukturelle Analog: Grashalm und Fernsehturm (Nachtigall 1998)

4.6.3
Evolutionsgesetze und andere biologische Prinzipien

Biologische Prinzipien anwenden

Auf der Abstraktionsebene B werden biologische Prinzipien in technische Lösungen umgesetzt. Dazu stellt HILL einige Prinzipien biologischer Funktionen vor, die dem Konstrukteur als Anregung zur Verbesserung und Neuentwicklung technischer Systeme dienen. Zum besseren Verständnis und als Anregung werden die Prinzipien im Folgenden aufgelistet und kurz charakterisiert.

- *Minimum-Maximum-Prinzip:* „In der Biologie wird mit einem Minimum an Material und Energie ein Maximum an Leistung und Stabilität erreicht" (Hill 1998).
- *Prinzip der Multifunktionalität:* Dieses Prinzip liegt z.B. bei der Vogelkralle vor. Sie dient nicht nur dem Greifen, sondern auch dem Transportieren, dem Verteidigen, dem Fortbewegen und dem Nestbau. Durch das Prinzip der Multifunktionalität kann der Werkstoff- und/ oder der Fertigungsaufwand in der Technik verringert werden.
- *Prinzip der Struktur- und Funktionsspezifizierung:* Vorhandene Systemelemente werden leicht umkonstruiert, um zusätzliche Funktionen zu erfüllen. Der Antennenputzapparat der Honigbiene weist z.B. lange und kurze Borsten auf. Dabei wird, wie bei einigen handelsüblichen Zahnbürsten, mit den langen vorgereinigt und mit den kurzen poliert. Ein weiteres Beispiel ist unser menschliches Gebiss mit Schneide- und Mahlzähnen.
- *Prinzip der Fremd- und Umweltenergienutzung:* Diesem Prinzip folgend nutzen Vögel beim Keilflug die Luftwirbel voranfliegender Vögel, um ihren Energieverbrauch um ca. 23% zu senken. Des Weiteren werden Umweltenergien wie Wasser-, Wind- und Solarenergie auf vielfältige Weise genutzt.
- *Prinzip der Dynamisierung:* Viele biologische Systeme können sich unterschiedlichen Bedingungen dynamisch anpassen. So öffnet sich z. B. das Federkleid von Vögeln beim Aufschlagen der Flügel und wird luftdurchlässig. Beim Niederschlag schließt es sich und sorgt so für Auftrieb.
- *Prinzip der optimalen Anordnung:* Mit diesem Prinzip passen sich Bäume belastenden Umweltbedingungen, wie Wind oder Schneelast, an. Bereiche des Baumes, die hohen Spannungen ausgesetzt sind, werden verstärkt.

Auch bei Knochen ist ein Massenzuwachs an belasteten Stellen und ein Massenabbau an unbelasteten Stellen zu beobachten. Kurz lebende Systeme werden der Beanspruchung folgend optimiert. Das Prinzip wird bei der CAO-Methode (Computer Aided Optimization) genutzt, um den Spannungsverlauf in belasteten technischen Bauteilen durch simuliertes adaptives Wachstum zu optimieren (Mattheck 1998).
- *Prinzip der Geschlossenheit von Prozessabläufen:* Die Natur lebt nach dem Prinzip Recycling, um die zur Verfügung stehenden Ressourcen optimal zu nutzen. Gemäß diesem Prinzip erneuert sich der Wald ständig selbst: Abgestorbene Pflanzen- und Tierreste werden in neue Lebewesen eingebaut.
- *Prinzip des Funktions-Struktur-Zusammenhangs:* Die Struktur eines biologischen Systems passt sich grundsätzlich den natürlichen Begebenheiten und der daraus geforderten Funktion an. Der Schnabel eines Kolibris ist beispielsweise an die Form von Blütenkelchen angepasst, damit der Vogel den Nektar am Grund des Kelches aufsaugen kann. In der Technik wird in diesem Zusammenhang die Frage gestellt, welche Struktur die zu realisierende Funktion am besten erfüllt.

HILL (1998) liefert für jedes Prinzip eine Reihe von Beispielen wie auch einen Fragenkatalog, anhand dessen der Entwickler nachprüfen kann, ob das jeweilige Prinzip das System verbessern würde (Hill 1998). Für weitere Prinzipien bietet HILL Prinzipkataloge für die Lösungsfindung mit Beispielen. Im Speziellen sind das biologische Funktions- und Strukturprinzipien, biologische Organisationsprinzipien und ökologische Gestaltungsprinzipien (Hill 1997).

Das Grundprinzip der Natur, das die biologische Fülle und Vielfalt hervorgebracht hat, ist die Evolution. Biologische Systeme entwickeln sich ständig weiter, um sich zu optimieren und den wechselnden Bedingungen anzupassen. HILL hat eine Auswahl von Evolutionsgesetzen, -schritten, -trends und -etappen, die sich auf die Technik übertragen lassen, katalogisiert. Durch die Übertragung dieser Evolutionstechniken auf den Stand der Technik ist es möglich, Entwicklungstrends zu ermitteln, Entwicklungsreserven aufzudecken und Entwicklungsrichtungen zu bestimmen (Abb. 4.27). Durch die Anwendung von Evolutionsgesetzmäßigkeiten können

Effektivitätsfaktoren gefunden werden, Entwicklungsziele bestätigt werden und erste, unscharfe Lösungsansätze aufgedeckt werden. So ist z. B. nach REICHEL ein Evolutionsschritt „Selbstüberwachung und Schutzfunktion". Dieser Schritt findet im Sicherheitsventil eines Schnellkochtopfes Anwendung: Das Ventil öffnet bei Überdruck; es gewährleistet so einen konstanten Druck und verhindert ein Platzen des Topfes (Hill 1999).

KURSAWE und SCHWEFEL beschreiben die Gesetze der Evolution mathematisch und entwickeln daraus Verfahren, um Optimierungsprobleme zu lösen. Für ihr Verfahren wird „nur ein Minimum an Informationen über die zu lösende Aufgabe benötigt". Mit dem Verfahren lassen sich hoch komplexe Problemstellungen verarbeiten (Kursawe u. Schwefel 1998).

4.6.4
Anregungen aus der Natur

Anregung aus der Biologie erhalten

Suchebene C ist die höchste Abstraktionsebene. Hier werden Anregungen aus der Biologie für technische Lösungen genutzt. Prinzipien und Funktionen müssen nicht direkt in technische Lösungen umgesetzt werden, sondern können auch die Kreativität des Erfinders anregen und lenken. In diesem Fall kann die Bionik eher der Synektik und damit den intuitiv-lateralen Verfahren zugeordnet werden, wie das auch in der Literatur oft der Fall ist. Durch Assoziationen mit Analogien aus der Biologie und die damit verbundene Verfremdung des zu lösenden Problems bilden sich neue Denkmuster, die zur Entwicklung von neuen Lösungsansätzen führen können (Peples 1999).

Zur systematischen Anwendung der Bionik, auch durch den Einsatz von Katalogen, stellt HILL klar, dass ein strategisches Vorgehen die Wahrscheinlichkeit des Findens einer innovativen Lösung verbessert, aber keine absolute Garantie für eine Erfindung ist. Trotzdem wird die Lösungsfindung unterstützt und die Intuition in eine vielversprechende Richtung gelenkt (Hill 1999).

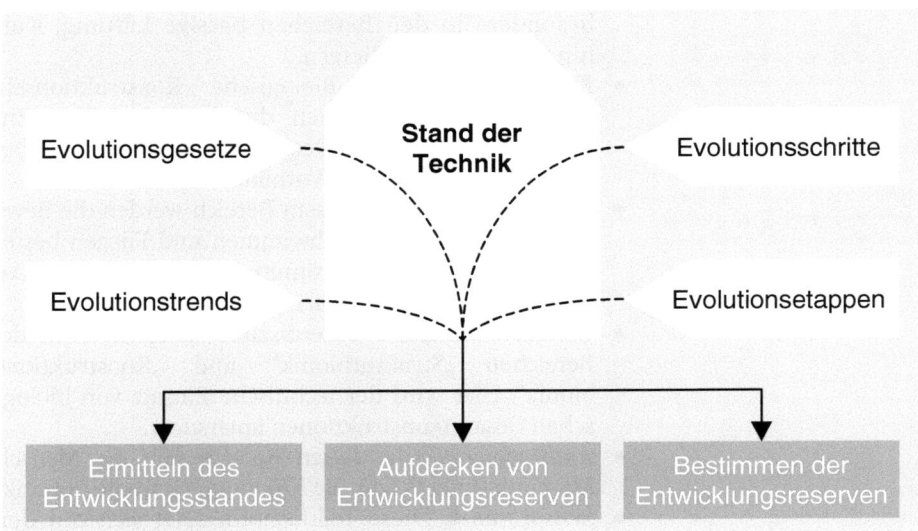

Abb. 4.27 Evolutionsgesetzmäßigkeiten zur Zielbestimmung (Hill 1999)

Unterdisziplinen der Bionik

NACHTIGALL schlägt in seiner Detaillierung (1998) eine Aufteilung der Bionik in Unterdisziplinen vor. Wenn das zu lösende Problem in einen dieser Themenbereiche fällt, kann der Entwickler Anregungen in den dazugehörenden, mit Beispielen unterstützten Kapiteln finden. Unter Umständen kann es auch angebracht sein, in dem entsprechenden Bereich eigene Forschungen anzustellen. Im Folgenden werden die Unterdisziplinen aufgelistet und kurz erklärt (Nachtigall 1998):

Bionik in Unterdisziplinen gliedern

- *Historisches:* Dieser Themenbereich beschreibt die Entwicklung der Bionik.
- *Strukturbionik*: In diesem Bereich werden biologische Strukturelemente und Materialen auf ihr Lösungspotenzial für technische Probleme untersucht.
- *Baubionik:* Bei dieser Unterdisziplin können z. B. Anregungen aus biologischen Leichtbaukonstruktionen gewonnen werden. Aber auch ein Rückbesinnen auf traditionelle Baumaterialien kann zu erfolgreichen Lösungsansätzen führen.
- *Klimabionik:* Das Studium natürlicher Konstruktionen oder traditioneller Bauten kann neue Ideen, ins-

besondere in den Bereichen passive Lüftung, Kühlung und Heizung, liefern.
- *Konstruktionsbionik:* Biologische Konstruktionselemente und Mechanismen dienen technischen Entwicklungen als Vorbild. Dem Klettverschluss diente beispielsweise die Klette als Vorbild.
- *Bewegungsbionik:* In diesem Bereich werden die Bewegungsformen Laufen, Schwimmen und Fliegen besonders im Hinblick auf Strömungsanpassungen und Antriebsmechanismen betrachtet.
- *Gerätebionik:* Diese Unterdisziplin korreliert mit den Bereichen „Strukturbionik" und „Konstruktionsbionik". Hier wird der technische Einsatz von biologischen Gesamtkonstruktionen untersucht.
- *Anthropobionik:* In diesen Bereich fällt die Mensch-Maschine-Interaktion, die Ergonomie und die Robotik.
- *Sensorbionik:* Diese Teildisziplin setzt sich mit dem Erfassen physikalischer und chemischer Signale auseinander. Interessant sind dabei besonders die Ortung, die Orientierung und das Erkennen von chemischen Substanzen.
- *Neurobionik:* Entwicklungen neuronaler Netze und Parallelrechner sind zwei Beispiele der Datenanalyse und Informationsverarbeitung, die das Gehirn als Vorbild aus der Natur haben.
- *Verfahrensbionik:* Die Natur zeichnet sich durch totales Recycling und durch Abfallvermeidung aus. Dieser ökologische Aspekt macht die Vorgangs- und Umsatzbionik für die Verfahrenstechnik und die gesamte Industriegesellschaft besonders interessant.
- *Evolutionsbionik:* NACHTIGALL führt besonders die mathematische Formulierung von Evolutionstechniken und -strategien als sinnvolle Optimierungsmethode bei komplexen Systemen und Verfahren an, wenn rechnerische Simulationen wegen der Komplexität des Problems nicht durchgeführt werden können.

Fazit

Zum Abschluss des Kapitels Bionik ist festzustellen, dass die Natur als Vorbild für ökologische Technik dienen kann (Von Gleich 1998). Große Hoffnungen werden auch auf die Verfahrensbionik gesetzt. In der Natur ist die Recyclingtechnik und die Photosynthese perfektioniert. Auch in der Organisation von Einzelorganismen und dem Zusammenspiel in kleinen wie großen Ökosystemen ist die Biologie allen vom Menschen geschaffenen Systemen weit überlegen (Nachtigall 1998).

Bei der vorangegangenen Darstellung der Bionik wurde besonderer Wert auf eine Untergliederung der Erfindungsmethode gelegt. Die Elemente „Direkte Nutzung biologischer Strukturen", „Biologische Strukturen", „Biologische Prinzipien", „Anregungen aus der Natur" und „Unterdisziplinen der Bionik" können unabhängig voneinander als Werkzeuge zur Lösung technischer Probleme in den Phasen Ideenfindung und Ideendetaillierung benutzt werden.

4.7 Portfolio-Analyse

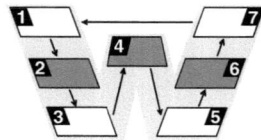

Die Portfolio-Analyse wird in den Planungsphasen »Zukunftsanalyse«, »Ideenbewertung« und „Konzeptbewertung" des W-Modells eingesetzt.
- Sie dient in diesem Zusammenhang der Bewertung und Auswahl von Innovationsaufgaben bzw. Produktideen.
- Neben diesen speziellen Portfolios des Innovationsprozesses finden weitere, grundlegende Portfoliotechniken im Innovationsmanagement Verwendung.

Historie

Portfolio-Analysen gehören zu den wichtigsten Methoden der Strategieentwicklung und -formulierung. Der Begriff Portfolio wurde dem finanzwirtschaftlichen Bereich entliehen. Der erste finanzwirtschaftlich zuordbare Portfolioansatz stammt von MARKOWITZ aus dem Jahr 1952. Bei diesem Portfolio handelt es sich um eine Planungsmethode zur Zusammenstellung eines Wertpapierbündels („Portefeuille"), das, nach bestimmten Kriterien bewertet, eine optimale Verzinsung des an der Aktienbörse investierten Kapitals erbringen sollte. Hierbei galt es, die widersprüchlichen Ziele (Rendite, Risiko und Liquidität) des magischen Dreiecks im Portfoliomanagement in ein optimales Verhältnis zueinander zu bringen. Der Ansatz des Portfolios wurde später auf andere wirtschaftliche Bereiche, z. B. Sachinvestitionen, übertragen (vgl. Gabler 1997).

Ganzheitliche Problemstellung

Anfang der 70er Jahre wurde das Prinzip des Portfolios auf ganzheitliche Problemstellungen in diversifizierten Unternehmen angewendet. Vorreiter in diesem Prozess war der amerikanische Konzern *General Electric*. Mittels eines von der Unternehmensberatung *Boston Consulting Group* entwickelten Portfolios wurde das nach Chancen und Risiken ausgewogene Produkt- und Marktprogramm bestimmt.

Seit dieser ersten industriellen Anwendung ist die Portfolio-Analyse vielfach modifiziert worden. Sie zählt zu den weitverbreitesten Analyse- und Planungsinstrumenten und ist in zahlreichen Ausprägungen in unterschiedlichen Managementdisziplinen zu finden.

Portfoliotypen

In der strategischen Produktprogrammgestaltung auf Unternehmensebene dient das *Marktportfolio* dazu, die angestrebte Positionierung der Geschäftsfelder im Portfolio des Unternehmens zu bestimmen. Ausgehend von diesen Geschäftsfeldportfolios, das von der Annahme ausgeht, dass sich Produkt- und Produktionstechnologien relativ konstant zueinander entwickeln und daher nicht explizit zu berücksichtigen sind, wurden weitere Portfolio-Varianten entwickelt. In sog. *Technologieportfolios* sind einzelne Aspekte der Technologieentwicklung integriert. Sie repräsentieren neben den Geschäftsfeldportfolios die zweite Art von Portfolios, die in den Innovationsprozess eingebettet werden können (Abb. 4.28).

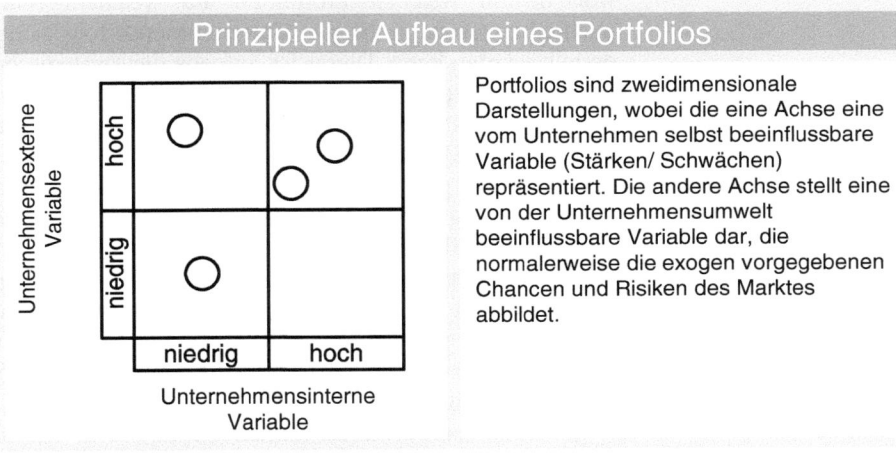

Abb. 4.28 Prinzipieller Aufbau eines Portfolios

Darüber hinaus sind weitere Typen für spezielle Anwendungsfälle entwickelt worden. Hier sei nur als Beispiel das *Prozessportfolio* genannt, das zur Ermittlung von Kernprozessen sowie zur Ableitung von Prozessstrategien auf Basis von Prozesseffizienz und -effektivität dient (vgl. Eversheim 1996).

Die Portfoliotechnik wird im W-Modell in den Phasen »Zukunftsanalyse« und »Ideenbewertung« verwendet. In der erstgenannten Phase wird die Portfoliotechnik genutzt, um Innovationsaufgaben zu bewerten und auszuwählen. In der zweitgenannten Phase dient das Portfolio als Analyseinstrument der Darstellung und Bewertung von Produktideen. In beiden Fällen liegen die Vorteile der Portfoliotechnik in leichter Verständlichkeit, guter Visualisierung und Transparenz (vgl. Brandenburg 2002). Ihr Einsatz unterstützt somit den

Anwendung in der IRM

Innovationsprozess. Neben diesen hierfür speziell entwickelten und in den entsprechenden Kapiteln beschriebenen Portfolios sind für den Innovationsprozess das Markt- sowie das Technologieportfolio relevant, deren Anwendung in den folgenden Abschnitten beschrieben werden.

4.7.1
Marktportfolio

Produkt-/ Marktkombinationen

Ziel des Marktportfolio ist die Ermittlung der optimalen Produkt-/ Marktkombination. Es gilt die Frage zu beantworten, mit welchen Produkten auf welchem Markt nachhaltig (strategisch) der Unternehmenserfolg sichergestellt werden kann. Dieses ist Aufgabe der strategischen Unternehmensplanung und setzt eine Aufteilung des Unternehmens in unterschiedliche strategische Geschäftseinheiten (SGE)[6] voraus.

Strategische Geschäftseinheit

Das Marktportfolio ist eine Methode zur strategischen Planung der einzelnen SGEs. Mit dieser Methode werden die SGEs eines Unternehmens hinsichtlich ihrer gegenwärtigen Marktstellung und ihren Entwicklungsmöglichkeiten bewertet. Neben einer anschaulichen Darstellung der Ergebnisse ermöglicht das Portfolio, für die einzelnen SGEs Normstrategien abzuleiten (vgl. Hinterhuber 1996).

Es existieren unterschiedliche Typen von Marktportfolios. Die beiden wichtigsten Repräsentanten sind das Marktanteils-Marktwachstums-Portfolio der *Boston Consulting Group* (auch bezeichnet als BCG-Matrix) und das Branchenattraktivitäts-Geschäftsfeldstärke-Portfolio von MCKINSEY (Pfeiffer et al. 1982). Zur Veranschaulichung des Marktportfoliotypen wird im Folgenden die BCG-Matrix vorgestellt.

4.7.2
Portfolio der Boston Consulting Group

Lebenszyklusmodell

Die BCG-Matrix wird von einer marktbezogenen und eine unternehmensbezogenen Achse aufgespannt (Abb. 4.29). Das Marktwachstum repräsentiert in diesem Zusammenhang den Marktfaktor und ermöglicht, auf das mit dem BCG-Portfolio eng verknüpfte Lebenszyklusmo-

---

[6] Eine strategische Geschäftseinheit bildet die Zusammenfassung möglichst gleicher Produkt- und Marktkombinationen zu einer dadurch planbaren Einheit.

dell Bezug zu nehmen. In der ersten sowie zweiten Phase des Produktlebenszyklus wird tendenziell von einem hohen Wachstum des Umsatzes bzw. Erlöses ausgegangen. In den beiden letzten Phasen liegt eher geringes Wachstum bzw. sogar ein Schrumpfen vor (vgl. Kotler u. Bliemel 1999). Bezüglich des Marktfaktors können somit zwei Abschnitte, hohes und niedriges Marktwachstum, unterschieden werden.

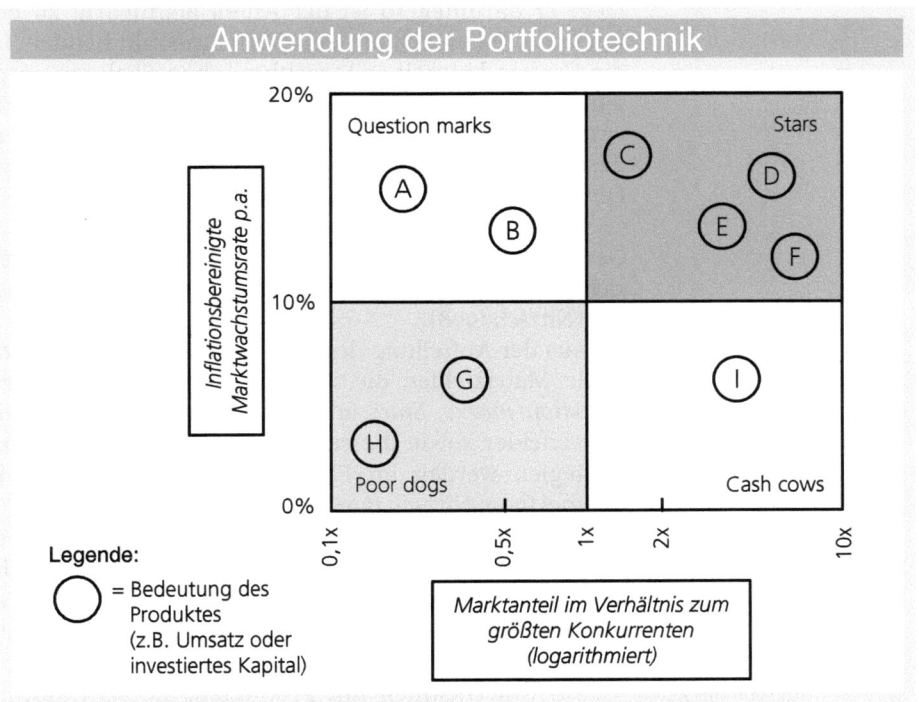

Abb. 4.29 Marktportfolio der Boston Consulting Group

Die zweite, unternehmensbezogene Achse ist die des relativen Marktanteils des Unternehmens. Der Herleitung dieser Dimension liegt das Erfahrungskurvenkonzept zu Grunde. Der relative Marktanteil soll als Indikator dafür dienen, welchen Vorsprung auf der Erfahrungskurve und somit welche Kostenvorteile das Unternehmen besitzt. Durch eine höhere kumulierte Produktionsmenge erlangt ein Unternehmen skalenbedingte Kostenvorteile, wodurch die Verbindung zwischen hohen Marktanteilen und vorteilhafter Kostensituation manifes-

Erfahrungskurvenkonzept

tiert wird (vgl. Hinterhuber 1996; Nitzsch 1998). Der relative Marktanteil wird wie das Marktwachstum in zwei Bereiche, hoch und niedrig, aufgeteilt.

Marktanteil

Die Operationalisierung der Achse des relativen Marktanteil folgt aus der Gegenüberstellung des unternehmenseigenen Anteils zu dem des größten Konkurrenten in diesem Produktbereich. Ist der relative Unternehmensanteil größer als der des größten Konkurrenten, so handelt es sich um einen hohen Marktanteil. Liegt er darunter, so ist der Anteil als niedrig zu bezeichnen. Da es sich um eine Verhältniszahl handelt, ist die Verwendung einer logarithmischen Skala zu empfehlen. Bei einer Marktwachstumsrate von über 10% wird von einem hohen Marktwachstum gesprochen, darunter liegt ein geringes Marktwachstum vor (vgl. Hinterhuber 1996; Nitzsch 1998).

Im eigentlichen Sinne bezieht sich die BCG-Matrix auf Geschäftseinheiten. Strategische Geschäftseinheiten lassen sich durch Produkte bzw. Produktgruppen charakterisieren (Nitzsch 1998).

Aus der Aufteilung des Portfolios folgen vier prinzipielle Matrixfelder, die mit den Begriffen *Poor dogs*, *Question marks*, *Stars* und *Cash cows* belegt sind. Die Matrixfelder sowie die sich daraus ergebenden Normstrategien werden im Folgenden erläutert (Kotler u. Bliemel 1999; Nitzsch 1998; Pfeiffer et al. 1991):

Poor dogs:
Geringer Marktanteil
Hohe Wachstumsrate

Produkte, die sich im Matrixfeld der sog. *Poor dogs* befinden, stellen für das Unternehmen Problemfälle dar. Es liegt weder eine gute Kostenstruktur vor, noch erscheint es in Zukunft wahrscheinlich, in einem nicht wachsenden Markt Gewinne zu erzielen.

Question marks:
Geringer Marktanteil
Geringe Wachstumsrate

Ein Unternehmen mit Produkten, die als *Question marks* im Portfolio eingeordnet sind, bewegt sich in einem schnell wachsenden Markt mit geringem Marktanteil. Die Erfahrung bei der Herstellung des Produktes ist noch gering, da sich dieses erst in der Einführungsphase befindet. Daraus resultiert häufig eine schlechte Kostensituation, da es keine Lerneffekte gibt, die sich kostensenkend auswirken können.

Stars:
Hoher Marktanteil
Hohe Wachstumsrate

Als *Stars* werden Produkte bezeichnet, bei denen ein hoher relativer Marktanteil erreicht wurde und dadurch eine vorteilhafte Kostensituation vorliegt. Das Marktwachstum ist positiv und verspricht, Überschüsse zu erwirtschaften. Generell müssen in diesem Fall Kapazitäten aufgebaut werden, um die Nachfrage am Markt zu bedienen.

Bei Produkten mit relativ hohem Marktanteil und einem geringen Marktwachstum handelt es sich um sog. *Cash cows*. Bei diesen Produkten hat das Unternehmen entsprechende Kostendegressionseffekte durch Erfahrung erreicht und kann hohe Gewinnspannen am Markt erzielen. Der Investitionsbedarf ist für diese Produktart geringer, da entsprechende Kapazitäten vorhanden sind.

Cash cows:
Hoher Marktanteil
Geringe Wachstumsrate

Jedem einzelnen Feld der BCG-Matrix bzw. jedem Typus kann eine Normstrategie (kategorisches Verhaltensmuster) zugeordnet werden (Kotler u. Bliemel 1999; Pfeiffer et al. 1991). Prinzipiell werden folgende Normstrategien unterschieden:

- *Ausbauen*
  Das Unternehmen hat sich entschieden, den Marktanteil des Produktes zu erweitern. Die Vorgehensweise empfiehlt sich für *Question marks*, um durch den Gewinn von Marktanteilen zu einem *Star* zu werden.
- *Erhalten*
  Bei dieser Strategie gilt es, das derzeitige Marktniveau zu halten. Die Strategie empfiehlt sich bei der durchaus lukrativen Kostensituation einer *Cash cow*.
- *Ernten*
  In diesem Fall ist das Unternehmen daran interessiert, liquide Mittel aus dem Produktbereich abzuziehen, um mittel- bis langfristig sein Engagement einzuschränken bzw. einzustellen. Dieses Vorgehen ist bei schwachen *Cash cows* angebracht, die sich eher am Ende dieses Lebensabschnittes befinden, sowie bei nicht Erfolg versprechenden *Question marks* und evtl. *Poor dogs*.
- *Abstoßen*
  Wird ein Produkt bzw. eine Produktgruppe abgestoßen, können die hierbei freiwerdenden Ressourcen für andere Produkte verwendet werden. Die Handlungsalternative empfiehlt sich insbesondere für *Poor dogs*, aber auch für ungewisse *Question marks*.

Kritisch anzumerken ist bei dem BCG-Portfolio, dass die Normstrategien bzw. kategorisierten Verhaltensmuster zwar grundsätzlich logisch nachvollziehbar, jedoch nicht als dogmatisierte Handlungsempfehlungen anzusehen sind. Spezifische Umweltkonstellationen können ein anders geartetes Verhalten erfordern, dass im Gegensatz zur strategischen Empfehlung steht. Darüber hinaus

Normstrategien

erlaubt dieses Portfolio nicht, und damit ist es allen Portfoliovarianten konform, die zeitliche Entwicklung der Produkte darzustellen. Dieses Planungsinstrumentes ist nicht dynamisierbar. (vgl. Pfeiffer et al. 1991).

4.7.3
Technologieportfolio

Technologieentwicklung

Die im Vorfeld dargestellten Marktportfolios sind – historisch gesehen – die Portfoliovarianten, die als erste entwickelt wurden. Sie geht von der Annahme aus, dass sich Produkt- und Prozesstechnologien relativ konstant entwickeln und daher nicht explizit zu berücksichtigen sind (vgl. Bullinger 1994). Auf Grund dieser in der Regel fehlenden Entwicklung in vielen Branchen und Märkten wurden neue Formen spezieller Technologieportfolios als Entscheidungshilfen für das strategische Technologiemanagement und die Technologieplanung entwickelt (vgl. Bullinger 1994; Servatius 1985; Pfeiffer et al. 1991).

Technologieattraktivität

Auch in *Technologieportfolios* werden externe und interne Erfassungsgrößen zu zwei Dimensionen verdichtet (vgl. Pfeiffer et al. 1991). Die Technologieattraktivität erfasst als externe Größe die Summe der technischen und wirtschaftlichen Vorteile, die durch die Technologie erreicht werden können. Die Ressourcenstärke bildet dagegen als interne Größe die technische und wirtschaftliche Beherrschung des Technologiegebietes ab.

Ressourcenstärke

Neben dem „reinen" Technologieportfolio (vgl. Wolfrum 1994) existieren Weiterentwicklungen der Methode, die den Bezug zu markt- und technologiestrategischen Aspekten herstellen. Insbesondere die Konzepte der Beratungsgesellschaften verfolgen diesen erweiterten Ansatz (vgl. Schmitz 1996). In Abbildung 4.30 werden die beschriebenen Ansätze noch einmal zusammengestellt und hinsichtlich der von ihnen erfassten Dimensionen und Merkmale verglichen.

Handlungsempfehlungen

Es sei an dieser Stelle darauf hingewiesen, dass das Technologieportfolio nur ein Hilfsmittel der gesamten Portfolio-Methodik im Sinne von PFEIFFER ist. Die Portfolio-Methode umfasst die Schritte „Identifikation der Technologie", „Ermittlung der Positionen", „Transformation des gegenwärtigen in den zukünftigen Zustand" und „Ableiten von Handlungsempfehlungen" (vgl. Eversheim 1996). Handlungsempfehlungen werden zumeist direkt aus der Position einer Technologie im Portfolio abgeleitet, und deshalb auch als Normstrategien bezeichnet (die Handlungsanweisung ist für die einzelnen Felder „genormt"). Die vorgeschlagene Strategie sollte allerdings hinterfragt werden, da die Spezifika der jeweiligen Branche nicht berücksichtigt werden und eine starre Übernahme häufig wie eine selbsterfüllende Prognose wirkt (vgl. Wolfrum 1994). WOLFRUM unterscheidet in diesem Zusammenhang zwei grundsätzliche Varianten von Technologieportfolios (vgl. Wolfrum 1992): Zum einen reine Technologieportfolios, in denen ausschließlich technologische Aspekte erfasst und verarbeitet werden; zum anderen Portfolios, in denen ein Bezug zu markt- und technologiestrategischen Aspekten hergestellt wird.

Autoren	Dimensionen	Merkmale
McKinsey (Krubasik 1982)	- Relative Technologieposition - Technologieattraktivität	- Integriertes Markt-Technologieportfolio - Fokussierung auf Technologien - Basiert auf S-Kurven-Modell
Pfeiffer et al. (1982)	- Ressourcenstärke - Technologieattraktivität	- Reines Technologieportfolio - Produkt- und Verfahrenstechnologien - Keine Integration in Gesamtplanung
A. D. Little (Servatius 1985)	- Relative Technologieposition - Stellung im Technologielebenszyklus	- Integriertes Markt-Technologieportfolio - Basiert auf Technologielebenszyklus - Strategie abhängig von PLZ- u. TLZ-Phase
Booz, Allen & Hamilton (Gerpott 1991)	- Relative Technologieposition - Bedeutung der Technologie	- Isolierte Technologiebetrachtung - Keine Abstimmung mit der Marktplanung - Kriterien der Technologiebedeutung unklar
Michel (1987)	- Relative Innovationsstärke - Innovationsattraktivität	- Planungsobjekt: Innovationsfelder - SGF- und technologiespezifische Portfolios - Hohe Komplexität in der Anwendung
Wildemann (1987)	- Technologiepriorität - Marktpriorität	- Technologieportfolio - Orientierung an der aktuellen Marktlage
Porter (1986)	- Unternehmensnutzen - Technologieattraktivität	- Reines Technologie-Portfolio - Fuzzybasierte Bewertungsmethode - Keine Trennung interne/ externe Größen
Pelzer (1999)	- Zukunftsträchtigkeit - Technologiebeherrschung	- Produktneutrale Technologiebewertung - Langfristige Ausrichtung

Abb. 4.30 Vergleich von Technologieportfolio-Ansätzen (vgl. Wolfrum 1994)

Im Weiteren werden zwei Technologieportfoliotypen dargestellt, die für die Anwendung im Innovationsmanagement vorrangig in Frage kommen. Es handelt sich einerseits um das Technologieportfolio nach PFEIFFER (Pfeiffer et al. 1991) und andererseits um das am Fraunhofer IPT entwickelte Potenzialportfolio nach PELZER (Pelzer 1999).

4.7.4
Technologieportfolio nach PFEIFFER

Entstehungs- und Beobachtungszyklus

Der Ansatz von PFEIFFER berücksichtigt sowohl den dem Marktzyklus vorgelagerten Entstehungs- als auch den Beobachtungszyklus für den strategischen Analyseprozess über die zwei Dimensionen Technologieattraktivität und Ressourcenstärke. Der Ansatz beruht auf der Annahme, dass der Innovator bei einer Tendenz zu expandierenden Entstehungszyklen und zugleich kontrahierenden Marktzyklen immer ein deutlich höheres Umsatzvolumen als der Imitator erzielen kann (Eversheim 1996). Die Technologieportfolio-Analyse nach PFEIFFER erfolgt in mehreren Schritten (Pfeiffer et al. 1991):

Identifikation von Technologien

Zunächst werden relevante Produkt- und Produktionstechnologien über Zergliederungskriterien (z. B. Systeme, Subsysteme, Baugruppen, Elemente, Prozesse) identifiziert. Technologielisten stellen die aufgenommenen Prozesse dar.

Ermittlung der Technologieattraktivität und der Ressourcenstärke

Wirtschaftliche und technische Vorteile

Die Technologieattraktivität beschreibt die wirtschaftlichen und technischen Vorteile, die durch Weiterentwicklung im jeweiligen Gebiet strategisch erreicht werden können. Mit der Dimension Ressourcenstärke werden die zur Realisierung des Technologiepotenzials nötigen, im Unternehmen bereits vorhandenen Mittel – letztlich gemessen in Relation zur Konkurrenz – berücksichtigt. Die Indikatoren der Dimensionen Technologieattraktivität und Ressourcenstärke sowie der generelle Aufbau des Portfolios sind in Abbildung 4.31 visualisiert. Anhand der aufgestellten Kriterien lassen sich die ermittelten Technologien in ein Ist-Portfolio des Unternehmens einordnen.

Transformation der gegenwärtigen Technologieportfolios in ein Soll-Portfolio

Gegenwärtige und zukünftige Portfolios

Um die zukünftigen, technologischen Chancen und Risiken des Unternehmens aufzuzeigen, ist die gegenwärtige Situation, manifestiert im Ist-Portfolio, in eine zukünftige zu transformieren. Dazu müssen potenzielle, konkurrierende Technologien identifiziert und im Portfolio positioniert werden.

Ableitung von Handlungsempfehlungen

Durch die Gegenüberstellung der gegenwärtigen und zukünftigen Technologieportfolios sind abschließende Handlungsempfehlungen abzuleiten. Dieser Portfolio-Ansatz liefert ebenfalls Normstrategien, die zur Entscheidung und Handlungsunterstützung herangezogen werden können. Die hierbei zu unterscheidenden Strategien sind die der *Investition*, der *Selektion* bzw. *differenzierten Betrachtung* und die der *Desinvestition*.

Der Ansatz von PFEIFFER dient zur Unterstützung der Entscheidungsfindung, wenn es um die Festlegung von Ressourcenzuweisungen für spezifische Projekte der Produktentwicklung geht (vgl. Eversheim 1996).

Normstrategien

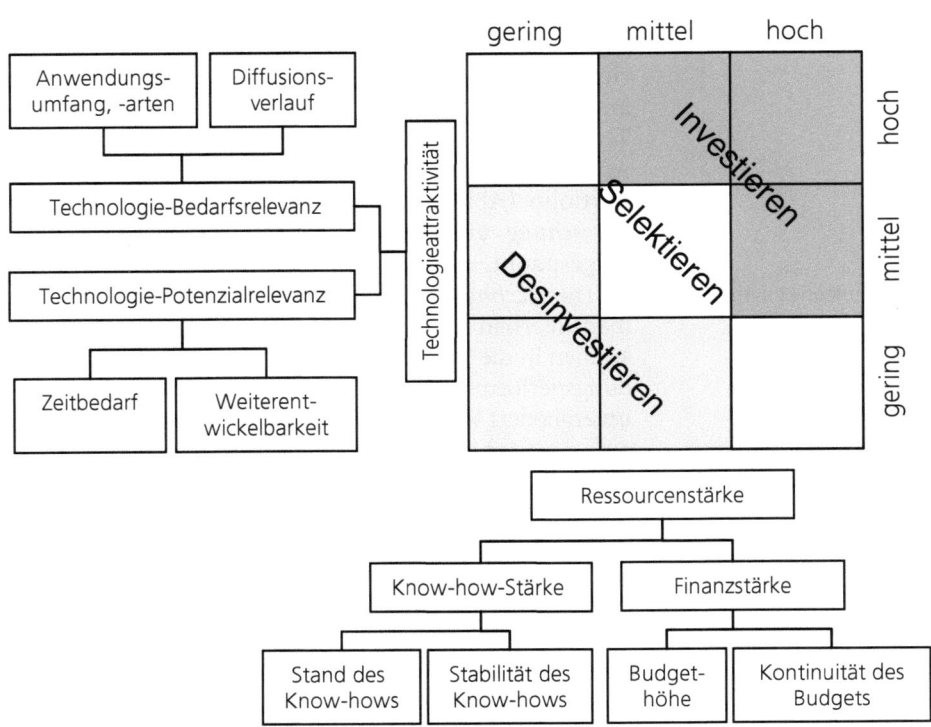

Abb. 4.31 Technologieportfolio nach PFEIFFER

4.7.5
Potenzialportfolio nach PELZER (Fraunhofer IPT)

Technology Push

Mit der Methodik des Potenzialportfolios sollen neue Entwicklungsvorschläge generiert werden, bei denen die unternehmensinternen Stärken und Potenziale besonders zum Tragen kommen. Dabei erfolgt der Anstoß zur Produktinnovation aus dem Unternehmen heraus. Die Berücksichtigung von Kunden- und Marktanforderungen geht erst bei der Bewertung alternativer Produktideen ein. Das Vorgehen basiert demzufolge auf dem *Prinzip des Technology-Push*. Um die Planung neuer Produkte auf Basis des unternehmensinternen technologischen Potenzials zu unterstützen, wurde am Fraunhofer-Institut für Produktionstechnologie IPT in Aachen die Potenzialportfolio-Methode entwickelt.

Identifizierung potenzialstarke Technologien

Die Anwendung der Portfoliotechnik zielt bei dieser Variante auf die Identifikation potenzialstarker Technologien ab. Dem Unternehmen wird die Möglichkeit gegeben, sich auf diejenigen Technologien zu konzentrieren, die einerseits intern gut beherrscht werden und andererseits zukünftig im Vergleich zu alternativen Technologien deutliche Vorteile aufweisen. Um diese Anforderungen erfüllen zu können, wird das Potenzialportfolio (Abb. 4.32) durch die Achsen *Technologiebeherrschung* und *Zukunftsträchtigkeit* der Technologie aufgespannt.

Technologiebeherrschung

Die *Technologiebeherrschung* spiegelt die unternehmensinternen Stärken und Schwächen wieder. Diese können in die Unterkriterien Sachmittelpotenzial, Anwendungsperformance sowie Weiterentwicklungs-Know-how untergliedert werden. Die Einordnung einer Technologie auf der Achse der Technologiebeherrschung erfolgt durch den Vergleich der Leistungsfähigkeit des betrachteten Unternehmens mit dem klassenbesten Technologieanwender.

Zukunftsträchtigkeit

Die Achse der *Zukunftsträchtigkeit* beschreibt die unternehmensunabhängigen Chancen und Risiken, die mit dem Einsatz der betrachteten Technologie verbunden sind. Sie ist ein Maß für die Wettbewerbsrelevanz dieser Technologie. Es erfolgt eine unternehmensneutrale Bewertung der Technologie im Vergleich zu anderen Technologien im Hinblick auf die Unterkriterien Kostenführerschaftspotenzial, Differenzierungspotenzial, Weiterentwicklungspotenzial und Potenzial für Imageverbesserung.

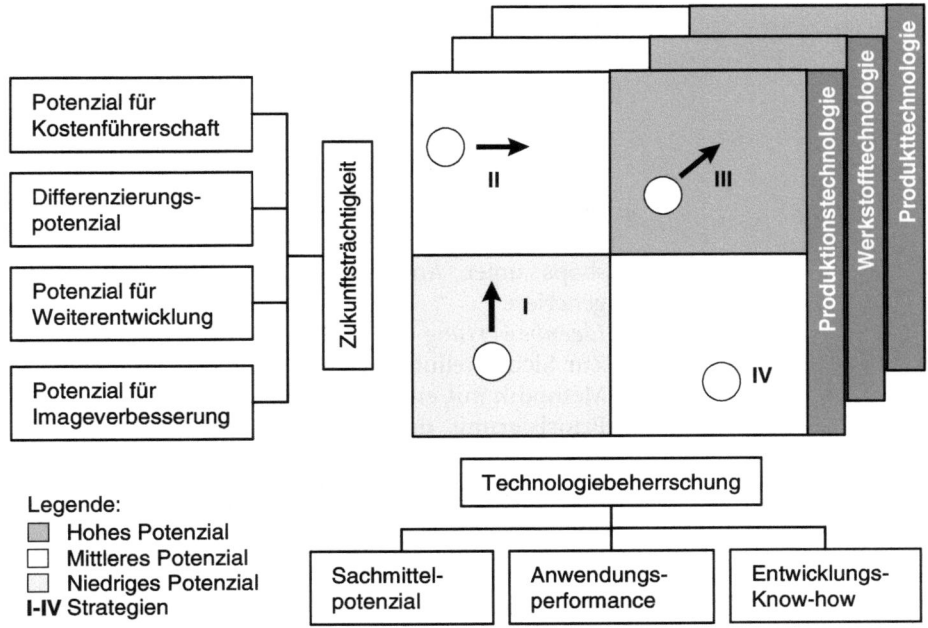

Abb. 4.32 Potenzialportfolio nach PELZER

Für alle Technologien (Produktions-, Werkstoff- und Produkttechnologie) sind die genannten Bewertungskriterien bei dem in Abbildung 4.32 dargestellten Abstraktionsgrad gleich, erst auf tieferer Detaillierungsebene ergeben sich Unterschiede.

Bewertungskriterien

Die eigentliche Methodik des Potenzialportfolios gliedert sich in fünf Phasen (vgl. Pelzer 1999):

1. *Potenzialanalyse*
   Zunächst erfolgt eine Abgrenzung des Untersuchungsbereiches. Auf dieser Grundlage werden die zu betrachtenden Potenzialarten (Sachmittel, Finanzmittel, Information, Personal) ausgewählt und die relevanten Potenziale mittels Checklisten und Interviews erhoben.
2. *Potenzialbewertung*
   Die erhobenen Potenzialarten werden durch das Potenzialportfolio bewertet, das eine Differenzierung in Produkt-, Produktions- und Werkstofftechnologien zulässt. Die Unterscheidung erleichtert die freie Kombination bei der Ideengenerierung. Die Einordnung der Potenziale in das Portfolio basiert auf der Fuzzy-Set-Theorie.

3. *Suchfeldbildung*
Für Technologien mit herausragendem Potenzial werden mit Hilfe eines Produktmodells einzelne Produktmerkmale abgeleitet. Diese unterstützen in der anschließenden Ideengenerierung die Erarbeitung von Produktideen.

4. *Produktideengenerierung*
Erfolg versprechende Produktideen werden in Workshops unter Anwendung von Kreativitätstechniken generiert.

5. *Ideenbewertung*
Zur Sicherstellung der Marktgerechtheit schließt die Methodik mit einer Ideenbewertung ab, bei der eine Priorisierung der Produktinnovationen mit Hilfe unternehmensinterner und -externer Kriterien erfolgt.

4.7.6
Portfolioeinsatz am Beispiel der Hilti AG

STEFAN NÖKEN, *Leiter Corporate Engineering, Hilti AG*

Die Hilti Gruppe ist weltweit führender Anbieter von hochwertigen Systemlösungen für den professionellen Kunden in der Baubranche. Zu den Schlüsselstärken des Unternehmens gehören neben höchster Qualität und direkter Kundenbeziehung insbesondere die herausragende Innovation. Eine Differenzierung am Markt wird unter anderem durch innovative Produkte und überlegene Technologien erzielt.

Folglich misst Hilti auch dem Einsatz modernster Fertigungstechnologien in der Produktion große Bedeutung zu. Bei der sorgfältigen *Strategische Planung* strategischen Planung werden einerseits die bereits eingesetzten Technologien regelmäßig auf ihre Zukunftsrelevanz hin überprüft. Andererseits wird auch das Einsatzpotenzial neuer, noch nicht eingesetzter Technologien abgeschätzt.

Die Beurteilung des Einsatzpotenzials der einzelnen Technologien sowie die Ableitung von Strategien erfolgt mit Hilfe von *Technologieportfolios* (Abb. 4.33). Als *Strategische Attraktivität* Parameter wird die strategische Attraktivität der Technologie über der Technologiekompetenz aufgetragen. Die *strategische Attraktivität* umfasst die Summe der technischen und wirtschaftlichen Vorteile, die durch die Anwendung der Technologie bereits erschlossen bzw. realisiert werden können. Hierbei werden im Einzelnen das Differenzierungspotenzial, das Kostensenkungspotenzial, das beeinflussbare Umsatzvolumen, das Synergiepotenzial sowie die Technologiereife bewertet.

Die *Technologiekompetenz* ist hingegen ein Maß für die unternehmensinterne Beherrschung des Technologiefeldes. Die Einordnung erfolgt im Vergleich zum Wettbewerb und umfasst die Unterkriterien Anwendungserfahrung, Ausstattung, Partnernetzwerk, Stabilität des Know-how und des Weiterentwicklungs-Know-how.

Basierend auf den dargestellten Bewertungskriterien wird zunächst ein Ist-Portfolio und im zweiten Schritt ein Soll-Portfolio erstellt. Dabei werden sowohl die Zielpositionen für die bereits eingesetzten Technologien visualisiert als auch neue Technologien im Portfolio positioniert. Aus der Gegenüberstellung der gegenwärtigen und zukünftigen Technologiepositionen werden mittel- und langfristige Handlungsempfehlungen abgeleitet.

Die Anwendung des *Technologieportfolios* liefert somit eine wichtige Grundlage für die Ableitung von Basisstrategien, beispielsweise die Investition bzw. Desinvestition in einzelnen Technologiefeldern. Darüber hinaus bildet das Portfolio die Basis für die Substitutionsplanung von Technologien und den Know-how-Aufbau in zukünftig relevanten Fertigungstechnologien.

Technologiekompetenz

Ist-Soll-Portfolio

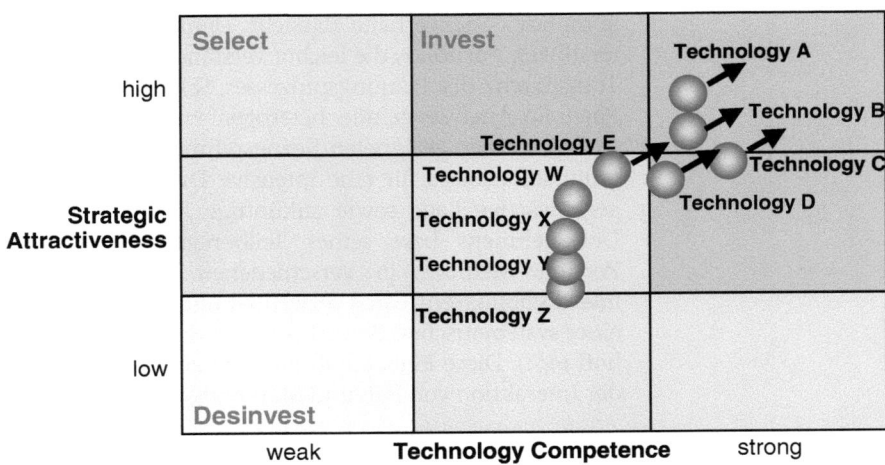

Abb. 4.33 Technologieportfolio der Hilti AG

4.7.7
Kritische Würdigung von Technologieportfolios

Hohe Aggregation

Es erscheint generell problematisch, in einem dynamischen Umfeld mittels trivial-geometrischer Lösungsmuster zu einer adäquaten Entscheidung zu gelangen (vgl. Schmitz 1996). Ferner kann bei der Positionierung die sehr hohe Aggregation der Einzelbeurteilungen auf nur zwei Aspekte der Auswertung kritisiert werden (vgl. Werners 1993), die in der Praxis meist den Rückgriff auf detailliertere Daten erzwingt (vgl. Dang u. Lenz 1992). Dem ursprünglichen Portfolio-Gedanken widerspricht auch die isolierte Zuordnung von Normstrategien zu einzelnen Technologien, da die vorhandenen Interdependenzen zwischen diesen nicht berücksichtigt werden (vgl. Robens 1986). Neben den aufgeführten Kritikpunkten der Methode sei hier ferner auf die Problematik der Einordnung der eigenen Position und auch der Technologieattraktivität hingewiesen. Ist die Bestimmung der Technologieposition ein Problem des jeweiligen Unternehmens, so ist die Einschätzung der Potenziale einer Technologie, insbesondere einer neuen, ein Problem aller Anwender dieser Methode.

Strukturierung
Visualisierung

Bei aller Kritik ist jedoch zu resümieren, dass die Portfolio-Analyse ein geeignetes Instrument sowohl der gedanklichen Strukturierung als auch der Visualisierung komplexer Sachverhalte darstellt. Dementsprechend unterstützen Portfolios die leichte Verständlichkeit sowie die Transparenz des Planungsprozesses. Schließlich bietet die Portfolio-Analyse gerade heterogen zusammengesetzten Gremien einen geeigneten Bezugsrahmen und eine Kommunikationsbasis für eine intensive Diskussion über die gegenwärtige Lage sowie zukünftige Ausrichtungen des Unternehmens bzw. seiner Teilbereiche. So wird die Portfolio-Methode in verschiedenen Unternehmen in interdisziplinären Teams verwendet und verhilft diesen zu einer systematischen Betrachtung der Situation (vgl. Herzhoff 1991). Diese Eigenschaft kann zu einer Unterstützung der Interaktion von FuE und Marketing beitragen.

4.8
Conjoint-Analyse

Die Kenntnis der Kundenwünsche ist Voraussetzung für den Markterfolg. Kundenwünsche spiegeln die individuelle Gewichtung von Produktattributen bzw. die Präferenz für bestimmte Produkte wider. Schon in der Phase erster Konzepte kann so die Akzeptanz der Kunden eingeschätzt werden. Neben anderen Methoden (z. B. Multidimensional Scaling) hat sich hierfür insbesondere die Conjoint-Analyse durchgesetzt.

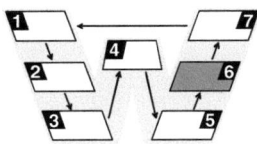

Die *Conjoint-Analyse* dient dazu, die Akzeptanz eines Produktes und seiner Funktionen beim Kunden einschätzen zu können. Bei der Durchführung wird unterstellt, dass sich der Gesamtnutzen eines Produktes additiv aus den Nutzen der einzelnen Produktkomponenten zusammensetzt. Zunächst werden alle wichtigen Produktmerkmale (z. B. Gewicht) und deren mögliche Ausprägungen (z. B. leicht und schwer) ermittelt. Durch Kombination unterschiedlicher Ausprägungen der verschiedenen Produktmerkmale werden mehrere Konzepte realisiert, die dem potenziellen Kunden zur Bewertung vorgestellt werden. Dieser ordnet die Konzepte nach seinen Präferenzen. Die Anzahl der Produktmerkmale muss sorgfältig geplant sein, so dass mathematisch aus der angegebenen Rangfolge der Konzepte die zugrundeliegende Bewertung der einzelnen Merkmalsausprägungen ermittelt werden kann.

Additiver Kundennutzen

Die Conjoint-Analyse, auch als Conjoint Measurement oder konjunkte Analyse bezeichnet, wurde von LUCE und TURKEY im Jahre 1964 unter dem Begriff „Simultaneous Conjoint Measurement" in den USA geschaffen. Die Autoren entwickelten ein Verfahren zur simultanen Messung des Gesamteffektes von zwei oder mehreren Variablen auf der Ebene von Intervallskalen unter Verwendung ordinal-skalierter[7] Ausgangsdaten. Der erste Algorithmus für die Auswertung conjoint-analytischer Daten geht auf KRUSKAL zurück, dessen 1965 entwickeltes Verfahren der monotonen Varianzanalyse auch heute noch zu den am häufigsten eingesetzten Skalierungsverfahren bei der Conjoint-Analyse zählt. GREEN und RAO veröffentlichten 1971 einen ersten Beitrag, der die Conjoint-Analyse mit

---

[7] Die Ordinalskala erlaubt die Aufstellung einer Rangordnung mit Hilfe von Rangwerten.

dem Anwendungsgebiet des Marketing in Verbindung brachte (Gerhards 2002).

Neuproduktplanung

Eines der wichtigsten Anwendungsgebiete der Conjoint-Analyse ist die Neuproduktplanung. Mit der Methode soll die Frage beantwortet werden, „wie eine Neuproduktidee im Hinblick auf die Bedürfnisse der potenziellen Kunden optimal auszugestalten ist" (Meffert 1998).

Verknüpfung von QFD- und Kano-Modell mit der Conjoint-Analyse

Die Conjoint-Analyse lässt sich für die Gewichtung von Kundenanforderungen mit dem Kano-Modell und der QFD-Methodik verbinden. Für die frühen Phasen der Produktplanung ist die erste Phase der QFD-Methode von Interesse. In dieser Phase werden die Kundenanforderungen in lösungsneutrale Produktmerkmale bzw. Leistungsmerkmale übersetzt (Geisinger 1999). Abgebildet wird die Beziehung zwischen den Kundenanforderungen und den daraus abgeleiteten Produktmerkmale im *House of Quality*. GEISINGER empfiehlt zur Gewichtung der Kundenanforderungen den Einsatz der Conjoint-Analyse (Geisinger 1999). Mit Hilfe des Kano-Modells können die Kundenanforderungen strukturiert werden.

Kundenanforderung in Merkmale übersetzen

Gewichtung der Kundenanforderungen

Kundenzufriedenheit im Modell auftragen

Im Modell ist die Kundenzufriedenheit in Abhängigkeit vom Erfüllungsgrad der jeweiligen Kundenanforderung aufgetragen. Das Modell basiert auf der empirischen Erkenntnis, dass der Kunde in Befragungen nur einen bestimmten Teil seiner Anforderungen artikuliert, und zwar Leistungsanforderungen. Basisanforderungen und Begeisterungsanforderungen werden dagegen eher selten benannt. Basisanforderungen werden vom Kunden als selbstverständlich angesehen. Daher weist er in Befragungen nicht gesondert darauf hin. Eine Nicht-Erfüllung dieser Anforderungen löst jedoch starke Unzufriedenheit aus. Leistungsanforderungen entsprechen den ausgesprochenen Erwartungen des Kunden und können daher direkt, z. B. über Conjoint-Analysen (s. o.), erfasst werden, da der Kunde ausdrücklich nach ihnen fragt. Ihr Erfüllungsgrad ist linear proportional zur Kundenzufriedenheit. Begeisterungsanforderungen werden vom Kunden zwar nicht erwartet, jedoch als nützliche Überraschung empfunden. Sie können hohe Zufriedenheit, nicht aber Unzufriedenheit hervorrufen (Brandenburg 2002).

Strukturierung von Kundenanforderungen mit dem Kano-Modell

Anwendung in der IRM-Methodik

Für die Konzeptbewertung muss die Bewertung der Produktideen bzw. der Produktkonzepte anhand der in der Ideendetaillierung gewonnenen Informationen konkretisiert und erweitert werden. Es werden folgende Planungsaktivitäten unterschieden:

1. Bewertung der Anforderungserfüllung,
2. Validierung der technischen Machbarkeit sowie
3. Wirtschaftlichkeitsrechnung.

Bei der Bewertung der Anforderungserfüllung gilt es zu beurteilen, inwieweit eine Produktidee geeignet ist, die konkretisierten Kundenanforderungen im einzelnen zu erfüllen. Hierzu können die Produktideen an den Forderungen und technischen Merkmalen gespiegelt werden, die bereits im House of Quality formuliert wurden. Darüber hinaus können Kundenbefragungen, z. B. mit Conjoint-Analysen, die notwendigen Erkenntnisse bringen (vgl. Brandenburg 2002).

4.8.1
Ablaufschritte zur Durchführung der Conjoint-Analyse

Die Durchführung der Conjoint-Analyse lässt sich in fünf Schritte gliedern (Abb. 4.34). Zunächst muss der Untersucher die Produktmerkmale sowie deren Ausprägungen festlegen und anschließend ein Erhebungsdesign entwickeln. Der dritte Schritt sieht die Befragung von Auskunftspersonen vor, wobei fiktive Daten bewertet werden. Aus den gewonnenen Daten werden anschließend mit Hilfe der Conjoint-Analyse die Teilnutzenwerte geschätzt und ausgewertet. Zusammenfassend lässt sich der erste Schritt der Konzeption, die Schritte zwei und drei der Datenerhebung, die Schritte vier und fünf der Datenauswertung zuordnen.

Fünf Ablaufschritte

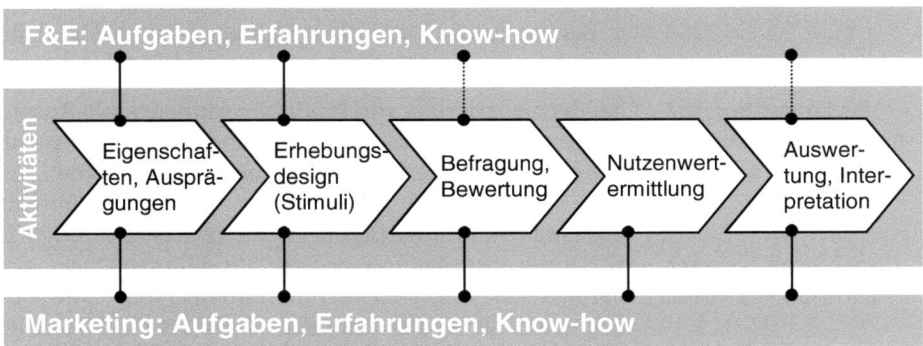

Abb. 4.34 Ablaufschritte einer Conjoint-Analyse (vgl. Backhaus et al. 1996; Gerhards 2002)

4.8.2
Wahl der Produktmerkmale und Merkmalsausprägungen

Auswahl der Produktmerkmale

Die in der Conjoint-Analyse ermittelten Teilnutzenwerte beziehen sich auf Ausprägungen von Produktmerkmalen, die vom Untersucher vorgegeben werden müssen. Somit ist insbesondere eine adäquate Auswahl der Produktmerkmale und Ausprägungen von großer Bedeutung. Das Auswahlproblem ist im Regelfall mit einer Kompromisslösung verbunden, da einerseits zur Gewährleistung einer realitätsnahen Abbildung der Produktbewertung möglichst viele Produktmerkmale und Ausprägungen in das Design einbezogen werden sollen, andererseits aber die Zuverlässigkeit und Gültigkeit[8] der Ergebnisse ab einer bestimmten Anzahl von Ausprägungen mit jeder zusätzlichen Ausprägung tendenziell abnimmt. Bei der Auswahl der Produktmerkmale und Ausprägungen sind folgende Gesichtspunkte zu beachten (vgl. Backhaus et al. 1996):

1. Die Produktmerkmale zur Beurteilung einer Alternative müssen relevant sein, das bedeutet, dass solche Produktmerkmale auszuwählen sind, von denen zu vermuten ist, dass sie für die Gesamtnutzenbewertung der Befragten von Bedeutung sind.
2. Die Produktmerkmale müssen durch den Hersteller beeinflussbar sein, um die Ergebnisse der Conjoint-Analyse für die Produktgestaltung und -auswahl nutzbar machen zu können.
3. Die ausgewählten Produktmerkmale sollen unabhängig sein. Dies bedeutet, dass der empfundene Nutzen einer Ausprägung nicht durch die Ausprägungen anderer Produktmerkmale beeinflusst wird.
4. Die Ausprägungen müssen realisierbar sein, das bedeutet, dass die Ausprägungen vom Hersteller technisch durchführbar sein müssen.

Produktmerkmale und Ausprägungen zuverlässig aufdecken

Verfahren zur Aufdecken von Produktmerkmalen

Bei der Generierung von Produktmerkmalen und Ausprägungen sollten neben Marketingexperten und Konstrukteuren auch potenzielle Käufer einbezogen werden, um eine zuverlässige Aufdeckung aller relevanten Produktmerkmale und Ausprägungen zu realisieren. Mögliche Verfahren zur Auffindung der Produktmerkmale sind Befragungen von Gruppen oder Einzelpersonen sowie die Elicitation-Befragung und der Repertory-Grid-Test. Bei

---

[8] In diesem Zusammenhang wird auch häufig von Reliabilität und Validität gesprochen.

den letztgenannten Verfahren werden dem Konsumenten bereits vorhandene Produktmarken präsentiert. Der Kunde benennt anhand dieser Marken ihm wichtig erscheinende Produktmerkmale. Sollen beim Repertory-Grid-Test Merkmale aus der Analyse der Unterschiede verschiedener Konzeptalternativen aufgedeckt werden, wird die Auskunftsperson gebeten, bei der Elicitation-Befragung spontan auffallende Merkmale eines Stimulus zu benennen. Im Vergleich zur Vorgehensweise der Merkmalgenerierung ist das Zusammentragen von Merkmalen aus Herstellerprospekten, Produktbeschreibungen, Analyse von Testberichten etc. eine wesentlich einfachere Methode (Weiss 1992). Ziel aller Verfahren ist eine möglichst vollständige Zusammenstellung potenzieller Produktmerkmale und Merkmalsausprägungen, aus denen im Weiteren eine Teilmenge unter Beachtung der vorher aufgeführten Anforderungen auszuwählen ist.

4.8.3
Wahl des Präferenzmodells und Erhebungsdesigns

Im Anschluss an die Generierung der Produktmerkmale müssen im zweiten Schritt der Conjoint-Analyse ein geeignetes *Präferenzmodell* ausgewählt sowie eine angemessene *Erhebungsform* festgelegt werden.

Präferenzmodell

Präferenzmodell

Das Präferenzmodell lässt sich grundsätzlich in zwei Teile zerlegen, in eine *Bewertungsfunktion*, die angibt, wie jeder Ausprägung eines Merkmals ein Beurteilungswert zuzuordnen ist, und eine *Verknüpfungsfunktion*, die eine Aussage darüber trifft, wie die Beurteilungswerte der einzelnen Merkmale des Objektes zu einem Gesamtwert aggregiert werden (Weiss 1992).

a) Bewertungsfunktion:
In der Conjoint-Analyse kommen drei Bewertungsfunktionen zum Tragen. Neben dem *Idealvektormodell*, das eine lineare Beziehung zwischen der Höhe der Ausprägung und dem Teilnutzenwert unterstellt, sowie dem *Idealpunktmodell*, das die Existenz einer idealen Ausprägung mit maximalem Teilnutzenwert zugrunde legt, kommt vorrangig das *Teilnutzenwertmodell* zum Einsatz.

Bewertungsfunktionen

Das Teilnutzenwertmodell, bei dem jeder Ausprägung ein beliebiger Teilnutzenwert zugeordnet werden kann, ist als das flexibelste der Bewertungsmodelle anzusehen, da es als einziges Modell qualitative Pro-

Teilnutzwertmodell

duktmerkmale mit kategorialen Ausprägungen zulässt (z. B. Farbe, Design etc.). Es ist jedoch anzumerken, dass beim Teilnutzenwertmodell im Vergleich zum Idealvektor- oder Idealpunktmodell wesentlich mehr Parameter zur Bestimmung des Funktionsverlaufs zu schätzen sind (Weiss 1992).

b) Verknüpfungsfunktion:

Gesamtpräferenzwert — Das Verknüpfungsmodell, das die Teilpräferenzwerte der einzelnen Konzeptmerkmale zu einem Gesamtpräferenzwert verbindet, wird üblicherweise in kompensatorische und nicht-kompensatorische Modelle eingeteilt.

Kompensatorische Modelle, die bei vielen Conjoint-Analyse-Anwendungen ausschließlich eingesetzt werden, gehen davon aus, dass alle Konzeptmerkmale in den Beurteilungsprozess einbezogen werden und gegenseitig substituierbar sind (Schubert 1991). Die Verknüpfung der Beurteilungswerte kann mit kompensatorischen Modellen additiv oder multiplikativ hergestellt werden. Häufig dominiert das additive Modell, meist in Verbindung mit dem Teilnutzenwertmodell, das bei der weiteren Durchführung zur Anwendung kommen wird.

Gegenüber kompensatorischen Modellen lassen nicht-kompensatorische Modelle eine Aufrechnung der negativen Beurteilung eines Konzeptmerkmals durch die positive Bewertung eines anderen des gleichen Beurteilungsobjekts nicht zu. Modellvarianten nicht-kompensatorischer Art sind z. B. das konjunktive, das disjunktive und das lexikographische Modell.

Erhebungsform

Erhebungsformen — Als Erhebungsformen der traditionellen Conjoint-Analyse sind vor allem die *Zwei-Faktor-Bewertung* (Trade-off-Ansatz) und die *ganzheitliche Profilmethode* (Full-Profile-Ansatz) zu nennen.

Trade-off-Ansatz — Bei der Zwei-Faktor-Bewertung müssen die Befragten jeweils Paare von Ausprägungen nach ihrer Präferenz bewerten, wobei der Vorteil der Methode in der geringen Komplexität der Beurteilungsaufgabe zu sehen ist.

Full-Profile-Ansatz — Bei der Profilmethode, die am weitesten verbreitet ist, besteht ein Stimulus aus der Kombination je einer Ausprägung aller Produktmerkmale. Als Stimulus werden die Kombinationen von Ausprägungen verstanden, die den Auskunftspersonen zur Beurteilung vorgelegt werden (Backhaus et al. 1996).

Der wesentliche Vorteil der Profilmethode besteht in der großen Realitätsnähe der Stimulusdarbietung; er ermöglicht u. a. die Abfrage von Kaufabsichten. Da bei zunehmender Anzahl von Produktmerkmalen und ihren Ausprägungen die Zahl möglicher Stimuli bei der Profilmethode schnell ansteigt, wird meist die Möglichkeit, auf eine repräsentative Teilmenge zurückzugreifen, genutzt.

Reduzieren der Stimuli

Um eine Überforderung der Befragten durch eine hohe Anzahl von Stimuli zu vermeiden, wird eine Reduzierung – in der Regel mit einem sog. unvollständigen faktoriellen Experimentaldesign – angestrebt und dabei entsprechende Informationsverluste in Kauf genommen (Berekoven et al. 1996). Da bereits ab einer Stimulianzahl von 20 mit einer Informationsüberlastung gerechnet werden muss, erfordern die meisten Anwendungen den Einsatz dieser Methode. Zu unterscheiden ist die Vorgehensweise bei einem symmetrischen Design, dessen Anzahl der Ausprägungen aller Merkmale gleich groß ist, und bei einem asymmetrischen Design, welches hier eingesetzt werden soll.

Informationsüberflutung

Zur Reduzierung eines symmetrischen Designs bietet sich die Methode des Lateinischen Quadrats an. Die Konstruktion eines Versuchsplans für ein asymmetrisches Design beruht auf dem Prinzip, dass eine proportionale „Verteilung" der Ausprägungen bei den Merkmalen erfolgt, deren Ausprägungsanzahl geringer ist (Backhaus et al. 1996). Da bei der Anwendung eines unvollständigen faktoriellen Designs je nach spezifischer Problemstellung zahlreiche Gestaltungsalternativen möglich sind, deren vollständige Darstellung den Rahmen dieser Methodenbeschreibung sprengen würde, soll im Folgenden nur auf das im verwendeten Software-Tool SPSS eingesetzte ADDELMAN-plans-Verfahren hingewiesen werden.

Experimental Design

Es bleibt anzumerken, dass zur Bewältigung großer faktorieller Designs im wesentlichen drei Lösungsansätze entwickelt worden sind: der Einsatz unvollständiger Blockpläne, die Berücksichtigung nur individuell relevanter Merkmale für die Conjoint-Analyse und der Einsatz der hybriden Conjoint-Analyse.

Ansätze bei großer faktorieller Designs

4.8.4
Präsentation der Stimuli und Befragung

Bei der Wahl der Präsentationsform der Stimuli interessiert vor allem die Form, in der die Produktkonzepte den Befragten zur Beurteilung vorgelegt werden. Hierbei werden in Verbindung mit dem Full-Profile-Ansatz im Wesentlichen drei Möglichkeiten der Präsentation diskutiert, die auch kombiniert eingesetzt werden können (Schubert 1991):

- die verbale Gestaltung,
- die visuelle Gestaltung,
- die physische Gestaltung.

Verbale Beschreibung

Die verbale Beschreibung wird meist mit Stimuluskarten durchgeführt. Von Vorteil ist, dass nahezu alle Merkmale dargestellt werden können. Die verbale Beschreibung ist zudem ein einfaches Verfahren zum Sammeln von Daten (Weiss 1992). Eine zu hohe Anzahl von Merkmalen kann sich andererseits nachteilig auswirken; es bleibt zudem unklar, ob mit dieser Methode Vorstellungen über reale Produkte erzeugt werden können. Durch eine visuelle Darstellung der Testkonzepte, z. B. in Form von Skizzen, Zeichnungen, Fotomontagen, wird die Bewertungsaufgabe der Befragten erheblich erleichtert. Problematisch scheint hierbei jedoch, dass unter Umständen nicht nur die zu testenden Merkmale den Beurteilungsprozess steuern, sondern weitere im Bild enthaltene Informationen oder deren künstlerische Gestaltung (Schubert 1991). Die Gestaltung der Testobjekte als physische Modelle oder Produkte ist die realistischste Form der Stimulipräsentation. Denkbare Erscheinungsformen der Objekte reichen vom dreidimensionalen Modell bis zum realen Produkt. Nachteile dieser Präsentationsform betreffen u. a. den zu betreibenden Aufwand (Bereitstellung aller zu bewertenden Produktalternativen) wie auch – u. a. bei Innovationsgütern – das Problem der Verfügbarkeit. Die Befragung selber kann schriftlich, mündlich oder computerunterstützt erfolgen.

Visuelle Darstellung

Stimulipräsentation

Wichtig: Skalierung der Aussagen

Bei der Befragung der Auskunftspersonen kommt der Skalierung, das heißt dem Messniveau der Urteilsdaten, große Bedeutung zu. Grundsätzlich können vier Messniveaus unterschieden werden: Die Unterteilung der nichtmetrischen Skalen in *Nominal-*[9] und *Ordinal-Skala* sowie die *Intervall- und Ratioskala*[10] als Beurteilungsmaßstab des metrischen Messniveaus (Backhaus et al. 1996). Ging es ursprünglich bei der Conjoint-Analyse um die Untersuchung ordinaler Urteilsdaten, so lässt sich heute zunehmend ein Trend zum Einsatz metrisch skalierter Eingangsdaten feststellen (Schubert 1991). In der praktischen Anwendung findet man zumeist die Methode der Rangverteilung, die jedem Produkt einen Rangwert zuweist, sowie die Methode des Rangordnens, ein Sortieren der Produktalternativen nach der Präferenz der Befragten sowie nach der Beurteilung der Produktalternativen durch metrische Präferenzwerte in Form der Präferenzwertmethode.

4.8.5
Wahl des Schätzverfahrens zur Bestimmung der Teilnutzenwerte

Ziel der Conjoint-Analyse ist es, auf der Basis empirisch erhobener ganzheitlicher Urteilsdaten über verschiedene Stimuli die Teilnutzenwerte für die Ausprägungen einzelner Produktmerkmale zu ermitteln. Dieses wird durch die Wahl eines Schätzverfahrens erreicht, das den Algorithmus zur Parameterschätzung festlegt. Aus den gewonnenen Teilnutzenwerten lassen sich die metrischen Gesamtnutzwerte für alle Stimuli und die relativen Wichtigkeiten für einzelne Produktmerkmale ableiten (Backhaus et al. 1996).

Da bei der Conjoint-Analyse zumeist eine große Datenzahl geschätzt werden muss, erfolgt die Auswertung in der Regel computerunterstützt. Die Auswahl eines geeigneten Softwaretools setzt Kenntnisse über die zugrunde liegenden statistischen Verfahren voraus. Die Schätzverfahren lassen sich grundsätzlich in zwei Klassen einteilen, die auf metrischen oder nichtmetrischen Algorithmen basieren und durch andere statistische Ansätze ergänzt werden. Einen Überblick über die gängigsten Algorithmen bietet SCHMIDT (1996).

Computerunterstützte Auswertung

---

[9] Nominalskalen stellen Klassifizierungen qualitativer Eigenschaftsausprägungen dar. Ein Beispiel für eine Nominalskala ist: Fahreigenschaft (sportlich-komfortabel).

[10] Intervallskala und Ratioskala sind Skalen mit gleichgroßen Abschnitten, wobei letztere einen natürlichen Nullpunkt besitzen.

Metrische Ansätze

Liegen die Urteilsdaten in metrisch skalierter Form vor, so wird die Anwendung einer Ordinary Least Squares (OLS) Regression vorgeschlagen. Alternativ stehen die Ansätze der Minimizing of Absolute Errors (MSAE) Regression sowie die Varianzanalyse ANOVA[11] zur Verfügung (Schubert 1991).

Nichtmetrische Ansätze

Die Gruppe der nichtmetrischen Ansätze lässt sich grundsätzlich in ordinale und nominale Algorithmen unterteilen.

Neben den Verfahren PREMAP[12], JOHNSONS[13] und LINMAP[14] findet bei ordinal skalierten Urteilsdaten hauptsächlich der von Kruskal entwickelte Algorithmus Monanova[15] Verwendung (Schubert 1991). Die monotone Varianzanalyse bildet ein iteratives Verfahren und ist somit bedeutend rechenaufwendiger als die metrische Varianzanalyse (Backhaus et al. 1996). Sie beruht auf dem Prinzip der monotonen Regression: Die erhobene Ähnlichkeitsrangordnung wird in metrische Werte Z-transformiert.

Liegen die Urteilsdaten nominal skaliert vor, ließe sich als Schätzverfahren z.B. das Categorical Conjoint Measurement (CCM) einsetzen. Dieses Verfahren hat sich allerdings in der Anwendungspraxis nicht durchgesetzt (Schubert 1991).

Statistische Ansätze

Neben den genannten Verfahren zur Schätzung metrisch und nichtmetrisch skalierter Urteilsdaten werden in der Literatur sog. statistische Ansätze aufgeführt. Ihre Besonderheit besteht darin, dass sie eine Relation zwischen Paarvergleichsurteilen und Wahrscheinlichkeitsmodellen herstellen (Schubert 1991). Auf diesem Ansatz beruhen die Verfahren *Probit* und *Logit*.

---

[11] ANalysis Of VAriance

[12] PREFerence MAPping

[13] JOHNSON's Trade-off Procedure

[14] LINear Programming Technques for Multidimensional Analysis of Preference

[15] MONotone ANalysis Of VAriance

4.8.6
Auswertung und Interpretation der Ergebnisse

Die Auswertung der im Laufe einer Conjoint-Analyse gewonnenen Datensätze erfolgt in der Regel in drei Schritten. Im ersten Schritt werden die Daten aller Befragten einzeln ausgewertet (individuelle Auswertung) und nachfolgend auf der Basis der gesamten Datensätze oder aber segmentspezifisch zu aggregierten Conjoint-Lösungen zusammengefasst (aggregierte Auswertung) (Schubert 1991). Der dritte Schritt dient der Darstellung und Interpretation der Ergebnisse.

Drei Phasen

Neben einer Individualanalyse mit anschließender Aggregation der gewonnenen Teilnutzenwerte besteht die Möglichkeit einer sog. gemeinsamen Conjoint-Analyse.

Individuelle Auswertung

Eine individuelle Auswertung erfordert einerseits einen erheblichen Auswertungsaufwand. Sie ist andererseits notwendig, um Datensätze auszusondern, bei denen die Auskunftspersonen in ihrem Urteilsverhalten gegen die Annahmen der additiven Conjoint-Analyse verstoßen haben. Die Conjoint-Analyse bietet gegenüber anderen Ansätzen der Wahrnehmungs- und Präferenzforschung den Vorteil, dass Verletzungen der Annahmen, aber auch willkürliches Antwortverhalten der Befragten auf Grund der Ergebniskonfiguration erkannt und gegebenenfalls ausgeschlossen werden können, um möglichst „saubere" Datensätze für die aggregierte Auswertung zu erhalten (Schubert 1991). Anzeichen für einen „Verstoß" der Auskunftsperson gegen Annahmen kann das Auftreten hoher Stresswerte sein.

Bereinigen der Datensätze

Die individuelle Auswertung ermöglicht nicht nur, „fehlerhafte" Datensätze zu finden, sie liefert auch die Basis für die nachfolgende Segmentbildung und damit für eine zielgruppenspezifische Produktentwicklung (Schubert 1991).

Aggregierte Auswertung

Im Anschluss an die Individualanalyse lassen sich die individuellen Teilnutzenwerte je Ausprägung durch Mittelwertbildung über die Personen aggregieren. Diese Vorgehensweise setzt jedoch eine Normierung der Teilnutzenwerte für jede Person voraus (Backhaus et al. 1996).

Darstellung und Interpretation der Ergebnisse

Geschätzte Teilnutzwerte

Der Auswertungsprozess der Conjoint-Analyse liefert als Ergebnis die geschätzten Teilnutzenwerte aller Merkmalsausprägungen des Untersuchungsobjekts. Diese besitzen ein metrisches Messniveau und sind direkt untereinander vergleichbar (Schubert 1991).

Vor der Interpretation der Daten sollte der Stresswert als Maß für die Güte der Schätzung analysiert werden. Der Stresswert bringt den Grad der Übereinstimmung der abgeleiteten Rangordnung für die Gesamtpräferenzwerte mit der ursprünglichen empirischen Rangordnung der Stimuliprofile zum Ausdruck.

Aus niedrigen Stresswerten lässt sich nicht zwangsläufig auf eine inhaltlich gehaltvolle Lösungskonfiguration schließen, da auch sog. „degenerierte" Lösungskonfigurationen, die wegen einer Vereinfachung des Beurteilungsprozesses durch die Auskunftsperson zu Verletzungen der Annahmen des kompensatorischen Präferenzmodells führen, einen niedrigen Stresswert aufweisen (Schubert 1991). Degenerierte Lösungen lassen sich daran erkennen, dass lediglich bei ein oder zwei Merkmalen relativ hohe Teilurteilswerte vorliegen, während bei den anderen Merkmalen die Werte gleich Null oder sehr gering sind. Derartige Ergebnisse lassen sich z.B. mit dem sog. Shepard-Diagramm erkennen (Schubert 1991).

Wichtigkeit eines Produktmerkmals ermitteln

Nach der Ermittlung der Bedeutung der einzelnen Ausprägungen der Produktmerkmale für die Gesamtbeurteilung der Produktkonzepte soll als nächstes ermittelt werden, welche Produktmerkmale für die Beurteilung besonders wichtig sind. Entscheidend für die Wichtigkeit eines Produktmerkmals für die Präferenzveränderung ist die Spannweite, d.h. die Differenz zwischen dem höchsten und dem niedrigsten Teilnutzenwert der Ausprägungen eines Produktmerkmals. Die relative Wichtigkeit ergibt sich demzufolge aus der Gewichtung der Spannweite einzelner Produktmerkmale an der Summe der Spannweiten aller Produktmerkmale (Backhaus et al. 1996).

Visualisierung der Merkmale

Es ist anzumerken, dass sich bei weniger wichtigen Merkmalen die Präferenzwerte kaum ändern, wenn die Ausprägungen dieser Merkmale variiert werden. Bei besonders wichtigen Produktmerkmalen führen allerdings Veränderungen der Ausprägungen zu starken Änderungen der Gesamtbeurteilung (geringe Kompromissbereitschaft). Bei der abschließenden Darstellung der Daten in Diagrammen sollte darauf geachtet werden, diskrete Merkmale nur mit Stab- oder Kreisdiagrammen zu visualisieren. Der Einsatz von Verbindungslinien suggeriert, dass auch Informationen über die Ausprägungen zwischen den Kategorien vorliegen (Schubert 1991).

Weiterführende Auswertungen

Neben der Schätzung von Teil- und Gesamtpräferenzen ermöglicht die Conjoint-Analyse weitere Verfahren der Datenauswertung. So lassen sich bei der segmentspezifischen Auswertung spezifische Zielgruppendefinitionen für alternative Produktkonzepte gewinnen. Der Schritt der segmentspezifischen Auswertung, der zu den wichtigsten der Conjoint-Analyse zählt, kommt vorrangig in der frühen Phase der Produktentwicklung zum Einsatz. Weitere Schritte der Auswertung sind die Marktsimulationen, mit deren Hilfe die Erfolgswahrscheinlichkeit alternativer Produktkonzepte ermittelt werden soll, sowie die Positionierung alternativer Produktkonzepte mittels multipler Korrespondenzanalyse (Schubert 1991).

Alternative Konzepte

Vorteil und Erfolgsfaktoren

Wesentliche Vorteile der Methode sind: Eine genaue Ermittlung der Nutzenwerte und Wünsche interner wie externer Kunden und die hierdurch optimale Steuerung des FuE-seitigen Ressourceneinsatzes durch die Kenntnis der Nutzenanteile und -bereiche. Der Einfluss der subjektiven Produktmerkmale (benefits, imageries) auf die objektiven Produktmerkmale (characteristics) wird transparent. Durch den Einsatz adäquater Software können die nachfolgend genannten Nachteile abgemildert oder behoben werden (er ist hier als kritischer Erfolgsfaktor zu nennen). Des Weiteren sind umfangreiche statistisch-mathematische Kenntnisse erforderlich. Die Vorauswahl der Produktmerkmale ist subjektiv gefärbt. Zumeist erfolgt eine vergangenheitsorientierte, konservative Erfassung der Produktmerkmale.

Aufwand

Die Methode der Conjoint-Analyse ist zeitlich wie auch in den Kosten sehr aufwendig. Es gibt andererseits eine Reihe von Softwareprogrammen (z. B. Unicon, TradeOff, Monanova, Linmap, ACA), die die Anwendung der Methode unterstützen.

4.9 Technology-Roadmapping

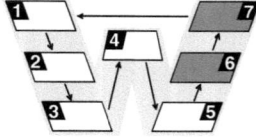

> Das Technology-Roadmapping ermöglicht die Prognose, Analyse und Visualisierung zukünftiger Technologieentwicklungen. Die Zielsetzung besteht in der Vorhersage und Bewertung zukünftiger Entwicklungen in einem Handlungsfeld. Das Roadmapping besteht aus der Roadmap-Generierung und der eigentlichen Ergebnisdarstellung als Roadmap.

Grundsätzlich ermöglicht das Technology-Roadmapping, die Planung zukünftiger Entwicklungen zu konkretisieren. Es stellt einerseits ein systematisch-analytisches wie auch kreatives Vorgehen zur Zukunftsprognose von Produkt-, Dienstleistungs- und Technologieentwicklungen bereit und bietet andererseits die Möglichkeit einer zweckmäßigen Visualisierung der Ergebnisse (Specht et al. 2000). Zielsetzung des Technology-Roadmapping ist die Vorhersage und Bewertung zukünftiger Entwicklungen in einem Handlungsfeld. Dafür wird sowohl Expertenwissen systematisch erfasst als auch im Vorfeld divergierende Meinungen in gruppendynamischen Prozessen abgestimmt. Auf dieser Grundlage erfolgt schließlich die Ableitung detaillierter Handlungsoptionen in einem unternehmensindividuellen Handlungsrahmen.

Das Technology-Roadmapping bietet sich als Instrumentarium besonders an, um die Entwicklungen und Konvergenzen technischer Produkte vorhersehen und darstellen zu können. Dabei wird die Verfügbarkeit von Technologien und ihre Verknüpfungen untereinander über die Zeit grafisch dargestellt. Mit dem Prozess des Technology-Roadmappings wird unstrukturiertes Expertenwissen aufgegriffen und die Zielsetzung verfolgt, die Intuition und Kreativität von Fachexperten zu fördern.

Nutzen des Technology-Roadmappings

Der Nutzen einer Technology-Roadmap liegt in der systematischen Vorgehensweise wie auch in der strukturierten Darstellung zukünftiger Unternehmensaktivitäten. Die Methode vermittelt Planungsverantwortlichen als auch den für die Umsetzung zuständigen Mitarbeitern einen weitreichenden Überblick über die nächsten strategischen Planungsschritte. Darüber hinaus können aus den entwickelten, strategischen Leitlinien operative Schritte abgeleitet werden.

Varianten des Technology-Roadmappings

In der Praxis existieren verschiedene Formen des Technology-Roadmappings. Sie resultieren einerseits aus verschiedenen Bezugsobjekten, andererseits variieren die Ziele in Abhängigkeit der Interessengruppen (Möhrle u. Isenmann 2002). In Abhängigkeit sinnvoller Bezugsobjekte schlagen MÖHRLE und ISENMANN folgende Klassifizierung vor:

- Roadmapping für *zentrale Schrittmacher-, Schlüssel- und Zukunftstechnologien*: Anwendungspotenziale verschiedener Anwendungssysteme lassen sich ableiten.
- Roadmapping für *Anwendungssysteme*: der Gegenstand sind übergeordnete Zukunftsthemen (z. B. die Fabrik der Zukunft, Fahrzeug der Zukunft).
- Roadmapping für das *Leistungsspektrum eines Unternehmens*: aktuelle und zukünftige Produktprogramme werden in Verbindung mit Dienstleistungen aufgeführt.

Die Formen des Technology-Roadmapping variieren auf Grund der beteiligten differenzierenden Interessengruppen und ihrer unterschiedlichen Zwecke (Möhrle u. Isenmann 2002):

- Interne Steuerung betrieblicher FuE-Einheiten,
- Abstimmung zwischen verschiedenen betrieblichen Funktionsbereichen,
- Darlegung der Wettbewerbsstrategie,
- Koordination eigener und fremder FuE-Aktivitäten,
- Gemeinsame (technologische) Orientierung verschiedener Unternehmen.

4.9.1 Technologiekalender nach SCHMITZ (Fraunhofer IPT)

Zur Verknüpfung der strategischen Planungshorizonte hat WESTKÄMPER für den Bereich der Produktionstechnologie mit dem »Technologiekalender« einen integrativen Ansatz entwickelt (Westkämper 1987). Auf Grund der Erkenntnis, dass neue Produktionskonzepte mit der Strategie einer vorausschauenden Harmonisierung von Produkt- und Prozessentwicklung geplant werden sollten, setzt WESTKÄMPER den Technologiekalender ein, um unter einem langfristigen Planungshorizont Unternehmensressourcen wie Personal, Entwicklung und Investitionen aufeinander abzustimmen (Westkämper 1987).

Technologiekalender nach WESTKÄMPER

224   4 Methodenbeschreibung

Technologiekalender nach SCHMITZ

SCHMITZ hat auf der Grundlage des Technologiekalenders nach WESTKÄMPER einen modifizierten Technologiekalender entwickelt, der eine methodikkonforme Erweiterung dieses Technologieansatzes darstellt. Der modifizierte Technologiekalender ermöglicht eine systematische, nachvollziehbare und unternehmensindividuelle Gegenüberstellung von zu fertigenden Produkten und relevanten bzw. einsetzbaren Fertigungstechnologien (Schmitz 1996). Die Achsen des modifizierten Technologiekalenders sind durch die Dimensionen »Produkt«, »Technologie« und »Zeit« aufgespannt (Abb. 4.35).

Bereich »Produkt« des Technologiekalenders

Im Bereich »Produkt« des Technologiekalenders – aufgespannt durch die Achsen Produkt und Zeit – wird für alle Erfolg versprechenden Produktinnovationen ein kurz- bis langfristiger Absatz- und Produktionsplan auf der Grundlage prognostizierter Stückzahlen erstellt und eingetragen. Unterhalb der Stückzahlen werden die relevanten, nach Herstellkostenanteil sortierten Bauteile der jeweiligen Produktinnovationen aufgeführt. Zusätzlich werden diejenigen konstruktiven Änderungen der Produktstruktur (z. B. die Einführung einer Integral- oder Partialbauweise) besonders gekennzeichnet, die unmittelbar mit der Anwendung einer bestimmten Technologie im engen Zusammenhang stehen.

Zeitliche Einordnung konstruktiver Bauteiländerungen

Die zeitliche Einordnung der konstruktiven Bauteiländerungen hängt im Wesentlichen von zwei Aspekten ab: zum einen benötigt jedes Unternehmen eine gewisse Zeit für die Einführung und Umsetzung von Produktänderungen, was z. B. mit neuen Zulassungsverfahren oder der Umstellung des Werkzeugbaus begründbar ist. Andererseits ist der Umsetzungszeitpunkt abhängig von der Reife der Fertigungstechnologien, mit der die neuen Bauteilstrukturen hergestellt werden sollen. Ist keine Änderung der Bauteilstrukturen vorgesehen, so werden zumindest die Bauteile gekennzeichnet, deren Features auf Grund des Einsatzes neuer Fertigungstechnologien konstruktiv geändert werden müssen und daher Entwicklungsarbeiten im Bereich FuE erfordern.

Bereich »Technologie« des Technologiekalenders

Der Bereich »Technologie« des modifizierten Technologiekalenders wird durch die Achsen »Technologie« und »Zeit« aufgespannt. Hier sind diejenigen Fertigungstechnologien aufgeführt, die zukünftig zur Herstellung eines Bauteils eingesetzt werden. Der Zeitpunkt der erstmaligen Anwendung einer Fertigungstechnologie – und damit ihre Startpositionierung im Technologiekalender – ist abhängig von ihrer ersten *möglichen* konkreten Anwendung bei einem Bauteil.

Die »Priorität« der Technologieanwendung wird für jedes Bauteil entsprechend einer festgelegten Normstrategie bestimmt. Die Einteilung der Bauteile erfolgt anhand von Technologieeinsatzkriterien (TEK), die ebenfalls im Technologiekalender dargestellt werden. Weist eine Bauteilstruktur die Notwendigkeit einer eigenen technologiebezogenen Entwicklung auf, so wird das entsprechende Bauteil gesondert gekennzeichnet (z. B. durch den Vermerk: F&E).

Priorität von Technologieanwendungen

Damit gewährleistet ist, dass Wiederhol- und Detailplanungen personenunabhängig durchgeführt werden können, wird die Planungshistorie sowohl des Produkt- als auch des Technologiebereichs innerhalb des modifizierten Technologiekalenders in einem planungsorientierten Technologie- bzw. Produktdatenblatt dokumentiert.

Personenunabhängige Wiederhol- und Detailplanungen

4.9.2
Nutzungsmöglichkeiten des Technologiekalenders

Prinzipiell ermöglicht der Technologiekalender nach SCHMITZ dem Anwender einen Überblick darüber, welche Fertigungstechnologien derzeit oder zukünftig ein Einsatzpotenzial für welche Bauteile bieten (Schmitz 1996). Auf Grund der einerseits durchgeführten vertikalen Planung der Produkt- und Technologiebereiche sowie andererseits der horizontalen Planung über verschiedene Zeiträume hinweg besteht die Möglichkeit einer ganzheitlichen Sichtweise im Sinne einer strategischen Planung.

Möglichkeiten des Technologiekalenders

Der Technologiekalender nach SCHMITZ ermöglicht dem Anwender u. a., die Herstellkosten mittel- bis langfristig abzuschätzen. Darüber hinaus bietet die Visualisierung der Ergebnisse als Roadmap den Vorteil einer systematischen, nachvollziehbaren und unternehmensindividuellen Gegenüberstellung der entwickelten Produktinnovationen und der dazu notwendigen Fertigungstechnologien. Dies hat den Vorteil, dass die strategische Planung zukünftiger Produktinnovationen nicht losgelöst von den technologischen Potenzialen erfolgt. Damit ist gewährleistet, dass geplante Produktneueinführungen auch technologisch entsprechend der strategischen Planungsvorgaben umgesetzt werden können.

Vorteile des Technologiekalenders

4 Methodenbeschreibung

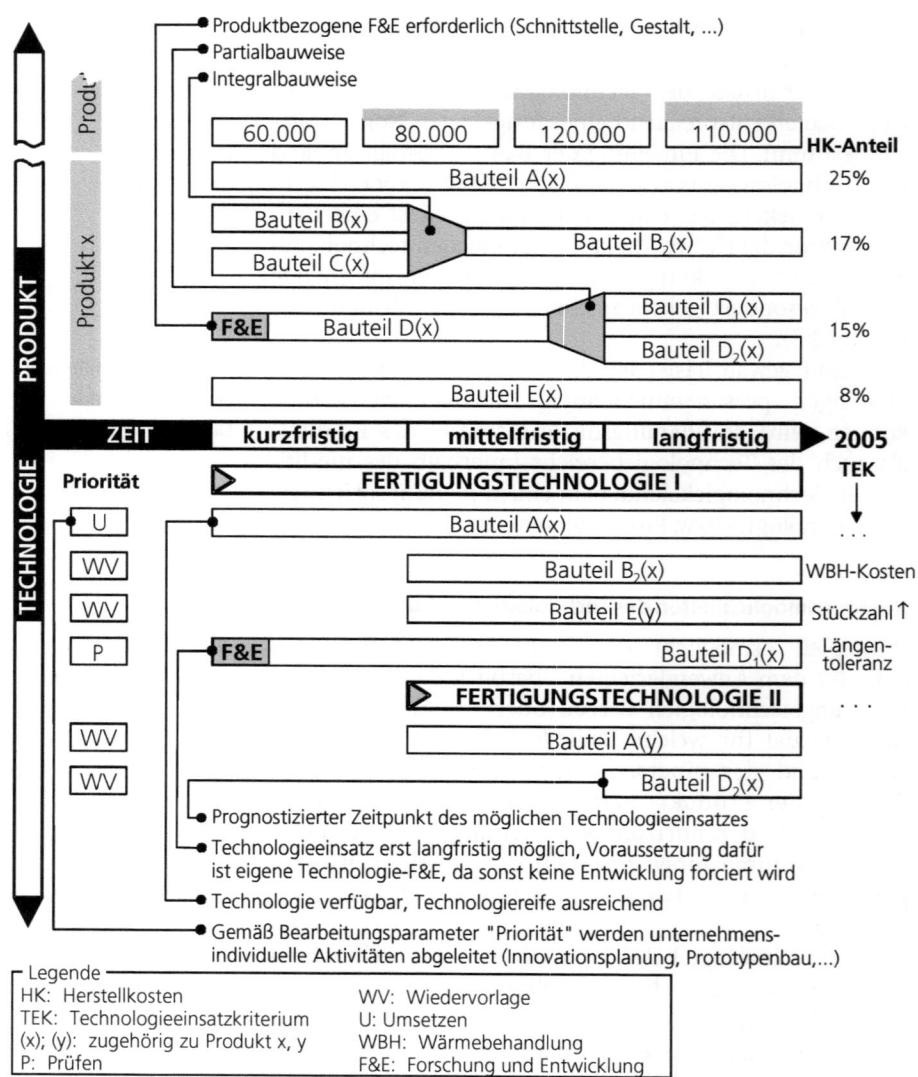

Abb. 4.35 Struktur eines Technologiekalenders (Schmitz 1996)

Nutzen des Technologiekalenders

Mit dem modifizierten Technologiekalender steht ein Hilfsmittel zur Verfügung, das für unterschiedliche Unternehmensbereiche bzw. Verantwortliche folgenden Nutzen aufweist (AWK 1999):

- Die Unternehmensleitung kann mit dem Technologiekalender die strategische Ausrichtung der Pro-

dukt- und Technologieplanung steuern und kontrollieren.
- Die Produktionsverantwortlichen können bei der Planung neuer Produktionskonzepte zukünftige Technologieentwicklungen in einer systematischen Form prognostizieren und diese somit berücksichtigen.
- Bei der Konstruktion und Gestaltung von Produktinnovationen können unternehmensinterne und am Markt verfügbare Fertigungstechnologien berücksichtigt werden.
- Bei der Investitionsplanung können für die antizipierten Produktionstechnologien gezielt eventuell notwendige Forschungs- und Entwicklungsprojekte definiert werden.
- Der Technologiekalender bietet dem Einkauf die Möglichkeit, als Entscheidungshilfe für anstehende Make-or-Buy-Entscheidungen den technologiespezifischen Stückzahl- und Kapazitätsbedarf zu ermitteln.

Anhand der im Technologiekalender dargestellten Produkt- und Fertigungstechnologien lassen sich zukünftige Unternehmensaktivitäten ableiten bzw. synchronisieren. SCHMITZ identifiziert diesbezüglich einige typischen Entscheidungen, die auf Basis des Technologiekalenders getroffen werden können (Schmitz 1996):

Ableitung zukünftiger Unternehmensaktivitäten

- Zur Konkretisierung kurzfristiger Einsparpotenziale können detaillierte Kostenvergleichsrechnungen veranlasst werden.
- Im Falle potenzialträchtiger Fertigungstechnologien können Investitionsrechnungen initiiert werden.
- Vor dem Hintergrund der Potenziale identifizierter Fertigungstechnologien können die Bauteile entsprechend gestaltet werden; dies erfordert gegebenenfalls eine Abänderung vorhandener Konstruktionszeichnungen, Arbeitspläne, Auftragsabwicklungen etc.
- Die Anwendung innovativer Fertigungsstechnologien bei zukünftigen Produktgenerationen kann durch entsprechende Entwicklungsaufträge gefördert werden.
- Für Erfolg versprechende Produkte kann die Herstellung von Funktionsprototypen in Auftrag gegeben werden.
- Mit Zulieferern können Entwicklungskooperationen initiiert werden, um auf diesem Wege Technologiesprünge in der Praxis zu realisieren.

- Für einen Technologiewechsel notwendige Genehmigungs- und Freigabeprozeduren bei Kunden oder öffentlichen Institutionen können vorausschauend abgewickelt werden.
- Die Unternehmensplanung (Finanzplanung, Qualifizierung) kann auf den Ressourcenbedarf (Kapital, Personen, etc.) abgestimmt werden, der für die Einführung bzw. Nutzung neuer Fertigungstechnologien benötigt wird.
- Die erneute Überprüfung einer vordergründig effektiveren Fertigungstechnologie kann zu einem späteren Zeitpunkt festgelegt werden, falls diese Technologie zum aktuellen Zeitpunkt noch nicht einsatzfähig ist.
- Verantwortliche für zukünftige Fertigungstechnologien können bestimmt werden, die entsprechend für eine kontinuierliche Aktualisierung des technologiebezogenen Wissenstandes zuständig sind.

Inhaltlich sind die Unternehmensaktivitäten, die auf Basis des Technologiekalenders nach SCHMITZ initiiert werden, tendenziell entweder auf Produkte oder Produktionstechnologien ausgerichtet. Dadurch und bedingt durch die zeitlichen Auswirkungen der Maßnahmen kann ohne weiteres ein gegenseitiger Bezug der Aktivitäten festgestellt werden.

Wiederholplanung alle 1 bis 3 Jahre

Die Ergebnisse einer dynamischen Planung interner und externer Technologieentwicklungen können anhand des Technologiekalenders mit den Zukunftsprognosen verglichen und abgebildet werden. Vor diesem Hintergrund ist es sinnvoll, die Durchführung der entsprechenden Planungsphasen alle drei bis fünf Jahre zu wiederholen, damit die erforderliche Aktualität der Planungsergebnisse gewährleistet ist. Der Technologiekalender ermöglicht, diejenigen Produktionstechnologien, die erst zu einem späteren Zeitpunkt für eine wettbewerbsfähige Fertigung unternehmenseigener Produkte eingesetzt werden können, zum jetzigen Zeitpunkt schon in der Unternehmensplanung zu berücksichtigen. Auf Grund einer – durch die Anwendung der Technologiekalender-Methodik – vorhandenen Komplexitätsreduktion und Systematisierung der Technologieplanung lassen sich produkt- und fertigungstechnologische Innovationen effektiver synchronisieren. Zudem wird die Transparenz und die Akzeptanz der Planungsergebnisse im Vergleich zu konventionellen Planungsmethoden nachhaltig verbessert. Mit der Strukturierung zukünftiger Umsetzungsaktivitäten wird die Bereitschaft erhöht, im Sinne der Unternehmensstrategie notwendige Technologieinnovationen zu initiieren. Zugleich vergrößert sich die Chance, dass diese Technologieinnovationen in der Praxis tatsächlich erfolgreich umgesetzt werden.

Mit dem Technologiekalender erhält der Anwender Informationen darüber, welche innovativen Fertigungstechnologien derzeit und zukünftig ein Einsatzpotenzial für welche Produkte bilden (Schmitz 1996). Auf Grund der temporären Verknüpfung von aktuellen und geplanten Produkten mit vorhandenen und zukünftigen Fertigungstechnologien erfolgt eine Synchronisation der Entwicklungsprozesse beider Bereiche. Im Zuge dieser Synchronisation können entsprechend der strategischen Zielsetzung Detaillösungen erarbeitet werden, die auf der Ebene technologischer Grundlagen situiert sind (Schmitz 1996).

Vorzüge des Technologiekalenders

4.9.3
ProjektRoadMap – Zusammenspiel von InnovationRoadMap und Technologiekalender

In der Planungsphase »Konzeptbewertung« in der InnovationRoadmap-Methodik besteht einerseits der Bedarf, die entwickelten Produktideen bzw. Produktkonzepte wirtschaftlich zu bewerten. Andererseits ist für eine erfolgreiche strategische Planung zukünftiger Produktinnovationen mit entscheidend, die Möglichkeiten vorhandener und zukünftiger Technologiepotenziale zu berücksichtigen und in die Planung mit einzubeziehen.

Die methodische Verknüpfung von InnovationRoadMap und Technologiekalender in der ProjektRoadMap ermöglicht, die Kompatibilität von Produkt- und Technologieplanung zu berücksichtigen. Lücken in der Mittel- und Langfristplanung von Produkten und Technologien können identifiziert werden (Vinkemeyer 1999). Darüber hinaus lassen sich auch Technologie- und Markt-Knowhow für die Zukunft bündeln sowie vorhandene Erwartungen, Ideen und Bedenken über das jetzige und zukünftige Geschäft des Unternehmens aufdecken.

Methodische Verknüpfung

In einem ProjektRoadMap werden die Unternehmensaktivitäten zusammengefasst, die in der InnovationRoadMap und dem Technologiekalender ermittelt worden sind mit dem Ziel, ein Produkt bzw. eine Technologie zu einem definierten Zeitpunkt am Markt einzuführen (Abb. 4.36). Für jedes einzelne Projekt wird eine separate ProjektRoad-

Map erstellt. Somit wird einerseits die Komplexität der Darstellung reduziert, andererseits können Verantwortlichkeiten eindeutig zugeordnet werden. Ziel ist es, die Aktivitäten so aufeinander abzustimmen, dass eine optimale Zielerreichung und möglichst effiziente Nutzung der vorhandenen und notwendiger Ressourcen gewährleistet wird.

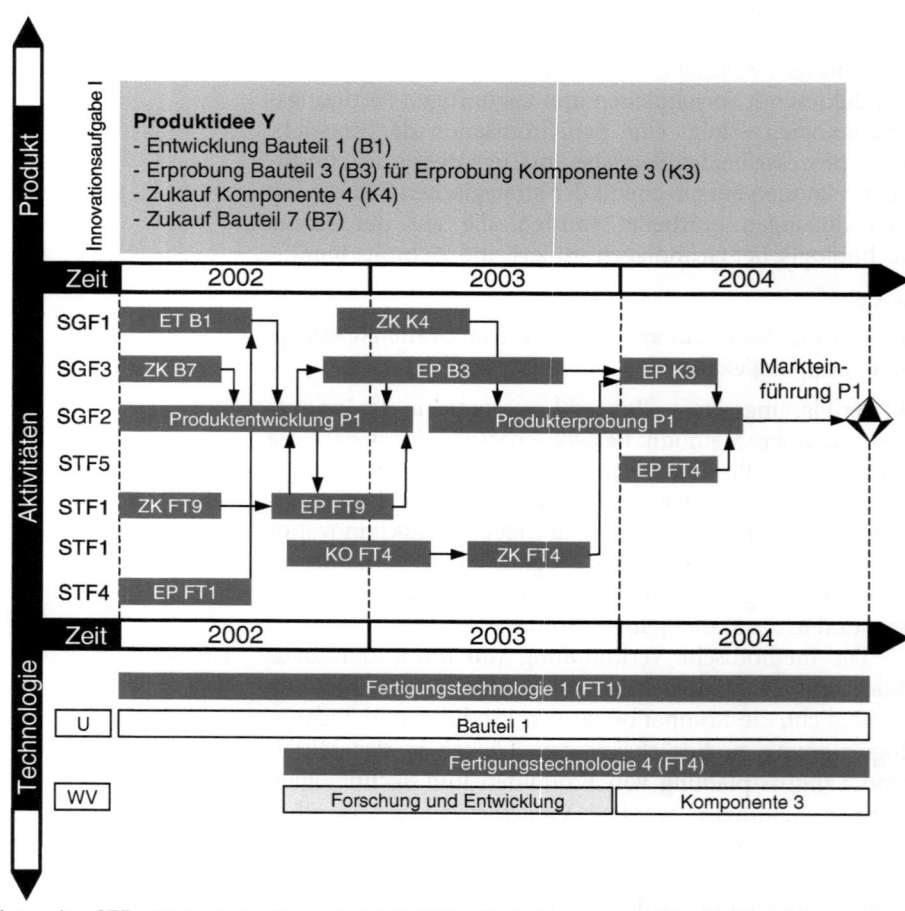

Legende: STF = Strategisches Technologiefeld; SGF = Strategisches Geschäftsfeld; KO = Kooperation; ET = Entwicklung; EP = Erprobung; ZK = Zukauf; U = Umsetzen; WV = Wiedervorlage; FT = Fertigungstechnologie; P = Produkt

Abb. 4.36 ProjektRoadMap (vgl. Walker 2002)

In der ProjektRoadMap werden die Ergebnisse produktbezogen in einem Vorgehensplan dargestellt, indem der identifizierte Entwicklungsbedarf in eine Projektstruktur überführt wird. Dabei werden alle produkt- und technologiebezogenen Aktivitäten zusammengefasst. Die ProjektRoadMap dient als Visualisierungsinstrument. Sie ergänzt die üblichen Inhalte einer Projektbeschreibung wie z.B. Vorgehensplan, Zeit- und Arbeitsplan. Typische Entscheidungen, die während der Erstellung der ProjektRoadMap getroffen werden, sind (vgl. Walker 2002):

- der Anstoß von Entwicklung für spezielle Technologien,
- der Zukauf einer Maschine oder eines Bauteils,
- die Kooperation mit einem Forschungsinstitut oder einem Technologiegeber zur Weiterentwicklung einer Technologie,
- die Einführung einer speziellen Maschine,
- die Technologieerprobung zur Erbringung der Serientauglichkeit,
- die Forcierung der Produktentwicklung oder
- die Produkterprobung vorhandener Produkte zur effizienten Nutzung von Technologien.

Daraus ergibt sich die Möglichkeit, sowohl nicht deckungsgleiche Erwartungen, Vorgehensweisen und Ziele (z.B. zwischen Technik und Marketing) abzustimmen als auch Zukunftsvisionen als Basis einer gemeinsam getragenen Strategie zu vermitteln (Möhrle u. Isenmann 2002).

5 Fallbeispiele

In diesem Kapitel wird das praktische Innovationsmanagement an sechs Fallbeispielen veranschaulicht.

Fallbeispiel 1: SCHOTT Glas analysiert regelmäßig die eigene Unternehmenssituation. Im Fallbeispiel wird beschrieben, wie SCHOTT daraus die Konsequenz abgeleitet hat, die bestehenden Kompetenzen in den Geschäftsfeldern zu erweitern. Der Spezialglashersteller SCHOTT wandelt sich vom Werkstoffhersteller zum Systemanbieter und baut so seine Kompetenzen in den angestammten Märkten aus.

Fallbeispiel 2: Die Hilti AG identifiziert durch den „genauen Blick über die Schulter des Kunden" – dem Profi am Bau – Innovationspotenziale und setzt diese strategisch in neue Geschäftsfelder um. Auf dieser Grundlage hat das Unternehmen den Geschäftsbereich Positioniersysteme aufgebaut.

Fallbeispiel 3: Im dritten Fallbeispiel wird dargestellt, wie die SUSPA Holding GmbH ihr Innovationsmanagement optimiert. Aufbauend auf bestehenden (Technologie-)Kompetenzen werden mit neuen Produkten bisher unbekannte Märkte erschlossen.

Fallbeispiel 4: MicroMed 2000+ ist eine Studie des Fraunhofer IPT und ILT zur Identifizierung Erfolg versprechender Einsatzfelder von Mikrosystemen in der Medizintechnik. In diesem Fallbeispiel wurde gezielte nach Potenzialen in Zukunfts- bzw. Wachstumsmärkten gesucht, die mit eigenen Kompetenzen genutzt werden können.

Das Kapitel wird mit zwei Beispielen zur effektiveren Gestaltung des Innovationsprozesses abgerundet:

Fallbeispiel 5: Die NEUMAG GmbH & Co.KG ist ein mittelständisches Unternehmen, das komplexe Anlagen zur Herstellung von Chemiefasern als Gesamtlösung anbietet. Es wird erläutert, wie die Produktentwicklung durch ein systematisches Innovationsmanagement und die softwareunterstützte Bewertung von Produktideen optimiert wurde.

Fallbeispiel 6: Die Dräger Medical AG & Co. KGaA bietet Einzelgeräte sowie Systemlösungen und Dienstleistungen zur Therapie aller relevanter Bereiche der Patientenprozesskette an. In dem Fallbeispiel wird geschildert, wie das Unternehmen einen weltweit einheitlichen, schnellen und leistungsfähigen Innovationsprozess einführt.

5.1
SCHOTT Glas
»Vom Werkstoffhersteller zum Systemanbieter«
UWE H. BÖHLKE, MARKUS GRAWATSCH

In den vergangenen Jahrzehnten hat sich der SCHOTT-Konzern zu einem weltweit führenden Spezialglashersteller entwickelt.
In diesem Fallbeispiel wird beschrieben, wie SCHOTT aktuell die eigene Marktposition überprüft und notwendige Maßnahmen zur Zukunftssicherung ableitet.

1995 – 111 Jahre nach der Gründung des Glastechnischen Laboratoriums SCHOTT und Genossen in Jena – blickt der SCHOTT-Konzern auf eine positive Unternehmensentwicklung zurück. SCHOTT hat sich vom einstigen Glasschmelzlabor zu einem weltweit führenden Spezialglashersteller entwickelt. Die Angebotspalette des Unternehmens umfasst in der Mitte der 90er Jahre Werkstofflösungen für nahezu alle Spezialglasmärkte der Welt: z. B. Laborglas, Fernsehglas, Pharmaglas, Rohrglas und optisches Glas. Im Bereich Glaskeramik für „weiße Ware" ist SCHOTT seit mehr als 20 Jahren Weltmarktführer.

Der SCHOTT-Konzern

Betrachtet man die wirtschaftliche Entwicklung von SCHOTT, so ist das Unternehmen stetig gewachsen und schreibt auch im 111. Unternehmensjahr schwarze Zahlen. Das soll in Zukunft so bleiben. Im ersten Jahr des neuen Jahrtausends erwirtschaftet SCHOTT einen Weltumsatz von ca. 2 Milliarden Euro und beschäftigt international fast 20.000 Mitarbeiter in ca. 100 Unternehmen.

Eigentlich alles in bester Ordnung!?

Für den Erfolg wird hart gearbeitet. SCHOTT hat sich seit der Gründung kontinuierlich weiterentwickelt und ständig auf neue Situationen eingestellt.

Kontinuierlich weiterentwickeln

Eine dieser neuen Situationen ist die Asienkrise 1995. Obwohl SCHOTT auf Grund der breiten Produktpalette nicht überproportional belastet ist, wird die Krise zum Anlass genommen, die eigene Position in den bedienten Märkten genauer zu analysieren.

Position analysieren

Das Analyse-Ergebnis zusammengefasst: zunehmende Kostennachteile in den etablierten Produktionsstandorten bei einer breiten, aber immer reifer werdenden Produktpalette. Beides zusammen, die restriktive Kostensituation wie auch die Lücke an neuen Produkten, lassen für die

Zukunft einen schleichenden Verlust der Marktpositionen erwarten.

Wird das Geschäftsportfolio 1995 betrachtet, wird der vakante Handlungsbedarf offensichtlich. Den bedienten Märkten fehlen in großen Teilen weitere Wachstumsoptionen, sie sind durch aufkommenden Wettbewerbsdruck geprägt. Teilweise ist sogar zu erwarten, dass durch auslaufende Patente neue Wettbewerber aufkommen, die den von SCHOTT erschlossenen Markt attackieren. Die angestammten Geschäfte werden wegen des natürlichen Produktlebenszyklus mit der Zeit an Ergiebigkeit verlieren, und die bis dato gestarteten Aktivitäten laufen Gefahr, die finanziellen Rückgänge in Zukunft nicht ausgleichen können.

Veränderungen werden notwendig - Veränderungen zur Sicherung, als auch zum Ausbau der bestehenden Position: im Herbst 1995 wird eine unternehmensweite Produktivitätsoffensive gestartet, im Herbst 1998 eine darauf aufbauende Innovationsoffensive (Abb. 5.1).

Geschäfte folgen Produktlebenszyklus

Produktivitätsoffensive starten

Innovationsoffensive starten

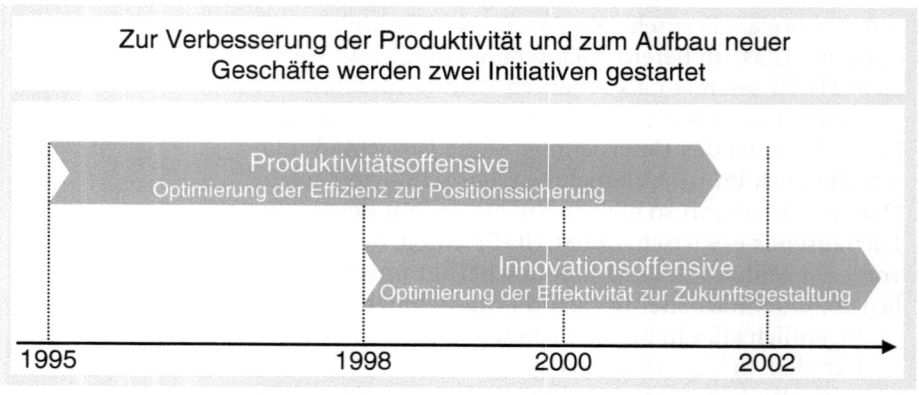

Abb. 5.1 Produktivitäts- und Innovationsoffensive

Wandel initiieren SCHOTT bereitet sich für die Produktion neuer Produkte vor und startet aktiv den Wandel vom reinen Glaslieferanten zum Komponenten- und Systemlieferanten.

Für diesen Wandlungsprozess werden u. a. folgende Richtlinien definiert:

- Der Vielzahl der bislang betriebenen Geschäfte soll durch eine Konzentration auf strategische Märkte begegnet werden.

- Die aktuell realisierten Wertschöpfungsketten sollen durch zusätzliche Veredelungsprozesse erweitert werden.
- Bei der Umsetzung der anvisierten Innovationen erfolgt eine konsequente Marktorientierung.

Parallel zur Innovationsoffensive wird unternehmensweit eine neue Vision, die SCHOTT Vision 2010, als Leitbild für die weitere Unternehmensentwicklung erarbeitet. In diesem Wandlungsprozesses wird u. a. auch eine divisionale Neugliederung der bestehenden Geschäfte durchgeführt. Von einer bis dato eher technologieorientierten Unternehmensgliederung wird SCHOTT zu einem nach Märkten orientierten Konzern weiterentwickelt. Die einzelnen, im Portfolio verbliebenen Geschäfte weisen eine Mindestgröße auf und sind mit Blick auf die gemeinsam adressierten Märkte in einzelne Strategic Business Units (SBU) zusammengeführt. In Summe ersetzen nun fünf SBU die bis vor der Umstrukturierung vorhandenen acht Unternehmensbereiche (Abb. 5.2).

Die Verfolgung und Weiterentwicklung der neuen Unternehmensstruktur erfolgt anhand eines bei SCHOTT entwickelten Portfolios, dem Einzigartigkeits-Portfolio (Abb. 5.3).

Analog zu dem Marktportfolio der Boston Consulting Group ist auf der vertikalen Achse das Marktwachstum aufgetragen. Auf der horizontalen Achse wird die Einzigartigkeit der Geschäftsperformance im Vergleich zu den Wettbewerbern aufgetragen. Dieser Faktor bezieht sich auf die heutige Situation, die die zukünftige Marktposition bestimmen wird. Im Detail wird dabei unterschieden, ob sich SCHOTT nur zeitweise von den Wettbewerbern differenziert oder ob die Geschäfte eine längerfristige Einzigartigkeit besitzen, die nicht ohne weiteres kopierbar ist.

Diese Art der Darstellung bietet SCHOTT den Vorteil, dass nicht nur die heutige Position am Markt, sondern auch die Ursache für diese Position beschrieben wird. Wegen der besseren Berücksichtigung von noch zu erwartenden Geschäftsfeldentwicklungen ist diese Form der Geschäftsfeldanalyse für SCHOTT praktikabler als die klassischen Portfolioansätze.

Marginalien: Vision erarbeiten; Technologie-/Marktorientierung; SBU umstrukturieren; Einzigartigkeits-Portfolio anwenden

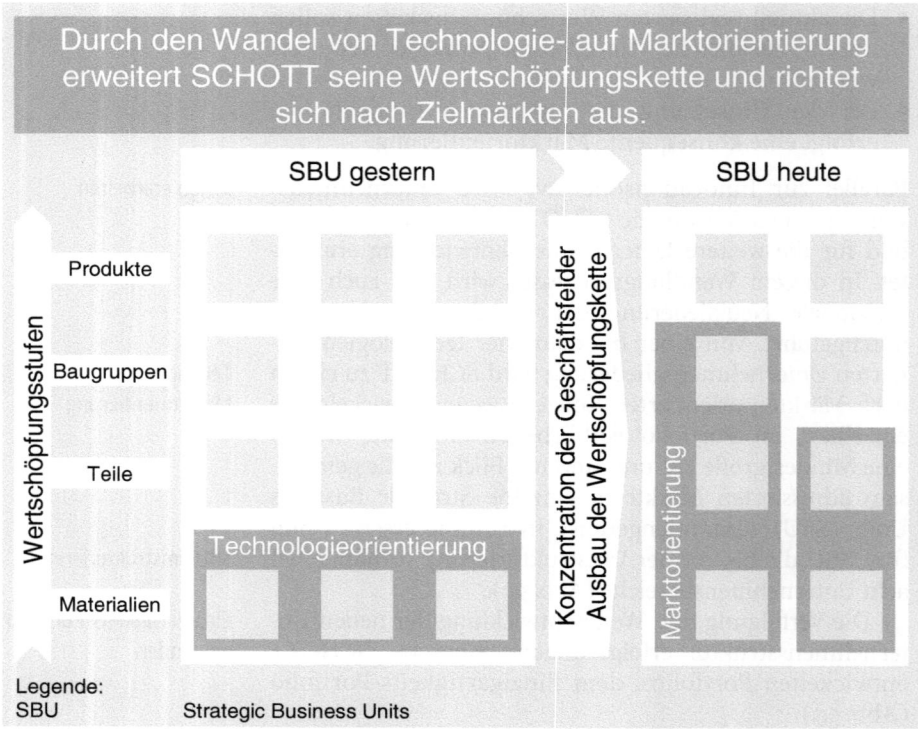

Abb. 5.2 Reduzierung und Ausbau der SBU

Das SCHOTT Einzigartigkeits-Portfolio wird in vier Quadranten untergliedert, für die jeweils eigene Handlungsbedarfe und -strategien entwickelt und den Quadranten zugeordnet werden. So werden Geschäfte im vierten Quadranten auf ihre strategischen Entwicklungsmöglichkeiten untersucht und bei fehlendem USP-Potenzial (USP: unique selling point) ein Exit-Szenario ausgearbeitet und überprüft.

FuE finanzieren

Zur Stützung der strategischen Neuausrichtung werden ab 1998 mehr Gelder für die Forschung und Entwicklung bereitgestellt. Im Geschäftsjahr 1997 werden noch 3,7% des Umsatzes für Forschungs- und Entwicklungsthemen ausgegeben.

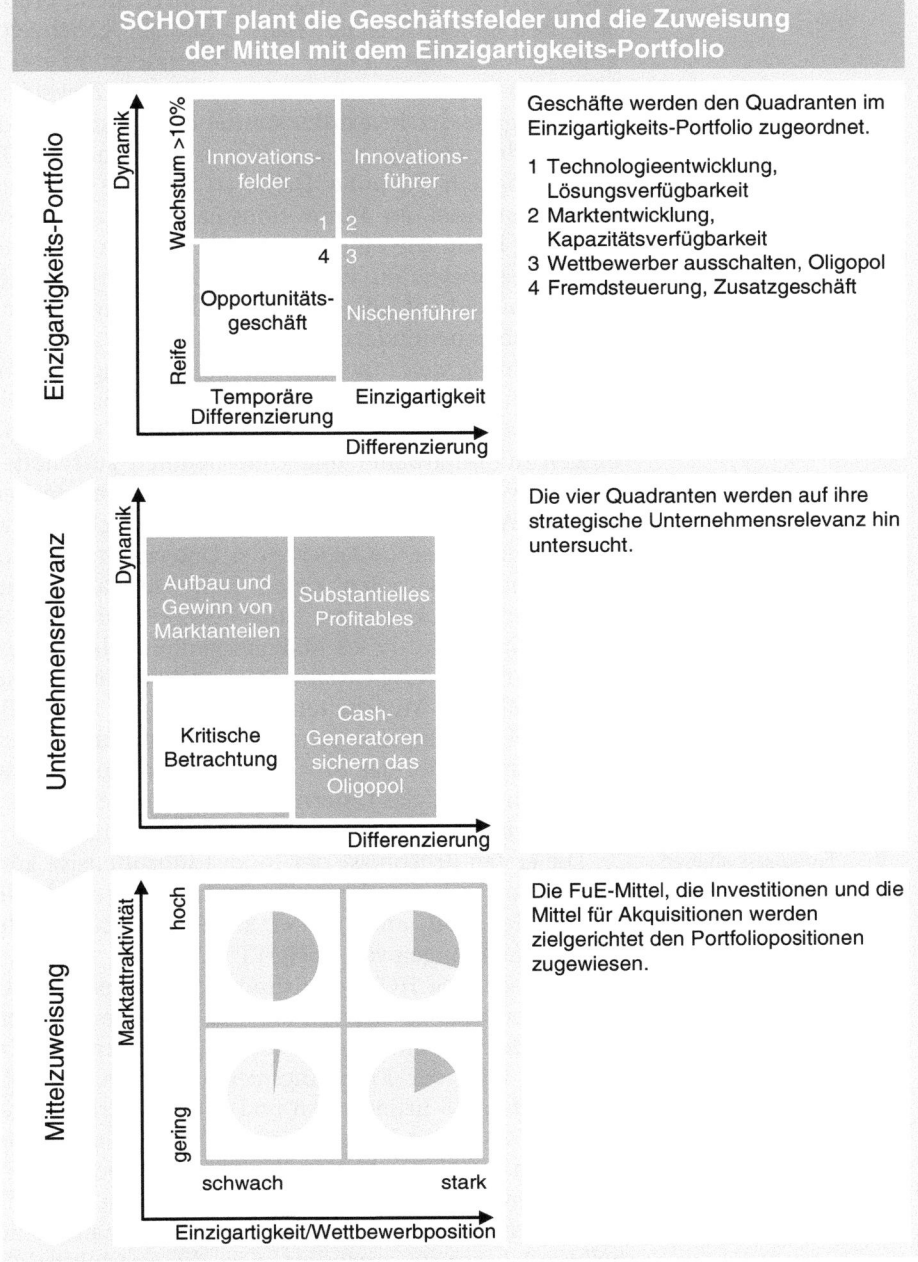

Abb. 5.3 Das SCHOTT Einzigartigkeits-Portfolio

Das Budget wird in den folgenden Jahren stetig erhöht und beträgt im Geschäftsjahr 2001 bei gleichzeitig gestiegenen Umsätzen über 6,3%. Das sind mehr als 120 Millionen Euro. Die geschäftsspezifische Zuweisung bzw. Freigabe der Investitionsmittel erfolgt konsequent anhand der jeweiligen Geschäftsposition im SCHOTT Einzigartigkeits-Portfolio. Daher ist auch die Zuteilung der Investmittel im Innovationsquadranten überproportional hoch. Die Zuteilung in den unteren Quadranten ist gemessen an den jährlichen Abschreibungen geringer und dient lediglich der partiellen Kompensation der Substanzminderung (Abb. 5.3).

Mitarbeiter motivieren

Der Erfolg der Innovationsoffensive hängt im Wesentlichen von der Kreativität und der Einsatzbereitschaft der Mitarbeiter ab. Um hier optimale Randbedingen für Mitarbeiter und Unternehmen zu schaffen, werden verschiedene begleitende Maßnahmenpakete lanciert. Während die Arbeiten mit dem Geschäftsportfolio insbesondere die Aspekte der Unternehmensvision und -strategie betreffen, zielen diese Maßnahmen auf die Weiterentwicklung der Unternehmenskultur ab. So ist z. B. ein Punkt dieses Maßnahmenbündels die konsequente Einführung variabler Gehaltskomponenten im außertariflichen Mitarbeiterbereich. Die am Unternehmenserfolg gekoppelte Gehaltsvariable stärkt das Verantwortungsgefühl der Mitarbeiter und dadurch deren Commitment für das Unternehmen und dessen Ziele.

Unternehmenskultur weiterentwickeln

Wie wirkte sich die Innovationsoffensive aus?

Ergebnisse ablesen

Die ersten Ergebnisse der Innovationsoffensive können schon heute an verschiedenen Indikatoren abgelesen werden: z.B. anhand der steigenden Zahlen der Patentanmeldungen von SCHOTT (Abb. 5.4).

Patentanmeldungen verifizieren Erfolg

1995 meldet SCHOTT 38 Erfindungen an und liegt damit im Vergleich zu anderen (Spezial-)Glasherstellern im unteren Bereich. Im Zuge der Innovationsoffensive wird auch die Zahl der Erfindungsmeldungen stark erhöht. 1999 werden 216 Erfindungen und 2001 304 Erfindungen angemeldet. Damit hat sich SCHOTT auf Platz 36 der deutschen patentanmeldenden Unternehmen positioniert.

Die Inventionen werden konsequent von SCHOTT zu Innovationen weiterentwickelt. Innerhalb eines halben Jahrzehnts verändert sich die Produktpalette gravierend. Es werden zunehmend komplexere Komponenten angeboten, die auf der Wertschöpfungskette höher angesiedelt sind.

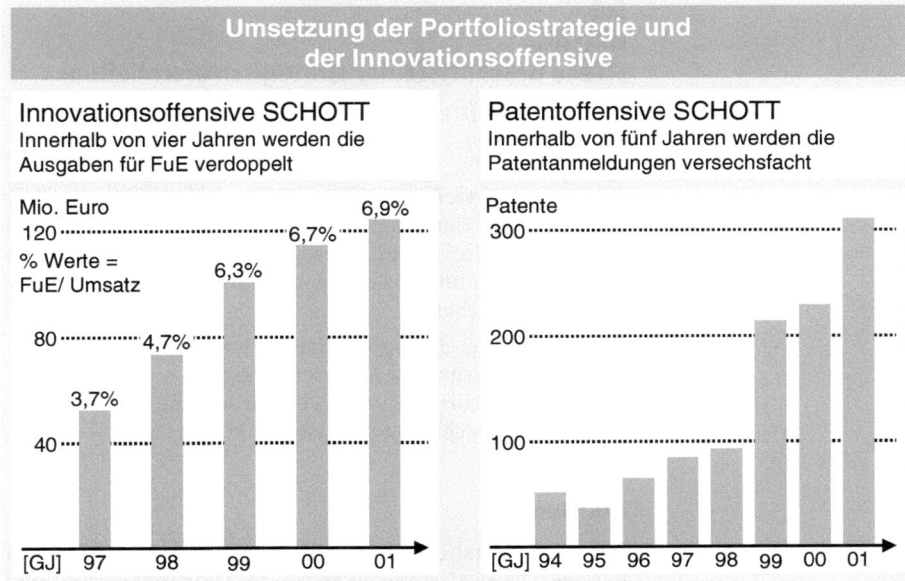

Abb. 5.4 Ausgaben und Auswirkung der Innovationsoffensive

Ein Beispiel für diese Konsequenz ist der Geschäftsaufbau im Bereich Lithographie. In der 1998 gegründeten SCHOTT Lithotec GmbH wird nicht nur die Kompetenz, Kalziumfluorid-Kristalle zu synthetisieren, entwickelt, sondern es werden auch weitere Komponenten für die lithographische Chipherstellung (z.B. Photomasken) entwickelt und produziert. Die Bedeutung dieses Marktes wird insbesondere durch die Betrachtung folgender Entwicklungskaskade deutlich: Wenn im Jahr 2006 Rechner der neuen Generation auf den Markt kommen, müssen die entsprechenden Chips bereits im Jahr 2005 gefertigt werden können. Dazu müssen 2004 die entsprechenden Fertigungsapparate (Waferstepper) bereitstehen, was wiederum die Beherrschung der entsprechenden optischen Technologie im Jahr 2003 voraussetzt. Das erfordert wiederum, dass die Herstellung der notwendigen Gläser im Jahr 2002 die Prozessreife erreicht.

Für SCHOTT ist das ein weiterer Schritte vom Jahrhundert des Elektrons ins Jahrhundert des Photons.

Produktpalette wird verändert

5.2
Hilti AG
»Neue Geschäftsfelder strategisch erschließen«
WINFRIED J. HUPPMANN, THOMAS BREUER

> Seit 1997 vertreibt Hilti Laser Messgeräte für Bauanwendungen. Mit der zweiten Produktgeneration erzielt Hilti heute einen Umsatz im dreistelligen Millionenbereich. Am Beispiel des Aufbaus der Business Unit Positioniersysteme wird beschrieben,
> - wie Hilti Geschäftspotenziale systematisch herleitet,
> - welche Instrumente eingesetzt werden,
> - welche Erfahrungen gemacht wurden und
> - was die entscheidenden Erfolgsfaktoren sind.

Einleitung

Der Geschäftsbereich Positioniersysteme der Hilti AG hat im Geschäftsjahr 2002 einen Umsatz im dreistelligen Millionenbereich erzielt. Die Tendenz ist weiter steigend. Dabei ist erst 1997 das erste Hilti-Laser Positioniergerät verkauft worden. Die Geräte unterstützen Bauarbeiter und Handwerker beim Messen von Distanzen, Flächen, Volumina und Umfängen. Wie Hilti derartige Innovationen entwickelt, das Vorgehen, die eingesetzten Methoden, Erfahrungen und entscheidende Erfolgsfaktoren sind im Folgenden beschrieben.

Die Hilti AG

Firmenprofil Hilti AG

Der Hilti Konzern beschäftigt ca. 14.000 Mitarbeiter und bietet dem professionellen Anwender am Bau ein umfassendes Sortiment an Systemen der Bohr- und Abbautechnik, Direktbefestigung, Dübeltechnik, Diamanttechnik sowie Bauchemie (Abb. 5.5). Zum Leistungsprogramm gehören Geräte mit entsprechenden Werkzeugen und Verbrauchselementen, Beratung, Anwendungsschulung und technische Dokumentation sowie Aftersales-Service.

100.000 direkte Kundenkontakte pro Tag

Die Marktbearbeitung erfolgt bei Hilti über den Direktvertrieb. Zwei von drei Mitarbeitern sind in der Marktbearbeitung tätig. Sie prägen das Unternehmen und sorgen für täglich ca. 100.000 persönliche Kundenkontakte. Der weltweite Vertrieb ist marktorientiert organisiert und wird durch die Marktorganisationen in jedem Land respektive Markt vertreten.

Die Produktverantwortung tragen 11 Business Units (BU), die sich an den Produktlinien orientieren (Abb. 5.5) und ihrerseits in 5 Business Areas zusammengefasst sind. Die Business Units geben auf Basis interner Kunden-Lieferanten-Beziehungen beim Corporate Manufacturing die Herstellung der geforderten Produkte in Auftrag. Dem Corporate Manufacturing sind alle produzierenden Werke des Unternehmens untergeordnet. Es bildet zusammen mit dem Corporate Sourcing, dem Corporate Logistics und dem Corporate Engineering die Versorgungskette (Supply Chain) von Hilti.

Interne Kunden-Lieferanten-Beziehung

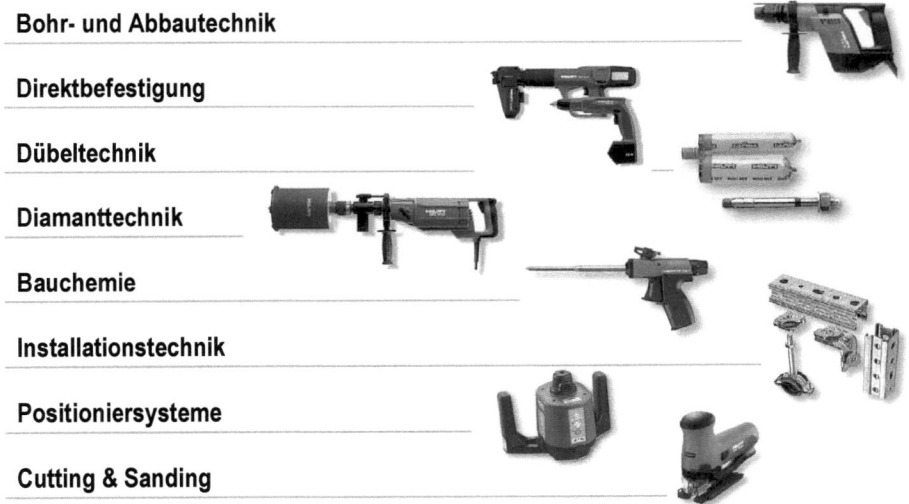

Abb. 5.5 Die Hilti Produktlinien

Neben den bereits beschriebenen Bereichen enthält der Konzern Zentralbereiche (Abb. 5.6). Die Zentralbereiche umfassen diejenigen Unternehmensfunktionen, deren zentrale Anordnung einen organisatorischen Vorteil verspricht. Zu diesen Bereichen gehören das Konzerntreasuring, das Konzernpersonal, die Konzerninformatik, das Konzerncontrolling und die Konzernentwicklung.

Abb. 5.6 Hilti Konzern Organisation

New Business & Technology: Synergien nutzen und Geschäftschancen identifizieren

Eine für das Innovationsmanagement zentrale Rolle kommt dem Bereich New Business & Technology (NB&T) zu: Hier werden die spezifischen technischen Kompetenzen zur Erneuerung der bestehenden Geschäftsfelder und zum zielgerichteten Aufbau von neuen Geschäftsfeldern bereitgestellt und laufend weiterentwickelt. Die Zusammenführung der Bereiche Konzern-Forschung, Patentabteilung und Innovationsmanagement sowie der Competence Center in Kaufering, Deutschland, ermöglichen es, Synergien im Technologiemanagement zu nutzen und neue Geschäftschancen systematisch zu identifizieren und voran zu treiben. Firmensitz der Hilti-Zentrale ist Schaan, Liechtenstein.

Vom Leitbild zur Innovationsstrategie

Wegweisende Innovationen sind in der Konzernstrategie verankert

Begründend für die Innovationsfähigkeit des Unternehmens ist das Hilti-Leitbild *„Wir wollen die Besten sein!"*, das seine Umsetzung in der Strategie *„Champion 3C"* findet (Abb. 5.7). 3C steht im Englischen für Customer, Competency und Concentration. Durch die klare Formulierung und intensive Kommunikation dieser Strategie ist die Basis für eine hohe Innovationsfähigkeit geschaffen: wegweisende Innovationen sind bei Hilti Kernkompetenz (Abb. 5.7).

| **Wir wollen die Besten sein.** |

Kunden:
Wir wollen der beste Partner unserer Kunden sein.
Ihre Bedürfnisse bestimmen unser Handeln.

Kompetenz:
Wir zeichnen uns aus durch wegweisende Innovation, umfassende Qualität, direkte Kundenbeziehungen und ein wirksames Marketing.

Konzentration:
Wir konzentrieren uns auf Produkte und Märkte, in denen wir Führungspositionen erlangen und halten können.

Abb. 5.7 Ausschnitt aus der Champion 3C Strategie

Im Sinne der Vorgaben der „Champion 3C"-Strategie planen die einzelnen BU's und die Abteilung NB&T ihre Produktinnovationen. Ausgangspunkt für Innovationsideen ist das Bestreben, die Bedürfnisse des Kunden bestmöglich zu erfüllen: Wo kann Hilti den Kunden besser als bisher unterstützen? Welcher Arbeitsprozess des Kunden kann vereinfacht, effizienter oder angenehmer gestaltet werden? Die Innovationsideen beziehen sich dabei nicht nur auf die Arbeit des Handwerker direkt auf der Baustelle: auch bei der Anschaffung, Verwaltung und Wartung der Hilti-Geräte wird der Kunde mit Innovationen unterstützt. Großkunden werden von Hilti bspw. durch ein sog. „Fleetmanagement" unterstützt. Dabei übernimmt Hilti die gesamte Verwaltung der Geräte, so dass der Kunde ohne Verwaltungsaufwand einfach die benötigte Anzahl von Geräten für einen bestimmten Zeitraum zur Verfügung hat.

Der Kunde: Ausgangspunkt für Innovationen

Um die einzelnen Innovationsideen zu koordinieren, werden sie in der Innovationsstrategie der Abteilungen zusammengefasst. Wichtiger Bestandteil der Strategiearbeit ist die Abstimmung zwischen den einzelnen Abteilungen mit dem Ziel, Synergiepotenziale zu identifizieren und auszunutzen. Eine zentrale Rolle kommt der Abteilung NB&T zu. Sie hat die Aufgabe, Querschnittsthemen zu erkennen, aufzugreifen und in der eigenen Abteilungsstrategie als Innovationsprojekt voranzutreiben.

BU-Strategien werden konzernweit abgestimmt

„Vor- und nachgelagerte Tätigkeiten" Grundidee für Positioniersysteme

Ein typisches Querschnittsthema war 1992 der Auslöser für die heutige BU Positioniersysteme: damals lag die Produktverantwortung in der Hand von vier sog. Divisionen, aus denen die heutigen BU's hervorgegangen sind. Drei dieser vier Divisionen hatten die dem eigentlichen Arbeitsprozess des Bohrens „vor- und nachgelagerten Tätigkeiten" des Handwerkers, wie Vermessen, Anhalten, Markieren etc., als potenzielle Innovationsfelder identifiziert. Allerdings waren die damit verbundenen Innovationspotenziale in den einzelnen Divisionen als gering eingestuft worden. Die Tatsache, dass drei von vier Divisionen das Themenfeld getrennt voneinander identifiziert hatten, veranlasste die damalige zentrale Forschungs- und Entwicklungsabteilung (FuE) das Innovationsfeld in ihre Innovationsplanung aufzunehmen. Die Idee bestand darin, das Vermessen, Anhalten und Markieren bspw. von Bohrlöchern mit Laser-Messgeräten zu unterstützen.

Mit dem Ziel, die sich abzeichnenden Potenziale näher zu bestimmen, wurde das Thema zunächst mit wenigen Mitarbeitern in einem kleinen Forschungsprojekt aufgegriffen. Das Forschungsteam suchte nach einem Verfahren, das eine Quantifizierung der Innovationspotenziale zuließ und wurde bei der damals noch unbekannten Videoanalyse fündig, die Hilti dann erstmalig einsetzte.

Quantifizierung von Innovationspotenzialen durch Videoanalyse

In der Videoanalyse werden Arbeitsabläufe gefilmt und anschließend detailliert analysiert. Zur Untersuchung der „Vor- und nachgelagerten Tätigkeiten" wurde exemplarisch die Montage von Kabeltrassen analysiert. Die Videoanalyse zeigte, dass sich die Arbeit des Bauarbeiters in 6 Schritte unterteilt (Abb.5.8), die unterschiedlich viel Zeit in Anspruch nehmen. Der traditionell von Hilti unterstützte Arbeitsschritt des Bohrens beansprucht 17% der Arbeitszeit. Gleichzeitig wurde das Verbesserungspotenzial der einzelnen Arbeitsschritte abgeschätzt. Für den Bohrprozess ergab sich ein Verbesserungspotenzial von 4 % bezogen auf die gesamte Bearbeitungsdauer.

Der Arbeitsschritt „Ausmessen und Markieren" beanspruchte 28% Prozent der Arbeitszeit. Das Anhalten und Abmessen mit Hilfe von Maßband und Zollstock wurde bisher technisch kaum unterstützt und gestaltete sich insbesondere bei Arbeiten über Kopf relativ kompliziert. Das Verbesserungspotenzial wurde auf 20%

abgeschätzt. Eine Arbeitsunterstützung in diesem Bereich würde einen hohen Kundennutzen bedeuten. Die anfängliche Vermutung des hohen Innovationspotenzials hatte sich bestätigt und konnte nun anhand konkreter Zahlenwerte nachgewiesen werden. In der Innovationsplanung der zentralen FuE für das Folgejahr wurde eine weitere Detaillierung des Innovationsfelds aufgenommen: technische Lösungsmöglichkeiten sollten überprüft und ein Engagement Hilti's im diesem Bereich durch einen Businessplan konkretisiert werden.

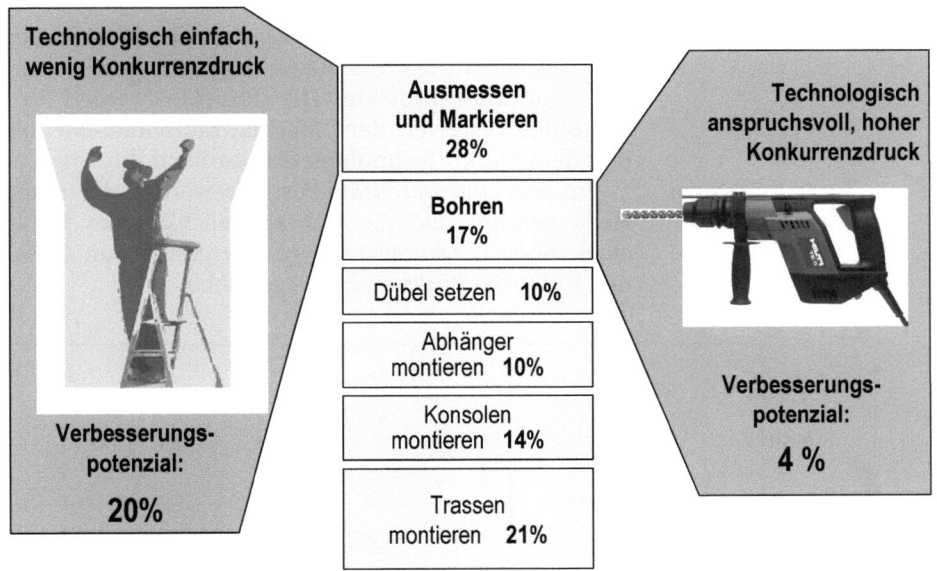

Abb. 5.8 Arbeitsablaufanalyse: Montage von Kabeltrassen

Bevor Innovationsprojekte mit größerem Aufwand gestartet werden, stellen die einzelnen Abteilungen ihre Innovationsstrategien auf dem „Corporate Innovation Workshop" vor. Dieser Workshop, an dem die gesamte Konzernleitung teilnimmt, ist einer von jährlich drei auf Geschäftsleitungsebene stattfindenden Workshops. Hier werden die Innovationsstrategien der BU's und der NB&T vorgestellt, diskutiert und verabschiedet.

Innovationsstrategien konzernweit abstimmen

5 Fallbeispiele

Identifikation durch Integration

Die Strategie-Entwicklung ist für die BU's ein wichtiger Prozess, für den entsprechend viele Ressourcen bereitgestellt werden. In den einzelnen BU's sind jeweils 5-10 Mitarbeiter mit der Strategieentwicklung und der Abstimmung der Strategie mit den anderen BU's beschäftigt. Nach Beendigung der Strategiearbeit haben ca. 250 Mitarbeiter die Strategieentwicklung unterstützt; viele Sichtweisen aus unterschiedlichen Blickwinkeln sind eingeflossen und eine starke Identifikation mit der Strategie ist sicher gestellt.

Portfolio-Management

Die Strategiearbeit wird durch das Portfolio-Management unterstützt. Es dient der Bewertung und Priorisierung der Innovationsprojekte. Die Projekte werden in 2 Portfolios bewertet: dem Marktattraktivitäts-Portfolio und dem Markt/Technologie-Risiko-Portfolio.

Chance und Risiko im Marktattraktivitäts-Portfolio bewerten

Im *Marktattraktivitäts-Portfolio* werden der potenzielle Gewinn und die Wahrscheinlichkeit des Erfolgs eines Innovationsprojektes gegenübergestellt, um Chance und Risiko der Projekte abzuwägen (Abb. 5.9).

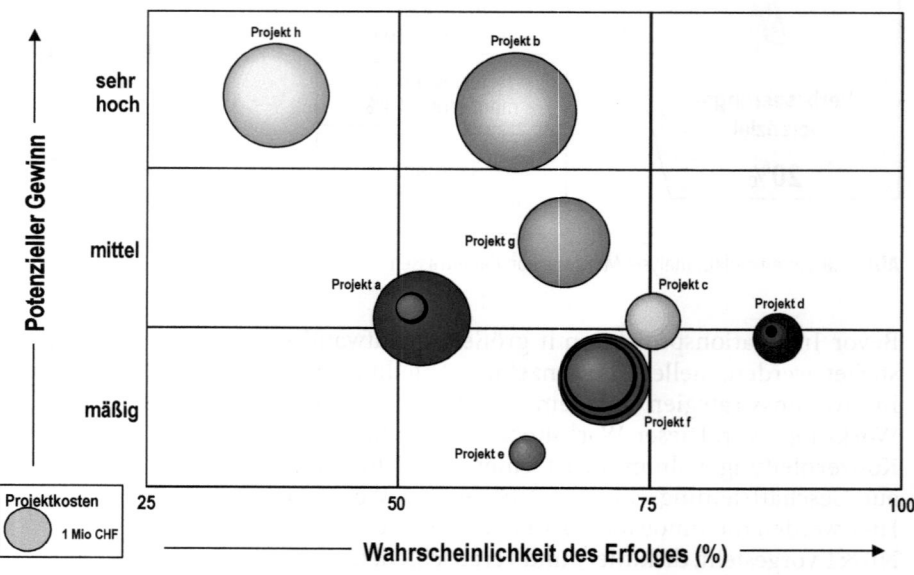

Abb. 5.9 Marktattraktivitäts-Portfolio

Auf der horizontalen Achse akkumuliert sich die „Wahrscheinlichkeit des Erfolgs" aus der „Wahrscheinlichkeit eines Markterfolgs" und der „Wahrscheinlichkeit des technischen Erfolgs". Die Skalierung der Achsen ist entsprechend der meisten Portfolio-Anwendungen qualitativ (z. B. gering, mittel, hoch). Allerdings sind die einzelnen Merkmale zur besseren Einschätzung bei Hilti genauer definiert. Abbildung 5.10 zeigt die Skalierung des Parameters „Wahrscheinlichkeit des Markterfolgs", der 4 Kriterien bündelt (Kundennutzen, Marktpotenzial, Internationalität, Vertriebserfahrung). Damit wird die Objektivität und Vergleichbarkeit der Beurteilungen gesteigert. Dieses gilt in besonderem Maße, wenn – wie bei Hilti – verschiedene Personen die Bewertung der Projektideen vornehmen.

Bewertungsparameter eindeutig definieren

100%	• Kundennutzen	Die neue Anwendungslösung wird einen grossen Mehrwert für den Kunden haben. Sie löst deutlich erkannte Probleme oder verbessert wesentlich die bestehende Anwendung.
	• Marktpotenzial	Der Ziel-Markt wächst schnell. Die Wettbewerbsintensität ist niedrig.
	• Internationalität	Weltweiter Verkauf in allen Marktorganisationen.
	• Vertriebserfahrung	Das erzielte Kundensegment wird durch Hilti bereits regelmässig bedient. Der Vertrieb hat breite Erfahrung in der Beratung dieser Applikationen.
75%	• Kundennutzen	Die neue Anwendungslösung wird einen Mehrwert für den Kunden haben. Sie verbessert deutlich die bestehende Applikation.
	• Marktpotenzial	Der Ziel-Markt ist reif oder langsam wachsend. Die Wettbewerbsintensität ist mittel.
	• Internationalität	Verkauf in ausgewählten Marktorganisationen.
	• Vertriebserfahrung	Das erzielte Kundensegment gehört nicht zu den Stammsegmenten. Der Vertrieb hat teilweise Erfahrung, muss aber zusätzlich ausgebildet werden.
50%	• Kundennutzen	Die neue Anwendungslösung wird einen inkrementalen Mehrwert für den Kunden haben.
	• Marktpotenzial	Der Ziel-Markt ist reif oder alt. Die Wettbewerbsintensität ist mittel.
	• Internationalität	Verkauf in ausgewählten Marktorganisationen.
	• Vertriebserfahrung	Die erzielten Kundensegmente wurden bisher nicht aktiv bearbeitet. Der Vertrieb hat keine Beratungserfahrung mit dieser Applikation. Spezialisten müssen ausgebildet werden.

Abb. 5.10 Definition zur Bewertung des Parameters „Wahrscheinlichkeit des Markterfolgs"

Das zweite Portfolio ist das *Markt/Technologie-Risiko-Portfolio* (Abb. 5.11). Hier wird der Bezug der Innovationsprojekte zu den bisherigen Kompetenzen überprüft. Entscheidend ist, einen gesunden Mix aus risikoreichen Projekten in unbekannten Märkten bzw. neuen Technologien und weniger risikovollen Projekten in für Hilti angestammten Märkten und bekannten Technologien zu finden.

Risikoausgleich durch „gesunden" Projekt-Mix

250 5 Fallbeispiele

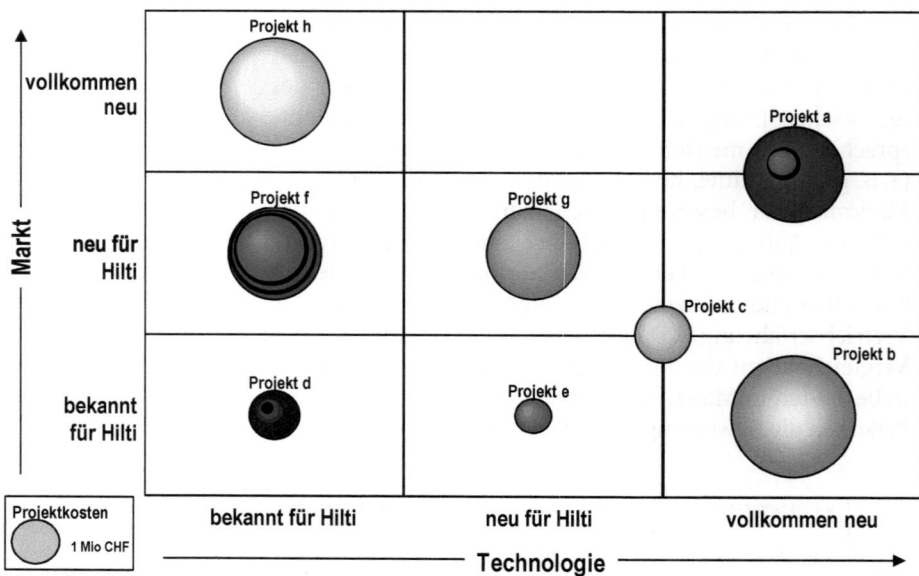

Abb. 5.11 Markt/Technologie-Risiko-Portfolio

| Umsetzung in TTM-Projekten | Ergebnis des Innovationsplanung sind Projekt-RoadMaps der BU's und des NB&T für die kommenden drei Jahre, in denen die Innovationsprojekte terminiert und in sog. Time to Money (TTM)-Projekten umgesetzt werden. Time to Money bedeutet, dass die Projekte bis sechs Monate nach der Produkteinführung laufen. Diese Einteilung unterscheidet sich von der stärker verbreiteten Bezeichnung des *Time to Market*, die die Zeit bis zur Markteinführung beschreibt. Die Projektteams nutzen die ersten sechs Monate nach der Produkteinführung, um die Marktakzeptanz des Produkts zu testen und Verbesserungspotenziale für weitere Produktgenerationen abzuleiten, bzw. Sofortmaßnahmen ergreifen zu können. |

Die TTM-Projekte sind mit straffen Meilensteinplänen hinterlegt (Abb. 5.12) und werden durch projektspezifisch zusammengestellte, interdisziplinäre Teams bearbeitet. In den Teams sind Mitarbeiter aus allen relevanten Abteilungen vertreten. Als Kontrollorgan für die TTM-Projekte dient der Product Board, in dem Führungskräfte aus der Konzernleitung und der erweiterten Konzernleitung die Steuerungsfunktion ausüben.

5.2 Hilti AG

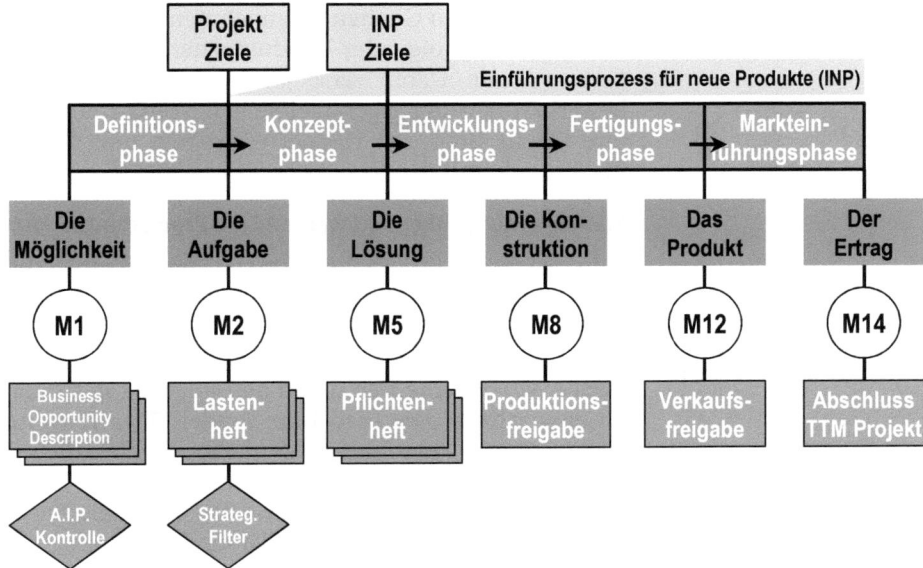

Abb. 5.12 Produktentwicklungsprozess: Time to Money (TTM)

Für die Detaillierung der Innovationsidee „Laser Messgeräte" mussten noch einige Vorarbeiten geleistet werden, ehe ein TTM-Projekt gestartet werden sollte. Es wurde beschlossen, erste Tests mit Demonstratoren durchzuführen, um die prinzipielle Eignung von Laser-Messgeräten für den Einsatz am Bau zu prüfen und daran anschließend sollte ein Businessplan für ein neues Geschäftsfeld erstellt werden.

Die Tests mit den Demonstratoren verliefen positiv und die Erstellung des Business Plans wurde voran getrieben. Nach 8 Monaten Arbeit war der Business Plan fertig. Im Herbst 1995 entschied die Konzernleitung den Aufbau des neuen Geschäftsbereichs „Positioniersysteme". TTM-Projekte wurden gestartet.

Da die Zeit drängte, wurde die Markteinführung auf das Frühjahr 1997 terminiert. Der schnelle Markteinstieg konnte nur durch die Kooperation mit Technologielieferanten bewältigt werden. So wurden weltweit mit verschiedensten Technologiepartnern Kooperationen eingegangen. Ein wesentlicher Grund für den zügigen Markteinstieg war das Ziel, möglichst schnell Erfahrungen mit den Laser-Geräten zu sammeln. Mit dem Direktvertrieb hat Hilti die Möglichkeit, sehr schnell und umfassend Reaktionen der Anwender mit

Aufbau der
BU Positioniersysteme:
1. Demonstrator
2. Businessplan
3. TTM-Projekte

den angebotenen Geräten aufzunehmen und in die Entwicklung nachfolgender Produktgenerationen einfließen zu lassen. Damit verschafft sich Hilti einen Wettbewerbsvorsprung gegenüber seinen Konkurrenten, die ihre Geräte über den Handel vertreiben und dadurch nur indirekt mit den Kunden in Kontakt treten können.

Ständiger Kundenkontakt während der Produktentwicklung

Lead-User geben wertvolle Hinweise für die Produktgestaltung

Hilti bindet seine Kunden während der gesamten Produktentwicklung an verschiedenen Stellen in die Produktgestaltung ein. Eines der wichtigsten Instrumente ist die Zusammenarbeit mit Lead-Usern. *Lead-User* sind ausgewählte Kunden, die sich durch besondere Professionalität auszeichnen. Die Lead-User werden über Telefoninterviews ausgewählt und zu Workshops bei Hilti eingeladen. Ein wichtiges Auswahlkriterium ist die Auseinandersetzung der Kunden mit den Produkten. Bei der Auswahl der Kandidaten am Telefon wird bspw. gefragt: „Haben Sie konkrete Verbesserungsvorschläge für unser Produkt?" Wenn der Kunde hierzu Ideen hat, wird er zu einem Lead-User-Workshop eingeladen. Er unterstützt dort die Erarbeitung von Produktkonzepten, indem er seine Erfahrungen bei der betrachteten Problemstellung einbringt und entsprechend Anforderungen für ein zu entwickelndes Produkt definiert. Gleichzeitig kann Hilti die Lösungsvorschläge einfallsreicher Lead-User für die Problemlösung nutzen. Der

Lead-User: Produkte am Experten ausrichten

Lead-User-Ansatz beinhaltet, dass Hilti seine Produkte auf Basis der Anforderungen der absoluten Experten konzipiert und sich nicht damit begnügt, den „Durchschnittskunden" zufrieden zu stellen.

Produktkonzepte mittels Conjoint-Analyse bewerten

In den weiteren Entwicklungsphasen werden verschiedene Lösungskonzepte mittels *Conjoint-Analysen* (Kap. 4.8) in ihrer Akzeptanz beim Kunden überprüft. Der intensive Austausch mit den Kunden ist nur möglich, da Hilti durch seinen Direktvertrieb viele Ansprechpartner und damit einen direkten „Zugriff" auf seine Kunden hat. Selbst nach der Markteinführung wird die Zufriedenheit der Kunden mit den Hilti-Produkten gemessen.

Inzwischen bietet Hilti auf der Grundlage von Lasertechnik ein breites Produktspektrum zur Vermessung am Bau an (Abb. 5.13). Die bestehenden Distanzmesser werden mit den Erkenntnissen aus Lead-User- Workshops und anderen Arten der Kundenbefragung verbessert.

Gleichzeitig wird an neuen Produkten der Laser Positionierung gearbeitet, die den „Profi am Bau" auch in Zukunft unterstützen werden.

Abb. 5.13 Produkte der Business Unit Positioniersysteme

Der Aufbau der Business Unit Positioniersysteme basierend auf systematischem Innovationsmanagement ist bei Hilti kein Einzelfall. Eines der neuesten Projekte ist der weltweit erste elektrische Bohrhammer, der für den Einsatz im Untertage-Bergbau entwickelt worden ist. Basierend auf einer Studie, in der Hilti das Marktpotenzial für elektrische Bohrhämmer in der Bergbauindustrie Amerikas, Afrikas und Australiens evaluiert hat, wurden die Bohrhämmer entwickelt und in Zusammenarbeit mit AngloGold, dem weltweit größten Goldproduzent, getestet. Nach derzeitigen Einschätzungen hat die neue Technologie das Potenzial, den Abbauprozess im Untertage-Bergbau weltweit zu revolutionieren.

Neueste Innovation: elektrischer Bohrhammer für Untertage-Bergbau

Zusammenfassung

- Hilti trägt in der Konzernstrategie ein klares Innovationsziel: wegweisende Innovationen. Die Organisation, die Prozesse und die Unternehmenskultur sind auf dieses Ziel abgestimmt.
- Die Innovationsstrategien der Teilbereiche werden intensiv auf einander abgestimmt. Querschnittsthemen werden durch die Abteilung New Business & Technology aufgegriffen.
- Charakterisierend für den Innovationsprozess ist die enge Zusammenarbeit und Orientierung an den Kunden. Der intensive Blick „über die Schulter des Kunden" ist der Ursprung zahlreicher Innovationen.
- Der Schlüssel zum Kunden ist der Direktvertrieb. Er prägt das Unternehmen.
- Elementare Methoden sind das Portfolio-Management zur Bewertung von Innovationsprojekten, die Arbeit mit Lead-Usern und die Video Analyse zur Bestimmung latenter und zukünftiger Kundenwünsche.
- Neue Methoden werden ständig in den Innovationsprozess integriert.

5.3
SUSPA Holding GmbH
»Bestehende Märkte entwickeln, neue Chancen entdecken«
DANIEL E. SPIELBERG

> Mit dem konsequenten Ausbau des Innovationsmanagements schafft die SUSPA Holding GmbH die Grundlage zu kontinuierlichem Marktwachstum.
> Bestehende Märkte werden weiterentwickelt, aufbauend auf bestehenden Kompetenzen werden neue Märkte erschlossen.

Die SUSPA Holding GmbH ist ein international tätiger Hersteller von Gasfedern, Hydraulikdämpfern, Schwingungsdämpfern, Aufpralldämpfersystemen und Höhenverstellungen, der seinen Hauptsitz in Altdorf bei Nürnberg hat. Das Unternehmen definiert sich als Entwicklungs- und Systempartner bedeutender Produzenten aus der Büromöbel-, Automobil-, Gebrauchsgüter- und Waschmaschinenindustrie. Das weltweite Vertriebsnetz sowie die Produktionsstandorte in Deutschland, USA, Tschechien, Indien und China sichern die enge Betreuung der industriellen Kunden. Weltweit erwirtschaften rund 1200 Mitarbeiter ein jährliches Umsatzvolumen von etwa 174 Millionen Euro. Das breite Kundenspektrum wird durch marktorientierte, weltweit operierende Geschäftsbereiche betreut. Durch eine Matrixorganisation kann die Entwicklung und Produktion der Produktpalette in dezentralen Einheiten mit klarem Produkt- und Technologiefokus erfolgen. Die SUSPA Holding GmbH präsentiert sich dem Markt als kompetenter Ansprechpartner für alle Anwendungen im Bereich Heben, Senken, Neigen und Dämpfen.

SUSPA Holding GmbH

Mitte der neunziger Jahre hatte man bei der SUSPA Holding GmbH einen Bedarf nach neuen Produkten identifiziert. Zu dem von BMBF geförderten Forschungsverbundprojekt „Frühaufklärung – Strategien – Produktionssysteme", FASTPRO wurden zwei Ziele in Angriff genommen: Erstens die probeweise Anwendung unterschiedlicher Methoden des Innovationsmanagements zur Entwicklung und Umsetzung von Ideen in neue Produkte und zweitens die Entwicklung eines nachhaltigen Prozesses, mit dem die zunächst einmali-

Forschungsprojekt FASTPRO

gen Innovationsanstrengungen institutionalisiert und organisatorisch implementiert werden sollten.

Innovationsstrategie

Innovationsstrategie: bestehende Märkte entwickeln, neue Chancen entdecken

Die generelle Innovationsstrategie teilt sich auf in die marktinduzierte Entwicklung neuer Technologien für bestehende Kundengruppen sowie in die kompetenzbasierte Suche nach neuen Einsatzfeldern für die beherrschten Technologien (Abb. 5.14).

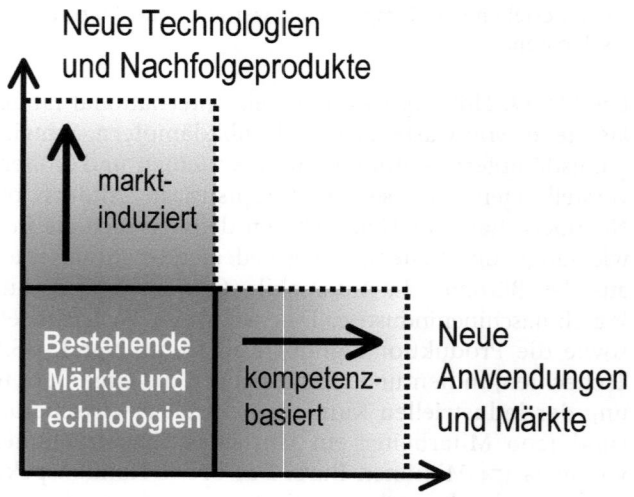

Abb. 5.14 SUSPA innoviert in zwei Hauptrichtungen

Produktideen aus Branchentrends ableiten

Marktinduzierte Innovation: Innovationsprozess optimieren, Kundennähe bieten

Orientiert an den drei Geschäftsbereichen Automotive-Komponenten, allgemeiner Industriebedarf/ weiße Ware sowie Büromöbelkomponenten werden Produktideen aus den jeweiligen Branchentrends kreiert. Dies geschieht je nach Charakter des Marktes auf Eigeninitiative der SUSPA oder auf Anregung durch langjährige Kunden, die die SUSPA als systemorientierten Problemlöser kennen und schätzen gelernt haben. Bei dieser Art marktinduzierter Innovation richtet sich der Fokus vor allem darauf, den Innovationsprozess schneller und effektiver zu gestalten und den jeweiligen Kunden sowohl größtmögliche Kundennähe zu bieten als auch ein Maximum an aktuellem technischen Know-how für die spezifische Problemlösung zur Verfügung zu stellen. Ein Beispiel hierfür war die Entwicklung eines sog. Crashmanagment-Systems für Automobile, das eine gestufte Aufprallabsorption ermöglicht und zu einem kompletten Querträger-System integriert werden konnte. Dieses Produkt wird mittel- bis langfristig die bisher in diesem Markt vertriebenen Aufpralldämpfer-Komponenten ablösen. Konsequente Weiterentwicklungen bestehender Produkte wie z. B. eine blockierbare Stuhlgasfeder mit neuartigem Auslösemechanismus oder ein Vibrationsdämpfer für Waschmaschinen mit integriertem Wegsensor gehören ebenfalls in die Kategorie der marktinduzierten Innovationen.

Der zweite Teil der Innovationsstrategie ist auf die Generierung neuer Märkte ausgerichtet, in denen das bestehende technische Know-how in neuen Anwendungen zum Produkt geführt werden kann. Hierbei ist die längerfristige Beobachtung allgemeiner Zukunftstrends zu beachten. Grundsätzlich ist die SUSPA mit ihrer Fokussierung auf Produkte zum Thema Sicherheit und Komfort sehr günstig ausgerichtet. In einem gestuften Ideenbewertungsprozess werden neue Ansätze herausgefiltert, entwickelte Technologien in neuen Anwendungen einzusetzen. So wurde für einen Hersteller von Luxusautomobilen ein Bauprinzip zum teleskopierenden Ausfahren einer Fußstütze entwickelt. Eine Variante dieses Prinzips kann auch im Bereich der Büromöbel eingesetzt werden: Klassischerweise liefert die SUSPA Komponenten für Stühle. Das neue Prinzip einer teleskopierbaren Höhenverstellung hingegen wird nun in Tischen eingesetzt, um einen kombinierten Sitz-Steh-Arbeitsplatz zu realisieren. Ein weiteres Beispiel für eine kompetenzbasierte Innovation ist die neue Generation von Fahrraddämpfern, die im Folgenden eingehender behandelt wird.

Neuer Märkte generieren

Zukunftstrends beobachten

Innovationsprozess

Um die Innovationsstrategie in konkrete Produkte umzusetzen, wurde bei der SUSPA zunächst ein Innovationsprozess konzipiert. Da das theoretische Konzept zugleich an konkreten Beispielen angewendet wurde, haben sich bereits in der Einführungsphase praxisbezogene Änderungen und Anpassungen ergeben. Das derzeit bestehende Konzept kann daher als erprobt gelten, wird aber ständig weiterentwickelt.

Innovationsprozess konzipieren

Zunächst wird grob zwischen drei Teilprozessen unterschieden, die im Idealfall zeitlich hintereinander ablaufen, real jedoch parallel für verschiedene Projekte betrieben werden (Abb. 5.15).

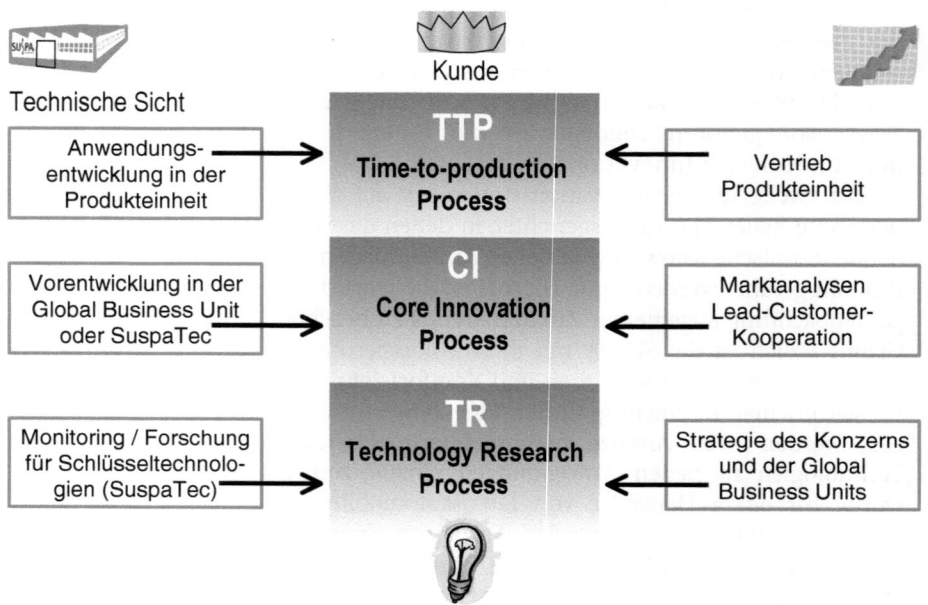

Abb. 5.15 Die drei Hauptprozesse zur Innovation bei SUSPA

Time-to-Production-Process (TTP)
: Der sog. "Time-to-Production Process" (TTP) bezeichnet die eigentliche Serienentwicklung von Produkten. Sie geschieht im Auftrag eines Kunden und basiert auf einer existierenden Lösungsplattform, die lediglich im Detail den speziellen Anforderungen angepasst und optimiert wird. Das Ziel der Serienentwicklung ist der Start der Serienproduktion. Beeinflusst z.B. durch die Anforderungen der Automobilindustrie hat die SUSPA eine starke Kompetenz im zeitgerechten Entwickeln serienreifer Produkte aufgebaut. Die Projekte werden durch Meilensteine gesteuert und zu den jeweiligen Entscheidungspunkten von den Kunden beurteilt. Der größte Teil des kosten- und ressourcenbezogenen Entwicklungsaufwands wird für diese Phase des Innovationsprozesses aufgewendet. Produkte, die diese Phase erreichen, entwickeln sich nicht mehr zum Flop, da auch die Kunden bereits voll auf eine Realisierung

des Produktes gesetzt haben. Die Entwicklung findet in den dezentralen Produkteinheiten statt.

Der "Core-Innovation-Process" (CI) ist das eigentliche Herz des Innovationsprozesses im engeren Sinne. Hier fallen die wichtigen strategischen Entscheidungen über das Fortsetzen oder Abbrechen eines Projektes. Die Projekte werden in Kooperation zwischen der zentralen Vorentwicklung und den dezentralen Produkteinheiten abgewickelt. Dies gilt selbstverständlich nur für den Fall, dass eine entsprechende Produkteinheit bereits existiert. Die strategischen Bewertungen und Entscheidungen obliegen den drei sog. Global Business Units in Zusammenarbeit mit der Unternehmensleitung. Ziel des CI ist die Realisierung von Demonstratoren und die Akquisition von Entwicklungsaufträgen durch Kunden.

Core-Innovation-Process (CI)

Der "Technology-Research-Process" (TR) dient der Erarbeitung von technologischen Grundlagen sowohl für zukunftsträchtige Produkttechnologien, wie z.B. der Aktorik oder Sensorik, als auch der Optimierung und Neubeschaffung von Produktionstechnologien, z.B. zur Oberflächenbearbeitung. Die Geschäftsbereiche haben Vorschlagsrecht, wohingegen die Konzernleitung die Durchführung der Projekte beschließt. Die Grundlagen werden nur in seltenen Fällen durch Eigenforschung entwickelt. Vielfach wird mit entsprechenden Instituten in Forschungsprojekten kooperiert. Für einige technologische Themen wird bis auf weiteres lediglich ein Monitoring der aktuellen Trends und Neuerungen betrieben. Die Entscheidung, mit welchen Massnahmen Themen verfolgt werden, basiert auf entsprechenden Kurzstudien zu den Potenzialen der Technologien. Ziel des TR ist die konzernweite Bereitstellung von neuem technologischem Know-how zur Realisierung neuer Produktideen. Die Themen werden ggf. ohne bestimmten Produktbezug bearbeitet.

Technology-Research-Process (TR)

TTP und CI sind eng miteinander verkoppelt, da im Idealfall eine direkte Hintereinanderschaltung realisiert werden soll. Konkret ist der Innovationsprozess in weitere Einzelelemente unterteilt, die in Abbildung 5.16 dargestellt sind. Produktideen durchlaufen diesen sog. Gates & Stages-Prozess in mehreren Stufen. Dadurch wird gewährleistet, dass ggf. Stufen übersprungen bzw. wiederholt werden können. Besonders die frühen Phasen, insbesondere der CI-Teil, sind über eine Budget-

Gates & Stages-Prozess

planung gesteuert. Dadurch wird gewährleistet, dass vielversprechende Ideen nicht durch eine willkürliche Terminsetzung zum Scheitern verurteilt sind. Die Projektmitarbeiter haben in ihrem Projektbudgets die Möglichkeit, die Terminplanung stark zu beeinflussen. Eine Bewertung und Entscheidung findet immer dann statt, wenn eine neue Stufe erklommen und damit auch ein neues Budget bereitgestellt werden soll (z.B. Beschaffung von Werkzeugen).

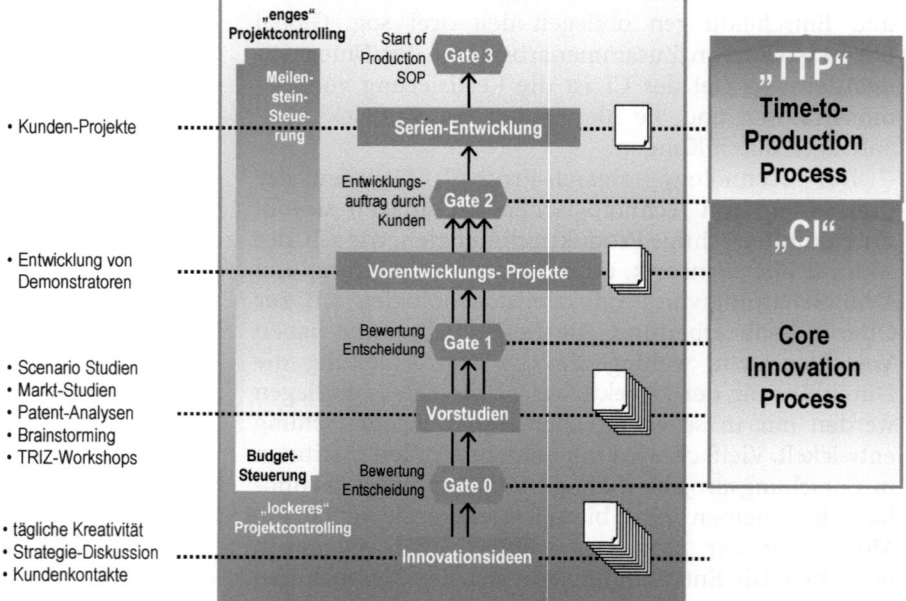

Abb. 5.16 Kopplung von Vor- und Serienentwicklung im Gates & Stages-Prozess

Innovationsstrukturen

Organisatorischen Zielkonflikt lösen

Die zweigeteilte Innovationsstrategie und der dreigeteilte Innovationsprozess führten bei der mittelständisch geprägten SUSPA bald zu einem organisatorischen Zielkonflikt: Einerseits galt es, die Entwicklungsabteilungen zu dezentralisieren und den marktorientierten Produkteinheiten zuzuordnen. Dadurch sollte eine kurze Reaktionszeit und hohe Kundenorientierung erzielt werden. Andererseits ergab sich die Notwendigkeit, bei der Entwicklung neuer Technologien maximale Synergieeffekte zu nutzen und die begrenzten Ressourcen zu bündeln. Hierzu hätte die Entwicklungskompetenz zentralisiert werden müssen.

Das Dilemma konnte durch eine sog. virtuelle Organisation der Entwicklung aufgelöst werden: Durch die Dezentralisierung der Serienentwicklung besteht zwar nicht die Möglichkeit, an einem Ort auf alle Entwicklungskompetenzen zugreifen zu können. Um aber dennoch potenziellen Kunden in frühen Phasen des Innovationsprozesses die umfassende Gesamtkompetenz des Unternehmens zur Verfügung stellen zu können, gibt es inzwischen eine zentrale Vorentwicklung, die in einer unabhängigen organisatorischen Einheit zusammengefasst ist: die SUSPATec GmbH (Abb. 5.17). Festangestellte Mitarbeiter beschäftigen sich einerseits mit strategisch definierten Grundlagenprojekten, z.B. zum Thema Sensorik, Aktorik oder auch Tribologie („Technology Research Process", Abb. 5.15). Zum anderen werden diese Mitarbeiter zusammen mit Entwicklern aus den marktorientierten Unternehmenseinheiten in Innovationsprojekte eingebunden, um gemeinsam neue Produkte zu entwickeln („Core Innovation Process" und „Time-to-Production Process", Abb. 5.16). Der Innovationsprozess wird kooperativ durchlaufen, jedoch mit einer starken Dezentralisierungstendenz in der späten Phase. Ferner kann die zentrale Vorentwicklung zum Abbau von Kapazitätsspitzen genutzt werden.

Damit diese Konstellation auch zweckdienlich genutzt und die Vorentwicklung nicht durch die Sachzwänge des Tagesgeschäftes zu einer verlängerten Werkbank degradiert wird, wurden spezielle Budgetregelungen getroffen. Jeder Geschäftsbereich hat sich bei der Jahresplanung zu einem bestimmten Budget zur Finanzierung der Vorentwicklung verpflichtet. Dies geschieht zunächst pauschal und ohne Bindung an Projekte. Im Verlaufe des Jahres definieren die Geschäftsbereiche Projektvorschläge, für deren Bearbeitung die SUSPATec GmbH wiederum ein Angebot erstellt. Auf Holding-Ebene wird bewertet, welchen Charakter das Projekt hat. So werden Technology-Research Projekte zu gleichen Teilen von allen Geschäftsbereichen finanziert, da hier im Sinne einer Vorlaufforschung technologische Grundlagen für das gesamte Unternehmen erarbeitet werden. Serienentwicklungen, die nur ausnahmsweise von der SUSPATec durchgeführt werden sollen, werden

Budgetierung regeln

nicht auf das bereits eingeplante Budget angerechnet. Sie werden vom Geschäftsbereich zusätzlich finanziert. Vorentwicklungen, die der eigentliche Geschäftszweck der SUSPATec sind, werden aus dem zu Jahresanfang bereitgestellten Budget finanziert.

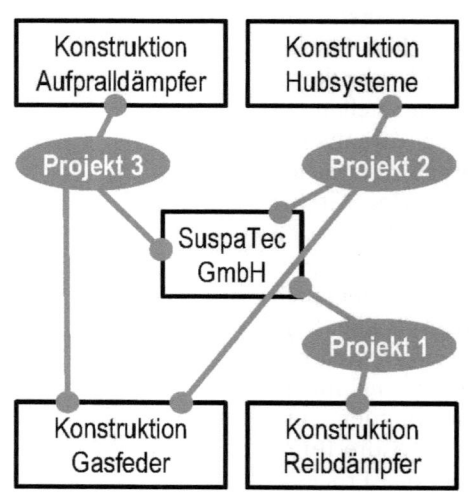

- **Anwendungskonstruktion bevorzugt in den Produkteinheiten**
- **Vorentwicklung bevorzugt in eigenständiger, zentraler GmbH**
- **Projektspezifische Kooperation**

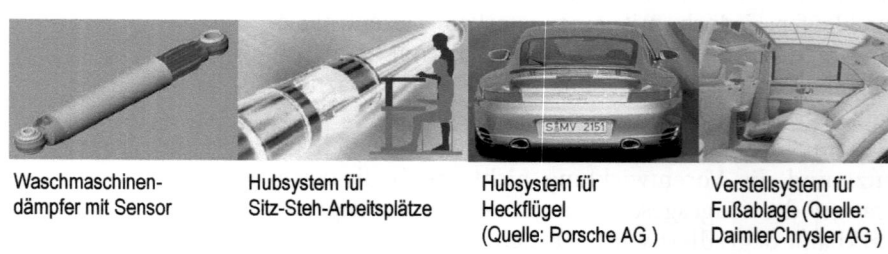

Waschmaschinendämpfer mit Sensor

Hubsystem für Sitz-Steh-Arbeitsplätze

Hubsystem für Heckflügel (Quelle: Porsche AG)

Verstellsystem für Fußablage (Quelle: DaimlerChrysler AG)

Abb. 5.17 Die virtuelle Organisation der Innovationsstruktur bei der SUSPA

Sollte ein Geschäftsbereich sein Vorentwicklungsbudget nicht ausschöpfen, so werden die nicht genutzten Beiträge für Sonderprojekte verwendet, die von der Konzernleitung initiiert werden und nicht an einen Geschäftsbereich gebunden sind. Das einmal geplante Vorentwicklungsbudget kann also nicht mehr für andere Zwecke verwendet werden. Gleichzeitig erhält die SUSPATec nur diejenigen Kosten erstattet, die an tatsächlich definierte und beauftragte Projekte gebunden sind. Durch diese Regelung haben sowohl die SUSPATec als auch die Geschäftsbereiche ein großes und gemeinsames Eigeninteresse, das einmal geplante Budget möglichst sinnvoll für Kooperationsprojekte mit Vorentwicklungscharakter zu verwenden. Bildlich gesprochen, leistet jeder Geschäftsbereich einen pauschalen Innovationsbeitrag in Form einer „Innovationssteuer". Eigendefinierte Projekte können nach einer positiven Begutachtung von dieser Steuer „abgesetzt" werden. Das Ziel aller Beteiligten ist eine vollständige Eliminierung dieser „Steuer" durch die ausreichende Initiierung von Projekten. Sollte ein Geschäftsbereich zusätzliche, besonders lohnende Projekte anstreben, so ist selbstverständlich eine weitergehende und freiwillige Beauftragung möglich.

Fallstudie: Der SUSPA-Fahrraddämpfer

Im Jahre 1997 wurde bei der SUSPA ein Workshop zum Thema „Neue Produkte" durchgeführt. Gewünscht waren Produkte, deren technische Umsetzung sich leicht aus den vorhandenen technischen Kompetenzen ableiten ließ. Ferner sollten die Funktionen Komfort und/ oder Sicherheit in irgendeiner Weise berührt sein. Schließlich war es insbesondere das Ziel, neue Kunden und wachsende Märkte zu erschließen.

Bereits in den fünfziger und sechziger Jahren hatte die SUSPA für die damals florierende fränkische Kleinmotorrad-Industrie entsprechende Federbeine geliefert. Dieses Produkt war in gewisser Weise sogar der Ausgangspunkt aller SUSPA-Aktivitäten im Bereich Federn und Dämpfen.

Es lag daher nicht allzu fern, eine neue Produktidee in einem verwandten Segment zu formulieren: Seit Beginn der 90er Jahre war der Markt der Mountainbikes kontinuierlich gewachsen. Der neueste Trend, entwickelt zunächst im sog. „Downhill"-Bereich, waren sog. „fully-suspensed" Fahrräder. Hierbei handelte es sich um Fahrräder, die analog der Bauweise von Motorrädern sowohl über eine gefederte Vordergabel als auch eine gefederte Hinterradschwinge verfügten.

Produktidee formulieren

Zunächst wurde mit Hilfe sekundärer Marktforschung (Veröffentlichungen, Messebesuche, allgemein zugängliche Branchenanalysen) die Idee auf Stichhaltigkeit überprüft (Abb. 5.18): Die Hinterbau-Federung war zwar das zunächst kleinere Segment, benötigte aber mit den dort verwendeten Feder-Dämpfer-Elementen eine sehr geeignete, vom restlichen Fahrrad nahezu unab-

Sekundäre Marktforschung durchführen

hängige Komponente. Erleichternd erwies sich, dass es sich bei der Produktidee „Fahrraddämpfer" um eine Komponente handelte, die wie viele SUSPA-Produkte in einem Gesamtprodukt für den Endverbraucher verwendet wird. Es war folglich vergleichsweise einfach, in der eigenen Firma entsprechende „Hobby"-Experten für Mountainbikes und damit auch hoch motivierte Mitglieder für das Projektteam zu finden.

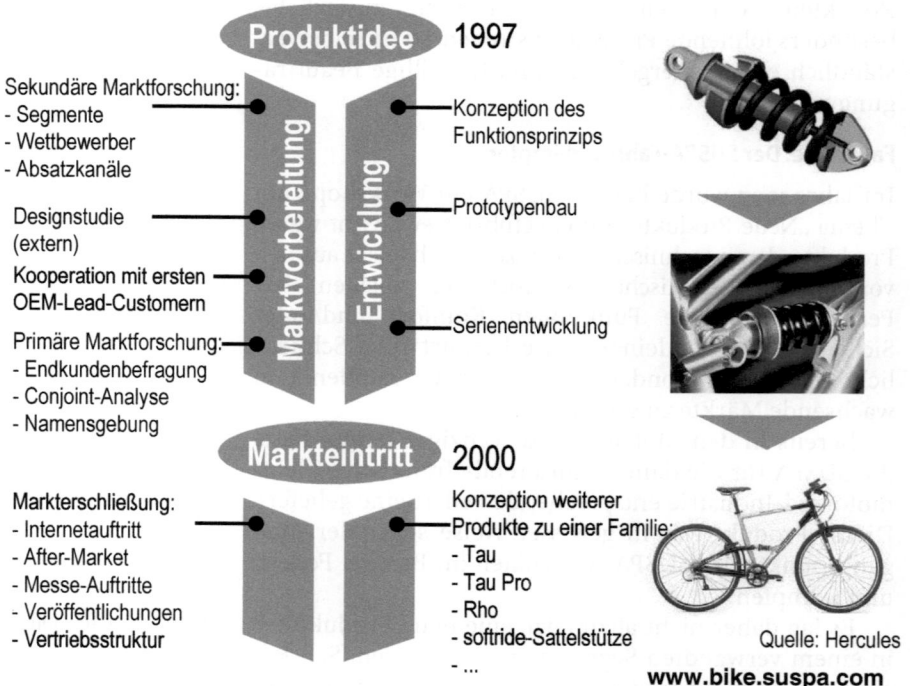

Abb. 5.18 Geschichte des SUSPA-Fahrraddämpfers

Der Markt für Mountainbikes sollte dem Trend zu mehr Freizeit folgend weiter wachsen. Als besonderes Zukunftspotenzial wurde allerdings schon damals neben dem sportlichen Einsatz auch die potenzielle Komfortfunktion für alltägliche Gebrauchsfahrräder identifiziert. Diese Prognose sollte sich in den nächsten Jahren bestätigen.

Lösungskonzept entwickeln

Nachdem die Idee von der Marktseite zunächst bestätigt worden war, wurde ein erstes Lösungskonzept entwickelt. Der besondere Kniff der SUSPA-Lösung lag in der Verwendung einer Dämpfungs-Patrone, die auf den bestehenden Produktionsanlagen neben der sonstigen Serienproduktion gefertigt werden konnte. Diese Patrone wird um Fahrrad-spezifische Komponenten (Schraubenfeder, Anbauteile) erweitert und ermöglicht wie in einem Baukasten die einfache Ableitung verschiedenster, auf den Kunden abgestimmter Varianten. Ferner lässt sich die Druckpatrone im Schadensfall sehr einfach und kostengünstig auswechseln.

Bei der ersten Analyse des Marktes war aufgefallen, dass es sich bei Mountainbikes um Lifestyle-Produkte handelt, bei denen Kosten eine geringere Rolle spielen als Funktionalität und Design. Daher wurde basierend auf dem technischen Grundkonzept eine externe Designstudie in Auftrag gegeben. Der ausgewählte Entwurf wurde in einem Demonstrator für Kundenkontakte verwirklicht.

Die ersten Kontakte mit ambitionierten Lead-Usern (also Kleinserien-Fahrrad-Herstellern) erbrachte Informationen über notwendige konstruktive und designorientierte Änderungen im Detail. Die erfolgreichen Messepräsentationen und Kundenkontakte führten dann zu den ersten Entwicklungsaufträgen von Kunden.

Um das Produkt auf eine breitere Basis stellen zu können und ein Nischendasein zu vermeiden, wurde zu diesem Zeitpunkt eine zweite Marktstudie durchgeführt, die auf primärer Marktforschung (Abb. 5.19) beruhte (Befragung von Endkunden). Der systematische Aufbau der Studie sowie die entsprechende Auswertung mit der Conjoint-Methode lieferten entscheidende Hinweise zur Optimierung des Produktes, Zielsetzungen für ergänzende Produkte einer ganzen Familie und nicht zuletzt für die ausbaufähige Namensgebung der Produktlinie. Es zeigte sich, dass weitere Ergänzungsprodukte eine einstellbare Dämpfung, ein verringertes Gewicht bzw. geringere Kosten aufweisen sollten. Mit diesen Differenzierungen konnten verschiedene, klar identifizierbare Kunden- und Fahrradsegmente abgedeckt werden. Diese Erkenntnisse wurden bei der Entwicklung der weiteren Produktlinie und der Markterschließung berücksichtigt.

Zweite Marktstudie durchführen

Conjoint-Methode anwenden

5 Fallbeispiele

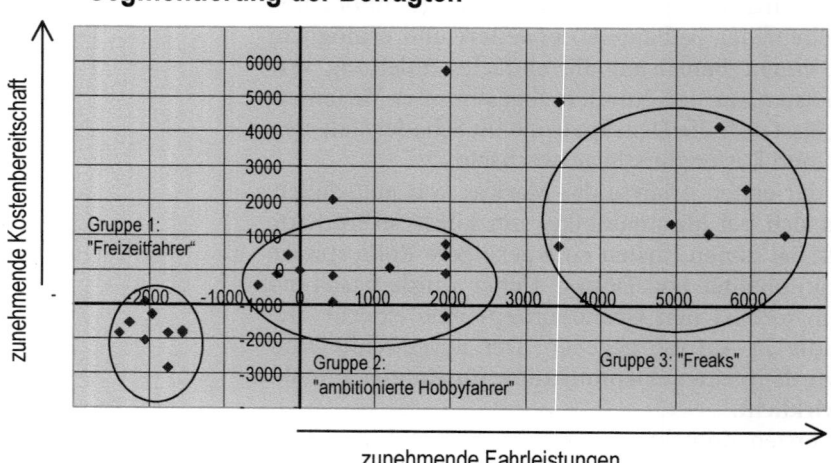

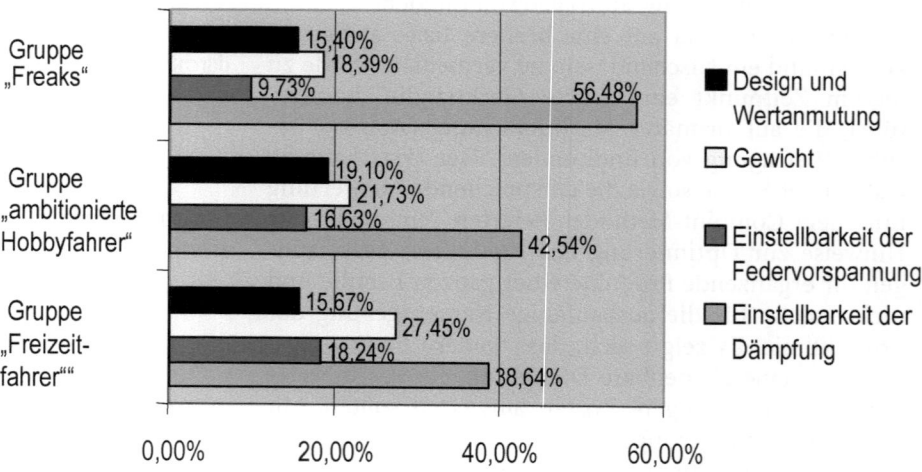

Abb. 5.19 Ergebnisse der primären Marktforschung

Fazit

Zeit- und Kostenaufwand

Als Fazit lässt sich festhalten, dass der Zeit- und Kostenaufwand zur Erschließung eines neuen Marktes bei der Innovation auf keinen Fall vernachlässigt werden darf. Schon der Zeitraum von der Idee bis zur ersten

Serieneinführung bei einem Kunden betrug ca. 3 Jahre. Zu diesem Zeitpunkt war der Produktbereich noch weit von einer Rentabilität entfernt. Erst mit der weiteren Erschließung des Marktes über neue Serienaufträge, Produktvarianten und Aftermarket-Kontakte wird das junge Produkt langsam überlebensfähig. Heute sind SUSPA-Fahrraddämpfer bei Fahrradherstellern weithin bekannt, und neue Produkte werden in der Fachpresse wohlwollend beachtet. Für einige Hersteller liefert SUSPA exklusiv, d.h. deckt das gesamte Fahrradprogramm ab. SUSPA bearbeitet den sehr kleinen Markt für Hochleistungs-Sportgeräte nur untergeordnet und konzentriert sich vielmehr auf „gemässigte" Freizeitfahrräder. SUSPA bleibt damit bei seiner Kernkompetenz: Kostengünstige Massenproduktion hochwertiger technischer Komponenten.

Die Vorgehensweise bei der Realisierung dieser Innovation kann als systematisch und vorsichtig gekennzeichnet werden. Gleichzeitig zeichnet sie sich durch die Bereitschaft zur Übernahme eines langfristigen unternehmerischen Risikos aus. Nur so kann echtes Neugeschäft mit einem Produkt am Anfang seines Lebenszyklusses generiert werden. Das Innovationsmanagement-System der SUSPA Holding GmbH hat inzwischen nicht nur mit dieser Erfolgsgeschichte, sondern auch mit zahlreichen weiteren neuen Produkten seine Effektivität bewiesen und trägt somit wesentlich zur Erneuerung der Erfolgspositionen der SUSPA bei.

Vorgehensweise bei der Realisierung

5.4
Studie „MicroMed 2000+"
»Einsatzfelder in Wachstumsmärkten entdecken«
CHRISTIAN ROSIER

> Das hier beschriebene Fallbeispiel basiert auf einer Studie der Aachener Fraunhofer-Institute für Produktionstechnologie IPT und Lasertechnik ILT. In der Studie wurden durch Einbeziehung lokaler Medizin- und Technikkompetenz Erfolg versprechende Einsatzfelder von Mikrosystemen in der Medizintechnik identifiziert. Die Studie führte zur Gründung eines Kompetenzzentrums für Mikrosysteme in der Medizintechnik am Standort Aachen, dessen herausragende Stellung in der Produktionstechnik auf neue Einsatzfelder erweitert werden sollte.

Fraunhofer-Institute am Standort Aachen

Fraunhofer-Institut für Produktionstechnologie IPT

Das Fraunhofer-Institut für Produktionstechnologie IPT bearbeitet Aufgabenstellungen aus dem industriellen Umfeld. Zur Bearbeitung der relevanten Themenkomplexe vereint das Institut die verschiedenen, produktionstechnologischen Disziplinen; dazu gehört die Prozesstechnologie mit den entsprechenden maschinenbaulichen und steuerungstechnischen Komponenten, die Qualitäts- und Messtechnik sowie die planerische und organisatorische Gestaltung produktionstechnischer Fragestellungen.

Fraunhofer-Institut für Lasertechnik ILT

Das Fraunhofer-Institut für Lasertechnik ILT bündelt Kompetenzen im Bereich der Laseranwendungen und -systeme. Das Institut entwickelt und optimiert Laserstrahlquellen und -komponenten und forscht an modernen Lasermess- und Prüfeinrichtungen. Neben der prozesstechnischen Optimierung befasst sich das Fraunhofer ILT zudem mit der Entwicklung kompletter Laseranlagen sowie der zugehörigen Systeme und Komponenten.

Die „Pflicht" neue Märkte zu erschließen

Innovationsstrategie der Fraunhofer-Institute: Neue „Geschäftsfelder" erschließen

Forschungseinrichtungen wie die Fraunhofer-Institute für Produktionstechnologie IPT bzw. Lasertechnik ILT greifen aktuelle Forschungsthemen auf, um aktiv an der Gestaltung neuer, produktionstechnologischer Entwicklungen mitzuwirken bzw. diese zu gestalten. Um konkurrierenden Institutionen voraus zu sein und auf diese

Weise Trends setzen zu können, ist es wichtig, frühzeitig auf Änderungen am Markt zu reagieren und Entwicklungen wahrzunehmen. Die Fraunhofer-Institute IPT und ILT stehen daher in der „Pflicht", kontinuierlich neue, wachstumsträchtige Märkte zu identifizieren und diese forschungsseitig zu erschließen.

Die Medizintechnik gilt als eine wachsende Zukunftsbranche. Der demographisch abzusehende, steigende Anteil an älteren Menschen sowie das allgemein steigende Gesundheitsbewusstsein bedeuten für die Zukunft einen vermehrten Bedarf an (schonenden) medizinischen Behandlungsmethoden und technischen Hilfsmitteln. Minimalinvasive Behandlungsverfahren sind auf Grund ihrer verletzungs- und nebenwirkungsarmen Anwendung besonders geeignet, die Patientenverweilzeiten in den Krankenhäusern entscheidend zu verkürzen und auf diese Weise die stark steigenden Kosten im Gesundheitswesen zu begrenzen. Der aus der minimalinvasiven Behandlung resultierende Trend zur Miniaturisierung von medizinischen Produkten eröffnet in der Medizintechnik ein bedeutendes Feld für zukünftige, mikrosystemtechnische Anwendungen.

Medizintechnik als Zukunftsbranche für die Mikrosystemtechnik

Durchführung einer gemeinsamen Studie

Die steigende gesellschaftliche Bedeutung der Medizintechnik war für die anwendungsorientierten Fraunhofer-Institute der Anlass, den medizintechnischen Markt nach produktionstechnischen Anwendungsfeldern zu analysieren. Um den Eintritt in den unbekannten Markt zu erleichtern beschlossen die beiden Institute, durch eine gemeinsame Studie potenzialträchtige Anwendungsfelder für medizinische Produkte zu identifizieren. Da beide Institute auf dem Gebiet der Mikrosystemtechnik forschen, wurden solche Anwendungsbereiche fokussiert, die einen mikrosystemtechnischen Bezug aufwiesen.

Ziele der Studie: Potenzialträchtige Anwendungsfelder für medizinische Produkte identifizieren

Am Standort Aachen treffen medizinische und technische Kompetenzen aufeinander; daher wurde zunächst eine enge Zusammenarbeit in der Medizintechnik angestrebt. Mittel- bis langfristig wurde die Gründung eines Kompetenzzentrums für Mikrosysteme in der Medizintechnik anvisiert.

Kompetenzzentrum für die Medizintechnik gründen

Die Ergebnisse der Studie – potenzialträchtige Anwendungsfelder der Medizintechnik sowie dazugehörige Produktideen – sollten in einer InnovationRoadMap

Ergebnisdarstellung in einer InnovationRoadMap

visualisiert werden. Aus dieser können Forschungs- und Entwicklungsaufgaben für Produktinnovationen abgeleitet werden.

Durchführung der Studie mit der InnovationRoadMap-Methodik

InnovationRoadMap-Methodik als Vorgehensweise ausgewählt

Die Vorgehensweise für die Studie wurde in Anlehnung an die am Fraunhofer-Institut für Produktionstechnologie IPT entwickelte InnovationRoadMap-Methodik ausgewählt.

Ermittlung relevanter Suchfelder

Suchfeldmatrix: Suchfelder identifizieren und strukturieren

Zu Beginn der Studie wurden zunächst Suchfelder definiert, um den umfangreichen Themenkomplex Medizintechnik zu strukturieren und thematisch abzudecken. Die einzelnen Suchfelder wurden durch eine zweidimensionale Matrix als Schnittpunkt relevanter Fachbereiche und der sog. medizinischen Prozesskette eindeutig bestimmt (Abb. 5.20). Die Fachgebiete wurden in den Spalten der Suchfeldmatrix aufgetragen; in den Zeilen wurde der (idealtypische) Prozessablauf einer medizinischen Behandlung eingetragen (medizinische Prozesskette). Diese Kette beginnt bei der Prophylaxe und Anamnese (Vorgeschichte einer Erkrankung) und endet bei der Prothetik (Einsatz von künstlichen Organen in den menschlichen Organismus).

Auf relevante Suchfelder fokussieren

Mit dem Ziel, die Suchfeldanzahl zu reduzieren, wurde eine umfangreiche Recherche zu aktuellen Problemstellungen und Schwerpunkten in den medizinischen Fachbereichen durchgeführt. Aus den 140 möglichen Suchfeldern konnten auf diese Weise 28 Suchfelder identifiziert werden, für die nach Literaturaussagen ein hohes Verbesserungspotenzial für medizinische Produkte prognostiziert wurde. Der Auswahlprozess ist im Folgenden beschrieben.

Auswahlmethode: Informationsdatenblätter anlegen und Ansprechpartner identifizieren

Zu jedem Suchfeld wurde zunächst ein Informationsdatenblatt erstellt, das eine Kurzbeschreibung der Suchfeldinhalte sowie weitere Rechercheinformationen enthielt. Die recherchierten Informationen wurden gefiltert und in thematische Schwerpunkte eingeteilt. Je häufiger eine bestimmte Thematik in der Literatur diskutiert wurde, desto größer wurde die Relevanz dieses Themenkomplexes eingeschätzt. Aus der Trefferhäufigkeit einer Thematik wurden auf diese Weise die medizinischen Problemfelder abgeleitet; zu jeder Thematik wurde zudem mindestens ein Ansprechpartner über das Internet oder eine Fachzeitschrift ermittelt. Die identifizierten Personen wurden telefonisch oder schriftlich kontaktiert und nach ihrer Einschätzung zu aktuellen medizinischen Problemfeldern aus ihrem Fachbereich befragt. Aus diesen Gesprächen ergaben sich häufig Hinweise auf weitere Problemfelder in anderen medizinischen Bereichen.

Für die MicroMed-Studie konnten mit der beschriebenen Auswahlmethode 28 relevante Suchfelder identifiziert werden; diese waren Basis für alle nachfolgenden Vorgehensschritte.

| | | Medizinische Fachbereiche | | | | | |
		01 Karditologie/ Gefäßkrankheiten	02 Zahnmedizin/ Kieferchirurgie	03 Dermatologie/ Rekonstruktion	04 Endokrinologie	05 Gastroenterologie	06 Hämatologie
Medizinische Prozesskette	A Prophylaxe, Anamnese	A 01			A 01		A 01
	B Diagnostik	B 01					B 06
	C Prognostik						
	D Anästhesie						
	E Therapie	E 01			E 04		E 06
	F Chirurgie		F 02	F 03	F 04		
	G Prothetik	G 01	G 02				G 06

Abb. 5.20 Ausschnitt aus der Suchfeldmatrix

Detaillierung der Informationsdatenblätter zu den relevanten Suchfeldern	Für die relevanten Suchfelder wurden die Informationsdatenblätter detailliert; dazu wurden Tätigkeiten und Aufgaben des Fachbereichs (z.B. HNO: Hals-Nasen-Ohren) in dem durch die medizinische Prozesskette eingegrenzten Bereich (z.B. Diagnostik) beschrieben. Des Weiteren wurden aktuelle Behandlungsmethoden (d.h. Stand der Technik) zusammengefasst und Suchrichtungen für potenzielle, technische Produkte in der spezifizierten Disziplin festgelegt. Ein Beispiel: Zum Suchfeld *B20: HNO - Diagnostik* wurden folgende Angaben in einem Informationsdatenblatt festgehalten:
Beispiel: Inhalte eines Informationsdatenblatts	Tätigkeiten/ Aufgaben

Teilgebiet der Medizin, das sich mit der Diagnostik von Hals-, Nasen- und Ohrerkrankungen befasst

Methoden

- *Stand der Technik*: Endoskopie und Mikrobiologische Analyse
- *Suchrichtungen*: Miniaturisierte, minimalinvasive Endoskope; kontinuierliche mikrobiologische Analyse durch am Körper trag- oder implantierbare, miniaturisierte Geräte (Lab-on-a-chip).

Detaillierung: Weitere Experten identifizieren	Im nächsten Schritt wurden zu den interessierenden Fachbereichen weitere Experten ermittelt: In der medizinischen Literatur wie auch im Internet wurde nach „Koryphäen" in den einzelnen Bereichen recherchiert; bereits kontaktierte Experten empfahlen Kollegen anderer Fachdisziplinen. Die Expertensuche und -auswahl orientierte sich an der Zielsetzung, am Standort Aachen ein Kompetenzzentrum für Mikrosysteme in der Medizintechnik aufzubauen; lokale Nähe war aus diesem Grund ein wichtiges Auswahlkriterium.

Ideenfindung - Technologen und Mediziner generieren gemeinsam Ideen

Interviews mit Experten führen, um Problemideen abzuleiten	Mit dem Ziel Innovationspotenziale für technische Produkte in der Medizintechnik zu identifizieren, wurden die ausgewählten Experten interviewt. In den Gesprächen wurden Problemfelder der einzelnen Fachbereiche systematisch beleuchtet; aus den erkannten Problemen wurden anschließend technische Problemideen - häufig nicht zu trennen von Produktideen - abgeleitet.

Die von den Medizinern benannten Probleme wurden schriftlich dokumentiert und – aus dem Gespräch resultierende – technische Problemideen notiert. Die aus den Interviews gewonnenen Ergebnisse und Erkenntnisse konnten für weitere Interviews mit Experten verwendet werden, so dass die Ideen bewertet und kommentiert wurden. Resultat dieser Vorgehensweise waren qualifizierte Experteneinschätzungen zu den verschiedenen Ideenansätzen. Die ermittelten Ideen wurden mit Erläuterungen und Randbedingungen in sog. Funktionsdatenblättern(FDB) (Abb. 5.21) festgehalten.

Dokumentation der Problemideen

Zur Aufnahme der Ideen wurden freie Interviews durchgeführt. Die Experten hatten genügend Freiraum, auch komplexere Probleme zu schildern. Die Interviews erlaubten zudem (Verständnis-) Probleme (z. B. Fachausdrücke) durch Rückfragen zu kompensieren und eine gemeinsame Diskussionsgrundlage zu schaffen.

Interviewtechnik: Freiräume gewährleisten und Rücksprachen ermöglichen

Ideenbewertung

Die dokumentierten Ideen – Problemideen, Lösungsideen oder Innovationspotenziale – wurden im nächsten Schritt bewertet. Die FDB dienten dazu, das Innovationspotenzial der gesammelten Ideen herauszustellen und den Betrachtungsbereich abzugrenzen; dies diente einer einheitlichen Diskussionsgrundlage. Die eigentliche Bewertung der Innovationspotenziale erfolgte in mehreren Workshops, an denen Mediziner und Technologen teilnahmen. Beide Bewertungsbestandteile – Funktionsdatenblätter und Workshopinhalte – werden im Folgenden beschrieben.

Funktionsdatenblätter und Workshops zur Bewertung der Innovationspotenziale

Zur Dokumentation der Ideen wurden zweiseitige FDB verwendet. Die erste Seite enthielt drei thematische Abschnitte (Abb. 5.21): Im oberen Teil der Seite wurde notiert, wie Krankheiten, die mit der Idee im Zusammenhang stehen, üblicherweise behandelt werden. Die Beschreibung des Behandlungsablaufs ermöglichte einen Überblick über die praktizierten Behandlungsmethoden. Anschließend wurden Probleme und Anforderungen an neue (zu entwickelnde) Produkte aufgelistet. Der dritte Abschnitt enthielt bisherige technische Lösungen, von denen potenzielle Produktinnovationen abzugrenzen waren.

Inhalt der Funktionsdatenblätter

Mit der ersten Seite des Funktionsdatenblatts sollte ein Einstieg in die Thematik erreicht werden sowie ein Kontext beschrieben werden, vor dem die Produktinnovation zu entwickeln ist.

Abb. 5.21 Ausschnitt eines Funktionsdatenblatts

Bewertung der Innovationspotenziale: Markt- und Differenzierungspotenzial

Auf der zweiten Seite des Funtionsdatenblatts wurde die Bewertung der Innovationspotenziale vollzogen; die Bewertung erfolgte hinsichtlich des Markt- und Differenzierungspotenzials. Beide Oberkriterien wurden durch Unterkriterien näher spezifiziert (Abb. 5.22). Zu jedem Unterkriterium wurde die in Workshops gewonnene Bewertung der Experten aufgenommen und transparent in dem Funktionsdatenblatt dokumentiert.

Marktpotenzial bewerten

Das Marktpotenzial einer Produktinnovation wurde nach verschiedenen Kriterien bewertet, wie z.B. die Häufigkeit der damit im Zusammenhang stehenden Krankheit oder die daraus resultierende Beeinträchtigung der Lebensqualität des Patienten. Beispielsweise wurde bei der Bewertung der Produktidee „Bewegungshandschuh" zu Grunde gelegt, wie häufig der Fall einer abgetrennten Hand vorliegt und inwieweit durch die abgetrennte Hand die Lebensqualität beeinflusst wird. Je höher die Häufigkeit bzw. Beeinträchtigung, desto höher wurde das Marktpotenzial bewertet. Als Bewertungsmaßstab diente dabei eine Dreiteilung in hoch, mittel und gering.

Marktpotenzial	Differenzierungspotenzial	
• Häufigkeit/ Morbidität	• Risikominimierung	(0,33)
• Beeinträchtigung der Lebensqualität/ Mortalität	• Ergebnisoptimierung	(0,27)
	• Zeitvorteil	(0,20)
	• Kostenvorteil	(0,13)
	• Komforterhöhung	(0,07)

Abb. 5.22 Kriterien zur Bewertung des Markt- und Differenzierungspotenzials

Das Bewertungskriterium „Differenzierungspotenzial" fasste solche Kriterien zusammen, mit denen die Alleinstellung einer Produktinnovation bewertet wurde; aus Sicht des Patienten erfolgte die Bewertung anhand der herausragenden Merkmale des neuen Produkts gegenüber (den gewohnten) Alternativbehandlungsmöglichkeiten. Als Unterkriterium des Differenzierungspotenzials wurde das Bewertungskriterium „Risikominimierung für den Patienten" aufgenommen; die Bewertung dieses Kriteriums betraf insbesondere das bessere Behandlungsergebnis durch die Anwendung der Produktinnovation gegenüber herkömmlichen Alternativen. Weitere Unterkriterien betrafen den zu erwartenden Zeit- und Kostenvorteil und den gesteigerten Komfort durch Einsatz der Produktinnovation. Die fünf Bewertungskriterien für das Differenzierungspotenzial wurden in Zusammenarbeit mit den Experten relativ zueinander gewichtet. Die „Risikominimierung" wurde bei der Gewichtung als wichtigstes Kriterium erachtet; unter dieses Kriterium fielen Aspekte, die das Leben eines Menschen immens beeinflussen können.

Abschließend wurde das Markt- bzw. Differenzierungspotenzial aus dem Produkt von Einzelbewertungen zu jedem Kriterium und der entsprechenden Gewichtung ermittelt.

Differenzierungspotenzial bewerten

Marktpotenzial und Differenzierungspotenzial bestimmen die Marktattraktivität

Vorwegnehmend soll an dieser Stelle erwähnt werden, dass Marktpotenzial und Differenzierungspotenzial zur Einordnung in die InnovationRoadMap als Marktattraktivität zusammengefasst wurden, welche über ein entsprechendes Portfolio bestimmt wurde. Die zeitliche Marktattraktivität bezeichnet die Zeitdauer, ab der für ein Produkt eine definierte (d.h. genügend große) Nachfrage am Markt vorhanden ist. Die genaue Bestimmung der Marktattraktivität wird weiter unten in diesem Fallbeispiel erläutert.

Produktlebenskurve: Zeitpunkt der Marktreife einer Produktidee bestimmen

Um die zeitliche Marktattraktivität einer Problemidee bewerten zu können, wurde die Einordnung der Ideen in die allgemeine Produktlebenskurve auf dem Funktionsdatenblatt dokumentiert (Abb. 5.23). Die entsprechende Position auf der Kurve wurde in den Workshops ermittelt; zur zeitlichen Einordnung dienten Kriterien, die von LITTLE zur Bestimmung von Positionen auf der Lebenskurve vorgeschlagen werden (Little 1981). Die Ideen wurden jeweils an den in Abbildung 5.23 dargestellten Bewertungskriterien sowie deren mögliche Ausprägungen gespiegelt; zugleich bestimmten diese Ausprägungen die anschließende zahlenmäßige Bewertung, bei der jedes Kriterium (Einblick in FuE der Wettbewerber, Vorhersagbarkeit des Entwicklungsergebnisses etc.) mit dem entsprechenden Zahlenwert (hoch = 3, mittel = 2 und gering = 1) hinterlegt wurde. Die Gesamtsumme wurde durch aufsummieren der Einzelbewertungen bestimmt; die Höhe der Gesamtsumme diente zur Einordnung der Produktideen in die Lebenszykluskurve.

Insgesamt 34 Erfolg versprechende Problemideen

Insgesamt wurden in den betrachteten Suchfeldern 34 Erfolg versprechende Ideen gefunden. Die in den Funktionsdatenblättern archivierten Daten wurden zur markt- und technologieseitigen und zur zeitlichen Eingliederung der Ideen in die InnovationRoadMap genutzt.

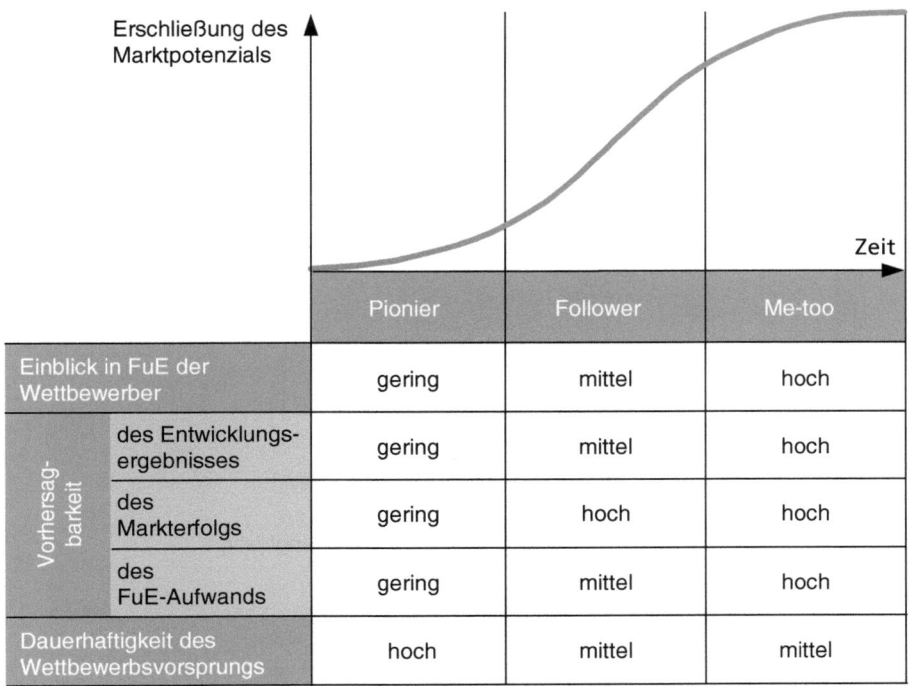

Abb. 5.23 Richtlinien zur zeitlichen Einordnung von Produktideen in die Lebenskurve (Little 1981)

Erstellung der InnovationRoadMap

Zur Darstellung der Bewertungsergebnisse wurden die Ideen in eine InnovationRoadMap eingetragen (Abb. 5.24). Die Bereiche *Markt* und *Technologie* der InnovationRoadMap wurden zu diesem Zwecke an die Aussageabsichten angepasst: Auf der Marktseite der RoadMap wurde die *Marktattraktivität* über dem Zeitpunkt der Marktreife einer Produktidee und auf der Technologieseite wurde der *Umsetzungsaufwand* über dem Zeitpunkt der technischen Machbarkeit aufgetragen.

Zur Bestimmung der Marktattraktivität – gebildet aus dem Markt- und Differenzierungspotenzial einer Idee – wurde ein Portfolio verwendet (Abb. 5.25). Die Marktattraktivität einer Produktidee konnte anhand der Einordnung in das Portfolio abgelesen werden; je mehr die Einordnung einer Produktidee nach rechts oben tendierte, desto höher ist die Marktattraktivität.

Ergebnisdarstellung in der InnovationRoadMap

Marktseite: Marktattraktivität bestimmen

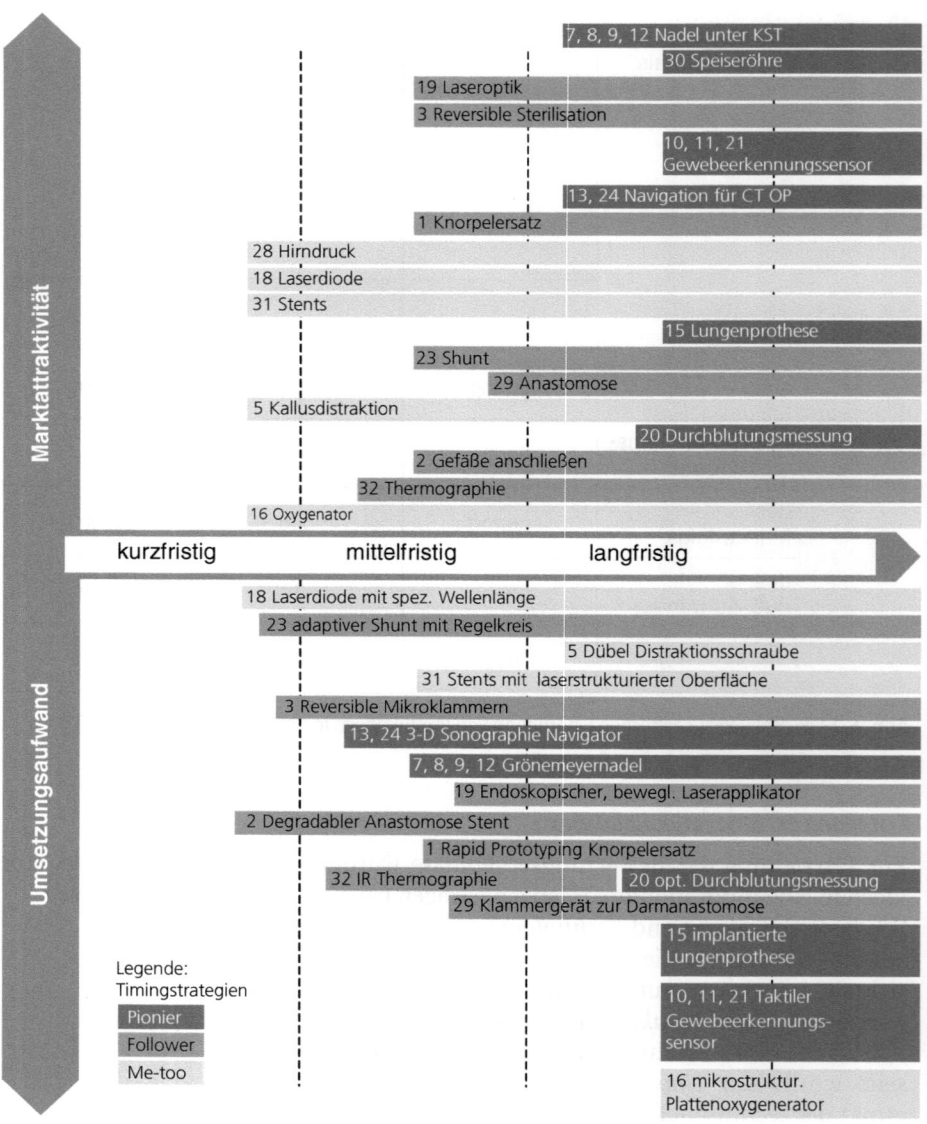

Abb. 5.24 InnovationRoadMap für medizinische Produktinnovationen

Marktseite:
Zeitliche Einordnung der
Marktattraktivität
bestimmen

Die zeitliche Einordnung der Marktattraktivität einer Produktidee erfolgte anhand der Produktlebenskurve (Abb. 5.26). Aus der Lebenskurvendarstellung wird offensichtlich, welche Produktideen noch unausgereift waren (Zeitbereich: Pionier) und bei welchen das Marktpotenzial bereits weitgehend ausgeschöpft war (Zeitbereich: Me-too).

Aus der Einordnung einer Produktidee in die Lebenskurve konnten Handlungsmaßnahmen abgeleitet werden. Für die Fraunhofer-Institute waren insbesondere solche Ideen interessant, die in die Bereiche Pionier und Follower eingeordnet waren: die Produktideen sind (noch) relativ unkonkret und die Weiterentwicklung dieser Ideen zu marktreifen Produkten ist kohärent zur Forschungsstrategie der Institute.

Ableitung von Handlungsmaßnahmen aus der Lebenskurve

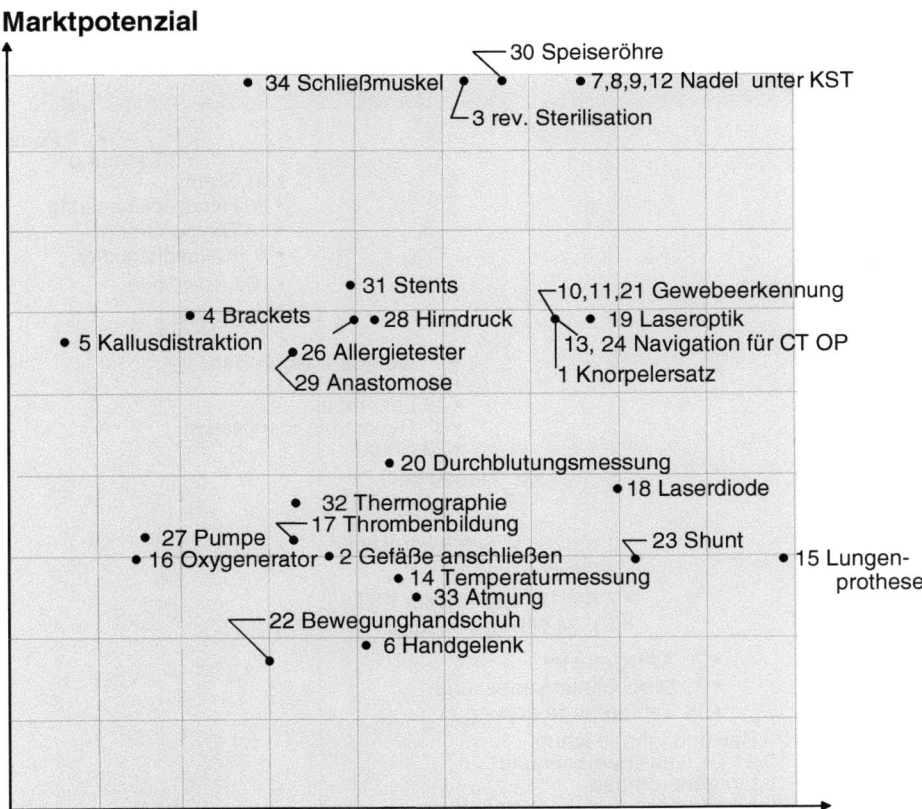

Abb. 5.25 Bewertungsportfolio zur Beurteilung der Marktattraktivität

Anhand der Vorarbeiten (Bewertungsportfolio und Produktlebenskurve) konnten die Produktideen leicht in die InnovationRoadMap übertragen werden. Als Ord-

Einordnung in die InnovationRoadMap

nungskriterium für die vertikale Achse des Markt-Zeit Bereichs wurde eine steigende Marktattraktivität gewählt; diese wurde aus dem Bewertungsportfolio (Portfolio: Markt- und Differenzierungspotenzial) übernommen. Die zeitliche Fristigkeit konnte aus der Lebenskurveneinordnung übernommen werden; der Zeitabschnitt „Pionier" korrespondierte mit einer langfristigen, der Zeitabschnitt „Me-too" mit einer kurzfristigen Marktattraktivität.

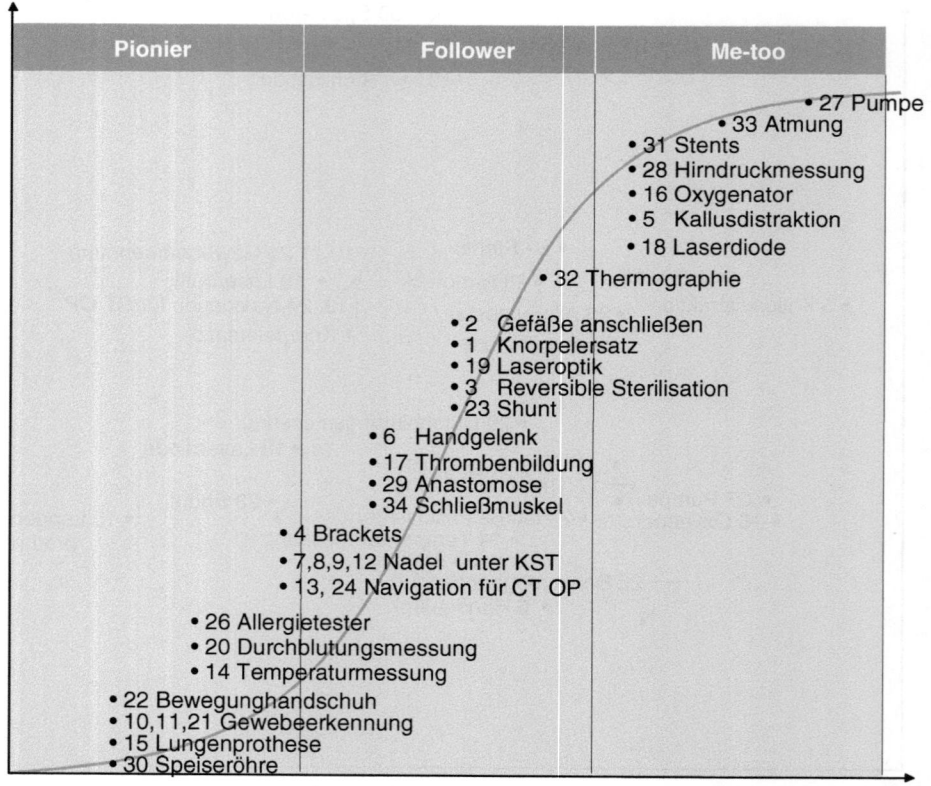

Abb. 5.26 Einordnung ausgewählter Problemideen in die allgemeine Produktlebenskurve

Technologieseite: Umsetzungsaufwand bestimmen

Der Umsetzungsaufwand wurde aus Sicht von Fraunhofer IPT bzw. ILT bewertet. Zur Bestimmung des Umsetzungsaufwands wurde die grundsätzliche (technische)

Machbarkeit der Produktideen betrachtet und mit Experten beider Fraunhofer-Institute diskutiert und bewertet. Für die Auswahl und zeitliche Einordnung der Produktideen in die InnovationRoadMap waren strategische Aspekte ausschlaggebend; beispielsweise die zeitliche Fristigkeit von FuE-Leistungen, d.h. inwieweit die Realisierung der Produktidee zu einem langfristigen und nachhaltigen Kompetenzgewinn für das jeweilige Institut beiträgt. Umsetzungsaufwand und Fristigkeiten wurden analog zur Marktseite anhand von Portfolios bestimmt.

Der Umsetzungsaufwand (zunächst ohne Berücksichtigung des Zeit-Faktors) wurde durch die Gegenüberstellung von vorhandenem Technologiepotenzial und vorhandenen Ressourcen (Maschinen, Geräte und Fachpersonal) ermittelt. Die Betrachtung orientierte sich am Status des zum Zeitpunkt der Betrachtung verfügbaren Potenzials, d.h. eventuelle Zukäufe von Ressourcen oder eine mögliche Erweiterung der Personalkapazität wurde bei der Einordnung der Produktideen in das Portfolio nicht berücksichtigt.

Portfolio 1: Technologiepotenzial gegenüber Ressourcen

Für die zeitliche Einordnung des Umsetzungsaufwands der Produktideen wurde die Forschungskohärenz dem geplanten Ressourceneinsatz gegenübergestellt. Forschungskohärenz liegt vor, wenn sich die zur Umsetzung einer Produktidee notwendige Forschung mit den aktuellen, derzeit praktizierten Forschungsschwerpunkten deckt. Dieses Bewertungsvorgehen wurde gewählt, um Synergieeffekte für aktuelle Forschungsprojekte zu nutzen.

Portfolio 2: Forschungskohärenz gegenüber Ressourceneinsatz

Der ermittelte Umsetzungsaufwand (über dem Zeitpunkt der technischen Machbarkeit) wurde abschließend im unteren Teil der InnovationRoadMap aufgetragen.

Einordnung des Umsetzungsaufwands in die InnovationRoadMap

Aktionsplan aufstellen - Priorisierung von Handlungsfeldern

Zur Priorisierung und Bestimmung der tatsächlich umzusetzenden Produktentwicklungsprojekte wurde ein weiteres Portfolio erstellt, das die Produktideen bezogen auf die Marktattraktivität und den Umsetzungsaufwand bewertete. Dabei handelte es sich inhaltlich um eine um die Zeitachse reduzierte InnovationRoadMap, deren unteres Standbein (Achse: Umsetzungsaufwand) nach oben gedreht wurde (Abb. 5.27).

Portfolio zur Priorisierung von Handlungsfeldern

Das Besondere an dieser Darstellung ist, dass nur solche Produktideen berücksichtigt werden, deren Verhältnis von zeitlicher Marktattraktivität und zeitlichem Umsetzungsaufwand ungefähr gleich eins ist. D. h., es wurden nur Produktideen eingeordnet, die in einem sinnvollen Verhältnis von Nachfrage und (seitens Fraunhofer IPT und ILT) realistischem Umsetzungsaufwand standen.

Ableitung von Handlungsstrategien

Aus der Einordnung der Produktideen in das (Priorisierungs-)Portfolio konnten die folgenden Handlungsstrategien abgeleitet werden:

- *Zurückstellen*: Der Umsetzungsaufwand ist zu hoch und die Marktattraktivität ist zu gering; eine (wirtschaftlich) sinnvolle Realisierung der Produktidee lässt sich nicht umsetzen.
- *Prüfen*: Je nach Einordnung der Produktidee in das Portfolio ist zu überprüfen, ob die Marktattraktivität den hohen Umsetzungsaufwand rechtfertigt bzw. ob der geringe Umsetzungsaufwand die geringe Marktattraktivität kompensieren kann.
- Umsetzen: Sowohl Umsetzungsaufwand als auch Marktattraktivität sprechen für eine Realisierung der Produktidee.

Vorteil der verwendeten Portfoliodarstellung ist die gegenüber der RoadMap bessere Übersicht über alle Produktideen, die das Unternehmen (hier Fraunhofer IPT und ILT) in einem sinnvollen Verhältnis von Marktnachfrage und technischem Umsetzungsaufwand realisieren kann. Dieser (Projekt-) Filter kann die Menge an Ideen auf eine überschaubare Anzahl reduzieren.

Geeignete Produktideen

In der MicroMed-Studie erwiesen sich letztendlich die Produktideen 18 (Laserdiode) und 19 (Endoskopischer, beweglicher Laserapplikator) als Erfolg versprechendste Produktinnovationsideen.

Ergebnis der MicroMed-Studie

Zusammenarbeit von Technologen und Medizinern: Vielzahl an technischen Problem- und Lösungsideen generiert

Im Ergebnis der Studie zeigt sich deutlich, dass durch das gezielte Ansprechen von Medizinexperten eine Vielzahl bisher nicht betrachteter technischer Aufgabenstellungen ermittelt werden konnte. Auf der Grundlage der von den Medizinern geschilderten Probleme und der daraus resultierenden technisch-naturwissenschaftlichen Abstraktion konnten gezielt Lösungsvorschläge entwickelt werden, die zu konkreten Aufgabenstellungen ausformuliert wurden.

5.4 Studie „MicroMed 2000+"

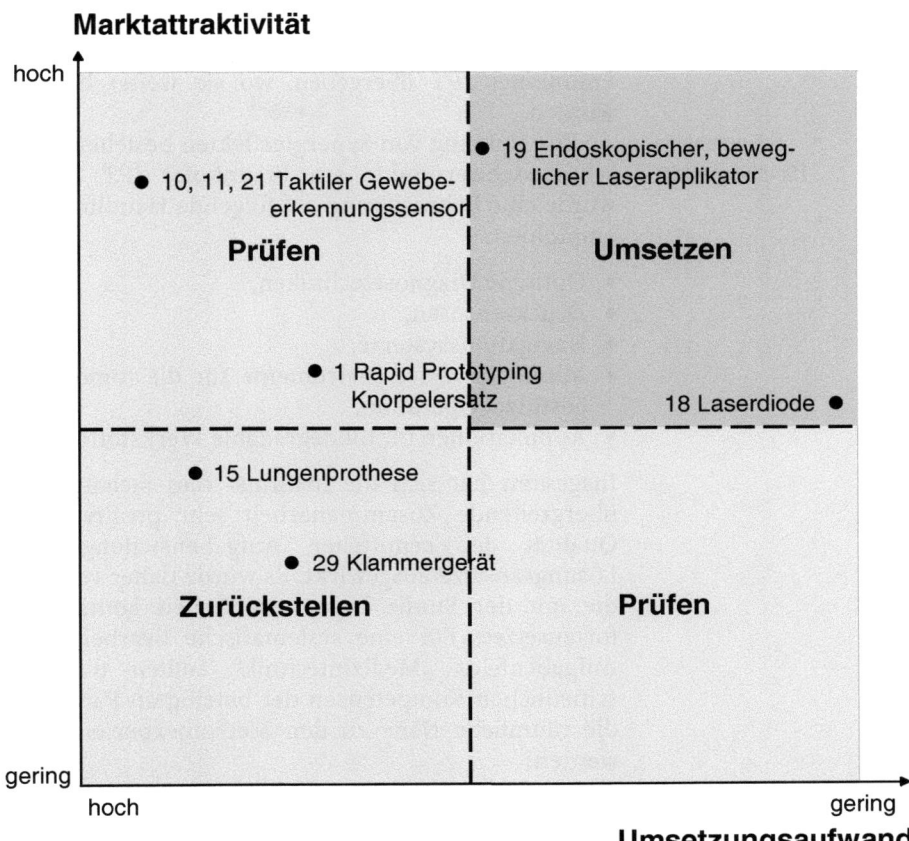

Abb. 5.27 Priorisierung ausgewählter Produktideen

Während der Interviews stellte sich heraus, dass die Mediziner die technischen Potenziale in der Regel nicht erkannten. Die Technologen der Fraunhofer-Institute entwickelten dagegen bereits während der Expertengespräche erste Konzepte zu technischen Lösungen. Um medizinische Probleme direkt in technische Problemideen zu überführen, haben sich die interdisziplinär besetzten Kreativworkshops als gutes Hilfsmittel erwiesen.

Die je nach Aufgabenstellung zunächst getrennt vorgenommenen marktseitigen und technologieseitigen Bewertungen sowie deren Zusammenführung in der InnovationRoadMap ermöglichten eine vergleichende Bewertung der Ansätze. Hieraus konnten strategische Handlungsempfehlungen für die weiteren Arbeiten abge-

InnovationRoadMap: Handlungsfelder ableiten

leitet werden. Die priorisierten Ansätze wurden an die beteiligten Fachabteilungen des Fraunhofer ILT und des Fraunhofer IPT übergeben, wo sie weiter bearbeitet wurden.

Empfohlene Handlungsfelder

Zur Nutzung von Synergieeffekten bestehender Forschungsschwerpunkte am Fraunhofer IPT bzw. ILT wurde eine Fokussierung auf folgende Handlungsfelder empfohlen:

- Optische Diagnosetechniken,
- Drucksensoren,
- Navigationssysteme,
- Minimalinvasive Instrumente für die tomographiegestützte Operation,
- Applikationen für biodegradable Werkstoffe.

Insgesamt hat sich die instituts- und fachabteilungsübergreifende Zusammenarbeit sehr positiv auf die Qualität der ermittelten Aufgabenstellungen bzw. Lösungsansätze ausgewirkt. Es wurde daher vereinbart, die mit der Studie begonnene Arbeit kontinuierlich fortzusetzen. Für eine systematische Bearbeitung des Aufgabenfelds „Medizintechnik" sollten die unterschiedlichen Kompetenzen der beteiligten Partner und die räumliche Nähe zu den Medizinexperten genutzt werden.

5.5
Neumag GmbH & Co. KG
»Systematisches Innovationsmanagement als Basis für Effektivität der Produktentwicklung«

CARSTEN VOIGTLÄNDER, THOMAS BAUERNHANSL, JENS SCHRÖDER

> Die Neumag steht seit mehr als 50 Jahren für Zuverlässigkeit, Erfahrung und hohen Qualitätsstandard in der Entwicklung und Produktion von Anlagen zur Herstellung von Synthesefasern.
> In diesem Fallbeispiel wird beschieben, wie die Neumag durch systematisches Innovationsmanagement die Effektivität ihrer Produktentwicklung sicherstellt.

Die Neumag ist eine eigenständige Business Unit des weltweit größten Textilmaschinenkonzerns, der Schweizer Saurer Gruppe. Die Neumag ist ein mittelständisches Unternehmen, das komplexe Anlagen zur Herstellung von Chemiefasern als Gesamtlösung anbietet. Mit Hilfe dieser Synthesefaserproduktionsanlagen stellen die weltweit verteilten Kunden z.B. Teppich- und Polster-Garne oder Textilfasern her. In den Bereichen BCF und Stapelfaser ist die Neumag Markt- und Technologieführer mit weltweiten Referenzen. Als Wegbereiter zahlreicher, neuer Technologien und Prozesse entwickelt die Neumag in ihrem hausinternen Technikum hochinnovative Maschinen »Made in Germany«, die genau auf die Kundenanforderungen zugeschnitten sind.

Die Neumag

Mit ca. 500 Mitarbeitern wird am Standort in Neumünster die gesamte Prozesskette von der Entwicklung und Konstruktion über Vertrieb, Projektierung und Fertigung bis zur Vormontage angeboten. Die Inbetriebnahme der Anlagen wie auch Wartung und Service erfolgen durch Neumag-Mitarbeiter vor Ort beim Kunden.

Standort Neumünster

Ausgangssituation

Das Umfeld der Neumag ist gekennzeichnet durch eine überschaubare Anzahl internationaler Wettbewerber sowie eine Vielzahl – ebenfalls weltweit verteilter – Kunden. Die Kunden der Neumag (= Anlagenbetreiber) agieren auf einem hochgradig umkämpften und damit von hohem Preisdruck gekennzeichneten Weltmarkt für Synthesefasern bzw. Synthesefaserprodukte. Zusätz-

Weltweite Kunden als Anlagenbetreiber

lich sind viele Neumag-Kunden in Asien ansässig, da hier sowohl die Energie- als auch die Personalkosten vergleichsweise niedrig sind.

Wettbewerbsumfeld erzeugt Leistungsspirale

Die Wettbewerbssituation ist geprägt von einer ständigen, gegenseitig getriebenen Weiterentwicklung der Anlagen im Hinblick auf deren Produktivitätssteigerung und Kosteneinsparpotenziale, d.h. ein Mix aus Produkt- und Prozessinnovationen. Zu den relevanten Messen präsentieren die Konkurrenten regelmäßig Anlagen, die durch höhere Geschwindigkeiten einen größeren Output als die Konkurrenzanlagen aufweisen. Kannibalisierungseffekte sind die Folge, denn bei größerem Output und gleich bleibenden Marktpreisen schwindet der potenzielle Anlagenmarkt immer weiter. Auch die Neumag kann sich dieser Spirale nicht entziehen.

Innovationssprünge als Basis für nachhaltigen Unternehmenserfolg

Nachhaltige Wettbewerbsvorteile sind jedoch nicht mit Leistungssteigerungen allein zu erzielen. Es gilt Alleinstellungsmerkmale vorzuweisen, d.h. Anlagen oder Anlagenkomponenten sowie neue Verfahren oder Technologien zu entwickeln, die dem Kunden einen erheblichen Kosten- und Leistungsvorteil bringen oder gar ein neues (End-)Produkt bzw. neue Endprodukteigenschaften ermöglichen. Neben diesen technischen Alleinstellungsmerkmalen gewinnen auch innovative Dienst- und Serviceleistungen immer mehr an Bedeutung und können dazu dienen, kundenseitig differenziert wahrgenommen zu werden.

Mit solchen Alleinstellungsmerkmalen lassen sich – zumindest bis die Konkurrenz technologisch nachgezogen hat – entsprechend höhere Anlagenpreise realisieren sowie der Unternehmensumsatz und -gewinn steigern. Auf Grund der innovativen Anlagentechnologie profitiert das Unternehmen mittel- und langfristig auch von der bislang aufgebauten Reputation und dem herausragenden Markenimage.

Zentrale Bedeutung der Produktentwicklung

Um die sehr gute Wettbewerbssituation zu halten bzw. auszubauen, gilt es, Innovationssprünge kontinuierlich und in angemessener Zeit zu realisieren. Daher kommt der Produktentwicklung eine zentrale Aufgabe bei der Sicherung und dem Ausbau der Wettbewerbsfähigkeit zu. Allerdings bewegt sich die Produktentwicklung in einem Spannungsfeld, das die Konzentration auf die „richtigen" und wichtigen Aufgaben erschwert (Abb. 5.28). Neben den aufgezeigten externen Einflüssen bestehen auch bei der Neumag unternehmensinterne Restriktionen, denen sich die Entwicklungsabteilung nicht oder nur schwer entziehen kann. Die verfügbaren Kompetenzen und Kapazitäten im Entwicklungsbereich sind – wie bei anderen mittelständischen Unternehmen auch – begrenzt. Zudem bindet das Tagesgeschäft bereits einen Großteil dieser Kapazitäten mit Kundenauftragsentwicklungen, Kundenversuchen und Troubleshooting. Daher ist es notwendig, die vorhandenen Kapazitäten eines Entwicklungsbereichs zu bündeln und auf die Projekte und Aktivitäten zu fokussieren, die den nachhaltigen Erfolg des Unternehmens sichern.

Begrenzte Kapazitäten im Entwicklungsbereich

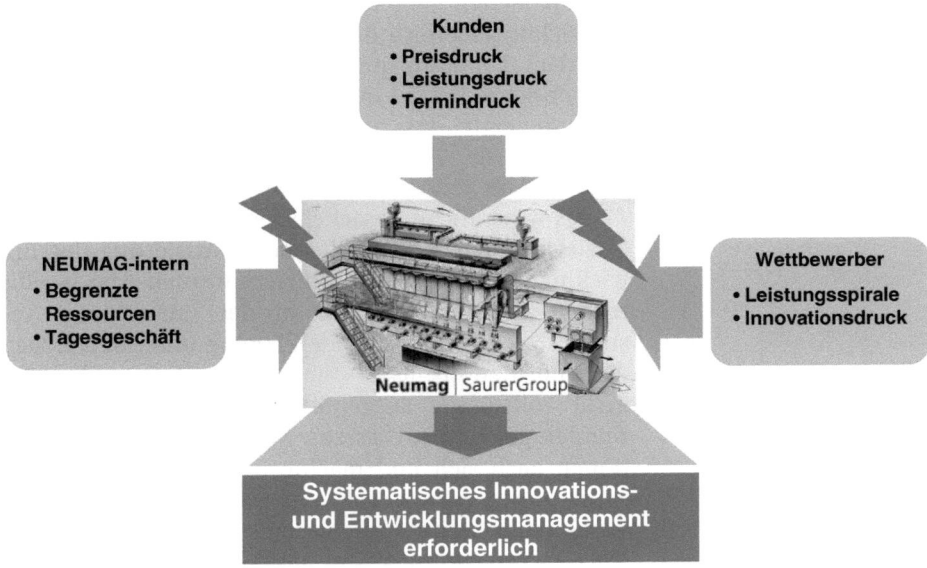

Abb. 5.28 Spannungsfeld der Produktentwicklung bei der Neumag

Wie in vielen anderen Branchen auch steht für die Neumag der Kundennutzen an erster Stelle. Daher werden maßgeschneiderte Anlagen in enger Zusammenarbeit mit den Kunden entwickelt und konstruiert. Die Entwicklungsabteilung bündelt demzufolge einen großen Teil des Know-how und trägt in hohem Maße zur Wettbewerbsfähigkeit des Unternehmens bei.

Fokussierung der Kapazitäten erforderlich

Da in der Regel weitreichende Garantien für Produktqualität, Leistung und Energieverbrauch der Anlagen übernommen werden, kommt der Entwicklung ausgereifter Komponenten eine entscheidende Rolle zu.

Hohe Fehlerverantwortung der Produktentwicklung

Daher gilt gerade auch bei der Neumag: Fehler, die in der Entwicklung gemacht werden, können weitreichende Folgen nach sich ziehen. Gelangen nicht ausgereifte Produkte zum Kunden und treten dadurch bedingt Probleme beim Betrieb der Anlagen oder gar Anlagenstillstände auf, ist sofortiges Handeln erforderlich. Hohe Reklamations- und Gewährleistungskosten, insbesondere durch die hohen Personal- und Reisekosten der Servicemitarbeiter, sind die Folge. Darüber hinaus entsteht ein nicht quantifizierbarer Image- und Reputationsverlust.

Problemstellung

Früher: Fehlende Priorisierung der Projekte

In den letzten Jahren traten vermehrt Probleme im Entwicklungsbereich der Neumag auf. Eine zusammen mit dem Laboratorium für Werkzeugmaschinen und Betriebslehre (WZL) der RWTH Aachen durchgeführte Analyse zeigte, dass 30% der gesamten Entwicklungskapazität für Troubleshooting aufgewendet werden musste (Abb. 5.29).

Als wesentliche Ursachen konnten die fehlende Priorisierung bzw. unzureichende Fokussierung der Entwicklungstätigkeiten identifiziert werden. Die resultierenden Kapazitätsengpässe in der Entwicklung – verstärkt durch unzureichende Planung und unzureichende Informationsflüsse – führten dazu, dass teilweise nicht vollständig ausgereifte Neuentwicklungen zum Kunden gelangten. Dies zog Nachfragen und Reklamationen nach sich und machte in einigen Fällen Nachbesserungen erforderlich, was letztendlich die Kapazitätssituation weiter verschlechterte. Auf Grund steigender Gewährleistungskosten und der Gefahr des Imageverlustes bestand akuter Handlungsbedarf.

Früher: Ineffiziente FuE-Sitzungen

Auch mit Hilfe der jährlich stattfindenden FuE-Sitzung unter Beteiligung aller relevanten Abteilungen (Geschäftsführung, Entwicklung, Konstruktion, Vertrieb, Service etc.) konnte dieser „Teufelskreis" nicht durchbrochen werden. Diese in der Regel sehr zeitintensiven Sitzungen waren vielmehr gekennzeichnet durch Schuldzuweisungen und Uneinigkeit über die Inhalte und Prioritäten zukünftiger Projekte. Zwischenmenschliche Dissonanzen verstärkten diese Uneinigkeit, eine abgestimmte, von allen Beteiligten getragene Projektlandschaft kam in der Regel nicht zustande oder wurde nicht umgesetzt.

Abb. 5.29 Entwicklungsbereich der Neumag vor der Reorganisation

In der geschilderten Situation befinden sich viele Entwicklungsabteilungen mittelständischer Unternehmen. Die Bedeutung des Entwicklungsprozesses ist vielen Unternehmen nicht ausreichend bewusst und ein durchgängiges Innovations- und Multiprojektmanagement häufig nicht vorhanden. Darüber hinaus fehlen verbindliche Kriterien zur Aufstellung und Bewertung einer Projektlandschaft, um die vorhandenen Entwicklungskapazitäten zielgerichtet einzusetzen.

Übertragbarkeit der Probleme

Problemanalyse und Lösungsansatz

Vor dem Hintergrund der oben beschriebenen Problemstellung galt es, den Innovationsprozess bei der Neumag neu zu organisieren und in ein systematisches und durchgängiges Entwicklungsmanagement zu integrieren. Diese Aufgabe wurde gemeinsam mit dem Laboratorium für Werkzeugmaschinen und Betriebslehre (WZL) der RWTH Aachen bewältigt.

Neuorganisation des Neumag-Innovationsprozesses

In den frühen Phasen der Ideen- und Demonstratorentwicklung werden bereits 80% der Gesamtentwicklungskosten festgelegt (Abb. 5.30). Hingegen werden erst während der Entwicklung zur Serienreife 90% der Kosten verursacht. Daher gilt es, gerade in den frühen

Effektivität und Effizienz in der Produktentwicklung

Phasen der Produktentwicklung die entscheidenden Weichen zu stellen. Höhere Aufwände in dieser frühen Phase zahlen sich im Lebenszyklus aus.

Die Gestaltungsfelder zur Optimierung der Produktentwicklung lassen sich in Maßnahmen zur Effektivitäts- und Maßnahmen zur Effizienzsteigerung unterscheiden. Zur Steigerung der Effektivität („Die richtigen Dinge tun") müssen Maßnahmen ergriffen werden, die darauf abzielen, die Tätigkeiten in der Produktentwicklung auf die wesentlichen Aufgaben zu fokussieren. Dagegen müssen Maßnahmen zur Steigerung der Effizienz („Die Dinge richtig tun") darauf abzielen, die Aufgaben mit möglichst geringem Aufwand abzuwickeln.

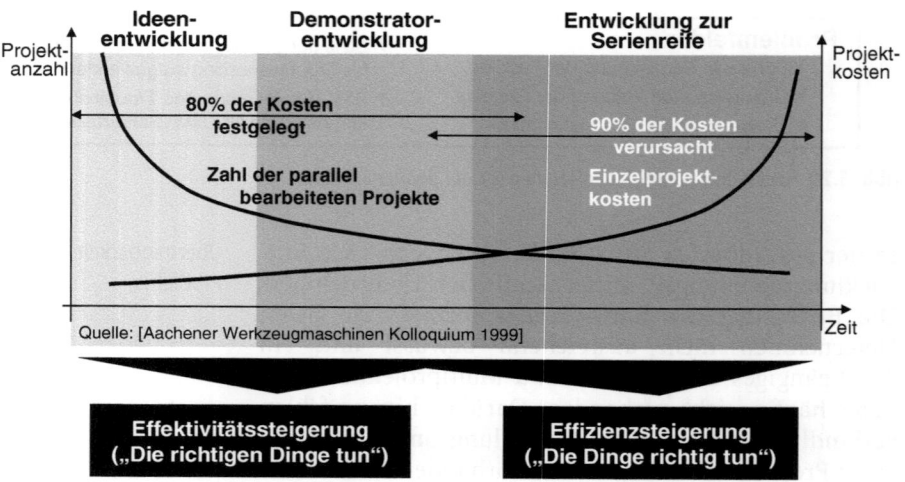

Abb. 5.30 Gestaltungsfelder zur Optimierung der Produktentwicklung (AWK 1999)

Stellhebel: Effektivität

Die Neuorganisation des Innovationsprozesses bei der Neumag erforderte eine umfangreiche Analyse abgeschlossener Projekte, eine Tätigkeitsanalyse sowie eine Aufnahme der Ist-Situation. Als wesentliche Problemfelder wurden – wie bereits in Abbildung 5.29 dargestellt – die unzureichende Priorisierung sowie die unzureichende Planung der Projekte identifiziert, d.h. die Effektivität der Produktentwicklung war nicht sichergestellt. Hier galt es, den Hebel anzusetzen, Maßnahmen abzuleiten und zügig umzusetzen.

Lösungsansatz: PORTAL-Methode

Zielsetzung der gemeinsam mit dem WZL entwickelten PORTAL-Methode ist es, den Innovationsprozess systematisch zu unterstützen, um die vorhandenen, limitierten Kapazitäten im Entwicklungsbereich auf die „richtigen" Projekte (Effektivität) zu konzentrieren. Es handelt sich um eine nutzwertbasierte Methode, in der die Entwicklungsprojekte schrittweise priorisiert werden (Abb. 5.31).

PORTAL-Methode

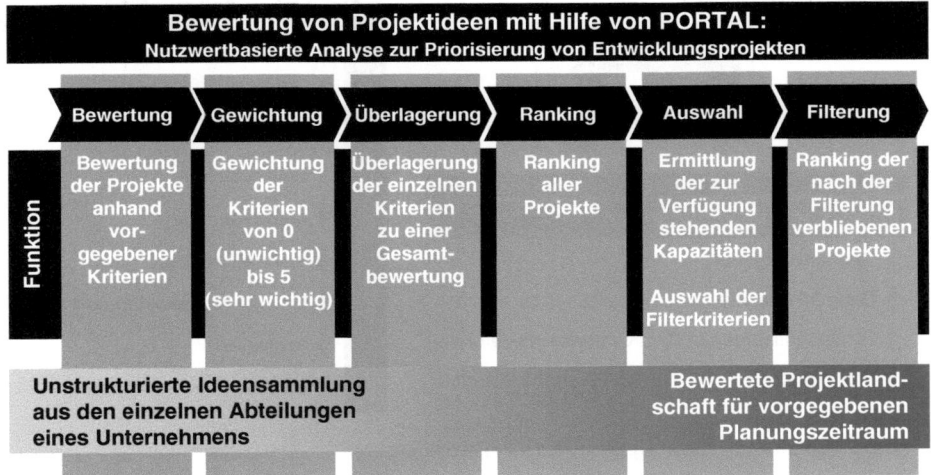

Abb. 5.31 PORTAL-Methode

Im ersten Schritt werden die Projektideen aufgenommen und strukturiert. Die Aufnahme erfolgt abteilungsspezifisch auf Basis eines formalisierten, EDV-gestützten Fragebogens. Dies hat den Vorteil, dass zunächst innerhalb der einzelnen Abteilungen Projekte bzw. Produktideen gesammelt, strukturiert und bewertet werden, ohne Rücksicht auf die Interessen anderer Abteilungen nehmen zu müssen. Der vordefinierte Fragebogen stellt gleichzeitig sicher, dass diese Bewertungen mit den Sichtweisen der anderen Abteilungen kompatibel sind. Die ausgefüllten Fragebögen werden zentral vom Entwicklungsleiter gesammelt und abgeglichen.

Aufnahme von Projektideen

Im zweiten Schritt werden die einzelnen Projekte bzw. Produktideen bewertet. Dazu wird allen beteiligten Abteilungen die abgeglichene Liste wiederum zur Verfügung gestellt. Anhand vordefinierter Kriterien mit vordefinierten Merkmalsausprägungen nimmt jede Abteilung

Bewertung von Projektideen

Vordefinierte Bewertungskriterien

individuell eine Bewertung der einzelnen Projekte bzw. Produktideen vor. Für die Bewertung wurden Kriterien wie z. B. Marktvolumen, strategische Bedeutung und Dringlichkeit Neumag-spezifisch festgelegt (Abb. 5.32).

Darüber hinaus müssen die Entwicklungskosten sowie der erforderliche Kapazitätsbedarf abgeschätzt werden. Jedes Projekt bzw. jede Produktidee wird anhand dieser Kriterien charakterisiert.

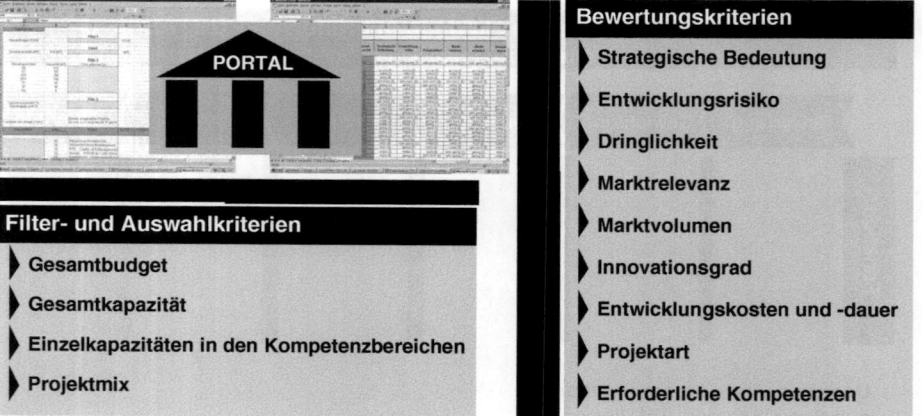

Abb. 5.32 PORTAL der Neumag: Kriterien der Projektbewertung

Abgleich der Einzelbewertungen	Die abteilungsspezifischen Einzelbewertungen werden in einer gemeinsamen FuE-Sitzung vorgestellt, diskutiert und zu einer einheitlichen Bewertung zusammengeführt. Trotz der teilweise unterschiedlichen Sichtweisen der einzelnen Abteilungen zeigte die Anwendung der PORTAL-Methode, dass die Bewertungen nur geringfügig differieren und der Abgleich im Vergleich zu den früher unstrukturiert durchgeführten FuE-Sitzungen lediglich einen Bruchteil der Zeit in Anspruch nimmt.
Gewichtung der Bewertungskriterien	Auf der jährlichen FuE-Sitzung werden dann die einzelnen Kriterien Neumag-spezifisch gewichtet. Dies erfolgt mit Hilfe des Paarweisen Vergleichs. Die Gewichtung wird jährlich überprüft und einer ggf. geänderten Unternehmensstrategie angepasst.
Normierung der Bewertung	Im Zuge eines Normierungsschrittes werden anschließend die einzelnen Kriterien überlagert, d.h. für jedes Einzelprojekt wird eine normierte Gesamtbewertung errechnet. Der Bewertungsablauf selbst wurde in ein Software-Tool – basierend auf MS-Excel – umgesetzt,

so dass die Auswertung automatisiert erfolgt. Anhand dieser numerischen Werte wird ein erstes Ranking der Projekte bzw. Produktideen ermittelt.

Dieses Ranking stellt zunächst die „ideale" Projektlandschaft dar, die in der Regel aber durch limitierte Ressourcen (Budget, Kapazitäten etc.) nicht vollständig umsetzbar oder aber mit der Neumag-spezifischen Entwicklungsstrategie nicht konform ist. Daher wurde ein Filterungsschritt implementiert, der diese Randbedingungen berücksichtigt.

Vorläufiges Projektranking

Als Kriterien zur Filterung der Projekte wurden das *verfügbare Gesamtbudget*, die zur Verfügung stehende *Kapazität im Entwicklungsbereich* sowie Vorgaben für einen *fachspezifischen Projektmix* festgelegt.

Das Ranking der Einzelprojekte wird entsprechend gefiltert. So werden bei der Kapazitätsbetrachtung die für Entwicklungstätigkeiten verfügbaren Kapazitäten – bei Bedarf nach Fachdisziplinen getrennt – aufgenommen und damit das Gesamt- sowie das fachspezifische Kapazitätsangebot ermittelt. Der den Projekten entsprechende Kapazitätsbedarf wird gemäß des Projektrankings kumuliert. Die Projektliste wird an der Stelle „abgeschnitten", an der der erforderliche Kapazitätsbedarf das verfügbare – ggf. um externe Kapazitäten erweiterte – Kapazitätsangebot übersteigt.

Filterung der Projekte

Als Ergebnis der PORTAL-Methode liegen die verbliebenen Projekte in Form einer Projektlandschaft vor. Diese Projekte verfügen über eine hohe strategische Bedeutung für das Unternehmen; sie erfüllen kein relevantes Ausschlusskriterium und sind im Betrachtungszeitraum mit den verfügbaren Ressourcen (Kapazität, Budget) vereinbar.

Ergebnis: Bewertete Projektlandschaft

Die ausgewählten Projekte werden zu einer Projektlandschaft zusammengefasst und kapazitiv in die beteiligten Bereiche eingelastet. Diese Projektlandschaft erfüllt in hohem Maße die Forderung nach einer hohen Effektivität der Produktentwicklung.

Umsetzungserfahrungen

Mit Hilfe der beschriebenen PORTAL-Methode werden vorhandene sowie neue Projekt- und Produktideen aufgenommen und systematisch in eine Projektlandschaft überführt. Die Methode stellt damit ein wesentliches Hilfsmittel zur Steigerung der Effektivität des Entwicklungsbereichs der Neumag dar.

Effektivitätssteigerung durch PORTAL

294   5 Fallbeispiele

Hohe Akzeptanz im Unternehmen

Durch die Einführung und Implementierung der PORTAL-Methode konnten die vorhandenen Kapazitäten und Kräfte des Entwicklungsbereichs auf die „richtigen" Projekte zum „richtigen" Zeitpunkt fokussiert werden. Die Einbeziehung aller relevanten Entscheidungsträger und die transparente Entscheidungsfindung hatten eine hohe Akzeptanz im gesamten Unternehmen zur Folge. Auf Grund der systematischen

Einsparpotenziale

Vorgehensweise konnte – allein bezogen auf die Auswahl anstehender Projekte – ein Einsparpotenzial in Höhe von ca. 20.000 Euro/Jahr nachgewiesen werden.

Resource „Mensch" bleibt wichtigster Faktor im Innovationsprozess

Trotz der systematischen, durch die PORTAL-Methode vorgegebenen Vorgehensweise bleibt die jährliche FuE-Sitzung, d.h. die abteilungsübergreifende Abstimmung und Diskussion, ein wichtiges Instrument für eine unternehmensweite Akzeptanz der Entscheidungen. Nur durch die Einbeziehung aller relevanten Entscheidungsträger ist sichergestellt, dass die aufgestellte Projektlandschaft zügig und konsequent umgesetzt wird und auch Misserfolge (nicht nur Erfolge) gemeinsam getragen werden.

Intranetbasiertes Entwicklungshandbuch

Das Software-Tool zur PORTAL-Methode wurde in das intranetbasierte Entwicklungshandbuch der Neumag (Eversheim et al. 2001b) integriert und bildet damit einen wichtigen Baustein im neugestalteten Innovations- und Entwicklungsprozess der Neumag (Abb. 5.33)

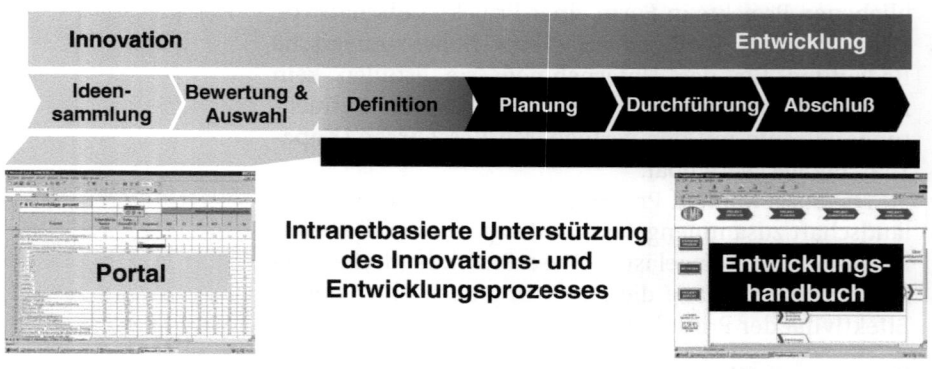

Abb. 5.33 Der neu gestaltete Innovations- und Entwicklungsprozess bei der Firma Neumag

5.6
Dräger Medical AG & Co. KGaA
»Reorganisation des Geschäftsprozesses Innovation«
RUDOLF-HENNING LOHSE, MICHAEL HILGERS

Innovation ist mehr als nur Forschung & Entwicklung: Es erfordert Ideenmanagement, Marktbeobachtung, Roadmaps für Märkte, Technologien und Produkte, Komplexitätsmanagement durch Konzentration auf Kernkompetenzen wie auch durch Modularisierung und frühzeitiges Einbinden von Lieferanten.

Am Fallbeispiel wird dargestellt, wie die Dräger Medical vorgegangen ist, um einen weltweit einheitlichen, schnellen und leistungsfähigen Innovationsprozess zu gestalten und einzuführen.

Einleitung

Der Dräger-Konzern gehört zu den weltweit führenden Unternehmen der Medizin-, Sicherheits- und Luftfahrttechnik (2001: 9.535 Mitarbeiter, Umsatz: 1.137 Mio. Euro, Ergebnis vor Zinsen und Steuern (EBIT): 49,5 Mio. Euro). Die Produkte und Dienstleistungen schützen, überwachen und unterstützen lebenswichtige Funktionen des Menschen. Die Drägerwerk AG will in jedem ihrer internationalen Märkte zu den ersten drei Anbietern gehören und bis 2005 eine Rendite von mehr als 20% (EBIT) erwirtschaften (Dräger 2002).

Firmenprofil Drägerwerk AG

Die Dräger Medical AG & Co. KGaA (nachfolgend Dräger Medical genannt) bietet Einzelgeräte sowie integrierte Systemlösungen und Dienstleistungen zur kosteneffizienten Therapie für alle relevanten Bereiche der Patientenprozesskette an: vom Notfallarbeitsplatz über Anästhesie und den Operationssaal bis zu den Bereichen Intensiv, Neonatologie und HomeCare (2001: 4.837 Mitarbeiter, Umsatz: 805 Mio. Euro, Ergebnis vor Zinsen und Steuern (EBIT): 39 Mio. Euro). Zur Dräger Medical gehören weltweit 45 Tochtergesellschaften; Entwicklungs- und Produktionsstandorte sind Deutschland, die Niederlande, USA und China (Dräger 2002).

Firmenprofil Dräger Medical

Auf Grund sich abzeichnender interner Schwächen hat der Strategiekreis des Dräger-Konzerns 1998 die Einführung eines Business Excellence Programms beschlossen. Folgende Vision wurde formuliert:

Business Excellence Programm

- alle Prozesse sind auf den Kunden ausgerichtet,
- alle Mitarbeiter sind motiviert,
- ausgezeichnete Geschäftsergebnisse.

Prozessmanagement: Vision...

Die Vision erfordert eine Arbeitsweise, die sich dem kontinuierlichen Verbesserungsprozess der täglichen Arbeit verpflichtet und Prozesse verbessert mit dem Ziel, die Qualität zu erhöhen und den Aufwand zu reduzieren.

...und Wirklichkeit

Dräger Medical war im Jahr 1998 von dieser Vision noch weit entfernt. Die Geschäftsprozesse waren in Summe nicht leistungsfähig und sicher genug. Unterschiedlichste Prozessdefekte waren schon mehrfach Gegenstand einzelner Verbesserungsprojekte, konnten aber durch Barrieren in den Prozessen, Organisationsstrukturen und der Unternehmenskultur nicht erfolgreich behoben werden. Am Beispiel des Geschäftsprozesses »Innovation« soll dies verdeutlicht werden.

Ist-Zustand: Innovationsprozess

Ist-Zustand: Geschäftsprozess »Innovation«

Die Entwicklungszeit für ein neues Kernprodukt betrug in der Regel vier Jahre. Konzeptphasen waren häufig zu kurz, um technische Risiken zu minimieren. Neue Technologien wurden zum Teil während der Produktentwicklung „serienreif" gemacht. Auch deshalb waren häufige Verschiebungen des Verkaufsstarts normal. Die Verspätung eines Entwicklungsprojektes betrug im Mittel ein Jahr. Die Entwicklung war nicht auf Kernkompetenzen fokussiert. Dies führte dazu, dass „Make-or-Buy"-Entscheidungen erst spät getroffen und – in der Folge – Lieferanten auch erst spät eingebunden wurden (häufig erst kurz vor dem Start der Serienfertigung). Während der Serienfertigung erfolgte dann das „Nachentwickeln"; dementsprechend musste die Organisation viele technische Änderungen bearbeiten. Dies führte zu hohen Beständen und zahlreichen Verschrottungsaktionen wie auch zu langen Lieferzeiten. Verantwortungen waren teilweise nicht klar: leistungsfähige Methoden, Werkzeuge und Abläufe wurden je nach Entwicklungsstandort unterschiedlich eingesetzt. Klare Anzeichen, dass der Innovationsprozess bei Dräger Medical unzureichend beherrscht wurde und nicht genügend leistungsfähig war.

Krise in 2000

Es war abzusehen, dass ohne einen tiefgreifenden Wandel ein EBIT-Ziel von 20% nicht erreichbar ist. Im

Jahr 2000 wurde ein Programm zur Steigerung der Produktivität beschlossen. Die Rückstellungen für dieses Programm waren der Grund, warum das Ergebnis der Dräger Medical und auch der Drägerwerk AG im selben Jahr 2000 erstmalig negativ ausfiel. Durch die Fokussierung auf das Kerngeschäft, die Straffung der Organisation, die Definition von Geschäftsprozessen sowie die Stärkung der Innovationskraft konnte im Folgejahr 2001 der Turnaround erreicht werden.

Einführung von Prozessmanagement

Für Dräger Medical war im September 2000 klar, dass ohne die umfassende Restrukturierung aller Geschäftsprozesse eine deutliche Verbesserung nicht erreicht werden konnte. Diese Erkenntnis und die damit verbundenen Konsequenzen sorgten dafür, dass sich Dräger Medical heute auf dem Weg zu einer global durchgängigen Prozessorganisation befindet.

Neben den Business-Unit-Leitern (weltweite Produktverantwortung) und den Regionalleitern (regionale Marktverantwortung für Vertrieb und Service) gibt es strategische Prozesseigner (weltweite Verantwortung für die Leistungsfähigkeit und Sicherheit eines Geschäftsprozesses). Die Geschäftsführung ist verantwortlich für die übergreifenden Rahmenbedingungen. Im Netzwerk der strategischen Prozesseigner werden Strategie, Vorgehensweisen und prozessübergreifende Themen abgestimmt und entschieden. Jeder Prozesseigner wird von einem Gremium unterstützt, das aus den wichtigsten Teilprozesseignern besteht. Das Gremium ist verantwortlich für die Neugestaltung des Prozesses und dessen kontinuierliche Verbesserung.

Prozessorganisation – die dritte Dimension neben Business Units und Märkten

Am Anfang (Februar 2001) stand die Abgrenzung der Geschäftsprozesse durch das Management-Team (Abb. 5.34). Waren es zu Beginn der Diskussion noch vier Geschäftsprozesse: »Produktgenerierung«, »Management installierte Basis«, »Auftragsgenerierung« und »Auftragserfüllung«, so war nach kurzer Zeit klar, dass die Produktgenerierung weiter unterteilt werden musste. Der Geschäftsprozess »Innovation« wurde von der Idee bis zum Start der Serienfertigung, der Geschäftsprozess »Lebenszyklus-Management« vom Start der Serienfertigung bis zum Lebensende des Produktes eingeführt.

Prozessreorganisation - den richtigen Anfang finden

Im April 2001 wurde mit der Reorganisation des Geschäftsprozesses »Auftragserfüllung« begonnen. Die Reorganisation verfolgt das Ziel, die schnelle und pünktliche Direktbelieferung an Endkunden weltweit einzuführen. Im Juni 2001 wurde das Prozessprojekt »Auftragsgenerierung« gestartet, um den Markt richtig verstehen und bearbeiten zu können. Basierend auf den dort entwickelten Konzepten für die »Auftragserfüllung« und »Auftragsgenerierung« konnte die Neugestaltung des Geschäftsprozesses »Innovation« im Februar 2002 beginnen. Bis Ende 2003 sollen auch für die Geschäftsprozesse »Lebenszyklus-Management« und »Management installierte Basis« die Konzepte erarbeitet sein und der Rollout begonnen haben.

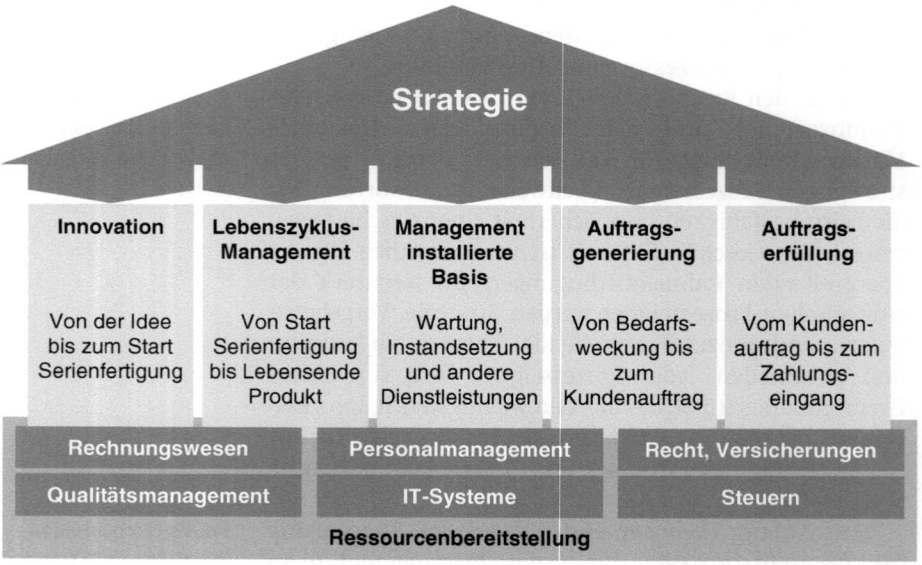

Abb. 5.34 Das Prozesshaus der Dräger Medical

Ganzheitlicher Ansatz bringt Erfolg

In der Vergangenheit gab es immer wieder Ansätze, Prozesse nachhaltig zu verbessern. Z.B. wurde das Gate-Konzept des Entwicklungsprozesses überarbeitet, um die Entwicklungszeit zu reduzieren. Die eigentliche Ursache, die unzureichende Qualität von Lastenheften – zurückzuführen auf unvollständig durchgeführte Marktanalysen in den globalen Märkten –, konnte damit nicht abgestellt werden. Deshalb war nach vielen internen und externen Diskussionen offensichtlich: ohne einen

einen ganzheitlichen Ansatz und die Bereitschaft, alles in Frage zu stellen, geht es nicht.

Deshalb hat Dräger Medical im Juni 2001 das Initiativprogramm »*go* BEST!« gestartet, um hiermit einen ganzheitlichen Rahmen für alle übergreifenden Verbesserungsinitiativen des Unternehmens zu schaffen (Abb. 5.35).

Initiativprogramm »*go*BEST!«

Abb. 5.35 Initiativen des »*go*BEST!«-Programms

Dräger Medical hat sich im ersten Prozessprojekt für eine Standardvorgehensweise entschieden. Sie sieht vor, dass in der Konzeptphase der zukünftige Prozess zunächst in vier Schritten gestaltet wird. Die Schritte erfordern folgende Leistungen:

Standardvorgehensweise für Prozessprojekte

1. Für den zukünftigen Prozess eine Vision entwickeln, übergeordnete Gestaltungsziele fixieren, Projektorganisation und andere Rahmenbedingungen festlegen,
2. Ist-Prozess analysieren und bewerten,
3. Soll-Prozess gestalten,
4. Implementierung planen.

Danach beginnt die Implementierungsphase. Sie umfasst die Feinkonzeption sowie eine Pilot-Implementierung; im Anschluss erfolgt der globale Rollout.

Zentrale Organisation für Prozess-Redesign-Projekte

Im Bereich Qualität & Prozesse wurden im September 2000 die Mitarbeiter zusammengezogen, um die Prozessprojekte zentral vorzubereiten und zu koordinieren. Die Mitarbeiter bereiteten die Prozessprojekte vor und übernahmen zum Teil auch deren Leitung. Ergebnis der Vorbereitung waren Projekt- und Zeitpläne, eine Aufstellung der benötigten Ressourcen, die detaillierte Planung eines Kickoff-Workshops sowie die Auswahl von Unternehmensberatungen.

Einsatz von externen Beratern

Je nach Prozessprojekt präferiert Dräger Medical häufig eine externe Unterstützung. Dräger Medical setzt hierzu vorrangig Unternehmensberatungen ein, um in Zusammenarbeit mit deren Mitarbeitern schnell gute Ergebnisse zu erzielen. Folgende Rollen werden den Unternehmensberatungen zugewiesen:

- Moderator für interkulturelle Projektteams,
- Experte für Prozess- und Methodenwissen,
- Schriftführer, um die Konsolidierung der Projektergebnisse sicherzustellen.

Für die Konzeption des zukünftigen Innovationsprozesses wählte Dräger Medical eine Unternehmensberatung aus dem Bereich Wissens- und Innovationsmanagement aus (nachfolgend Berater genannt). Zu deren Aufgaben gehören das Aufzeigen von Best-Practice-Beispielen, die Vor- und Nachbereitung von Workshops, deren Durchführung sowie die Dokumentation und Konsolidierung der Projektergebnisse.

Dokumentation von Geschäftsprozessen

Für eine einheitliche Dokumentation der Geschäftsprozesse hat Dräger Medical neben Prozessstufen (Geschäftsprozess, Arbeitsprozess, Teilprozess, Prozessschritt) auch Vorlagen (Arbeitsprozessdarstellung, Teilprozessblatt, Prozessablaufplan) festgelegt. Für die Dokumentation der Prozessabläufe in der Konzernsprache Englisch werden Standard-Programme von Microsoft® genutzt. Für die Verwaltung und weltweite Darstellung im Dräger-Intranet in verschiedenen Landessprachen wird zur Zeit eine IT-Lösung auf Microsoft®-Basis untersucht.

Nachfolgend wird die Neugestaltung des Innovationsprozesses detailliert beschrieben.

Start: Neugestaltung

Die Dräger Medical strebt in ihren Märkten die Innovations- und Kostenführerschaft an. Deshalb ist die Leistungsfähigkeit des Entwicklungsprozesses ein entscheidendes Thema, da 80 bis 90 Prozent der Kostenstruktur bis zum Lebensende des Produktes schon in der Frühphase des Innovationsprozesses festgelegt werden.

Neugestaltung des Innovationsprozesses

Anfang Februar 2002 trafen sich in Lübeck 20 Vertreter aus allen sechs Business Units, dem Einkauf und aus anderen Prozessprojekten. In einem Kickoff-Workshop mit Vertretern aus den USA und den Niederlanden wurde nach einer ersten Analyse der Schwachstellen des Geschäftsprozesses »Innovation« die gemeinsame Vision formuliert: »Nine-Nine-Six«. Diese Formel bezeichnet einen global einheitlichen Innovations-Prozess auf Weltklasse-Niveau für alle Entwicklungsstandorte der Dräger Medical (Abb. 5.36).

Kickoff Workshop – Abholen der Organisation

»Nine-Nine-Six« verlangt ganzheitliches Denken in der Konzeptphase und gleichzeitiges Verkürzen des »Time-To-Market«-Prozesses. Für eine neue Gerätegeneration sind zukünftig folgende Durchlaufzeiten zu schaffen:

Entwicklungszeit halbieren

- neun Monate für ein abgesichertes Konzept,
- neun Monate für die Entwicklung und
- sechs Monate für die Validierung.

Zukünftig will Dräger Medical eine neue Gerätegeneration in insgesamt 24 Monaten entwickeln.

Neben der Halbierung der Entwicklungszeiten war das zweite Hauptziel die radikale Reduzierung der Komplexität der Beschaffungskette. Die Reduzierung beginnt mit der Konzentration auf die eigene Kernkompetenz. Die Frage lautet: „Was muss Dräger Medical besser können als der Wettbewerb, um langfristig in den Märkten bestehen zu können?" und nicht: „Was kann Dräger Medical heute gut?". Bis heute hat Dräger Medical viele Einzelteile selbst entwickelt sowie technisch und logistisch verwaltet. Zukünftig wird Dräger Medical sich auf die Integration von Modulen, die Hardware- und Software-Architektur sowie die Entwicklung von Kernkompetenz-Modulen fokussieren. Alles andere wird in Schritten an geeignete Lieferanten übertragen.

Konzentration auf eigene Kernkompetenz

Abb. 5.36 Ziele und Hebel für die Neugestaltung des Innovationsprozesses

Frühe Integration von Lieferanten
Zukünftig werden am Anfang der Konzeptphase die „Make-or-Buy"-Entscheidungen getroffen und von diesem Zeitpunkt an Entwicklung, Fertigung und Lebenszyklus-Management von strategischen Partnern durchgeführt, um von den Kernkompetenzen dieser Partner maximal profitieren zu können. Auswahlkriterien für strategische Lieferanten sind (in dieser Reihenfolge, Gewichtung in Klammern):

- Qualität (35%),
- Logistik (25%),
- Kosten (25%),
- Technologiepotenzial (15%).

Allein am Standort Lübeck betreut der Einkauf heute 1350 Lieferanten. Zur Zeit wird ein EDV-System installiert, um systematisch Lieferanten zu bewerten sowie strategische und bevorzugte Lieferanten in Entwicklungsprojekte einzubinden.

Produkt-Plattform – Lego-ähnliche Modulstruktur
Um die Kostenführerschaft nachhaltig zu erreichen, hat Dräger Medical als drittes Hauptziel die Einführung einer Produkt-Plattform beschlossen. Die Plattform wird

nicht nur die Hardware, sondern auch die Software umfassen, die heute etwa 50 Prozent der Entwicklungskosten bestimmt; Tendenz: steigend. Bis 2007 will Dräger Medical die Produkt-Plattform gefüllt haben, d. h. alle Module der Plattform sollen bis zu diesem Zeitpunkt vorliegen. Idealerweise besteht ein Hauptprodukt zukünftig aus nicht mehr als 30 Modulen. Jedes Modul soll von einem strategischen Lieferanten entwickelt, gefertigt und über den Lebenszyklus gepflegt werden. Dies beinhaltet z. B. die Bereitstellung von Ersatzteilen nach Einstellung der Serie oder einen Änderungsdienst durch den Lieferanten.

Im Weiteren wurden während des Kickoff-Workshops die Hebel identifiziert, die angesetzt werden müssen, um den Innovationsprozess deutlich zu verbessern (Abb. 5.36). Die Vorgehensweise und der grobe Zeitplan wurden ebenfalls abgestimmt. Ergänzend wurden zwei Unternehmensberatungen eingeladen, um in der Diskussion „Was ist World Class bzw. Best Practice?" zu unterstützen.

Identifizieren der Hebel

Aufbauend auf den Beispielen der Unternehmensberatungen und unter Berücksichtigung der Verbesserungshebel wurde der zukünftige Innovationsprozess grob in vier Arbeitsprozesse gegliedert:

- Markt, Produkt und Technologie festlegen,
- Technologie erforschen,
- Produkt entwickeln,
- Innovation managen und unterstützen.

Während am Anfang des zweitägigen Workshops die 20 Teilnehmer eher durch ihre Business-Unit- und Standort-Brille schauten, so waren am Ende alle Teilnehmer einer Meinung: ein global einheitlicher Innovationsprozess ist notwendig und möglich. Nach dem Kickoff wurde die Projektorganisation für die Konzeptphase detailliert geplant, um die Ressourcen der globalen Organisation so effizient wie möglich einzusetzen.

Gelungenes Buy-In ist Voraussetzung für Projektstart

Konzeption des zukünftigen Innovationsprozesses

Ausgehend von den Ergebnissen des Kickoff-Workshops wurde in vier weiteren ein- bis zweitägigen Workshops das Konzept des zukünftigen Innovationsprozesses detailliert erarbeitet.

Trennung von Technologie- und Produktentwicklung

Zunächst wurden die im Kickoff festgelegten vier Arbeitsprozesse noch einmal kritisch hinterfragt. Hierbei wurde klar, dass der Arbeitsprozess »Technologie erforschen« noch nicht ausreichend klar definiert worden war. Technologiemanagement war als ein wichtiger Verbesserungshebel identifiziert worden, um zukünftig die Technologieentwicklung von der eigentlichen Produktentwicklung zu trennen. Damit zukünftig nur „serienreife" Technologien in den Arbeitsprozess »Produkt entwickeln« (DP^1) einfließen, wurde nach dem ersten Workshop festgehalten, dass zukünftig neben dem Aspekt der Grundlagenforschung zusätzlich die Aspekte Labormuster und Prototyp berücksichtigt werden müssen. Hierzu wurde der Arbeitsprozess »Prototyp entwickeln« (DC^2) definiert.

Die fünf Arbeitsprozesse

Im Ergebnis der oben beschriebenen Maßnahmen besteht der zukünftige Innovationsprozess bei Dräger Medical nun aus den folgenden fünf Arbeitsprozessen (Abb. 5.37):

- Markt, Produkt und Technologie festlegen ($DMPT^3$),
- Technologie erforschen (RT^4),
- Prototyp entwickeln (DC),
- Produkt entwickeln (DP),
- Innovation managen und unterstützen (MS^5).

Ausgehend von der Strategie werden im Arbeitsprozess DMPT marktorientiert Roadmaps^6 für Care-Areas, Technologien, Produkte und wichtige Komponenten entwickelt. Diese langfristige Vorausschau – bis zu zehn Jahren – für Technologien, Produkte und Komponenten ist aus Sicht der Dräger Medical ein wesentlicher Erfolgsfaktor für eine Halbierung der Entwicklungszeit. Über klar definierte Projektaufträge steuert DMPT die Arbeitsprozesse RT, DC und DP. In RT werden für wichtige Technologien Machbarkeitsstudien erstellt, entweder theoretisch (Reifegrad 1) oder praktisch (Reifegrad 2). In DC werden

---

[1] DP: Develop Product.
[2] DC: Develop prototype-like Component.
[3] DMPT: Define Market, Product and Technology.
[4] RT: Research Technology.
[5] MS: Manage and Support Innovation
[6] Unter Roadmaps werden hier Pläne verstanden, die insgesamt zeitliche und logisch zusammenhängende Ereignisse aufzeigen bzgl. Markttrends, Wettbewerbern, Produkten und Technologien.

– aufbauend auf den Ergebnissen von RT – Technologien mit Hilfe eines Prototypen bewertet (Reifegrad 3).

In DP wird ein Produkt mit seinen Komponenten in drei Phasen entwickelt (Konzeption, Entwicklung, Validierung). Hier fließen die Ergebnisse aus DC ein. Der Prozess ist abgeschlossen, wenn die Serienfertigung stabil läuft. Der letzte Arbeitsprozess MS bildet den Rahmen für die anderen vier Arbeitsprozesse. Hier werden im wesentlichen folgende Aspekte behandelt:

- Ideenmanagement,
- Abstimmung und Festlegung der IT-Unterstützung,
- Grundsätze und Vorgehensweisen für Arbeits- und Teilprozesse, Werkzeuge und Projektorganisation,
- Messung der Leistungsfähigkeit des Innovationsprozesses sowie seine fortwährende Verbesserung.

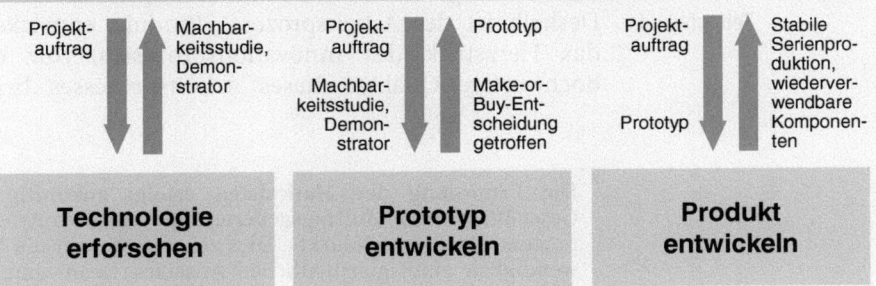

Abb. 5.37 Die Arbeitsprozesse des zukünftigen Innovationsprozesses

Nachfolgend werden wesentliche Punkte der Arbeitsprozesse DMPT und DP kurz erläutert.

DMPT – Erstellen von aussagekräftigen Roadmaps

Trends identifizieren

Zukünftig werden Trendinformationen über Märkte, Technologien und andere Felder systematisch und regelmäßig gesammelt. Die Marktdaten werden von den Dräger-Vertriebsgesellschaften zur Verfügung gestellt.[7] Nach der Bewertung und Priorisierung der Daten werden – ausgehend von einer Trend- und Wettbewerbs-Roadmap – zunächst pro Business Unit die Roadmaps für Produkte, Plattform-Module und Technologien erstellt (Abb. 5.38).

Roadmaps übergreifend abstimmen

Anschließend erfolgt eine Care-Area übergreifende Abstimmung und Konsolidierung der Roadmaps für Produkte, Plattform-Module und Technologien. Jetzt können Lücken identifiziert werden, z. B. erforderliche Technologieentwicklungen (Abb. 5.39) oder Produktentwicklungen (Face lift oder Next Generation, Abb. 5.40). Hierzu werden mögliche Projekte spezifiziert und abgestimmt mit dem Geschäftsprozess »Lebenszyklus-Management« angestoßen.

Ressourcenallokation je nach zeitlichem Horizont

Je nach zeitlichem Horizont werden den Projekten Ressourcen für die Beantwortung unterschiedlicher Fragestellungen zugeordnet (Groenveld 1997):

- Ein bis zwei Jahre: Wie können wir es realisieren?
- Drei bis fünf Jahre: Was können wir realisieren?
- Fünf bis zehn Jahre: Was ist möglich?

DP – Kritischer Pfad muss identifiziert sein

Hohe Prozessqualität reduziert Kosten und Zeitaufwand

Dräger Medical hat als Hersteller von Medizinprodukten vielfältige normative Anforderungen zu erfüllen. Deshalb ist der Arbeitsprozess »Produkt entwickeln« das Herzstück des Innovationsprozesses. Nur eine hochwertige Qualität dieses Arbeitsprozesses bringt

---

[7] Die Ermittlung der Marktdaten erfolgt zukünftig im Geschäftsprozess »Auftragsgenerierung« mit dem Arbeitsprozess »Analysiere Markt«. Dies zeigt wiederum die Notwendigkeit eines ganzheitlichen Ansatzes. Denn ohne das zeitgleiche Neugestalten der Geschäftsprozesse »Auftragsgenerierung«, »Auftragserfüllung« und »Innovationen« könnten wesentliche Schnittstellen nicht übergreifend gestaltet werden.

neben der hohen Produktqualität niedrigere Kosten und kürzere Entwicklungszeiten (VDA 1998).

Der Arbeitsprozess »Produkt entwickeln« wurde in die drei Phasen »Konzeption«, »Realisierung« und »Validierung« gegliedert (Abb. 5.40). Insgesamt sind neun Teilprozesse identifiziert worden, die jeweils weitere 10 bis 25 Prozessschritte umfassen (insgesamt etwa 180). Der Schwerpunkt der Neugestaltung lag auf der Konzeptphase.

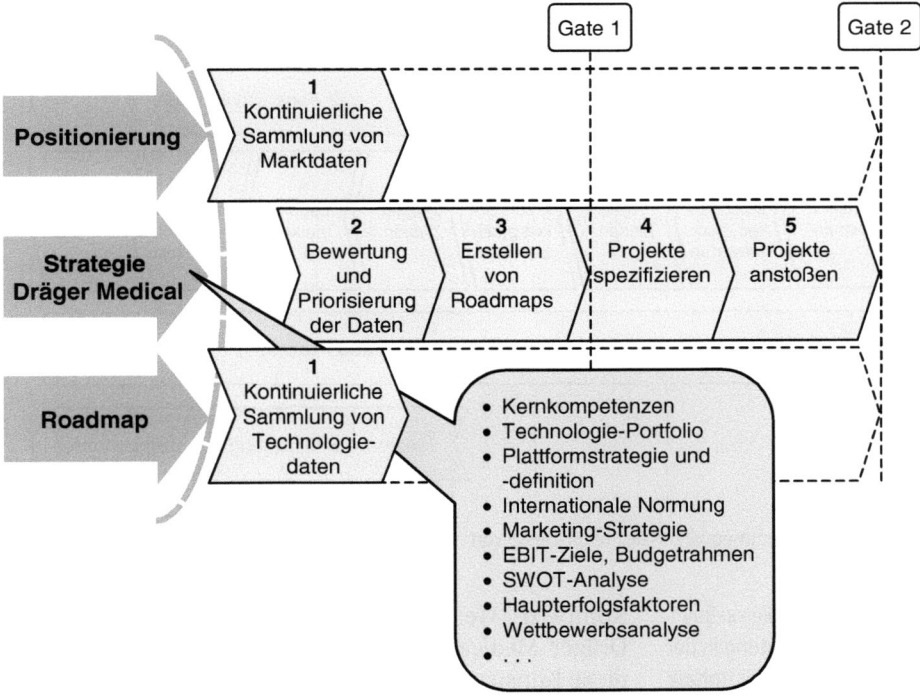

Abb. 5.38 Teilprozesse innerhalb des Arbeitsprozesses »Markt, Produkt und Technologie festlegen«

Die Teilprozesse müssen durchgängig alle drei Phasen durchlaufen, andernfalls verliert der Anwender sich in der Komplexität der Prozessschritte. Diese Struktur zu entwickeln und über die drei Entwicklungsstandorte abzustimmen, war eine der Hauptaktivitäten der Konzeption des zukünftigen Innovationsprozesses.

Ziel der Konzeptphase ist es, Alternativen zu planen, zu bewerten und auszuwählen, die bestmöglich die gegebenen Anforderungen (Lastenheft) erfüllen. Zunächst sind Anforderungen an das neue Produkt festzu-

Zielsetzung der Konzeptphase

legen, um dann gezielt Produkt- und Herstellungsalternativen festzulegen. Die Planung des Projektes gehört dazu. Das Pflichtenheft fasst die Ergebnisse der Konzeptphase zusammen.

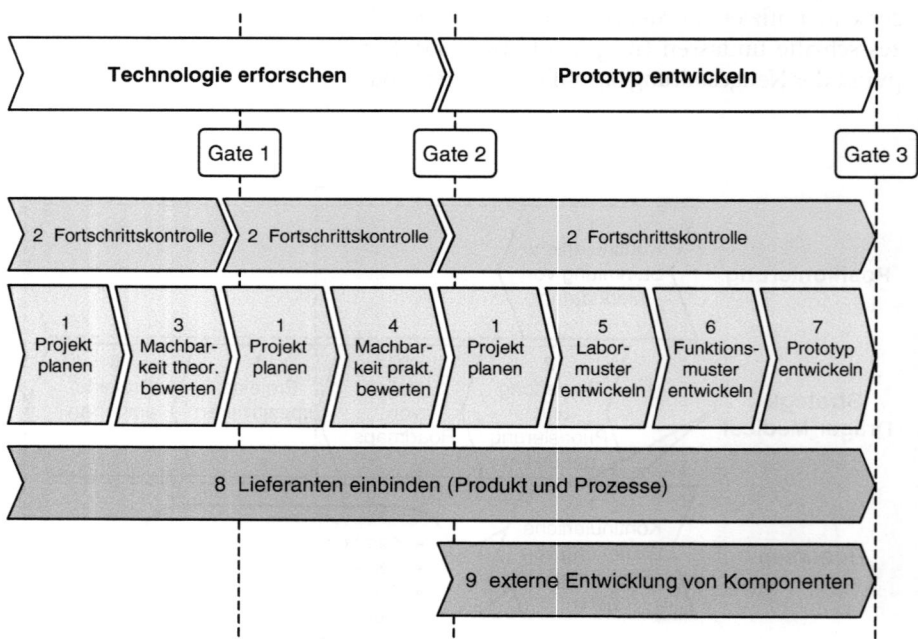

Abb. 5.39 Zusammenwirken der Teilprozesse von »Technologie erforschen« und »Prototyp entwickeln«

Frühe „Make-or-Buy"-Entscheidung in der Konzeptphase

Komplexe Werkzeug-gebundene Teile bestimmen bei Dräger Medical häufig die Entwicklungszeit (z. B. komplexe Kunststoff-Gehäuse). Deshalb sind „Make-or-Buy"-Entscheidungen bereits zu Beginn der Konzeptphase zu treffen. Für Dräger Medical ist die frühe Einbindung von Lieferanten ein Hauptziel. Sie erlaubt dem Unternehmen, sich auf die Kernkompetenzen zu konzentrieren. Dazu muss Dräger Medical einerseits gezielt Lieferanten entwickeln, die in der Lage sind, über Labormuster und Prototypen zügig Serienteile zu erstellen (Abb. 5.39).

Andererseits müssen die Entwickler bei Dräger Medical verstehen, dass nur die frühzeitige Einbindung von Lieferanten Lernkurven verkürzt.

Abb. 5.40 Zusammenwirken der Teilprozesse von »Produkt entwickeln«

Sog. »Gates« trennen die Phasen untereinander. Jede Phase wird durch einen vom Projektteam unabhängigen Mitarbeiter mittels Checklisten auf Risiken und Vollständigkeit überprüft. Ist ein Ergebnis nicht zufriedenstellend, muss nachgearbeitet werden, bevor die nächste Phase beginnt.

Klares »Gate«-Konzept

In der Realisierungsphase werden dann das Produkt sowie die Fertigungs- und Serviceprozesse weiter ausgearbeitet. Mit der Validierung des Produktes und der Fertigungs- und Serviceprozesse schließt das Entwicklungsprojekt ab.

Realisierungs- und Validierungsphase

Projektorganisation in der Konzeptphase

In die viermonatige Konzeptphase (Abb. 5.41) wurden 35 Mitarbeiter der globalen Organisation durchgängig in alle Projektschritte eingebunden, um die Konzeption und den Implementierungsplan zu erstellen. Hier wurde konsequent ein 80/20 Ansatz verfolgt, um einerseits ausreichend detailliert den zukünftigen, global einheitlichen Innovationsprozess zu beschreiben und um andererseits noch abstrakt genug zu bleiben, damit man sich in der Konzeption nicht in Detailpunkten verliert.

Planung der Konzeptphase

310 5 Fallbeispiele

Projektorganisation	Für die Projektorganisation wurden ein Lenkungskreis, ein Kernteam und vier Projektteams – eins je Arbeitsprozess – installiert. Ein Projektleiter aus dem Bereich Qualität & Prozesse war verantwortlich für die gesamte Konzeptphase; je Arbeitsprozess war aus dem Fachbereich ein Projektleiter ernannt worden. Jedem Projektleiter wurde ein Mitarbeiter des Beraters beigestellt.
Gute Vorbereitung sichert den Erfolg	Für die Konzeptphase wurde die oben beschriebene Standardvorgehensweise angewendet. Ergänzend wurden ein Spezial-Workshop zur Plattform-Strategie sowie die Auswahl einer Unternehmensberatung für die Entwicklung und Einführung einer Produkt-Plattform durchgeführt. Um den Abstimmungsbedarf der Teams angemessen zu berücksichtigen und um Know-how-Träger effizient einsetzen zu können, hatte Dräger Medical ein- bis zweitägige Workshops geplant (Abb. 5.41).
Entlastung durch externe Berater	In Summe sind für die Konzeptphase »Innovation« (Abb. 5.41) 420 Manntage aufgewendet worden: Dräger Medical inkl. Projektleitung 300 Manntage, der Berater 120 Manntage. Insgesamt hat sich diese Vorgehensweise aus der Sicht von Dräger Medical bewährt. Die Teilnehmer waren nicht mit Vor- oder Nachbereitung belastet, jegliche Abstimmungen waren zeitgleich möglich, der Einsatz des Beraters entlastete die Organisation von zeitaufwendiger, aber notwendiger Dokumentation und Konsolidierung. Nachfolgend wird die Implementierung des zukünftigen Innovationsprozesses beschrieben.

Implementierung des zukünftigen Innovationsprozesses

Make it happen!	Insgesamt sind drei Implementierungsphasen festgelegt worden (Abb. 5.42). Der Fokus innerhalb der ersten Phase richtet sich neben der Erarbeitung der ersten Roadmaps und einer Care-Area übergreifenden Produkt-Plattform auf die Implementierung der frühen Einbindung von Lieferanten sowie die Implementierung des Arbeitsprozesses »Produkt entwickeln«. In der zweiten Phase wird eine IT-basierte Teile-Standardisierung eingeführt, die Gestaltung und Implementierung von Competence Centern geplant und an einem Piloten ausprobiert. Weiterhin wird ein weltweit einheitliches Projektmanagement und -controlling eingeführt. Hierzu gehört auch die Einführung einer Workflow-Lösung für die Freigabe von Stammdaten.

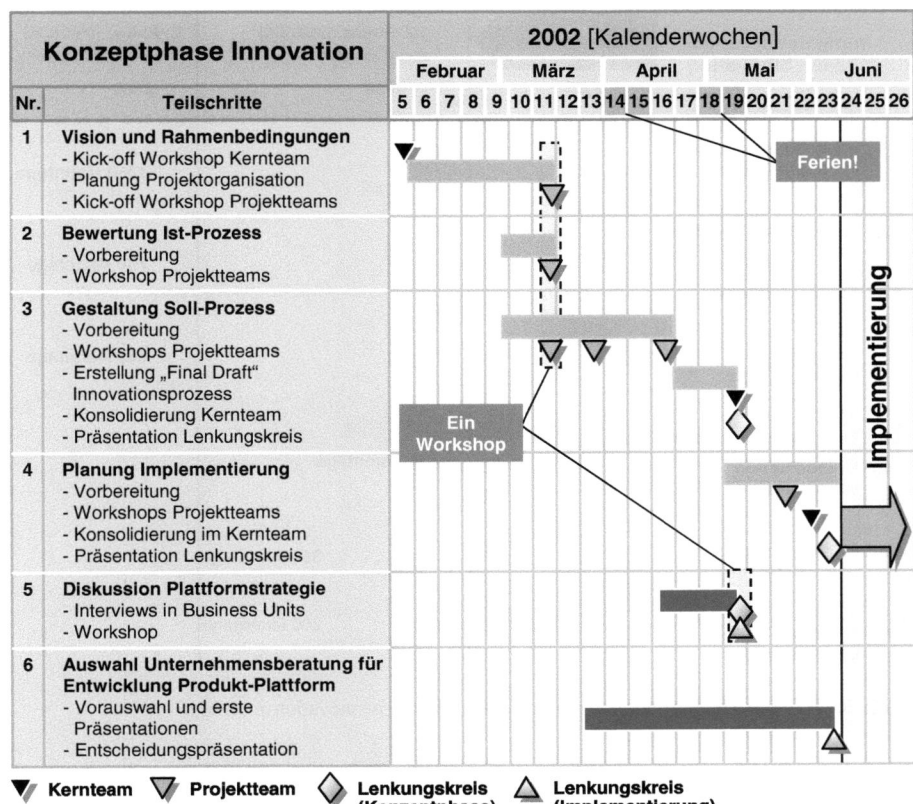

Abb. 5.41 Zeitplan für die Konzeptphase »Innovation«

Um den zukünftigen Innovationsprozess einzuführen, sind aus heutiger Sicht 4.100 Manntage erforderlich. Als Konsequenz müssen andere Projekte eine Verspätung von etwa 3 bis 5 Monaten hinnehmen. Nach kurzer Diskussion war aber über alle Ebenen klar: „Wir müssen es jetzt machen!". Diese Akzeptanz in der Organisation ist für eine nachhaltige Implementierung des neuen Innovationsprozesses unabdingbar.

Hohe Akzeptanz in der Organisation ist unabdingbar!

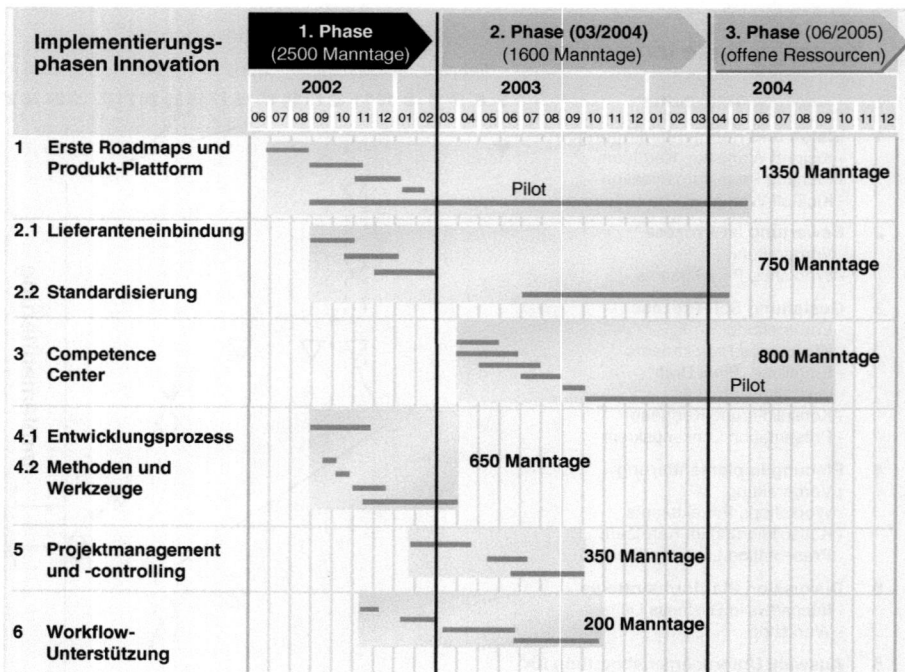

Abb. 5.42 Zeitplan für die Implementierung des zukünftigen Innovationsprozesses

Ausblick

Langfristige Wettbewerbsfähigkeit durch neuen Innovationsprozess sicherstellen

Mit dem neuen Innovationsprozess schafft Dräger Medical die Voraussetzungen für eine langfristige Wettbewerbsfähigkeit. Mit drei Prozessprojekten in der Implementierung ist die Organisation nun an der Grenze ihrer Belastbarkeit angekommen. Für den Innovationsprozess hat die Implementierung gerade erst begonnen, somit ist die Hauptarbeit noch zu tun. Dennoch ist Dräger Medical sicher, dass mit der Vorgehensweise ein tragfähiges und umsetzbares Konzept erstellt worden ist. Die Vorgehensweise und Erfahrungen von Dräger Medical während der Konzeption eines neuen Innovationsprozesses können dem Leser vielleicht weiterhelfen, selbst ein solches Projekt zu starten.

Literatur

Abell DF (1978)
: *Strategic Windows*
  In: Journal of Marketing, Juli 1978, S. 21-26

Aeberhard K (1996)
: *Strategische Analyse: Empfehlungen zum Vorgehen und zu sinnvollen Methodenkombinationen*
  Dissertation, Verlag Lang, Bern, 1996

Agamus (1998)
: *Stars der Innovation – Die Agamus-Consult Innovations-Studie*
  Agamus-Consult, Starnberg, 1998

Akao Y (1992)
: *QFD – Quality Function Deployment.*
  Dt. Übersetzung: Liesegang G (Hrsg.)
  Verlag Moderne Industrie. Landsberg/ Lech, 1992

Albers S, Eggers S (1991)
: *Organisatorische Gestaltung von Produktinnovations-Prozessen – Führt der Wechsel des Organisationsgrades zu Innovationserfolg*
  In: zfbf, 43. Jg., Heft 1, 1991, S. 44-64

Altschuller GS (1973)
: *Erfinden – (k)ein Problem?: Anleitung für Neuerer und Erfinder*
  Tribüne Verlag, Berlin, 1973

Altschuller GS (1984)
: *Erfinden – Wege zur Lösung technischer Probleme*
  VEB Verlag Technik, Berlin, 1984

Altschuller GS (1998)
: *40 Principles: TRIZ Keys to Technical Innovation.*
1st ed., TRIZ Tools, Vol. 1
Technical Innovation Center, Worcester, 1998

Ansoff IH (1975)
: *Managing Strategic Surprise by Response to Weak Signals*
In: California Management Review, Vol. 18, Heft 2, 1975, S. 21-33

AWK Aachener Werkzeugmaschinen-Kolloquium. Eversheim W, Klocke F, Pfeifer T, Weck M (Hrsg.) (1999)
: *Wettbewerbsfaktor Produktionstechnik – Aachener Perspektiven*
Shaker Verlag, Aachen, 1999

AWK Aachener Werkzeugmaschinen-Kolloquium. Eversheim W, Klocke F, Pfeifer T, Schuh G, Weck M (Hrsg.) (2002)
: *Wettbewerbsfaktor Produktionstechnik – Aachener Perspektiven*
Shaker Verlag, Aachen, 2002

Backhaus K, Erichson B, Plinke W, Weiber R (1996)
: *Multivariate Analysemethoden – eine anwendungsorientierte Einführung*
Springer-Verlag, Berlin et al., 1996

Berekoven L, Eckert W, Ellenrieder P (1996)
: *Marktforschung.*
7. Aufl., Gabler, Wiesbaden, 1996

Binder V, Kantowsky J (1996)
: *Technologiepotentiale – Neuausrichtung der Gestaltungsfelder des strategischen Technologiemanagements*
Dissertation, Hochschule St. Gallen, Dt. Universitäts-Verlag, Wiesbaden, 1996

Bleicher K (1999)
: *Das Konzept integriertes Management*
5. Auflage, Campus Verlag, Frankfurt/ M., New York, 1999

Bonissone P (1982)
> *A fuzzy sets based linguistic approach: theory and applications.*
> In: Gupta M (Hrsg.) Fuzzy information and decision processes. North-Holland Publishing Company, Amsterdam et al., 1982

Boutellier R (Hrsg.), Gassmann O, von Zedtwitz M (1999)
> *Managing global innovation: uncovering the secrets of future competitiveness*
> Springer-Verlag, Berlin et al., 1999

Brandenburg F (2002)
> *Methodik zur Planung technologischer Produktinnovationen*
> Dissertation, RWTH Aachen, Shaker Verlag, Aachen, 2002

Brandenburg F, Spielberg D (1998)
> *Implementing New Ideas into R&D-Strategies - Innovation Management for the Automotive Industry*
> 31st ISATA, Advanced Manufacturing in the Automotive Industry, Düsseldorf, Juni 1998

Brankamp K (1971)
> *Planung und Entwicklung neuer Produkte*
> de Gruyter, Berlin, 1971

Brassard M, Ritter D (1994)
> *Memory Jogger II*
> Methuen/ USA: GOAL/ QPC, 1994

Brauchlin E (1995)
> *Problemlösungs- und Entscheidungmethodik*
> 4. Aufl., Haupt, Berlin, 1995

Breiing A, Knosala R (1997)
> *Bewerten technischer Systeme – Theoretische und methodische Grundlagen bewertungstechnischer Entscheidungshilfen*
> Springer-Verlag, Berlin et al., 1997

Brockhoff K (1985)
> *Die Produktinnovationsrate als Instrument der strategischen Unternehmensplanung*
> In: Zeitschrift für Betriebswirtschaft, 55. Jg. 1985

Brockhoff K (1999)
: *Forschung und Entwicklung – Planung und Kontrolle*
R. Oldenbourg Verlag, München et al., 1999

Brose P (1982)
: *Planung, Bewertung und Kontrolle technologischer Innovationen*
Erich Schmidt Verlag, Berlin, 1982

Buchholz W (1996)
: *Time-to-Market-Management: Zeitorientierte Gestaltung von Produktinnovationsprozessen*
Dissertation, Universität Gießen, Verlag W. Kohlhammer, Stuttgart, 1996

Buck A, Herrmann C, Lubkowitz D (1998)
: *Handbuch Trendmanagement – Innovation und Ästhetik als Grundlage unternehmerischer Erfolge*
FAZ-Verlag, Frankfurt/ Main, 1998

Bugdahl W (1990)
: *Methoden der Entscheidungsfindung*
1. Aufl., Vogel Verlag, Würzburg, 1990

Bullinger HJ (1994)
: *Einführung in das Technologiemanagement*
B. G. Teubner Verlag, Stuttgart, 1994

Chmielewicz K (1970)
: *Forschungskonzeption der Wirtschaftswissenschaften – Zur Problematik einer entscheidungstheoretischen und normativen Wirtschaftslehre*
Poeschel Verlag, Stuttgart, 1970

Clark KB, Fujimoto T (1991)
: *Automobilentwicklung mit System – Strategie, Organisation und Management in Europa, Japan und USA*
Campus Verlag, Frankfurt/ Main et al., 1991

O´Conner J, Seymour J (2000)
: *Neurolinguistisches Programmieren*
Dt. Übersetzung: Dolke G, 10. Aufl., Kirchzarten: VAK, 2000

Cooper RG (1993)
Winning at new products: accelerating the process from idea to launch
2nd Edition, Addison-Wesley Publishing Company, Reading, Massachusetts, 1993

Corsten H, Reiß M (Hrsg.) (1995)
Handbuch Unternehmensführung: Konzepte – Instrumente – Schnittstellen
Gabler Verlag, Wiesbaden, 1995

Corsten H, Reiß M (Hrsg.) (1999)
Betriebswirtschaftslehre
3. vollst. überarb. und wesentlich erw. Aufl., Oldenbourg Verlag, München et al., 1999

Dang N, Lenz B (1992)
Das Technologieprofil - Ein Instrument für die strategische Technologieplanung
In: io Management Nr. 61, S. 36-38, 1992

Delphi 1998
Delphi '98 - Studie zur globalen Entwicklung von Wissenschaft und Technik
Studie des Fraunhofer ISI im Auftrag des BMBF, Karlsruhe, 1998

Deschamps JP, Nayak RP, Little AD (1996)
Produktführerschaft – Wachstum und Gewinn durch offensive Produktstrategien
Campus Verlag, Frankfurt/ Main et al., 1996

Dräger 2002
Geschäftsbericht der Drägerwerk AG 2001

Droege 1999
Barrieren und Erfolgsfaktoren der Umsetzung von Innovationen – Weltweite Studie Innovationsmanagement (Volume II)
Studie der Droege & Comp. AG und des Bundesverbandes der deutschen Industrie e. V. (BDI), Düsseldorf, Köln, 1999

Dyckhoff H, Ahn H (1998)
Integrierte Alternativengenerierung und -bewertung
In: DBW, 58. Jg., Heft 1, 1998, S. 49-63

Ehrat M (1997)
: *Kompetenzorientierte, analysegestützte Technologiestrategieerarbeitung: Methodisches Konzept zur Unterstützung der Technologiestrategieentwicklung mit externen Datenbanken*
Dissertation, Hochschule St. Gallen, 1997

Eggers S (1993)
: *Existenz und Erfolg eines wechselnden Organisationsgrades in Innovationsprozessen*
Verlag Josef Eul, Bergisch Gladbach, Köln, 1993

Ehrlenspiel K (1995)
: *Integrierte Produktentwicklung – Methoden für Prozessorganisation, Produkterstellung und Konstruktion*
Hanser Verlag, München, 1995

Eisenführ F, Weber M (1999)
: *Rationales Entscheiden*
3. Aufl., Springer-Verlag, Berlin et al., 1999

Eßmann V (1995)
: *Planung potentialgerechter Produkte – Ein Beitrag zur Produktkonversion*
Dissertation, Universität Dortmund, Dt. Universitäts-Verlag, Wiesbaden, 1995

Eversheim W, Schuh G (Hrsg.) (1996)
: *Die Betriebshütte – Produktion und Management*
Springer-Verlag, Hamburg, 1996

Eversheim W, Schmidt R, Saretz B (1994)
: *Systematische Ableitung von Produktmerkmalen aus Marktbedürfnissen*
In: io Management, 63. Jg., Nr. 1, 1994

Eversheim W, Klocke F, Brandenburg F, Fallböhmer M (2000)
: *Integrated Manufacturing technology Planning*
33rd CIRP International Seminar on Manufacturing Systems. Stockholm, 2000

Eversheim W, Breuer T, Grawatsch M (2001a)
: *Combining the Scenario Technique with QFD and TRIZ to a Product Innovation Methodology.*
Tagung, TRIZ future, Bath, UK, November 2001

Eversheim W, Breuer T, Grawatsch M (2002)
    Erfinden nach Plan mit TRIZ
    2. Innovationswerkstatt Strategische Produktplanung, Nürnberg, Januar 2002

Eversheim W, Voigtländer C, Bauernhansl T, Schröder J (2001b)
    Intranetbasiertes Entwicklungsmanagement – der schnelle Weg zu Neuprodukten
    In: Konstruktion, Mai 2001

Fallböhmer M, Brandenburg F, Trommer G (2000)
    Generation and Evaluation of Manufacturing Alternatives in Early Design Phases
    International Workshop on Multi-Criteria Evaluation MCE, Neukirchen, 2000

Fraunhofer (1998)
    Erfolgsfaktoren von Innovationen: Prozesse, Methoden und Systeme
    Ergebnisse einer gemeinsamen Studie von Fraunhofer-Instituten, 1998

Friese W (1975)
    Ein System zur koordinierten Produktplanung in Unternehmen der Investitionsgüterindustrie
    Dissertation, RWTH Aachen, 1975

Gabler (1997)
    Gabler-Wirtschafts-Lexikon
    14. Aufl., Gabler, Wiesbaden, 1997

Gassmann O (1996)
    Internationales Innovationsmanagement
    Vahlen Verlag, München, 1996

Gassmann O (1997)
    Internationales F-&-E-Management
    R. Oldenbourg Verlag, München, 1997

Gassmann O, Kobe C, Voit E (2001)
    Quantensprünge in der Entwicklung erfolgreich managen
    Springer-Verlag, Berlin et al., 2001

Gausemeier J, Fink A, Schlake O (1996)
: *Szenario-Management – Planen und Führen mit Szenarien*
2. bearb. Aufl., Carl Hanser Verlag, München, Wien, 1996

Geisinger D (1999)
: *Ein Konzept zur marktorientierten Produktentwicklung: Ein Beitrag zur Steigerung der Erfolgsquoten neuer Produkte*
Dissertation, Universität Karlsruhe, 1999

Gerhards A (2002)
: *Methodik zur Interaktion von F&E und Marketing in den frühen Phasen des Innovationsprozesses*
Dissertation, RWTH Aachen, Shaker Verlag, 2002

Gerpott TJ (1991)
: *Globales F&E-Management. Bausteine eines Gesamtkonzeptes zur Gestaltung eines weltweiten F&E-Standortsystems*
In: Booz, Allen & Hamilon (Hrsg.) Integriertes Technologie- und Innovationsmanagement: Konzepte zur Stärkung der Wettbewerbskraft von High-Tech-Unternehmen, Schmidt, Berlin, 1991

Geschka H (1986)
: *Innovationsmanagement*
In: o. V. (1983) Management-Enzyklopädie, Das Managementwissen unserer Zeit, Verlag Moderne Industrie, Landsberg/ Lech, 1986

Green PE, Tull DS (1982)
: *Methoden und Techniken der Marktforschung*
Poeschel, Stuttgart, 1982

Groenveld P (1997)
: *Roadmapping Integrates Business and Technology.*
In: Research Technology Management, Sept.-Oct. 1997

Grob HL (1999)
: *Einführung in die Investitionsrechnung*
Vahlen Verlag, München, 1999

Haberfellner R, Becker M, Büchel A, von Massow H, Nagel P (1999)
Systems Engineering – Methodik und Praxis
Daenzer, W.F.; Huber, F. (Hrsg.), 10. Aufl., Verlag Industrielle Organisation, Zürich, 1999

Hansmann K (1983)
Kurzlehrbuch Prognoseverfahren
Gabler Verlag, Wiesbaden, 1983

Hartung S (1994)
Methoden des Qualitätsmanagements für die Produktplanung und –entwicklung
Dissertation, RWTH Aachen, Shaker Verlag, Aachen, 1994

Hauschildt J (1996)
Innovationsförderliche Führung, Organisation und Unternehmenskultur
In: Eversheim (1996), S. 4-21 bis 4-26

Hauschildt J (1997)
Innovationsmanagement
Vahlen, München, 1997

Herb R (2000)
TRIZ – der systematische Weg zur Innovation: Werkzeuge, Praxisbeispiele, Schritt-für-Schritt-Anleitungen
Verlag Moderne Industrie, 2000

Herstatt C (1998)
Dialog mit Kunden und Lead-User-Management
In: Barske H, Gerybadze A, Hünninghausen L, Sommerlatte T (Hrsg.): Das innovative Unternehmen, Gabler Verlag, Wiesbaden, 1998

Herzhoff S (1991)
Innovations-Management: Gestaltung von Prozessen und Systemen zur Entwicklung und Verbesserung der Innovationsfähigkeit von Unternehmungen
Dissertation, Universität Siegen, Verlag Josef Eul, Bergisch Gladbach et al., 1991

Higgins JM, Wiese GG (1996)
Innovationsmanagement
Springer-Verlag, Berlin, 1996

Hill B (1989)
: *Biologische Konstruktionen, Vorbilder für die Technik*
Maschinenbautechnik 38, 1989

Hill B (1997)
: *Innovationsquelle Natur, Naturorientierte Innovationsstrategie für Entwickler, Konstrukteure und Designer*
Shaker Verlag, Aachen, 1997

Hill B (1999)
: *Naturorientierte Lösungsfindung, Entwickeln und Konstruieren nach biologischen Vorbildern*
expert-Verlag, Renningen-Malmsheim, 1999

Hinterhuber H (1996)
: *Strategische Unternehmungsführung,*
Bd.1: Strategisches Denken, 6. Aufl., de Gruyter, Berlin, 1996

Horvath P (1994)
: *Controlling*
5. Aufl., Vahlen, München, 1994

Horx M, Wippermann P (1996)
: *Was ist Trendforschung?*
Econ Verlag, Düsseldorf, 1996

Huxold, S (1990)
: *Marketingforschung und strategische Planung von Produktinnovationen: ein Früherkennungsansatz*
Erich Schmidt Verlag, Berlin, 1990

Invention Machine (1998)
: *TechOptimizer*
Professional Edition, Version 3.0, Softwareanwendung, Boston, 1998

IWB Software (1997)
: Ideation International Inc. Southfield, 1997

Jacob H, Voigt KI (1997)
: *Investitionsrechnung*
Gabler Verlag, Wiesbaden, 1997

Jürgens V (1998)
: *Ressourcenorientierte Leistungsgestaltung*
Dissertation, Universität St. Gallen, 1998

Kahn H, Wiener AJ (1967)
: *The Year 2000*
Macmillan, London, 1967

Kahneman D, Slovic P, Tversky A (Eds.) (1986)
: *Judgement under uncertainty: Heuristics and biases*
7. unveränderter Nachdruck, Cambridge University Press, Cambridge et al., 1986

Kamiske GF, Brauer JP (1993)
: *Qualitätsmanagement von A bis Z – Erläuterung moderner Begriffe des Qualitätsmanagements*
Hanser Verlag, München, 1993

Kano N (1995)
: *Upsizing the organisation by attractive quality creation*
In: Kanji GK (Hrsg.): Total Quality Management. Proceedings of the first world congress, London, 1995

Kehrmann H (1972)
: *Die Entwicklung von Produktstrategien*
Dissertation, RWTH Aachen, 1972

King B (1994)
: *Doppelt so schnell wie die Konkurrenz*
St. Gallen: gfmt, 1994

Klaus G, Liebscher H (1976)
: *Wörterbuch der Kybernetik*
Deutscher Verlag der Wissenschaften, Berlin, 1976

Kleinschmidt EJ, Cooper RG, Geschka H (1996)
: *Erfolgsfaktor Markt – Kundenorientierte Produktinnovation*
Springer-Verlag, Berlin et al., 1996

Klocke F, Eversheim W, Fallböhmer M, Brandenburg F (1999)
Einsatzplanung von Fertigungstechnologien – Hilfsmittel für die Technologieplanung in frühen Phasen der Produktentwicklung
In: Zeitschrift für wirtschaftlichen Fabrikbetrieb ZWF. 94 Jg., Heft 4, Carl Hanser Verlag, München, 1999

Koller R (1994)
Konstruktionslehre für den Maschinenbau. Grundlagen zur Neu- und Weiterentwicklung technischer Produkte mit Beispielen
Springer-Verlag, Berlin, 1994

Koppelmann U (1993)
Produktmarketing – Entscheidungsgrundlage für Produktmanager
4. Aufl., Springer-Verlag, Berlin, 1993

Kotler P, Bliemel F (1999)
Marketing-Management: Analyse, Planung, Umsetzung und Steuerung,
9. Aufl., Schäffer-Poeschl, Stuttgart, 1999

Krubasik EG (1982)
Technologie - strategische Waffe
Wirtschaftswoche 36: 30-46, 1982

Kruschwitz L (1993)
Investitionsrechnung
Walter de Gruyter Verlag, Berlin, 1993

Kursawe F, Schwefel HP (1998)
Künstliche Evolution als Modell für natürliche Intelligenz
In: Von Gleich A (Hrsg.) Bionik, Ökologische Technik nach dem Vorbild der Natur?
B.G. Teubner, Stuttgart, 1998

Lenk E (1994)
Zur Problematik der technischen Bewertung
Carl Hanser Verlag, München et al., 1994

Linde HJ, Hill B (1993)
Erfolgreich erfinden: widerspruchsorientierte Innovationsstrategie für Entwickler und Konstrukteure
Hoppenstedt Technik Tabellen Verlag, 1993

Litke HD (1993)
: *Projektmanagement: Methoden, Techniken, Verhaltensweisen*
2. Aufl., Hanser Verlag, München, 1993

Little AD (1981)
: *The Strategic Management of Technology*
European Management Forum, Davos, 1981

Livotov P (2002)
: *TRIZ Computer-Aided Innovation, Technologien für Innovationen*
TriSolver Edition, 2002

Mann D (2001)
: *Ideality And 'Self'*
Tagung, TRIZ future, Bath, UK, November 2001

Manns JR (1992)
: *Produktinnovation als Ergebnis der Koordination von F&E und Marketing: Ursachen, Auswirkungen und Lösungsmöglichkeiten, dargestellt am Beispiel eines Unternehmens der mobilen Kommunikation*
Verlag Wissenschaft & Praxis, Ludwigsburg et al., 1992

Martino JP (1995)
: *Research and Development Project Selection*
John Wiley & Sons, New York et al., 1995

Mattheck C (1998)
: *Der Baum hat es schon immer gewusst – Design in der Natur und nach der Natur.*
In: Von Gleich A (Hrsg.) Bionik, Ökologische Technik nach dem Vorbild der Natur? B.G. Teubner, Stuttgart, 1998

Meffert H (1998)
: *Marketing – Grundlagen marktorientierter Unternehmensführung*
8. Aufl., Gabler Verlag, Wiesbaden, 1998

Meyer J (1995)
: *Benchmarking*
Schäffer-Poeschel, Stuttgart, 1995

Michel K (1987)
: *Technologie im strategischen Management – Ein Portfolio-Ansatz zur integrierten Technologie- und Marktplanung*
Erich Schmidt Verlag, Berlin, 1987

Micic P (2000)
: *Der ZukunftsManager: Wie Sie Marktchancen vor Ihren Mitbewerbern erkennen und nutzen*
Hauffe, Freiburg (Breisgau), 2000

MMP Management Partner GmbH (1999),
: *Macht Not erfinderisch? – Innovationen als Motor für Wachstum und Unternehmenserfolg, Umfrage,*
Pressemitteilung, www.Management-Partner.de, 01.11.1999

Mintzberg H (1988)
: *Opening up the Definition of Strategy*
In: Quinn, J. B.; Mintzberg, H.; James, R. M. (Hrsg.): The Strategy Process – Concepts, Contexts and Cases; Englewood Cliffs, S. 13-20, 1988

Mißler-Behr M (1993)
: *Methoden der Szenarioanalyse*
Dissertation, Universität Wiesbaden, DUV (Deutscher Universitäts-Verlag), Wiesbaden, 1993

Möhrle M, Isenmann R (2002)
: *Technologie Roadmapping Zukunftsstrategien für Technologieunternehmen*
Springer-Verlag, Berlin et al., 2002

Müller J (1990)
: *Arbeitsmethoden der Technikwissenschaften – Systematk, Heuristik, Kreativität*
Springer-Verlag, Berlin et al., 1990

Nachtigall W (1986a)
: *Technische Biologie und Bionik.*
In: Von Gleich A (Hrsg.) Bionik, Ökologische Technik nach dem Vorbild der Natur? B.G. Teubner, Stuttgart, 1986

Nachtigall W (1986b)
: *Biostrategie, Eine Überlebenschance für unsere Zivilisation*
dtv Deutscher Taschenbuch Verlag, München, 1986

Nachtigall W (1998)
: *Bionik, Grundlagen und Beispiele für Ingenieure und Naturwissenschaftler*
Springer-Verlag, Berlin, 1998

Naisbitt, J (1991)
: *Megatrends 2000. Ten new directions for the 1990´s*
New York: 1991

Opaschowski HW (1997)
: *Deutschland 2010: Wie wir morgen leben – Voraussagen der Wissenschaft zur Zukunft unserer Gesellschaft*
1. Aufl., British-American Tobacco, Hamburg, 1997

Ossadnik W (1999)
: *Planung und Entscheidung*
In: Corsten (1999), S. 127-207

Pannenbäcker T (2001)
: *Methodisches Erfinden in Unternehmen*
Gabler Verlag, Wiesbaden, 2001

Patzak G (1982)
: *Systemtechnik – Planung komplexer innovativer Systeme: Grundlagen, Methoden, Techniken*
Springer-Verlag, Berlin et al., 1982

Pelzer W (1999)
: *Methodik zur Identifizierung und Nutzung strategischer Technologiepotentiale*
Dissertation, RWTH Aachen, Shaker Verlag, Aachen, 1999

Peples W (1999)
: *Innovationsmanagement, Praktische Betriebswirtschaft*
Cornelsen Giradet, Berlin, 1999

Perillieux R (1987)
Der Zeitfaktor im strategischen Technologiemanagement
Erich Schmidt Verlag, Berlin, 1987

Perillieux R (1995)
Technologietiming
In: Zahn (1995), S. 267-284

Petroski H (1992)
The Evolution of Useful Things
Alfred A Knopf, New York, 1992

Petrov V (2001)
The Laws of System Evolution
Tagung, TRIZ future, Bath, UK, November 2001

Pfeifer T (1996)
Qualitätsmanagement – Strategien, Methoden, Techniken
2. vollst. überarb. und erw. Aufl., Hanser Verlag, München, 1996

Pfeiffer W, Weiß E (1995)
Methoden zur Analyse und Bewertung technologischer Alternativen
In: Zahn E (Hrsg.) Handbuch Technologiemanagement. Schäffer-Poeschel Verlag, Stuttgart, 1995

Pfeiffer W, Metze G, Schneider W, Amler R (1991)
Technologie-Portfolio: zum Management strategischer Zukunftsgeschäftsfelder
6. Aufl., Vandenhoeck & Ruprecht, Göttingen 1991

Pleschak F, Sabisch H (1996)
Innovationsmanagement
Schäffer-Poeschel Verlag, Stuttgart, 1996

Popcorn, F (1995)
The Popcorn Report
Heyne, München 1995

Popper KR (1994)
Logik der Forschung
10. Auflage, Mohr Verlag, Tübingen, 1994

Porter ME (1986)
> *Wettbewerbsvorteile: Spitzenleistungen erreichen und behaupten*
> Campus, Frankfurt, 1986

Porter ME (1997)
> *Wettbewerbsstrategie (Competitive Strategy) – Methoden zur Analyse von Branchen und Konkurrenten*
> dt. Übers. von Volker Brandt und Thomas C. Schwoerer, 9. Aufl., Campus Verlag, Frankfurt/ Main et al., 1997

Prahalad CK, Hamel G (1991)
> *Nur Kernkompetenzen sichern das Überleben*
> In: Harvard Business Manager, Nr. 2, 1991, S. 66-78

Probst GJB, Gomez P (1989)
> *Vernetztes Denken: Unternehmen ganzheitlich führen*
> Gabler Verlag, Wiesbaden, 1989

Probst GJB, Gomez P (1991)
> *Vernetztes Denken: ganzheitliches Führen in der Praxis*
> Gabler Verlag, Wiesbaden, 1991

Pümpin C (1992)
> *Strategische Erfolgspositionen – Methodik der dynamischen strategischen Unternehmensführung*
> Verlag Paul Haupt, Bern, 1992

Pümpin C, Prange J (1991)
> *Management der Unternehmensentwicklung – Phasengerechte Führung und der Umgang mit Krisen*
> Campus Verlag, Frankfurt/ Main et al., 1991

Reinhart G, Lindemann U, Heinzl J (1996)
> *Qualitätsmanagement – Ein Kurs für Studium und Praxis*
> Springer-Verlag, Berlin, 1996

Robens H (1986)
Modell- und Methodengestützte Entscheidungshilfe zur Planung von Produktportfoliostrategien
Campus, Frankfurt/ Main, 1986

Saad KN, Roussel PA, Tiby C (1991)
Management der F&E-Strategie
Gabler Verlag, Wiesbaden, 1991

Sabisch H (1991)
Produktinnovationen
Poeschel Verlag, Stuttgart, 1991

Schelker T (1976)
Problemlösungsmethoden im Innovationsprozess – Ergebnisse einer empirischen Untersuchung
Verlag Paul Haupt, Bern, 1976

Schierenbeck H (1993)
Grundzüge der Betriebswirtschaftslehre
München, 1993

Schlicksupp H (1992)
Innovation, Kreativität und Ideenfindung
4., überarb. und erw. Aufl., Vogel Verlag, Würzburg, 1992

Schmidt G (1996)
Organisationsmethodik und -technik
In: Eversheim (1996), S. 3-34 bis 3-42

Schmidt R (1996)
Marktorientierte Konzeptfindung für langlebige Gebrauchsgüter
Gabler, Wiesbaden, 1996

Schmitz WJ (1996)
Methodik zur strategischen Planung von Fertigungstechnologien: Ein Beitrag zur Identifizierung und Nutzung von Innovationspotenzialen
Dissertation, RWTH Aachen, Shaker Verlag, 1996

Schröder HH (1995)
F&E-Management
In: Corsten (1995), S. 599-614

Schröder A (1998)
: *Vorentwicklung — Schlüsselfaktor für die Innovationskraft des Unternehmens*
Tagungsband Euroforum-Konferenz, München, 1998

Schubert B (1991)
: *Entwicklung von Konzepten für Produktinnovationen mittels Conjoint-Analyse*
Poeschel, Stuttgart, 1991

Schuh G, Schwenk U (2001)
: *Produktkomplexität managen*
Carl Hanser Verlag, München, Wien, 2001

Schuh G, Wiendahl HP (Hrsg.) (1997)
: *Komplexität und Agilität*
Springer-Verlag, Berlin et al., 1997

Schultz-Wild L, Lutz B (1997)
: *Industrie vor dem Quantensprung — Eine Zukunft für die Produktion in Deutschland*
Springer-Verlag, Berlin et al., 1997

Servatius HG (1985)
: *Methodik des strategischen Technologie-Managements*
Erich Schmidt Verlag, Berlin, 1985

SFB o.V (1998)
: *Modelle und Methoden zur Integrierten Produkt- und Prozessgestaltung*
Arbeits- und Ergebnisbericht 1996-1998 des Sonderforschungsbereiches 361, RWTH Aachen

Sommerlatte T (1997)
: *Bedürfnisse entdecken*
Campus Verlag, Frankfurt/ M., New York, 1997

Specht G, Behrens S, Kahmann J (2000)
: *Roadmapping — ein Instrument des Technologiemanagements und der Strategischen Planung,*
In: Industriemanagement, 2000, Heft 5, S. 42-46

Spielberg DE (2002)
: *Methodik zur Konzeptfindung basierend auf technischen Kompetenzen*
Dissertation, RWTH Aachen, Shaker Verlag, Aachen 2002

Staudt E (1996)
: *Innovationsstrategien*
In: Eversheim (1996), S. 4-6 bis 4-14

Staudt E, Hafkesbrink J, Barthel R (1991)
: *Neue Techniken im Spannungsfeld alter Systeme – Entscheidungshilfen bei der Einführung von CIM*
In: Milling P (Hrsg.) Systemmanagement und Managementsysteme. Duncker & Humblot, Berlin, 1991

Stippel N (1999)
: *Innovationscontrolling*
Vahlen, München, 1999

Stummer C (1998)
: *Projektauswahl im betrieblichen F&E-Management – Ein interaktives Entscheidungsunterstützungssystem*
Gabler Verlag, Deutscher Universitäts-Verlag, Wiesbaden, 1998

Terniko J, Zusman A, Zlotin B (1998)
: *TRIZ – Der Weg zum komkurrenzlosen Erfolgsprodukt*
In: Herb R (Hrsg.), Verlag Moderne Industrie, 1998

Teufelsdorfer H, Conrad A (1998)
: *Kreatives Entwickeln und innovatives Problemlösen mit TRIZ/TIPS: Einführung in die Methodik und ihre Verknüpfung mit QFD*
Publicis-MCD Verlag, Erlangen, 1998

Thom N (1980)
: *Grundlagen des betrieblichen Innovationsmanagements*
2. Aufl., Peter Hanstein Verlag, Königstein/ Ts., 1980

TriSolver Group (2002)
: *TriSolver Ideengenerator & Manager*
Professional Edition, Softwareanwendung, Hannover, 2002

Trux W, Müller G, Kirsch W (1985)
: *Das Management strategischer Programme*
München, 1985

Tschirky H, Birkenmeier B, Brodbeck H (1996)
: *Die Handshake-Analysis: eine neue Methode des Technologie- und Innovationsmanagements*
In: io Management, 65. Jg., Nr. 11, 1996, S. 19-22

Tversky A, Kahneman D (1986)
: *Judgement under uncertainty: Heuristics and biases*
In: Kahnemann (1986), S. 3-20

Ulrich P, Fluri E (1992)
: *Management: Eine konzentrierte Einführung*
6. Aufl., Verlag Paul Haupt, Bern 1992

Utterback JM (1994)
: *Mastering the Dynamics of Innovation – How Companies Can Seize Oppotunities in the Face of Technological Change*
Harvard Business School, Boston, 1994

VDA (1998)
: *Qualitätsmanagement in der Automobilindustrie*
Band 4 Teil 3: Sicherung der Qualität vor Serieneinsatz – Projektplanung, Verband der Automobilindustrie e.V. (VDA), Frankfurt a.M., April 1998

VDI (1983)
: *Systematische Produktplanung*
VDI-Gesellschaft Konstruktion und Entwicklung (Hrsg.), 2. Aufl., VDI-Verlag, Düsseldorf, 1983

VDI (1993)
: *VDI-Richtlinien 2221, Methodik zum Entwickeln und Konstruieren technischer Systeme und Produkte*
VDI-Gesellschaft Entwicklung Konstruktion Vertrieb, 1993

VDI (1995)
Wertanalyse: Idee – Methode – System
Zentrum Wertanalyse der VDI-GSP (Hrsg.),
5. überarb. Aufl., VDI-Verlag, Düsseldorf, 1995

Vinkenmeyer R (1999)
Roadmapping als Instrument für strategisches Innovationsmanagement
In: technologie & management, 48. Jg. 1999, Heft 3, S. 18-22

Voegele A (1999)
Das große Handbuch Konstruktions- und Entwicklungsmanagement
Landsberg/ Lech: Verlag Moderne Industrie, 1999

Von Gleich A (1998)
Bionik, Ökologische Technik nach dem Vorbild der Natur?
B.G. Teubner, Stuttgart, 1998

Von Hippel E (1988)
The Sources of Innovation
Oxford University Press, New York, 1988

Von Nitzsch R (1998)
Strategisches Management: Planung und Kontrolle
Vorlesungsskript, RWTH Aachen, 1998

Wagner MH, Thieler W (2001)
Wegweiser für den Erfinder – Von der Aufgabe über die Idee zum Patent
2., erw. und aktualisierte Aufl., Springer-Verlag, Berlin et al., 2001

Walker R (2002)
Informationssystem für das Technologiemanagement
Unveröff. Dissertation, RWTH Aachen, 2002

Walter W (1997)
Erfolgversprechende Muster für betriebliche Ideenfindungsprozesse.
Dissertation, Universität Karlsruhe, 1997

Warnecke HJ (1997)
: *Komplexität und Agilität – Gedanken zur Zukunft produzierender Unternehmen*
In: Schuh (1997), S. 1-8

Weber K (1993)
: *Mehrkriterielle Entscheidungen*
R. Oldenbourg Verlag, München et al., 1993

Webster JL, Reif WE, Bracker JS (1989)
: *The Manager´s Guide to Strategic Planning Tools an Techniques*
In: Planning Review, Vol. 17, No. 6, November/ December 1989, S. 4-13

Weis HC (1997)
: *Marktforschung*
Kiehl, Ludwigshafen, 1997

Weiss PA (1992)
: *Die Kompetenz von Systemanbietern*
Springer-Verlag, Berlin et al., 1992

Wengler MM (1996)
: *Methodik für die Qualitätsplanung und – verbesserung in der Keramikindustrie – Ein Beitrag zum Qualitätsmanagement bei der Planung neuer und der Optimierung bestehender Prozesse*
Dissertation, RWTH Aachen, VDI Verlag, Düsseldorf, 1996

Werners B (1993)
: *Unterstützung der strategischen Technologienplanung durch wissensbasierte Systeme*
Habilitation, RWTH Aachen, 1993

Westkämper E (1987)
: *Strategische Investitionsplanung mit Hilfe eines Technologiekalenders*
In: Wildemann, H (1987)

Wildemann H (1987)
: *Strategische Investitionsplanung: Methoden zur Bewertung neuer Produktionstechnologien*
Gabler, Wiesbaden, 1987

Wöhe G (2000)
: *Einführung in die allgemeine Betriebswirtschaftslehre*
20. neubearb. Aufl., unter Mitarbeit von Ulrich Döring, Verlag Franz Vahlen, München, 2000

Wolfrum B (1992)
: *Grundgedanke, Formen und Aussagewert von Technologieportfolios (I, II)*. In: WISU 1992, Nr. 4, S. 312-320 und Nr. 5, S. 403-407

Wolfrum B (1994)
: *Strategisches Technologiemanagement*
Gabler Verlag, Wiesbaden, 1994

Wolfsteiner WD (1995)
: *Das Management der Kernfähigkeiten – Ein ressourcenorientierter Strategie- und Strukturansatz*
Dissertation, Hochschule St. Gallen, 1995

Wüstenberg D (1998)
: *Kreativität bei der Konstruktion von Maschinen*
In: Von Gleich A (Hrsg.) Bionik, Ökologische Technik nach dem Vorbild der Natur? B.G. Teubner, Stuttgart, 1998

Zadeh LA (1965)
: *Fuzzy Sets*
In: Information and Control, Nr. 8, 1965, S. 338-353

Zahn E (Hrsg.) (1995)
: *Handbuch Technologiemanagement*
Schäffer-Poeschel Verlag, Stuttgart, 1995

Zahn E, Weidler A (1992)
: *Integriertes Innovationsmanagement: Die Zukunft wird im Kopf gewonnen*
In: Gablers Magazin, Nr. 10, 1992, S. 17-23

Zehnder T (1997)
: *Kompetenzbasierte Technologieplanung – Analyse und Bewertung technologischer Fähigkeiten im Unternehmen*
Dissertation, Hochschule St. Gallen, Gabler Verlag, Wiesbaden, 1997

Zimmermann HJ (1993)
: *Fuzzy Technologien – Prinzipien, Werkzeuge, Potentiale*
VDI-Verlag, Düsseldorf, 1993

Anhang

Anhang A **Methodendatenblätter**

Anhang B **Ausgewählte Werkzeuge der TRIZ-Methodik**
Die 39 technischen Parameter der TRIZ-Methodik
Die Widerspruchsmatrix
Die 40 Innovationsprinzipien der TRIZ-Methodik

Anhang C **Produktideendatenblatt**

Anhang A
Methodendatenblätter (Gerhards 2002)

ANNE GERHARDS

Legende:
- ● gut geeignet
- ◐ geeignet

Methoden und Instrumente — Phasen des Innovationsprozesses

Methode	1. Zielbildung	2. Zukunftsanalyse	3. Ideenfindung	4. Ideenbewertung	5. Ideendetaillierung	6. Konzeptbewertung	7. Umsetzungsplanung
Affinitätsdiagramm			●		●		
Analogiebetrachtung		●	●		●		
Auswahlliste		●	●		●		●
Benchmarking	●	●	●	●	●	●	●
Bionik			●		●		
Brainstorming			●		●		
Conjoint-Analyse						●	
Customer Process Monitoring		●	●				
Delphi-Methode	●	●	●	◐		◐	
Design Review	◐	◐		●		●	●
Erfahrungskurvenanalyse	●	●					
Force-Fit-Methode			●		●		
Funktionsanalyse			●		●		
Informationsbeschaffungsplan	●	●	●	●	●	●	●
InnovationRoadMap							●
Ishikawa-Diagramm			●		●		
Komponentenbaum					●		
Kosten-Nutzen-Analyse				●		●	
Kräftefeld-Analyse		●		●		●	●
Lead-User-Konzept					●		
Methode 635		◐	●		●		
Mind-Mapping			●		●		
Morphologische Matrix			●		●		
Nebenfeldintegration		●	●				
Nutzwertanalyse				●		●	
Paarweiser Vergleich			●		●		●
Polaritätsprofil		●	●		●		
Prioritätenmatrix			◐	●		●	
Problemlösungsbaum			●		●		
QFD			●	◐	●	◐	
SIL-Methode	●		●		●		
Synektik		◐	●		●		
Szenariomanagement		●					
Target Costing					●	●	
TILMAG-Methode			●		●		
Trendextrapolation		●					
TRIZ-Widerspruchsmatrix			●		●		
Wertanalyse				◐		●	

	Affinitätsdiagramm	S. Shiba
Ziel/ Ergebnis	Strukturierung und Klassifizierung einer großen Anzahl von Ideen (z.B. aus Brainstorming-Sitzung) ⇒ Schwerpunktbildung	
Eingangs-informa-tionen	• Lösungsideen • Detaillösungen	
Inhalt/ Vorgehen	Jede Idee wird auf jeweils einen Zettel geschrieben. Diese Zettel werden an eine Wand geheftet. Es wird versucht, für verschiedene Ideen Oberbegriffe zu finden. Dies wird solange fortgeführt, bis alle Ideen in Gruppen und die Gruppen in weitere Obergruppierungen unterteilt sind. Es entsteht ein Strukturbaum, in dem die Ideen und ihre Relationen untereinander abgebildet sind.	

Vorteile	Nachteile
• Klassifizierung von Ideen • 1. Auswahl von Ideen	• Alleinstehende Hauptlösungen können in ihrer Wichtigkeit verkannt werden, da sie eventuell einer anderen Gruppe untergeordnet sind

Literatur/ Verweise	• Brassard 1994
Notizen:	

	Analogiebetrachtung
Ziel/ Ergebnis	Lösung von technischen Problemen durch Untersuchung von Vorbildern aus fachfremden Bereichen ⇒ Zukunftsprojektionen, Ideen und Lösungsvorschläge
Eingangs-informationen	• Trends • Innovationsaufgaben
Inhalt/ Vorgehen	Bei der Analogiebetrachtung handelt es sich um eine Kreativitätstechnik, die in Gruppen durchgeführt wird. Zunächst werden die gewollten Eigenschaften und Funktionen des technischen Betrachtungsbereiches festgelegt. Anschließend werden Vorbilder gesucht, die ähnliche Eigenschaften bzw. Funktionen aufweisen. Das System, das diese Eigenschaften bzw. Funktionen besitzt bzw. hervorbringt, wird untersucht, bevor anschließend die Übertragbarkeit der Wirkungsweise geprüft wird.

Vorteile	Nachteile
• Bei Auffindung von solchen Vorbildern ist die Lösung bereits schon sehr weit fortgeschritten	• Gewisse Einschränkung bei der Problemlösung, da nur Vorbilder oder Ähnliches untersucht werden

Literatur/ Verweise	• Haberfellner 1999 • Bionik, TRIZ
Notizen:	

	Auswahlliste
Ziel/ Ergebnis	Überprüfung der grundsätzlichen Machbarkeit von Lösungen ⇒ Machbare und nicht machbare Lösungen
Eingangs-informationen	• Lösungsideen • Lösungskonzepte
Inhalt/ Vorgehen	Die erarbeiteten Lösungsalternativen werden einer Checkliste von Grundsatzfragen unterzogen: 1. Erfüllt die Lösung die Anforderungen und Intentionen? 2. Ist die Verträglichkeit mit angrenzenden Lösungen gegeben? 3. Ist die Lösung grundsätzlich realisierbar? 4. Ist der Aufwand zulässig? 5. Ist die unmittelbare Sicherheit gegeben? 6. Ist die Lösung terminlich machbar? 7. Ist genügend Know-how vorhanden? Wenn die ersten beiden Fragen mit „nein" beantwortet werden, scheidet die Lösung grundsätzlich aus. Je mehr Fragen positiv beantwortet werden können, desto eher ist die Lösung durchführbar.

Vorteile	Nachteile
• Systematische, strukturierte Bewertung von Lösungsalternativen • Schnelle Bewertung durch standardisiertes Vorgehen	• Einige Fragen sind zu allgemein und decken das Problem nicht genügend ab

Literatur/ Verweise	• Ehrlenspiel 1995 • Checkliste
Notizen:	

Benchmarking

Ziel/ Ergebnis	Bestimmung der anzustrebenden Ausprägung von Methoden, Verfahren, Produkten ⇒ Kennzahlensystem zur Messung der Zielerreichung
Eingangsinformationen	• Aufgabenstellungen • Problembereiche
Inhalt/ Vorgehen	Benchmarking ist ein kontinuierlicher und systematischer Prozess zur Ermittlung von herausragenden Methoden und Aktivitäten, die eine Bestleistung ermöglichen. Bei dem Verfahren werden Kompetenzunternehmen analysiert und die Ausprägung bestimmter Messgrößen mit denen des eigenen Unternehmens verglichen. Aus der Gegenüberstellung der eigenen Aktivitäten mit denen, welche andere Unternehmen ausgezeichnet beherrschen, sollen marktorientierte und realistische Zielvorgaben für das eigene Unternehmen ermittelt sowie Wege zur Erreichung der Ziele aufgezeigt werden. Nach mehrmaligem Durchlaufen des Prozesses können kritische Kenngrößen herausgefiltert und so ein geeignetes Kennzahlensystem zur Messung der Zielerreichung aufgebaut werden.

Vorteile	Nachteile
• Steigerung der Wettbewerbsfähigkeit • Kenntnisse über Wettbewerbsverhalten	• Unsichere Definition eines Klassenbesten • Schwierige Analyse der Geschäftsprozesse von Wettbewerbern

Literatur/ Verweise	• Meyer 1995, Eversheim u. Schuh 1996, Kamiske 1993
Notizen:	

	Bionik	*J.E. Steel*
Ziel/ Ergebnis	Übertragung biologischer Strukturen, Mechanismen und Systeme auf technische Lösungen ⇒ Ideen und Lösungsvorschläge	
Eingangsinformationen	• Problemstellungen	
Inhalt/ Vorgehen	Im Idealfall wird ein interdisziplinäres Team aus dem technischen und biologischen Bereich zusammengestellt. Für die zu bearbeitenden Funktionen werden dann gemeinsam äquivalente Funktionen in der Natur gesucht. Dabei wird insbesondere analysiert, wie die Funktionen in der Natur gelöst werden. Anschließend wird versucht, die Lösung auf die technische Problemstellung zu übertragen.	

Vorteile	Nachteile
• Findung von ungewöhnlichen und neuartigen Lösungen	• Schwierigkeiten bei der Zusammensetzung des interdisziplinären Teams • naturwissenschaftliche Kenntnisse erforderlich

Literatur/ Verweise	• Brauchlin 1995, Schlicksupp 1992, Ehrlenspiel 1995 • TRIZ-Methodik
Notizen:	

Brainstorming — A. Osborn

Ziel/ Ergebnis	Ideen- bzw. Lösungsfindung durch Kreativitätsförderung ⇒ Innovationspotenziale, Ideen und Lösungsvorschläge
Eingangsinformationen	• Innovationsaufgaben • Trends
Inhalt/ Vorgehen	Das Brainstorming dient dem schnellen Auffinden von möglichst vielen Ideen bzw. Lösungsvorschlägen in möglichst kurzer Zeit. Es handelt sich dabei um eine Gruppentechnik, bei der 6 bis 12 Personen interdisziplinär zusammenarbeiten. In der ersten Phase des Brainstormings - der kreativen Phase - äußert jede Person des Teams alle Ideen, die ihr zu dem zuvor festgelegten Stichwort einfallen. Die Vorschläge dürfen von den anderen Mitgliedern des Teams nicht kritisiert werden. Alle Ideen sollten Beachtung finden, wobei die Qualität der Ideen im Vordergrund stehen sollte. In der zweiten Phase werden alle Vorschläge strukturiert und gemeinsam vom Team bewertet.

Vorteile	Nachteile
• Auffinden innovativer Vorschläge durch Verlassen herkömmlicher Denkschemata • Kreativitätsförderung der Teammitglieder	• Aufwendiges Verfahren durch die Bewertung aller Vorschläge • Starke Persönlichkeiten dominieren die Gruppe

Literatur/ Verweise	• Kamiske 1993, Eversheim u. Schuh 1996, Haberfellner 1999, Schlicksupp 1992 • Brainwriting, Diskussion 66, Synektik
Notizen:	

	Conjoint-Analyse	
Ziel/ Ergebnis	Ermittlung des Gesamtnutzens eines Produktes ⇒ Bewertung und Priorisierung von Produktmerkmalen	
Eingangs-informationen	• Produktmerkmale und ihre Ausprägungen	
Inhalt/ Vorgehen	Die Conjoint-Analyse dient dazu, die Akzeptanz eines Produktes und seiner Funktionen beim Kunden einschätzen zu können. Bei der Durchführung wird unterstellt, dass sich der Gesamtnutzen eines Produktes additiv aus den Nutzen der einzelnen Produktkomponenten zusammensetzt. Zunächst werden alle wichtigen Produktmerkmale und deren mögliche Ausprägungen ermittelt. Durch Kombination unterschiedlicher Ausprägungen der verschiedenen Merkmale werden mehrere Konzepte realisiert, die dem potentiellen Kunden zur Bewertung vorgestellt werden. Dieser ordnet die Konzepte nach seinen Präferenzen. Die Anzahl der Produktmerkmale muss sorgfältig geplant sein, so dass mathematisch aus der angegebenen Rangfolge der Konzepte die zugrundeliegende Bewertung der einzelnen Merkmalsausprägungen ermittelt werden kann.	
	Vorteile	Nachteile
	• Priorisierung einzelner Produktmerkmale • Unterstützung durch Auswerteprogramme	• Hoher Aufwand bei komplexen Produkten • Dauer bis zu Wochen und Monaten
Literatur/ Verweise	• Eversheim u. Schuh 1996 • Wertanalyse	
Notizen:		

	Customer Process Monitoring	
Ziel/ Ergebnis	• Identifizierung insbesondere latenter Kundenbedürfnisse	
Eingangs-informationen	• Genaue Definition der Zielgruppe	
Inhalt/ Vorgehen	Customer Process Monitoring (CPM): CPM zielt auf die Erfassung der Kundenbedürfnisse ab. Bei dieser Methode wird der Prozess, in dessen Rahmen der Kunde ein Produkt einsetzt, genau untersucht, um Verbesserungsmöglichkeiten bspw. in der Handhabung des Produkts zu entdecken. Übertragen auf die Chancenanalyse kann der Anwender das Verhalten eines Kunden unter Einfluss der definierten Zukunftsannahme untersuchen, um so Probleme zu entdecken, die für den Kunden im Umgang mit der zukünftigen Situation entstehen.	
	Vorteile	Nachteile
	• Möglichkeit zur Entdeckung neuer, latenter Kundenbedürfnisse • Schaffung des Verständnisses für den Kunden	• Z. T. sehr aufwändig • Guter Kontakt zum Kunden notwendig
Literatur/ Verweise	• Schröder, A. Vorentwicklung – Schlüsselfaktor für die Innovationskraft des Unternehmens, Tagungsband Euroforum-Konferenz, München, 1998	
Notizen:		

Delphi-Methode
H.L. Geschka

Ziel/ Ergebnis	Erstellung von Prognosen ⇒ Markt- und Technologieprognosen
Eingangsinformationen	• Problemstellungen • Suchfelder
Inhalt/ Vorgehen	Bei der Delphi-Methode soll eine möglichst übereinstimmende Aussage mehrerer Personen über eine spezielle Fragestellung gefunden werden. Vorgehen: 1. Befragung von internen und externen Experten bezüglich Zukunftsentwicklungen in einem Problemgebiet 2. Analyse und Auswertung aller Expertenmeinungen 3. Zusammenfassung der Meinungen 4. Wiederholte Befragung aller Experten, nachdem diesen die Ergebnisse der vorhergehenden Fragerunde zur Verfügung gestellt wurden 5. Durchführung weiterer Iterationen, bis alle Experten einen Konsens gefunden haben

Vorteile	Nachteile
• Keine gegenseitige Beeinflussung der Befragten • Unbegrenzte Mitgliederzahl der Expertengruppe • Nutzung von verteiltem Expertenwissen	• Hoher Zeitaufwand aufgrund der Befragung von externen Experten und mehrfach durchzuführender Abgleiche der Meinungen

Literatur/ Verweise	• Haberfellner 1999 • Fragebogentechnik, Befragung
Notizen:	

Prognose · Analyse · Kreativität · Problemlösung · Bewertung

	Design Review
Ziel/ Ergebnis	Frühzeitiges Erkennen von Schwachstellen ⇒ Konzeptauswahl
Eingangsinformationen	• Konzepte
Inhalt/ Vorgehen	Zum Abschluss von Konzeptionsphasen und Maßnahmen werden die erzielten Ergebnisse mittels Checklisten durch abteilungsübergreifende, projektferne Teams auf die Erfüllung aller Anforderungen sowie potenzieller Fehler untersucht. Die Checklisten werden von den Teammitgliedern projektbezogen auf der Grundlage allgemeiner Fragenkataloge erstellt, die dem Erfahrungsstand entsprechend aktualisiert werden. Die Ergebnisse werden dokumentiert. Für ermittelte Fehler werden die notwendigen Änderungen bzw. Maßnahmen veranlaßt.

Vorteile	Nachteile
• Nutzung von Erfahrungen mit bestehenden Produkten • Fehlermeidung vor der Umsetzung • Höhere Entdeckungswahrscheinlichkeit durch projektfremde Teilnehmer	• Nur vorgegebene Anforderungen und definierte Fragen werden überprüft

Literatur/ Verweise	• Pfeifer 1996, Reinhardt 1996 • Qualitätsbefragung
Notizen:	

	Erfahrungskurvenanalyse *Boston Consulting Group*
Ziel/ Ergebnis	Ermittlung der Preis- und Kostenentwicklung ⇒ Höhe des Kostensenkungspotenzials, Stärke des Marktwachstums, Gewinnpotenzial
Eingangsinformationen	• Herstellkosten • Erfahrungen
Inhalt/ Vorgehen	Der Erfahrungskurveneffekt besagt, dass die realen (nicht inflationierten) Stückkosten eines Produktes um einen relativ konstanten Betrag (potenziell 20-30%) zurückgehen, sobald sich die in kumulierten Produktmengen ausgedrückte Produkterfahrung verdoppelt. Dabei wird unterstellt, dass alle Kostensenkungspotenziale konsequent genutzt werden (Lerneffekte, Betriebs- und Losgrößendegressionseffekte, etc.). Dadurch können Aussagen zur zukünftigen Kosten- und Preisentwicklung sowie zu Gewinnpotenzialen gewonnen werden. Dementsprechend hat die Erfahrungsanalyse eine zentrale Bedeutung für die Prognose der Marktanteile und des Marktwachstums sowie für die Gestaltung der Preispolitik.

Vorteile	Nachteile
• Prognose ist langfristig angelegt • Prognosen des preispolitischen Spielraums der Konkurrenten und deren Marktwachstum	• Aufwendiges Abschätzen der Erfahrungen

Literatur/ Verweise	• Meffert 1998
Notizen:	

Force-Fit-Methode

Ziel/ Ergebnis	Generierung neuer Lösungsideen durch Zusammenbringen zweier unterschiedlicher Begriffe mittels kreativer Denkprozesse ⇒ Ideen und Lösungsvorschläge
Eingangsinformationen	• Innovationsaufgaben
Inhalt/ Vorgehen	Die Anwendung der Methode erfolgt als Spiel, bei dem das Team in zwei Mannschaften eingeteilt wird. Eine Mannschaft gibt der anderen ein möglichst weit von der Problematik entferntes Reizwort vor, aus dem diese in einem vorgegebenen Zeitfenster einen Lösungsansatz erarbeiten muss. Für jeden Ansatz werden Punkte verteilt. Die erarbeiteten Lösungen werden anschließend auf ihr Problemlösungspotenzial hin untersucht.

Vorteile	Nachteile
• Erarbeitung von ungewöhnlichen Lösungsansätzen und -kombinationen	• Hoher Zeitaufwand • Verifizierung und Überprüfung der Ergebnisse auf ihr Problemlösungspotenzial hin notwendig • Team muss sich auf Spielsituation einlassen

Literatur/ Verweise	• Brauchlin 1995, Schlicksupp 1992 • Reizwortanalyse
Notizen:	

Funktionsanalyse

Ziel/ Ergebnis	Berücksichtigung vieler Funktionserfüllungsmöglichkeiten bei der Auswahl von verschiedenen Produktfunktionen ⇒ Ideen und Lösungsvorschläge für Produktfunktionen
Eingangsinformationen	• Innovationsaufgaben
Inhalt/ Vorgehen	Die Funktionsanalyse kann sowohl individuell als auch in einem Team angewandt werden. Sie ist vergleichbar mit der Anwendung der Morphologischen Matrix. In den Spalten einer Matrix werden nicht die möglichen Produktattribute sondern die Produktfunktionen aufgeführt. Zu jeder Funktion werden in einer Liste alternative Prinzipien angeboten, aus denen das für den Fall beste Funktionsprinzip auszuwählen ist.

Vorteile	Nachteile
• Findung einer Vielzahl möglicher und technisch machbarer Lösungen • Strukturiertes Vorgehen	• Einschränkung der freien Ideenfindung und der Kreativität aufgrund des technischen Schwerpunktes • Schwierigkeiten bei der Integration der verschiedenen technischen Lösungen für die Einzelfunktionen

Literatur/ Verweise	• Bugdahl 1990, Brauchlin 1995, Schlicksupp 1992 • Morphologische Matrix
Notizen:	

Informationsbeschaffungsplan

Ziel/ Ergebnis	Übersicht über die zu beschaffenden Informationen ⇒ Informationsübersicht
Eingangs- informationen	• Projekterfahrungen
Inhalt/ Vorgehen	Der Informationsbeschaffungsplan ist ein Hilfsmittel zur systematischen Erfassung aller relevanten Informationen innerhalb eines komplexen Projektes. In diesem Plan werden alle benötigten Informationen, deren Quellen, die Methoden zur Informationsbeschaffung, Zuständigkeiten etc. aufgelistet. Dadurch wird ein Überblick über die während der Informationsbeschaffung durchzuführenden Tätigkeiten geschaffen.

Vorteile	Nachteile
• Strukturierte Darstellung notwendiger Informationen	• Gefahr der Unvollständigkeit bei neuartigen Problemen

Literatur/ Verweise	• Haberfellner 1999 • Checkliste
Notizen:	

Seitenreiter: Prognose, Analyse, Kreativität, Problemlösung, Bewertung

	InnovationRoadMap	*Fraunhofer IPT*
Ziel/ Ergebnis	Zeitliche Strukturierung der Planungsergebnisse im Innovationsprozess ⇒ Planungstabelle, Innovationsaktivitäten	
Eingangs-informa-tionen	• Zeitliche Einordnung der Zukunftsprojektionen • Innovationsaufgaben, Konzepte, Detaillösungen	
Inhalt/ Vorgehen	Bei der InnovationRoadMap handelt es sich um eine Strukturierungsmethode für die im Innovationsprozess ermittelten Ergebnisse. Sie wird durch die Achsen Markt, Technologie und Zeit aufgespannt, wodurch die Teilbereiche Markt- und Technologiebereich entstehen. Letzterer ist in zwei Abschnitte unterteilt. In seinem oberen Bereich werden die Produktkonzepte eingeordnet, im unteren die Detaillösungen. Bevor eine Einordnung stattfindet, werden die abgeleiteten Zukunftsprojektionen und Innovationsaufgaben sowie die entwickelten Produktkonzepte und zu den Konzepten gehörenden Detaillösungen entsprechend ihrer Umsetzbarkeit chronologisch strukturiert.	
	Vorteile	Nachteile
	• Integration strategischer und operativer Ebenen • Visuelle Darstellung der Planungsaktivitäten • Langfristiges Kontrollinstrument	• Darstellung mehrerer Ebenen schwierig • Viele Vorarbeiten notwendig
Literatur/ Verweise	• Brandenburg 2001 • Roadmapping	
Notizen:		

	Ishikawa-Diagramm	K. Ishikawa
Ziel/ Ergebnis	Darstellung aller Haupt- und Nebenaspekte, die ein Problem beeinflussen ⇒ Ursachen- und Wirkungszusammenhänge	
Eingangsinformationen	• Problemstellungen • Lösungskonzepte	
Inhalt/ Vorgehen	Alle potenziellen und bekannten Ursachen, die zu einem bestimmten Problem führen, werden Top-down in Haupt- und Nebenursachen unterteilt. Die Darstellung der Ursachen erfolgt in einem Fischgrätendiagramm, in dessen rechten Ende die untersuchte Wirkung (das Problem) dargestellt und die einzelnen Ursachen dieser Wirkung vertikal versetzt entlang der Hauptwirkungslinie angeordnet werden. So ist es möglich, die Abhängigkeit der Einflussgrößen zur Zielgröße darzustellen und sowohl positive als auch negative Einflußgrößen zu identifizieren.	

Vorteile	Nachteile
• Übersichtliche visuelle Darstellung der Problemstruktur • Strukturierte Betrachtung aller Ursachen	• Sehr aufwendig bei komplexen Strukturen

Literatur/ Verweise	• Brassard 1994, Higgins 1996 • Ursachenmatrix, Beziehungsdiagramm
Notizen:	

Komponentenbaum

Ziel/ Ergebnis	Darstellung der Komponentenstruktur technischer Systeme ⇒ Gesamtstruktur der Komponenten
Eingangsinformationen	• Innovationsaufgaben • Detaillösungen
Inhalt/ Vorgehen	Ein Komponentenbaum dient der Darstellung der Struktur eines Systems. Ausgehend vom Gesamtsystem wird in einer iterativen Vorgehensweise jede Komponente des Systems auf ihre Funktion und ihr Ein- und Ausgabeverhalten hin untersucht. Nach der Analyse und Beschreibung weiterer Bedingungen (Leistungsziele, Umgebungsbedingungen etc.) wird die Komponente im Komponentenbaum abgebildet. Falls erforderlich, wird die Komponente in weitere Teilkomponenten zerlegt und die Analyse iteriert, bis der erforderliche Detaillierungsgrad des Komponentenbaumes erreicht ist.

Vorteile	Nachteile
• Übersichtliche Darstellung der Komponenten eines Systems • Mehrere Detaillierungsstufen für verschiedene Anwendungszwecke möglich	• Gefahr der Unübersichtlichkeit bei zu vielen Komponenten

Literatur/ Verweise	• Pfeifer 1996 • Fehlerbaum
Notizen:	

Kosten-Nutzen-Analyse

Ziel/ Ergebnis	Bewertung von Lösungen bezüglich des Kostenpotenzials ⇒ Kosten-Nutzen-Verhältnisse und Auswahl von Lösungen
Eingangsinformationen	• Alternativen • Analoge Lösungen mit bekannten Kosten
Inhalt/ Vorgehen	Mittels der Kosten-Nutzen-Analyse wird untersucht, ob der zu erwartende Nutzen einer Maßnahme bzw. Lösung die zu erwartenden Kosten rechtfertigt. Dabei müssen in einem Team für die verschiedenen Lösungsalternativen die bekannten Kosten und der potenzielle Nutzen berechnet oder geschätzt werden. Hierzu können verschiedene Verfahren, wie beispielsweise Kostenschätzverfahren eingesetzt werden. Neben den direkten Kosten sind insbesondere auch Personalkosten und ähnliches zu berücksichtigen. Ermittelte Kosten und Nutzen werden ins Verhältnis gesetzt. Es wird die Lösung ausgewählt, bei der dieses Verhältnis am günstigsten ist.

Vorteile	Nachteile
• Direktes Einfließen des finanziellen Aspektes in die Lösung • Frühzeitige Berücksichtigung des Kostenaspektes von Lösungen	• Qualitativ gute Lösungen mit einem ungünstigen Verhältnis werden nicht berücksichtigt • Ungenaue Ergebnisse durch schwer vorhersagbare Marktentwicklungen

Literatur/ Verweise	• Haberfellner 1999, Horvath 1994 • Kosten-Wirkungs-Analyse
Notizen:	

Kräftefeld-Analyse — K. Lewin

Ziel/ Ergebnis	Ermittlung von unterstützenden und behindernden Einflussfaktoren auf eine Problemlösung ⇒ Positive und negative Einflussfaktoren
Eingangsinformationen	• Trends, Potenziale • Aufgaben, Problemstellungen
Inhalt/ Vorgehen	In einem Diagramm werden auf der einen Seite eines Balkens alle Einflüsse und Kräfte aufgeführt, die eine Lösung vorantreiben oder sich in irgendeiner Weise positiv auf die Lösung auswirken. Auf der anderen Seite des Balkens werden alle negativen Kräfte aufgetragen. Gegebenenfalls können Kräfte und Einflüsse je nach Stärke gewichtet und in eine Reihenfolge gebracht werden.

Vorteile	Nachteile
• Strukturierte Übersicht der Einflussfaktoren • Vergleich der Problemlösungskraft verschiedener Lösungsansätze	• Unübersichtlich bei komplexen Problemen

Literatur/ Verweise	• Higgins 1996, Brassard 1994
Notizen:	

Seitenregister: Prognose, Analyse, Kreativität, Problemlösung, Bewertung

Lead-User-Konzept

Ziel/ Ergebnis	Kundenorientierte Produkt-/ Prozessentwicklung ⇒ Ideen und Lösungsvorschläge von Experten
Eingangs-informationen	• Trends • Problemstellungen • Lösungskonzepte
Inhalt/ Vorgehen	Beim Lead-User-Konzept werden möglichst frühzeitig besonders qualifizierte Anwender (Experten) in den Entwicklungsprozess einbezogen. Zunächst müssen Lead-User identifiziert werden, die Experten für Trends, Problemstellungen bzw. die Produktanwendung sind. Diese Experten werden, z.B. durch Workshops, in den Entwicklungsprozess einbezogen. Sinnvoll ist eine anschließende Akzeptanzüberprüfung der Ideen bei „Durchschnittskunden" (Mainstream).

Vorteile	Nachteile
• Frühzeitige Einbeziehung von Experten • Ständiger Kundenkontakt während der Entwicklung	• Probleme bei der Identifizierung von Experten • Gefahr zu starker Orientierung an Experten

Literatur/ Verweise	• Herstatt 1998, von Hippel 1988
Notizen:	

Prognose · Analyse · Kreativität · Problemlösung · Bewertung

	Methode 635	B. Rohrbach
Ziel/ Ergebnis	Aufgreifen und Weiterentwickeln von Ideen ⇒ Ideen- und Lösungsvorschläge	
Eingangs- informationen	• Innovationsaufgaben	
Inhalt/ Vorgehen	6 Personen notieren zu einem definierten Problem jeweils 3 Lösungen innerhalb von 5 Minuten. Danach werden die Blätter jeweils an den Nachbarn weitergegeben und die Vorgehensweise wird wiederholt. Nach 6 Durchgängen sind optimalerweise 108 Lösungsvorschläge durch die Teammitglieder generiert. Anschließend werden die Vorschläge analysiert und bewertet.	
	Vorteile	Nachteile
	• Mitwirkung einer großen Zahl von Teilnehmern (Bildung mehrerer Gruppen • Methodenabwicklung postalisch möglich • Dokumentation des Ergebnisses ohne Mehraufwand • Steigerung der Lösungsqualität durch Weiterentwicklung	• Negative Auswirkung des Zeitdrucks auf die Kreativität • Missverständnisse aufgrund der knappen Formulierungen der Ideen möglich • Fehlende anregende Wirkung bei der Abwicklung aufgrund des fehlenden direkten Austausches
Literatur/ Verweise	• Eversheim u. Schuh 1996, Schlicksupp 1992, Haberfellner 1999 • Brainwriting, Diskussion 66, Synektik	
Notizen:		

	Mind-Mapping	T. Buzan
Ziel/ Ergebnis	Karthographische Darstellung von Denkinhalten und des daraus folgenden Ideenflusses ⇒ Ideen und Lösungsvorschläge	
Eingangs-informationen	• Innovationsaufgaben	
Inhalt/ Vorgehen	Das Hauptschlüsselwort für ein Problem wird in der Mitte eines Bogens notiert. Von dort aus breiten sich die Assoziationen und Ideen der Gruppe in Form von Ästen, Zweigen und Nebenzweigen über den gesamten Bogen aus. Jeder neue Einfall wird auf eine Linie (Zweig) ausgehend von dem ihn auslösenden Schlüsselwort geschrieben Die visuelle Darstellung soll die Generierung neuer Ideen begünstigen, da sie den Verknüpfungen im menschlichen Gehirn entsprechen soll.	

Vorteile	Nachteile
• Förderung der Kreativität durch die Nutzung denkpsychologischer Grundsätze • Gleichzeitige Dokumentation durch die Darstellungsform	• Keine systematische Erfassung von Zusammenhängen aufgrund der Assoziationsbindung

Literatur/ Verweise	• Brauchlin 1995, Higgins 1996 • Lotusblütentechnik
Notizen:	

	Morphologische Matrix	F. Zwicky
Ziel/ Ergebnis	Entwicklung neuer Ideen ⇒ Lösungs- und Produktkonzepte, Strukturierung von Ideen	
Eingangsinformationen	• Lösungsideen • Detaillösungen	
Inhalt/ Vorgehen	Die Methode kann sowohl individuell als auch im Team angewandt werden. Dabei erfolgt zunächst die Sammlung aller Funktionen eines Produkts. Danach werden Prinziplösungen für die einzelnen Funktionen erarbeitet. In einer zwei-dimensionalen Matrix werden auf der vertikalen Achse die Funktionen eingetragen. Auf der horizontalen Achse werden die Prinziplösungen den jeweiligen Funktionen zugeordnet. Die Kombination dieser Teillösungen führt zu neuen Gesamtlösungen.	

Vorteile	Nachteile
• Erarbeitung komplexer Lösungsstrukturen • Hohe Wiederverwendbarkeit der erarbeiteten Matrizen	• Entscheidungsschwierigkeiten aufgrund der hohen Anzahl potenzieller Lösungen • Keine Entscheidungsunterstützung bei der Auswahl von Lösungen • Nicht alle Kombinationen sind realisierbar

Literatur/ Verweise	• Haberfellner 1999, Higgins 1996, Schlicksupp 1992 • Morphologischer Kasten, Attribute Listing
Notizen:	

	Nebenfeldintegration
Ziel/ Ergebnis	Erarbeitung von Lösungsansätzen unter Berücksichtigung der Umfeld- bzw. Randbedingungen ⇒ Zukunftsprojektionen, Innovationsaufgaben, Lösungsideen und -vorschläge
Eingangsinformationen	• Trends • Innovationsaufgaben • Unternehmenspotenziale
Inhalt/ Vorgehen	Zunächst werden Nebenfelder der gesuchten Lösung, also Bereiche der Wechselwirkung, bestimmt. Anschließend werden durch Assoziation aus den Nebenfeldern jeweils 5 bis ca. 15 Elemente ermittelt. Von den in den Nebenfeldern gefundenen Elementen wird auf die Gestaltung der Lösung zrückgeschlossen.

Vorteile	Nachteile
• Erfolgreiche Methode bei Problemen, die durch Wechselwirkung mit der Problemfeldumgebung entstehen • Ganzheitliche Betrachtungsweise der Problemstellung • Einbeziehung der Umfeld- und Randbedingungen	• Möglichkeit falscher Annahmen durch Rückschlüsse aus den Nebenfeldern auf das Hauptproblem

Literatur/ Verweise	• Schlicksupp 1992
Notizen:	

Nutzwertanalyse

Ziel/ Ergebnis	Ermittlung der besten von mehreren Alternativen (zur Projektkostenabschätzung) ⇒ Nutzwert einer Alternative, Ranking von Alternativen
Eingangsinformationen	• Aufwand • Komplexität • Ressourcenbedarf
Inhalt/ Vorgehen	Bei diesem Verfahren muss zunächst ein System derjenigen Faktoren erstellt werden, die den Aufwand entscheidend beeinflussen. Diese Faktoren sind objektiv oder subjektiv zu bewerten. Einer solchen Bewertung liegen entsprechende Wertparameter zugrunde, die den zu erwartenden Gesamtaufwand nach vorgegebener mathematischer Verknüpfung liefern sollen. Innerhalb eines Verfahrens ist eine mathematische Verarbeitung von qualitativen Bewertungen notwendig. Die beschriebenen Probleme sollten jedoch berücksichtigt und dementsprechend Vorkehrungen (z.B. getrennte Schätzung von Projektteilen) getroffen werden, so dass wenigstens von Ebene zu Ebene eine Fehlererkennung und Anpassung möglich ist.

Vorteile	Nachteile
• Schnelle Angaben über ungefähre Projektkosten	• Lokalisierung von Fehlern kaum möglich • Kaum Anpassungsmöglichkeiten an geänderte Entwicklungsbedingungen

Literatur/ Verweise	• Litke 1993 • Kurzkalkulation mit Ähnlichkeitsbeziehungen
Notizen:	

	Paarweiser Vergleich
Ziel/ Ergebnis	Ermittlung einer Rangfolge von Merkmalen ⇒ Priorisierung von Merkmalen
Eingangsinformationen	• Ideen • Konzepte
Inhalt/ Vorgehen	Mittels des Paarweisen Vergleichs wird eine größere Anzahl von Merkmalen ihrer Wichtigkeit nach geordnet. Durch den direkten Vergleich von jeweils zwei Merkmalen wird ein jedes mit jedem anderen verglichen und entweder als wichtiger, gleichbedeutend oder weniger wichtig beurteilt. Durch die Summation der einzelnen Gewichtungen ergibt sich eine Gesamtrangfolge aller Merkmale. Als Eingangsinformation muss eine Aufstellung der zu gewichtenden Merkmale sowie eine Liste der zu beurteilenden Kriterien vorliegen. Die Ergebnisse des Paarweisen Vergleichs können auf verschiedene Arten normiert werden, so dass die Gewichtung der Merkmale direkt bei der Durchführung weiterer Methoden, z.B. Target Costing, übernommen werden kann.

Vorteile	Nachteile
• Einfache Erstellung einer Rangfolge	• Einsatz nur bei Vergleich von wenigen Eigenschaften sinnvoll, nicht geeignet für komplexe Vergleiche

Literatur/ Verweise	• Eversheim u. Schuh 1996 • Prioritätenmatrix
Notizen:	

	Polaritätsprofil
Ziel/ Ergebnis	Darstellung mehrerer Alternativen bezüglich ihrer Kriterienerfüllung ⇒ Auswahl von Lösungen auf Basis von Kriterienerfüllung
Eingangs-informationen	• Trends • Potenziale • Lösungsideen
Inhalt/ Vorgehen	Für jede Lösungsalternative werden bestimmte Eigenschaften und Kriterien nach einem Notenschlüssel beurteilt und die Ergebnisse auf einer Skala eingetragen. Die Skalenprodukte der einzelnen Kriterien werden verbunden und ergeben so ein Beurteilungsprofil. Die Beurteilungsprofile der Lösungsalternativen können leicht visuell verglichen werden.

Vorteile	Nachteile
• Gute graphische Vergleichsmöglichkeit der verschiedenen Lösungsansätze	• Hoher Zeitaufwand bei vielen Lösungsansätzen

Literatur/ Verweise	• Haberfellner 1999 • Polarprofile (Es werden keine parallelen Skalen sondern Polarkoordinaten verwendet.)
Notizen:	

Prioritätenmatrix

S. Marjano

Ziel/ Ergebnis	Entscheidungsfindung ⇒ Gewichtung von Lösungen
Eingangs-informationen	• Lösungsalternativen
Inhalt/ Vorgehen	In einer Matrix werden mehrere Lösungsalternativen mittels gewichteter Kriterien bewertet. Dabei werden die Alternativen untereinander geschrieben und jeder zwei Zeilen zugeordnet. In der ersten Zeile steht ausschließlich die Nummer der betreffenden Alternative. In der zweiten zu der betreffenden Alternative gehörigen Zeile stehen die Nummern der noch zu vergleichenden Lösungsalternativen. Die betrachtete Lösungsalternative wird nun mit jeder anderen in der Matrix noch folgenden Alternative einem paarweisen Vergleich unterzogen. Für jede Alternative gibt es abschließend eine Gesamtpunktbewertung, die als Entscheidungsgrundlage herangezogen werden kann.

Vorteile	Nachteile
• Übersichtliche Entscheidungsgrundlage • Ausgewogene Entscheidungen	• Unübersichtlichkeit bei mehr als zehn Alternativen

Literatur/ Verweise	• Higgins 1996, Brassard 1994 • Paarweiser Vergleich
Notizen:	

	Problemlösungsbaum
Ziel/ Ergebnis	Graphische Darstellung von komplexen Zusammenhängen und Sachverhalten ⇒ Erkennen von Zusammenhängen, Problemstruktur
Eingangsinformationen	• Innovationsaufgaben • Problemstellung
Inhalt/ Vorgehen	Die Methode kann sowohl im Team als auch individuell angewandt werden. Mittels des Problemlösungsbaums können theoretische Alternativen in verschiedenen Abstraktionsstufen visuell hervorgerufen werden. Die Vorgehensweise gliedert sich dabei in fünf Schritte: 1. Dekompensation der Problemstruktur 2. Aufbau des Problembaums 3. Definition der relevanten Problempfade 4. Erstellen einer visuellen Übersicht der Struktur 5. Dokumentation

Vorteile	Nachteile
• Visuelle Übersicht über die Problemstruktur • Strukturierte Dokumentation der Problemstruktur	• Sehr aufwendig bei komplexen Produkten

Literatur/ Verweise	• Schlicksupp 1992, Brassard 1994, Haberfellner 1999 • Funktionsanalyse
Notizen:	

	Quality Function Deployment (QFD) Y. Akao
Ziel/ Ergebnis	Übersetzung der Kundenanforderungen in technische Merkmale ⇒ Machbarkeit von Lösungen
Eingangs-informationen	• Kundenanforderungen • Problemstellung
Inhalt/ Vorgehen	Mit der QFD werden Kundenanforderungen über vier Stufen in technische Merkmale transformiert (Produkt, Bauteile, Prozesse, Parameter). In einer Matrix (House of Quality) werden die gewichteten Anforderungen den Merkmalen gegenübergestellt und die Stärke der Abhängigkeiten festgestellt. Die Merkmalsbedeutung wird über die Gewichtung und die Stärke der Abhängigkeit von den Anforderungen berechnet. Darüber hinaus werden die Korrelationen der Merkmale untereinander im sog. Dach der Matrix festgehalten. Des Weiteren werden technische und marktliche Positionierungen im Vergleich zum Wettbewerber in der Matrix dokumentiert. Bei der Durchführung der nachfolgenden Stufe werden die Merkmale der ersten Matrix zu den Anforderungen der zweiten usw.

Vorteile	Nachteile
• Fokussierung auf relevante Produktmerkmale • Durchgängige Anwendbarkeit in allen Phasen • Stufenweise Detaillierung	• Subjektive, teilweise divergente Bewertungen • Hoher Aufwand • Kenntnis der Anforderungen

Literatur/ Verweise	• Pfeifer 1996, Akao 1992
Notizen:	

SIL-Methode
Batelle Institut, Frankfurt

Ziel/ Ergebnis	Zusammenführung von Einzellösungen zu einer Gesamtlösung ⇒ Zukunftsprojektionen, Potenziale, Innovationsaufgaben, Lösungskonzepte, Produktkonzepte
Eingangsinformationen	• Einzelne Lösungsideen und -elemente
Inhalt/ Vorgehen	Bei der SIL-Methode (Systematische Integration von Lösungselementen) handelt es sich um eine Gruppentechnik. Jedes Gruppenmitglied überlegt sich zu einem definierten Problem eine potenzielle Lösung. Zwei Gruppenmitglieder tragen ihre Lösungen vor, die dann gemeinsam von dem gesamten Team zu einer Gesamtlösung zusammengeführt werden. So wird mit jedem weiteren Lösungsvorschlag verfahren, bis in einer vorgegebene Zeit eine Gesamtlösung für die vorgegebene Problemstellung entstanden ist.

Vorteile	Nachteile
• Einbindung von interdisziplinärem Wissen bei der Lösungserarbeitung • Integration mehrerer Lösungen zu einer Gesamtlösung	• Hoher Zeitaufwand durch sequentielle Integration der Lösungsansätze • Kein systematisches Erarbeiten und Strukturieren der Lösungsansätze

Literatur/ Verweise	• Schlicksupp 1992, Higgins 1996
Notizen:	

Prognose · Analyse · Kreativität · Problemlösung · Bewertung

	Synektik	W.J.J. Gordon
Ziel/ Ergebnis	Intensivierung der Aktivitäten zur Lösungssuche ⇒ Zukunftsprojektionen, Innovationspotenziale, Ideen und Lösungsvorschläge	
Eingangsinformationen	• Trends • Innovationsaufgabe • Suchfeld • Strategie	
Inhalt/ Vorgehen	Das Vorgehen besteht aus 4 Phasen: **Präparation:** Zunächst werden spontan Lösungsideen gesammelt. Zur Erzeugung an sich problemfremder Strukturen und deren Kombination werden anschließend Verfremdungen vorgenommen. **Inkubation:** Durch persönliche, symbolische, widersprüchliche und phantastische Verfremdungen werden Analogien zur Technik ermittelt. **Illumination:** Die Analogien werden hinsichtlich ihrer Eignung überprüft. **Verifikation:** Es werden abschließend Lösungskonzepte erarbeitet.	

Vorteile	Nachteile
• Intensives erarbeiten von Lösungskonzepten • Kreieren von nicht leicht erkennbaren und naheliegenden Lösungen	• Viel Übung erforderlich • Hoher Erklärungsbedarf

Literatur/ Verweise	• Higgins 1996, Brauchlin 1995, Haberfellner 1999 • Brainstorming, Methode 635, Kärtchentechnik
Notizen:	

	Szenariomanagement — J. Gausemeier
Ziel/ Ergebnis	Entwicklung von zukunftsrobusten Leitbildern, Zielen und Strategien ⇒ Zukunftsprojektionen
Eingangs-informationen	• Umfeldinformationen • Unternehmenspotenziale
Inhalt/ Vorgehen	Das Szenariomanagement unterstützt unternehmerische Entscheidungen sowie die Erstellung von alternativen Zukunftsbildern. Die Vorgehensweise gliedert sich in fünf Phasen: **Szenariovorbereitung** mit Projektbeschreibung und Gestaltungfeldanalyse **Szenariofeldanalyse** mit Bildung von Einflussbereichen und -faktoren sowie Erarbeitung von Schlüsselfaktoren **Szenarioprognostik** mit Aufbereitung von Schlüsselfaktoren und Bildung von Zukunftsprojektionen **Szenariobildung** mit Projektionsbündelung, Rohszenariobildung, Zukunftsraum-Mapping und Szenariobeschreibung **Szenariotransfer** mit Auswirkungsanalyse, Eventualplanung und Robustplanung

Vorteile	Nachteile
• Berücksichtigung mehrerer Entwicklungsmöglichkeiten	• Kaum eindeutige Handlungsempfehlungen • Fehlende Verknüpfung zur Umsetzungsplanung

Literatur/ Verweise	• Kahn 1967, Gausemeier 1996
Notizen:	

	Target Costing	
Ziel/ Ergebnis	Ermittlung der Herstellkosten für Systemkomponenten ⇒ erste Kostenabschätzung, ausgewählte Ideen	
Eingangs-informa-tionen	• Vergleichbare Produkte, Marktkenntnisse • Zielpreis, Konzepte, Detaillösungen	
Inhalt/ Vorgehen	Das Grundprinzip besteht darin, dass die Herstellkosten eines Produktes nicht durch die Produktion des Erzeugnisses festgelegt werden, sondern dass die Kosten vielmehr durch den Markt und den definierten Gewinn bestimmt werden. Im ersten Schritt des Target Costing (Zielkostenmanagement) wird der erzielbare Preis am Markt mittels Methoden der Marktforschung oder durch Vergleich mit Wettbewerbsprodukten (z.B. durch wettbewerbsorientiertes Benchmarking) ermittelt. Daraus werden die Zielkosten für das Gesamtsystem berechnet und in einem nächsten Schritt die Zielkosten der Einzelkomponenten bestimmt.	
	Vorteile	Nachteile
	• Große Überdeckung von Produktkosten und -eigenschaften mit funktionalen Anforderungen durch Kundenorientierung	• Gefahr übertriebenen Outsourcings wichtiger Baugruppen, um Kosten einzusparen
Literatur/ Verweise	• Eversheim u. Schuh 1996, Horvath 1994, Ehrlenspiel 1995	
Notizen:		

TILMAG-Methode
H. Schlicksupp

Ziel/ Ergebnis	Ermittlung neuer Lösungsideen durch mehrstufigen Assoziationsprozess ⇒ Ideen und Lösungsvorschläge
Eingangsinformationen	• Innovationsaufgaben
Inhalt/ Vorgehen	Die TILMAG-Methode (Transformation idealer Lösungselemente durch Matrizen der Assoziations- und Gemeinsamkeitsbildung) gliedert sich in mehrere Stufen: 1. Ermittlung von Merkmalen der idealen Lösung 2. Suche von Assoziationen zu den Merkmalen der Lösung 3. Ableiten der Lösungsmöglichkeiten aus den Assoziationen 4. Suche nach Gemeinsamkeiten zwischen Assoziationen und Lösungsmöglichkeiten 5. Verbinden von Gemeinsamkeiten zu Gesamtlösungen

Vorteile	Nachteile
• Zielgerichtete Annäherung an Ideallösung	• Nur anwendbar, wenn Ideallösung erkennbar

Literatur/ Verweise	• Schlicksupp 1992
Notizen:	

Trendextrapolation

Ziel/ Ergebnis	Erstellung von Prognosen bezüglich der zukünftigen Trends ⇒ zukünftige Trends
Eingangs-informationen	• Vergangenheitsdaten • Beobachtungswerte
Inhalt/ Vorgehen	Bei der Trendextrapolation wird von Vergangenheitsbeobachtungen ausgegangen. Es wird unterstellt, dass diese auch in Zukunft gelten. Dabei können unterschiedliche Funktionstypen gewählt werden. Beim linearen Trend wird davon ausgegangen, dass sich die lineare Entwicklung in der Vergangenheit auch in der Zukunft fortsetzt. Beim exponentiellen Trend wird unterstellt, dass der relative Zuwachs konstant bleibt. Möglich ist auch ein logistischer Trend. Die logistische Kurve unterstellt ein anfängliches langsames Wachstum, das bis zum Wendepunkt der Kurve progressiv zunimmt, um danach nur noch degressiv zu steigen und nach dem Maximum zu fallen.

Vorteile	Nachteile
• Nachvollziehbare, systematische Ableitung	• Sehr aufwendig

Literatur/ Verweise	• Koppelmann 1993, Meffert 1998
Notizen:	

TRIZ-Widerspruchsmatrix — G. Altschuller

Ziel/ Ergebnis	Überwindung sich widersprechender Produkteigenschaften ⇒ Ideen und Lösungsvorschläge
Eingangsinformationen	• technischer Widerspruch
Inhalt/ Vorgehen	Ein technischer Widerspruch liegt vor, wenn mindestens zwei zu optimierende Eigenschaftsparameter vorhanden sind, deren gleichzeitige Realisierung mit bekannten technischen Mitteln keinen zufriedenstellenden Kompromiss erlaubt. Die beiden Eigenschaften, die zu diesem Widerspruch führen, werden dahingehend abstrahiert, dass zwei der sogenannten technischen Standardparameter anwendbar sind. Aus der Matrix können dann Lösungsprinzipien gefunden werden, die anschließend auf die reale Widerspruchssituation übertragen und detailliert werden.

Vorteile	Nachteile
• Strukturierte und einfache Ermittlung von Lösungsideen • Neue Anregungen zu Problemlösungen	• Detaillierung der Lösungsprinzipien erfordert Erfahrung • Kenntnis der Methode erforderlich

Literatur/ Verweise	• Altschuller 1984, Terninko 1998 • WOIS, Bionik
Notizen:	

	Wertanalyse	L.D. Miles
Ziel/ Ergebnis	Kostenoptimierung von Objektfunktionen bei gleichzeitiger Nutzensteigerung des Objektes ⇒ Funktions- und Kostenstruktur des Objektes	
Eingangsinformationen	• Grobkonzept des Objektes	
Inhalt/ Vorgehen	Die Wertanalyse wird zum einen zur Kostenreduzierung bei bereits bestehenden Produkten (Wertverbesserung) und zum anderen zur Vermeidung von unnötigen Kosten bei entstehenden Produkten (Wertgestaltung) eingesetzt. Folgendes Vorgehen wird empfohlen (DIN 69910): 1. Projekte vorbereiten (Aufgaben strukturieren) 2. Objektsituation analysieren (Aufgabe analysieren) 3. Sollzustand festlegen (Aufgabe formulieren) 4. Lösungsideen entwickeln (Lösungssuche) 5. Lösungen festlegen (Lösungen beurteilen) Die Bearbeitung der Arbeitsschritte erfolgt in interdisziplinären Teams.	

Vorteile	Nachteile
• Funktionsorientiertes Vorgehen • Systematische Erforschung tiefliegender Kostenursachen • Ganzheitliche Betrachtung des Objektes	• Sehr zeitaufwendig • Erfahrungsintensiv

Literatur/ Verweise	• Stippel 1999, Ehrlenspiel 1995 • Conjoint Analyse
Notizen:	

Anhang B
Ausgewählte Werkzeuge der TRIZ-Methodik

In Kapitel 4.4 wurden die TRIZ-Methodik und die darin enthaltenen Widerspruchsanalyse beschrieben. Zur Analyse und Auflösung technischer Widersprüche werden die im Folgenden aufgeführten Arbeitsmaterialien benötigt. Mit Hilfe der 39 technischen Parameter wird der Widerspruch abstrakt beschrieben. Über die Widerspruchsmatrix werden dann die Innovationsprinzipien ausgewählt, die erfolgversprechende Lösungsrichtungen vorgeben (Altschuller 1984; Terniko et al. 1998).

Die 39 technischen Parameter der TRIZ-Methodik

1. Gewicht eines bewegten Objekts

Die messbare, von der Schwerkraft verursachte Kraft, die ein bewegter Körper auf die ihn vor dem Fallen bewahrende Auflage ausübt. Ein bewegtes Objekt verändert seine Position aus sich heraus oder aufgrund externer Kräfte.

2. Gewicht eines stationären Objekts

Die messbare, von der Schwerkraft verursachte Kraft, die ein stationärer Körper auf seine Auflage ausübt. Ein stationäres Objekt verändert seine Position weder aus sich heraus noch aufgrund externer Kräfte.

3. Länge eines bewegten Objekts

Die lineare Maßzahl der Länge, Höhe oder Breite eines Körpers in Bewegungsrichtung. Die Bewegung kann intern oder durch externe Kräfte verursacht sein.

4. Länge eines stationären Objekts

Die lineare Maßzahl der Länge, Höhe oder Breite eines Körpers in der durch keine Bewegung gekennzeichneten Richtung.

5. Fläche eines bewegten Objekts

Die flächige Maßzahl einer Ebene oder Teilebene eines Objekts, das aufgrund interner oder externer Kräfte seine räumliche Position verändert.

6. Fläche eines stationären Objekts

Die flächige Maßzahl einer Ebene oder Teilebene eines Objekts, das aufgrund interner oder externer Kräfte seine räumliche Position nicht verändern kann.

7. Volumen eines bewegten Objekts

Die kubische Maßzahl eines Objekts, das aufgrund interner oder externer Kräfte seine räumliche Position verändert.

8. Volumen eines stationären Objekts

Die kubische Maßzahl eines Objekts, das aufgrund interner oder externer Kräfte seine räumliche Position nicht verändern kann.

9. Geschwindigkeit

Das Tempo, mit dem eine Aktion oder ein Prozess zeitlich vorangebracht wird.

10. Kraft

Die Fähigkeit, physikalische Veränderungen an einem Objekt oder in einem System hervorrufen zu können. Die Veränderung kann vollständig oder teilweise, permanent oder temporär sein.

11. Druck oder Spannung

Die Intensität der auf ein Objekt oder System einwirkenden Kräfte, gemessen als Kompression oder Spannung pro Fläche.

12. Form

Die äußerliche Erscheinung oder Kontur eines Objekts oder Systems. Die Form kann sich vollständig oder teilweise, permanent oder temporär aufgrund einwirkender Kräfte verändern.

13. Stabilität eines Objekts

Die Widerstandsfähigkeit eines ganzen Objekts oder Systems gegen äußere Effekte.

14. Festigkeit

Die Fähigkeit eines Objekts oder Systems, innerhalb definierter Grenzen Kräfte oder Belastungen auszuhalten, ohne zu zerbrechen.

15. Haltbarkeit eines bewegten Objekts

Die Zeitspanne, während der ein sich räumlich bewegendes Objekt in der Lage ist, seine Funktion erfolgreich zu erfüllen.

16. Haltbarkeit eines stationären Objekts

Die Zeitspanne, während der ein räumlich fixiertes Objekt in der Lage ist, seine Funktion erfolgreich zu erfüllen.

17. Temperatur

Der Verlust oder Gewinn von Wärme als mögliche Gründe für Veränderungen an einem Objekt. System oder Produkt während des geforderten Funktionsablaufes.

18. Helligkeit

Lichtenergie pro beleuchteter Fläche, Qualität und Charakteristik des Lichts; Grad der Ausleuchtung.

19. Energieverbrauch eines bewegten Objekts

Der Energiebedarf eines sich aufgrund interner oder externer Kräfte räumlich bewegenden Objekts oder Systems.

20. Energieverbrauch eines stationären Objekts

Der Energiebedarf eines sich trotz äußerer Kräfte räumlich nicht bewegenden Objekts oder Systems.

21. Leistung

Das für die betreffende Aktion benötigte Verhältnis aus Aufwand und Zeit. Dient zur Charakterisierung benötigter, aber unerwünschter Veränderungen in der Leistung eines Systems oder Objekts.

22. Energieverschwendung

Unfähigkeit eines Systems oder Objekts Kräfte auszuüben, insbesondere wenn nicht gearbeitet oder produziert wird.

23. Materialverschwendung

Abnahme oder Verschwinden von Material, insbesondere wenn nicht gearbeitet oder produziert wird.

24. Informationsverlust
Abnahme oder Verlust an Informationen oder Daten.

25. Zeitverschwendung
Zunehmender Zeitbedarf zur Erfüllung einer vorgegebenen Funktion.

26. Materialmenge
Die benötigte Zahl an Elementen oder die benötigte Menge eines Elements für die Erzeugung eines Objekts oder Systems.

27. Zuverlässigkeit
Die Fähigkeit, über eine bestimmte Zeit oder Zyklenanzahl die vorgegebene Funktion adäquat erfüllen zu können.

28. Messgenauigkeit
Der Grad an Übereinstimmung zwischen gemessenem und wahrem Wert der zu messenden Eigenschaft.

29. Fertigungsgenauigkeit
Das Maß an Übereinstimmung mit Spezifikationen.

30. Äußere negative Einflüsse auf ein Objekt
Die auf ein Objekt einwirkenden, Qualität und Effizienz beeinflussenden, äußeren Faktoren.

31. Negative Nebeneffekte des Objekts
Intern erzeugte Effekte, die die Qualität und Effizienz eines Objekts oder Systems beeinträchtigen.

32. Fertigungsfreundlichkeit
Komfort und Einfachheit, mit der ein Produkt erzeugt werden kann.

33. Benutzungsfreundlichkeit
Komfort und Einfachheit, mit der ein Objekt oder System bedient oder benutzt werden kann.

34. Reparaturfreundlichkeit
Komfort und Einfachheit, mit der ein System oder Objekt nach Beschädigung oder Abnutzung wieder in den arbeitsfähigen Zustand zurückversetzt werden kann.

35. Anpassungsfähigkeit

Die Fähigkeit, sich an veränderliche externe Bedingungen anpassen zu können.

36. Komplexität in der Struktur

Anzahl und Diversifikation der Einzelbestandteile einschließlich deren Verknüpfungen. Weiterhin ist hier die Schwierigkeit, ein System als Benutzer zu beherrschen, gemeint.

37. Komplexität in der Kontrolle oder Steuerung

Anzahl und Diversifikation an Elementen bei der Steuerung und Kontrolle des Systems, aber auch der Aufwand, mit einer akzeptablen Genauigkeit zu messen.

38. Automatisierungsgrad

Die Fähigkeit, ohne menschliche Interaktion zu funktionieren.

39. Produktivität

Das Verhältnis zwischen Zahl der abgeschlossenen Aktionen und des dazu notwendigen Zeitbedarfs.

Die Widerspruchsmatrix (Terniko et al. 1998)

	Problemfaktor / Optimierungsfaktor	1 Gewicht eines bewegten Objekts	2 Gewicht eines stationären Objekts	3 Länge eines bewegten Objekts	4 Länge eines stationären Objekts	5 Fläche eines bewegten Objekts	6 Fläche eines stationären Objekts	7 Volumen eines bewegten Objekts	8 Volumen eines stationären Objekts	9 Geschwindigkeit	10 Kraft
1	Gewicht eines bewegten Objekts	+	–	15, 8, 29, 34	–	29, 17, 38, 34	–	29, 2, 40, 28	–	2, 8, 15, 38	8, 10, 18, 37
2	Gewicht eines stationären Objekts	–	+	–	10, 1, 29, 35	–	35, 30, 13, 2	–	5, 35, 14, 2	–	8, 10, 19, 35
3	Länge eines bewegten Objekts	8, 15, 29, 34	–	+	–	15, 17, 4	–	7, 17, 4, 35	–	13, 4, 8	17, 10, 4
4	Länge eines stationären Objekts	–	35, 28, 40, 29	–	+	–	17, 7, 10, 40	–	35, 8, 2, 14	–	28, 10
5	Fläche eines bewegten Objekts	2, 17, 29, 4	–	14, 15, 18, 4	–	+	–	7, 14, 17, 4	–	29, 30, 4, 34	19, 30, 35, 2
6	Fläche eines stationären Objekts	–	30, 2, 14, 18	–	26, 7, 9, 39	–	+	–	–	–	1, 18, 35, 36
7	Volumen eines bewegten Objekts	2, 26, 29, 40	–	1, 7, 4, 35	–	1, 7, 4, 17	–	+	–	29, 4, 38, 34	15, 35, 36, 37
8	Volumen eines stationären Objekts	–	35, 10, 19, 14	19, 14	35, 8, 2, 14	–	–	–	+	–	2, 18, 37
9	Geschwindigkeit	2, 28, 13, 38	–	13, 14, 8	–	29, 30, 34	–	7, 29, 34	–	+	13, 28, 15, 19
10	Kraft	8, 1, 37, 18	18, 13, 1, 28	17, 19, 9, 36	28, 10	19, 10, 15	1, 18, 36, 37	15, 9, 12, 37	2, 36, 18, 37	13, 28, 15, 12	+
11	Druck oder Spannung	10, 36, 37, 40	13, 29, 10, 18	35, 10, 36	35, 1, 14, 16	10, 15, 36, 28	10, 15, 36, 37	6, 35, 10	35, 24	6, 35, 36	36, 35, 21
12	Form	8, 10, 29, 40	15, 10, 26, 3	29, 34, 5, 4	13, 14, 10, 7	5, 34, 4, 10		14, 4, 15, 22	7, 2, 35	35, 15, 34, 18	35, 10, 37, 40
13	Stabilität eines Objekts	21, 35, 2, 39	26, 39, 1, 40	13, 15, 1, 28	37	2, 11, 13	39	28, 10, 19, 39	34, 28, 35, 40	33, 15, 28, 18	10, 35, 21, 16
14	Festigkeit	1, 8, 40, 15	40, 26, 27, 1	1, 15, 8, 35	15, 14, 28, 26	3, 34, 40, 29	9, 40, 28	10, 15, 14, 7	9, 14, 17, 15	8, 13, 26, 14	10, 18, 3, 14
15	Haltbarkeit eines bewegten Objekts	19, 5, 34, 31	–	2, 19, 9	–	3, 17, 19	–	10, 2, 19, 30	–	3, 35, 5	19, 2, 16
16	Haltbarkeit eines stationären Objekts	–	6, 27, 19, 16	–	1, 40, 35	–	–	–	35, 34, 38	–	–
17	Temperatur	36, 22, 6, 38	22, 35, 32	15, 19, 9	15, 19, 9	3, 35, 39, 18	35, 38	34, 39, 40, 18	35, 6, 4	2, 28, 36, 30	35, 10, 3, 21
18	Helligkeit	19, 1, 32	2, 35, 32	19, 32, 16		19, 32, 26		2, 13, 10		10, 13, 19	26, 19, 6
19	Energieverbrauch eines bewegten Objekts	12, 18, 28, 31	–	12, 28	–	15, 19, 25	–	35, 13, 18	–	8, 35, 35	16, 26, 21, 2

Widerspruchsmatrix Teil 1

	Problemfaktor / Optimierungsfaktor	11 Druck oder Spannung	12 Form	13 Stabilität eines Objekts	14 Festigkeit	15 Haltbarkeit eines bewegten Objekts	16 Haltbarkeit eines stationären Objekts	17 Temperatur	18 Helligkeit	19 Energieverbrauch eines bewegten Objekts	20 Energieverbrauch eines stationären Objekts
1	Gewicht eines bewegten Objekts	10, 36, 37, 40	10, 14, 35, 40	1, 35, 19, 39	28, 27, 18, 40	5, 34, 31, 35	-	6, 29, 4, 38	19, 1, 32	35, 12, 34, 31	-
2	Gewicht eines stationären Objekts	13, 29, 10, 18	13, 10, 29, 14	26, 39, 1, 40	28, 2, 10, 27	-	2, 27, 19, 6	28, 19, 32, 22	19, 32, 35	-	18, 19, 28, 1
3	Länge eines bewegten Objekts	1, 8, 35	1, 8, 10, 29	1, 8, 15, 34	8, 35, 29, 34	19	-	10, 15, 19	32	8, 35, 24	-
4	Länge eines stationären Objekts	1, 14, 35	13, 14, 15, 7	39, 37, 35	15, 14, 28, 26	-	1, 10, 35	3, 35, 38, 18	3, 25	-	
5	Fläche eines bewegten Objekts	10, 15, 36, 28	5, 34, 29, 4	11, 2, 13, 39	3, 15, 40, 14	6, 3	-	2, 15, 16	15, 32, 19, 13	19, 32	-
6	Fläche eines stationären Objekts	10, 15, 36, 37		2, 38	40	-	2, 10, 19, 30	35, 39, 38			
7	Volumen eines bewegten Objekts	6, 35, 36, 37	1, 15, 29, 4	28, 10, 1, 39	9, 14, 15, 7	6, 35, 4	-	34, 39, 10, 18	2, 13, 10	35	-
8	Volumen eines stationären Objekts	24, 35	7, 2, 35	34, 28, 35, 40	9, 14, 17, 15	-	35, 34, 38	35, 6, 4	-		
9	Geschwindigkeit	6, 18, 38, 40	35, 15, 18, 34	28, 33, 1, 18	8, 3, 26, 14	3, 19, 35, 5	-	28, 30, 36, 2	10, 13, 19	8, 15, 35, 38	-
10	Kraft	18, 21, 11	10, 35, 40, 34	35, 10, 21	35, 10, 14, 27	19, 2		35, 10, 21	-	19, 17, 10	1, 16, 36, 37
11	Druck oder Spannung	+	35, 4, 15, 10	35, 33, 2, 40	9, 18, 3, 40	19, 3, 27		35, 39, 19, 2	-	14, 24, 10, 37	
12	Form	34, 15, 10, 14	+	33, 1, 18, 4	30, 14, 10, 40	14, 26, 9, 25		22, 14, 19, 32	13, 15, 32	2, 6, 34, 14	
13	Stabilität eines Objekts	2, 35, 40	22, 1, 18, 4	+	17, 9, 15	13, 27, 10, 35	39, 3, 35, 23	35, 1, 32	32, 3, 27, 16	13, 19	27, 4, 29, 18
14	Festigkeit	10, 3, 18, 40	10, 30, 35, 40	13, 17, 35	+	27, 3, 26		30, 10, 40	35, 19	19, 35, 10	35
15	Haltbarkeit eines bewegten Objekts	19, 3, 27	14, 26, 28, 25	13, 3, 35	27, 3, 10	+	-	19, 35, 39	2, 19, 4, 35	28, 6, 35, 18	
16	Haltbarkeit eines stationären Objekts			39, 3, 35, 23		-	+	19, 18, 36, 40		-	
17	Temperatur	35, 39, 19, 2	14, 22, 19, 32	1, 35, 32	10, 30, 22, 40	19, 13, 39	19, 18, 36, 40	+	32, 30, 21, 16	19, 15, 3, 17	
18	Helligkeit		32, 30	32, 3, 27	35, 19	2, 19, 6		32, 35, 19	+	32, 1, 19	32, 35, 1, 15
19	Energieverbrauch eines bewegten Objekts	23, 14, 25	12, 2, 29	19, 13, 17, 24	5, 19, 9, 35	28, 35, 6, 18	-	19, 24, 3, 14	2, 15, 19	+	-

Widerspruchsmatrix Teil 2

Die Widerspruchsmatrix 389

	Problemfaktor → Optimierungsfaktor ↓	21 Leistung	22 Energieverschwendung	23 Materialverschwendung	24 Informationsverlust	25 Zeitverschwendung	26 Materialmenge	27 Zuverlässigkeit	28 Meßgenauigkeit	29 Fertigungsgenauigkeit	30 äußere negative Einflüsse auf Objekt
1	Gewicht eines bewegten Objekts	12, 36, 18, 31	6, 2, 34, 19	5, 35, 3, 31	10, 24, 35	10, 35, 20, 28	3, 26, 18, 31	1, 3, 11, 27	28, 27, 35, 26	28, 35, 26, 18	22, 21, 18, 27
2	Gewicht eines stationären Objekts	15, 19, 18, 15	18, 19, 28, 15	5, 8, 13, 30	10, 15, 35	10, 20, 35, 26	19, 6, 18, 26	10, 28, 8, 3	18, 26, 28	10, 1, 35, 17	2, 19, 22, 37
3	Länge eines bewegten Objekts	1, 35	7, 2, 35, 39	4, 29, 23, 10	1, 24	15, 2, 29	29, 35	10, 14, 29, 40	28, 32, 4	10, 28, 29, 37	1, 15, 17, 24
4	Länge eines stationären Objekts	12, 8	6, 28	10, 28, 24, 35	24, 26,	30, 29, 14		15, 29, 28	32, 28, 3	2, 32, 10	1, 18
5	Fläche eines bewegten Objekts	19, 10, 32, 18	15, 17, 30, 26	10, 35, 2, 39	30, 26	26, 4	29, 30, 6, 13	29, 9	26, 28, 32, 3	2, 32	22, 33, 28, 1
6	Fläche eines stationären Objekts	17, 32	17, 7, 30	10, 14, 18, 39	30, 16	10, 35, 4, 18	2, 18, 40, 4	32, 35, 40, 4	26, 28, 32, 3	2, 29, 18, 36	27, 2, 39, 35
7	Volumen eines bewegten Objekts	35, 6, 13, 18	7, 15, 13, 16	36, 39, 34, 10	2, 22	2, 6, 34, 10	29, 30, 7	14, 1, 40, 11	26, 26, 28	25, 28, 2, 16	22, 21, 27, 35
8	Volumen eines stationären Objekts	30, 6		10, 39, 35, 34		35, 16, 32 18	35, 3	2, 35, 16		35, 10, 25	34, 39, 19, 27
9	Geschwindigkeit	19, 35, 38, 2	14, 20, 19, 35	10, 13, 28, 38	13, 26		10, 19, 29, 38	11, 35, 27, 28	28, 32, 1, 24	10, 28, 32, 25	1, 28, 35, 23
10	Kraft	19, 35, 18, 37	14, 15	8, 35, 40, 5		10, 37, 36	14, 29, 18, 36	3, 35, 13, 21	35, 10, 23, 24	28, 29, 37, 36	1, 35, 40, 18
11	Druck oder Spannung	10, 35, 14	2, 36, 25	10, 36, 3, 37		37, 36, 4	10, 14, 36	10, 13, 19, 35	6, 28, 25	3, 35	22, 2, 37
12	Form	4, 6, 2	14	35, 29, 3, 5		14, 10, 34, 17	36, 22	10, 40, 16	28, 32, 1	32, 30, 40	22, 1, 2, 35
13	Stabilität eines Objekts	32, 35, 27, 31	14, 2, 39, 6	2, 14, 30, 40		35, 27	15, 32, 35		13	18	35, 24, 30, 18
14	Festigkeit	10, 26, 35, 28	35	35, 28, 31, 40		29, 3, 28, 10	29, 10, 27	11, 3	3, 27, 16	3, 27	18, 35, 37, 1
15	Haltbarkeit eines bewegten Objekts	19, 10, 35, 38		28, 27, 3, 18	10	20, 10, 28, 18	3, 35, 10, 40	11, 2, 13	3	3, 27, 16, 40	22, 15, 33, 28
16	Haltbarkeit eines stationären Objekts	16		27, 16, 18, 38	10	28, 20, 10, 16	3, 35, 31	34, 27, 6, 40	10, 26, 24		17, 1, 40, 33
17	Temperatur	2, 14, 17, 25	21, 17, 35, 38	21, 36, 29, 31		35, 28, 21, 18	3, 17, 30, 39	19, 35, 3, 10	32, 19, 24	24	22, 33, 35, 2
18	Helligkeit	32	13, 16, 1, 6	13, 1	1, 6	19, 1, 26, 17	1, 19		11, 15, 32	3, 32	15, 19
19	Energieverbrauch eines bewegten Objekts	6, 19, 37, 18	12, 22, 15, 24	35, 24, 18, 5		35, 38, 19, 18	34, 23, 16, 18	19, 21, 11, 27	3, 1, 32		1, 35, 6, 27

Widerspruchsmatrix Teil 3

	Problemfaktor → ↓ Optimierungsfaktor	31 negative Nebeneffekte des Objekts	32 Fertigungsfreundlichkeit	33 Bedienungsfreundlichkeit	34 Reparaturfreundlichkeit	35 Anpassungsfähigkeit	36 Komplexität in der Struktur	37 Komplexität in der Kontrolle/Steuerung	38 Automatisierungsgrad	39 Produktivität
1	Gewicht eines bewegten Objekts	22, 35, 31, 39	27, 28, 1, 36	35, 3, 2, 24	2, 27, 28, 11	29, 5, 15, 8	26, 30, 36, 34	28, 29, 26, 32	26, 35, 18, 19	35, 3, 24, 37
2	Gewicht eines stationären Objekts	35, 22, 1, 39	28, 1, 9	6, 13, 1, 32	2, 27, 28, 11	19, 15, 29	1, 10, 26, 39	25, 28, 17, 15	2, 26, 35	1, 28, 15, 35
3	Länge eines bewegten Objekts	17, 15	1, 29, 17	15, 29, 35, 4	1, 28, 10	14, 15, 1, 16	1, 19, 26, 24	35, 1, 26, 24	17, 24, 26, 16	14, 4, 28, 29
4	Länge eines stationären Objekts		15, 17, 27	2, 25	3	1, 35	1, 26	26		30, 14, 7, 26
5	Fläche eines bewegten Objekts	17, 2, 18, 39	13, 1, 26, 24	15, 17, 13, 16	15, 13, 10, 1	15, 30	14, 1, 13	2, 36, 26, 18	14, 30, 28, 23	10, 26, 34, 2
6	Fläche eines stationären Objekts	22, 1, 40	40, 16	16, 4	16	15, 16	1, 18, 36	2, 35, 30, 18	23	10, 15, 17, 7
7	Volumen eines bewegten Objekts	17, 2, 40, 1	29, 1, 40	15, 13, 30, 12	10	15, 29	26, 1	29, 26, 4	35, 34, 16, 24	10, 6, 2, 34
8	Volumen eines stationären Objekts	30, 18, 35, 4	35		1		1, 31	2, 17, 26		35, 37, 10, 2
9	Geschwindigkeit	2, 24, 35, 21	35, 13, 8, 1	32, 28, 13, 12	34, 2, 28, 27	15, 10, 26	10, 28, 4, 34	3, 34, 27, 16	10, 18	
10	Kraft	13, 3, 36, 24	15, 37, 18, 1	1, 28, 3, 25	15, 1, 11	15, 17, 18, 20	26, 35, 10, 18	36, 37, 10, 19	2, 35	3, 28, 35, 37
11	Druck oder Spannung	2, 33, 27, 18	1, 35, 16	11	2	35	19, 1, 35	2, 36, 37	35, 24	10, 14, 35, 37
12	Form	35, 1	1, 32, 17, 28	32, 15, 26	2, 13, 1	1, 15, 29	16, 29, 1, 28	15, 13, 39	15, 1, 32	17, 26, 34, 10
13	Stabilität eines Objekts	35, 40, 27, 39	35, 19	32, 35, 30	2, 35, 10, 16	35, 30, 34, 2	2, 35, 22, 26	35, 22, 39, 23	1, 8, 35	23, 35, 40, 3
14	Festigkeit	15, 35, 22, 2	11, 3, 10, 32	32, 40, 25, 2	27, 11, 3	15, 3, 32	2, 13, 25, 28	27, 3, 15, 40	15	29, 35, 10, 14
15	Haltbarkeit eines bewegten Objekts	21, 39, 16, 22	27, 1, 4	12, 27	29, 10, 27	1, 35, 13	10, 4, 29, 15	19, 29, 39, 35	6, 10	35, 17, 14, 19
16	Haltbarkeit eines stationären Objekts		22	35, 10	1	1	2		25, 34, 6, 35	1	20, 10, 16, 38
17	Temperatur	22, 35, 2, 24	26, 27	26, 27	4, 10, 16	2, 18, 27	2, 17, 16	3, 27, 35, 31	26, 2, 19, 16	15, 28, 35
18	Helligkeit	35, 19, 32, 39	19, 35, 28, 26	28, 26, 19	15, 17, 13, 16	15, 1, 1, 19	6, 32, 13	32, 15	2, 26, 10	2, 25, 16
19	Energieverbrauch eines bewegten Objekts	2, 35, 6	28, 26, 30	19, 35	1, 15, 17, 28	15, 17, 13, 16	2, 29, 27, 28	35, 38	32, 2	12, 28, 35

Widerspruchsmatrix Teil 4

Die Widerspruchsmatrix

	Problemfaktor / Optimierungsfaktor	1 Gewicht eines bewegten Objekts	2 Gewicht eines stationären Objekts	3 Länge eines bewegten Objekts	4 Länge eines stationären Objekts	5 Fläche eines bewegten Objekts	6 Fläche eines stationären Objekts	7 Volumen eines bewegten Objekts	8 Volumen eines stationären Objekts	9 Geschwindigkeit	10 Kraft
20	Energieverbrauch eines stationären Objekts	–	19, 9, 6, 27	–	–	–	–	–	–	–	36, 37
21	Leistung	8, 36, 38, 31	19, 26, 17, 27	1, 10, 35, 37		19, 38	17, 32, 13, 38	35, 6, 38	30, 6, 25	15, 35, 2	26, 2, 36, 35
22	Energieverschwendung	15, 6, 19, 28	19, 6, 18, 9	7, 2, 6, 13	6, 38, 7	15, 26, 17, 30	17, 7, 30, 18	7, 18, 23	7	16, 35, 38	36, 38
23	Materialverschwendung	35, 6, 23, 40	35, 6, 22, 32	14, 29, 10, 39	10, 28, 24	35, 2, 10, 31	10, 18, 39, 31	1, 29, 30, 36	3, 39, 18, 31	10, 13, 28, 38	14, 15, 18, 40
24	Informationsverlust	10, 24, 35	10, 35, 5	1, 26	26	30, 26	30, 16		2, 22	26, 32	
25	Zeitverschwendung	10, 20, 37, 35	10, 20, 26, 5	15, 2, 29	30, 24, 14, 5	26, 4, 5, 16	10, 35, 17, 4	2, 5, 34, 10	35, 16, 32, 18		10, 37, 36, 5
26	Materialmenge	35, 6, 18, 31	27, 26, 18, 35	29, 14, 35, 18		15, 14, 29	2, 18, 40, 4	15, 20, 29		35, 29, 34, 28	35, 14, 3
27	Zuverlässigkeit	3, 8, 10, 40	3, 10, 8, 28	15, 9, 14, 4	15, 29, 28, 11	17, 10, 14, 16	32, 35, 40, 4	3, 10, 14, 24	2, 35, 24	21, 35, 11, 28	8, 28, 10, 3
28	Meßgenauigkeit	32, 35, 26, 28	28, 35, 25, 26	28, 26, 5, 16	32, 28, 3, 16	26, 28, 32, 3	26, 28, 32, 3	32, 13, 6		28, 13, 32, 24	32, 2
29	Fertigungsgenauigkeit	28, 32, 13, 18	28, 35, 27, 9	10, 28, 29, 37	2, 32, 10	28, 33, 29, 32	2, 29, 18, 36	32, 23, 2	25, 10, 35	10, 28, 32	28, 19, 34, 36
30	äußere negative Einflüsse auf Objekt	22, 21, 27, 39	2, 22, 13, 24	17, 1, 39, 4	1, 18	22, 1, 33, 28	27, 2, 39, 35	22, 23, 37, 35	34, 39, 19, 27	21, 22, 35, 28	13, 35, 39, 18
31	negative Nebeneffekte des Objekts	19, 22, 15, 39	35, 22, 1, 39	17, 15, 16, 22		17, 2, 18, 39	22, 1, 40	17, 2, 40	30, 18, 35, 4	35, 28, 3, 23	35, 28, 1, 40
32	Fertigungsfreundlichkeit	28, 29, 15, 16	1, 27, 36, 13	1, 29, 13, 17	15, 17, 27	13, 1, 26, 12	16, 40	13, 29, 1, 40	35	35, 13, 8, 1	35, 12
33	Bedienungsfreundlichkeit	25, 2, 13, 15	6, 13, 1, 25	1, 17, 13, 12		1, 17, 13, 16	18, 16, 15, 39	1, 16, 35, 15	4, 18, 39, 31	18, 13, 34	28, 13, 35
34	Reparaturfreundlichkeit	2, 27, 35, 11	2, 27, 35, 11	1, 28, 10, 25	3, 18, 31	15, 13, 32	16, 25	25, 2, 35, 11	1	34, 9	1, 11, 10
35	Anpassungsfähigkeit	1, 6, 15, 8	19, 15, 29, 16	35, 1, 29, 2	1, 35, 16	35, 30, 29, 7	15, 16	15, 35, 29		35, 10, 14	15, 17, 20
36	Komplexität in der Struktur	26, 30, 34, 36	2, 26, 35, 39	1, 19, 26, 24	26	14, 1, 13, 16	6, 36	34, 26, 6	1, 16	34, 10, 28	26, 16
37	Komplexität in der Kontrolle/ Steuerung	27, 26, 28, 13	6, 13, 28, 1	16, 17, 26, 24	26	2, 13, 18, 17	2, 39, 30, 16	29, 1, 4, 16	2, 18, 26, 31	3, 4, 16, 35	30, 28, 40, 19
38	Automatisierungsgrad	28, 26, 18, 35	28, 26, 35, 10	14, 13, 17, 28	23	17, 14, 13		35, 13, 16		28, 10	2, 35
39	Produktivität	35, 26, 24, 37	28, 27, 15, 3	18, 4, 28, 38	30, 7, 14, 26	10, 26, 34, 31	10, 35, 17, 7	2, 6, 34, 10	35, 37, 10, 2		28, 15, 10, 36

Widerspruchsmatrix Teil 5

		11	12	13	14	15	16	17	18	19	20
	Problemfaktor / Optimierungsfaktor	Druck oder Spannung	Form	Stabilität eines Objekts	Festigkeit	Haltbarkeit eines bewegten Objekts	Haltbarkeit eines stationären Objekts	Temperatur	Helligkeit	Energieverbrauch eines bewegten Objekts	Energieverbrauch eines stationären Objekts
20	Energieverbrauch eines stationären Objekts			27, 4, 29, 18	35				19, 2, 35, 32	-	+
21	Leistung	22, 10, 35	29, 14, 2, 40	35, 32, 15, 31	26, 10, 28	19, 35, 10, 38	16	2, 14, 17, 25	16, 6, 19	16, 6, 19, 37	
22	Energieverschwendung			14, 2, 39, 6	26			19, 38, 7	1, 13, 32, 15		
23	Materialverschwendung	3, 36, 37, 10	29, 35, 3, 5	2, 14, 30, 40	35, 28, 31, 40	28, 27, 3, 18	27, 16, 18, 38	21, 36, 39, 31	1, 6, 13	35, 18, 24, 5	28, 27, 12, 31
24	Informationsverlust					10	10		19		
25	Zeitverschwendung	37, 36,4	4, 10, 34, 17	35, 3, 22, 5	29, 3, 28, 18	20, 10, 28, 18	28, 20, 10, 16	35, 29, 21, 18	1, 19, 26, 17	35, 38, 19, 18	1
26	Materialmenge	10, 36, 14, 3	35, 14	15, 2, 17, 40	14, 35, 34, 10	3, 35, 10, 40	3, 35, 31	3, 17, 39		34, 29, 16, 18	3, 35, 31
27	Zuverlässigkeit	10, 24, 35, 19	35, 1, 16, 11		11, 28	2, 35, 3, 25	34, 27, 6, 40	3, 35, 10	11, 32, 13	21, 11, 27, 19	36, 23
28	Meßgenauigkeit	6, 28, 32	6, 28, 32	32, 35, 13	28, 6, 32	28, 6, 32	10, 26, 24	6, 19, 28, 24	6, 1, 32	3, 6, 32	
29	Fertigungsgenauigkeit	3, 35	32, 30, 40	30, 18	3, 27	3, 27, 40		19, 26	3, 32	32, 2	
30	äußere negative Einflüsse auf Objekt	22, 2, 37	22, 1, 3, 35	35, 24, 30, 18	18, 35, 37, 1	22, 15, 33, 28	17, 1, 40, 33	22, 33, 35, 2	1, 19, 32, 13	1, 24, 6, 27	10, 2, 22, 37
31	negative Nebeneffekte des Objekts	2, 33, 27, 18	35, 1	35, 40, 27, 39	15, 35, 22, 2	15, 22, 33, 31	21, 39, 16, 22	22, 35, 2, 24	19, 24, 39, 32	2, 35, 6	19, 22, 18
32	Fertigungsfreundlichkeit	35, 19, 1, 37	1, 28, 13, 27	11, 13, 1	1, 3, 10, 32	27, 1, 4	35, 16	27, 26, 18	28, 24, 27, 1	28, 26, 27, 1	1, 4
33	Bedienungsfreundlichkeit	2, 32, 12	15, 34, 29, 28	32, 35, 30	32, 40, 3, 28	29, 3, 8, 25	1, 16, 25	26, 27, 13	13, 17, 1, 24	1, 13, 24	
34	Reparaturfreundlichkeit	13	1, 13, 2, 4	2, 35	11, 1, 2, 9	11, 29, 28, 27	1	4, 10	15, 1, 13	15, 1, 28, 16	
35	Anpassungsfähigkeit	35, 16	15, 37, 1, 8	35, 30, 14	35, 3, 32, 6	13, 1, 35	2, 16	27, 2, 3, 35	6, 22, 26, 1	19, 35, 29, 13	
36	Komplexität in der Struktur	19, 1, 35	29, 13, 28, 15	2, 22, 17, 19	2, 13, 28	10, 4, 28, 15		2, 17, 13	24, 17, 13	27, 2, 29, 28	
37	Komplexität in der Kontrolle/ Steuerung	35, 36, 37, 32	27, 13, 1, 39	11, 22, 39, 30	27, 3, 15, 28	19, 29, 39, 25	25, 34, 6, 35	3, 27, 35, 16	2, 24, 26	35, 38	19, 35, 16
38	Automatisierungsgrad	13, 35	15, 32, 1, 13	18, 1	25, 13	6, 9		26, 2, 19	8, 32, 19	2, 32, 13	
39	Produktivität	10, 37, 14	14, 10, 34, 40	35, 3, 22, 39	29, 28, 10, 18	35, 10, 2, 18	20, 10, 16, 38	35, 21, 28, 10	26, 17, 19, 1	35, 10, 38, 19	1

Widerspruchsmatrix Teil 6

Die Widerspruchsmatrix

	Problemfaktor → ↓ Optimierungsfaktor	21 Leistung	22 Energieverschwendung	23 Materialverschwendung	24 Informationsverlust	25 Zeitverschwendung	26 Materialmenge	27 Zuverlässigkeit	28 Meßgenauigkeit	29 Fertigungsgenauigkeit	30 äußere negative Einflüsse auf Objekt
20	Energieverbrauch eines stationären Objekts			28, 27, 18, 31			3, 35, 31	10, 36, 23			10, 2, 22, 37
21	Leistung	+	10, 35, 38	28, 27, 18, 38	10, 19	35, 20, 10, 6	4, 34, 19	19, 24, 26, 31	32, 15, 2	32, 2	19, 22, 31, 2
22	Energieverschwendung	3, 38	+	35, 27, 2, 37	19, 10	10, 18, 32, 7	7, 18, 25	11, 10, 35	32		21, 22, 35, 2
23	Materialverschwendung	28, 27, 18, 38	35, 27, 2, 31	+		15, 18, 35, 10	6, 3, 10, 24	10, 29, 39, 35	16, 34, 31, 28	35, 10, 24, 31	33, 22, 30, 40
24	Informationsverlust	10, 19	19, 10		+	24, 26, 28, 32	24, 28, 35	10, 28, 23			22, 10, 1
25	Zeitverschwendung	35, 20, 10, 6	10, 5, 18, 32	35, 18, 10, 39	24, 26, 28, 32	+	35, 38, 18, 16	10, 30, 4	24, 34, 28, 32	24, 26, 28, 18	35, 18, 34
26	Materialmenge	35	7, 18, 25	6, 3, 10, 24	24, 28, 35	35, 38, 18, 16	+	18, 3, 28, 40	13, 2, 28	33, 30	35, 33, 29, 31
27	Zuverlässigkeit	21, 11, 26, 31	10, 11, 35	10, 35, 29, 39	10, 28	10, 30, 4	21, 28, 40, 3	+	32, 3, 11, 23	11, 32, 1	27, 35, 2, 40
28	Meßgenauigkeit	3, 6, 32	26, 32, 27	10, 16, 31, 28		24, 34, 28, 32	2, 6, 32	5, 11, 1, 23	+		28, 24, 22, 26
29	Fertigungsgenauigkeit	32, 2	13, 32, 2	35, 31, 10, 24		32, 26, 28, 18	32, 30	11, 32, 1		+	26, 28, 10, 36
30	äußere negative Einflüsse auf Objekt	19, 22, 31, 2	21, 22, 35, 2	33, 22, 19, 40	22, 10, 2	35, 18, 34	35, 33, 29, 31	27, 24, 2, 40	28, 33, 23, 26	26, 28, 10, 18	+
31	negative Nebeneffekte des Objekts	2, 35, 18	21, 35, 2, 22	10, 1, 34	10, 21, 29	1, 22	3, 24, 39, 1	24, 2, 40, 39	3, 33, 26	4, 17, 34, 26	
32	Fertigungsfreundlichkeit	27, 1, 12, 24	19, 35	15, 34, 33	32, 24, 18, 16	35, 28, 34, 4	35, 23, 1, 24		1, 35, 12, 18		24, 2
33	Bedienungsfreundlichkeit	35, 34, 2, 10	2, 19, 13	28, 32, 2, 24	4, 10, 27, 22	4, 28, 10, 34	12, 35	17, 27, 8, 40	25, 13, 2, 34	1, 32, 35, 23	2, 25, 28, 39
34	Reparaturfreundlichkeit	15, 10, 32, 2	15, 1, 32, 19	2, 35, 34, 27		32, 1, 10, 25	2, 28, 10, 25	11, 10, 1, 16	10, 2, 13	25, 10	35, 10, 2, 16
35	Anpassungsfähigkeit	19, 1, 29	18, 15, 1	15, 10, 2, 13		35, 28	3, 35, 15	35, 13, 8, 24	35, 5, 1, 10		35, 11, 32, 31
36	Komplexität in der Struktur	20, 19, 30, 34	10, 35, 13, 2	35, 10, 28, 29		6, 29	13, 3, 27, 10	13, 35, 1	2, 26, 10, 34	26, 24, 32	22, 19, 29, 40
37	Komplexität in der Kontrolle/Steuerung	18, 1, 16, 10	35, 3, 15, 19	1, 18, 10, 24	35, 33, 27, 22	18, 28, 32, 9	3, 27, 29, 18	27, 40, 28, 8	26, 24, 32, 28		22, 19, 29, 28
38	Automatisierungsgrad	28, 2, 27	23, 28	35, 10, 18, 5	35, 33	24, 28, 35, 30	35, 13	11, 27, 32	28, 26, 10, 34	28, 26, 18, 23	2, 33
39	Produktivität	35, 20, 10	28, 10, 29, 35	28, 10, 35, 23	13, 15, 23		35, 38	1, 35, 10, 38	1, 10, 34, 28	18, 10, 32, 1	22, 35, 13, 24

Widerspruchsmatrix Teil 7

	Problemfaktor → Optimierungsfaktor ↓	31 negative Nebeneffekte des Objekts	32 Fertigungsfreundlichkeit	33 Bedienungsfreundlichkeit	34 Reparaturfreundlichkeit	35 Anpassungsfähigkeit	36 Komplexität in der Struktur	37 Komplexität in der Kontrolle/Steuerung	38 Automatisierungsgrad	39 Produktivität
20	Energieverbrauch eines stationären Objekts	19, 22, 18	1, 4					19, 35, 16, 25		1, 6
21	Leistung	2, 35, 18	26, 10, 34	26, 35, 10	35, 2, 10, 34	19, 17, 34	20, 19, 30, 34	19, 35, 16	28, 2, 17	28, 35, 34
22	Energieverschwendung	21, 35, 2, 22		35, 32, 1	2, 19		7, 23	35, 3, 15, 23	2	28, 10, 29, 35
23	Materialverschwendung	10, 1, 34, 29	15, 34, 33	32, 28, 2, 24	2, 35, 34, 27	15, 10, 2	35, 10, 28, 24	35, 18, 10, 13	35, 10, 18	28, 35, 10, 23
24	Informationsverlust	10, 21, 22	32	27, 22				35, 33	35	13, 23, 15
25	Zeitverschwendung	35, 22, 18, 39	35, 28, 34, 4	4, 28, 10, 34	32, 1, 10	35, 28	6, 29	18, 28, 32, 10	24, 28, 35, 30	
26	Materialmenge	3, 35, 40, 39	29, 1, 35, 27	35, 29, 25, 10	2, 32, 10, 25	15, 3, 29	3, 13, 27, 10	3, 27, 29, 18	8, 35	13, 29, 3, 27
27	Zuverlässigkeit	35, 2, 40, 26		27, 17, 40	1, 11	13, 35, 8, 24	13, 35, 1	27, 40, 28	11, 13, 27	1, 35, 29, 38
28	Meßgenauigkeit	3, 33, 39, 10	6, 35, 25, 18	1, 13, 17, 34	1, 32, 13, 11	13, 35, 2	27, 35, 10, 34	26, 24, 32, 28	28, 2, 10, 34	10, 34, 28, 32
29	Fertigungsgenauigkeit	4, 17, 34, 26		1, 32, 35, 23	25, 10		26, 2, 18		26, 28, 18, 23	10, 18, 32, 39
30	äußere negative Einflüsse auf Objekt		24, 35, 2	2, 25, 28, 39	35, 10, 2	35, 11, 22, 31	22, 19, 29, 40	22, 19, 29, 40	33, 3, 34	22, 35, 13, 24
31	negative Nebeneffekte des Objekts	+					19, 1, 31	2, 21, 27, 1	2	22, 35, 18, 39
32	Fertigungsfreundlichkeit		+	2, 5, 13, 16	35, 1, 11, 9	2, 13, 15	27, 26, 1	6, 28, 11, 1	8, 28, 1	35, 1, 10, 28
33	Bedienungsfreundlichkeit		2, 5, 12	+	12, 26, 1, 32	15, 34, 1, 16	32, 26, 12, 17		1, 34, 12, 3	15, 1, 28
34	Reparaturfreundlichkeit		1, 35, 11, 10	1, 12, 26, 15	+	7, 1, 4, 16	35, 1, 13, 11		34, 35, 7, 13	1, 32, 10
35	Anpassungsfähigkeit		1, 13, 31	15, 34, 1, 16	1, 16, 7, 4	+	15, 29, 37, 28	1	27, 34, 35	35, 28, 6, 37
36	Komplexität in der Struktur	19, 1	27, 26, 1, 13	27, 9, 26, 24	1, 13	29, 15, 28, 37	+	15, 10, 37, 28	15, 1, 24	12, 17, 28
37	Komplexität in der Kontrolle/Steuerung	2, 21	5, 28, 11, 29	2, 5	12, 26	1, 15	15, 10, 37, 28	+	34, 21	35, 18
38	Automatisierungsgrad	2	1, 26, 13	1, 12, 34, 3	1, 35, 13	27, 4, 1, 35	15, 24, 10	34, 27, 25	+	5, 12, 35, 26
39	Produktivität	35, 22, 18, 39	35, 28, 2, 24	1, 28, 7, 10	1, 32, 10, 25	1, 35, 28, 37	12, 17, 28, 24	35, 18, 27, 2	5, 12, 35, 26	+

Widerspruchsmatrix Teil 8

Die 40 Innovationsprinzipien der TRIZ-Methodik

1. **Segmentierung**
   a. Zerlege ein Objekt in unabhängige Teile.
   b. Führe das Objekt zerlegbar aus.
   c. Erhöhe den Grad an Unterteilung.

   Beispiele:
   A. Zerlegbare Möbel, modulare Computer, faltbare Meßlatte.
   B. Gartenschläuche können für variable Reichweiten aneinander gekoppelt werden.

2. **Abtrennung**
   a. Entfernung oder Abtrennung des störenden Teiles eines Objektes.
   b. Den notwendigen Teil bzw. die wesentliche Eigenschaft alleine einsetzen.

   Beispiel:
   Das Benutzen von auf Band aufgezeichneten Vogelstimmen zur Verbesserung der Sicherheit auf Flughäfen.

3. **Örtliche Qualität**
   a. Übergang von homogener Struktur des Objekts oder seiner Umgebung zu einer heterogenen Struktur.
   b. Die verschiedenen Teile eines Systems sollen verschiedene Funktionen erfüllen.
   c. Jede Komponente eines Systems unter für sie individuell optimalen Bedingungen einsetzen.

   Beispiele:
   A. Zur Bekämpfung von Staub im Untertage-Bergbau wird um die Werkzeuge ein kegelförmiger Wasservorhang gesprüht. Je kleiner die Tropfen, desto besser wird der Staub gebunden. Leider tendieren sehr kleine Tröpfchen zur Nebelbildung, was die Arbeit insgesamt erschwert. Lösung nach Innovationsprinzip Nr. 3 ist, einen Kegel kleinster Tröpfchen mit einem Mantel aus größeren Tropfen zu umgeben.
   B. Führe Bleistift und Radierer in einer Einheit zusammen.

4. Asymmetrie

a. Ersetze symmetrische Formen durch asymmetrische.
b. Erhöhe den Grad der Asymmetrie, wenn diese schon vorliegt.

Beispiele:
A. Eine Seite des Reifens ist verstärkt, um häufigen Kontakt mit dem Bordstein besser zu überstehen.
B. Schüttet man nassen Sand durch einen Trichter, bildet dieser oft einen Brückenbogen über der Öffnung aus, was zu reduziertem und unregelmäßigem Durchfluss führt. Ein asymmetrischer Trichter löst dieses Problem.

5. Kopplung

a. Gruppiere gleichartige oder zur Zusammenarbeit bestimmte Objekte räumlich zusammen.
b. Vertakte gleichartige oder zur Zusammenarbeit bestimmte Objekte, d.h. kopple sie zeitlich.

Beispiel:
Ein Rotations-Trockenbagger hat Dampfdüsen, um den Untergrund in einem Schritt aufzutauen und zu erweichen.

6. Universalität

Das System erfüllt mehrere unterschiedliche Funktionen, wodurch andere Systeme oder Objekte überflüssig werden.

Beispiele:
A. Klappsofa läßt sich vom Sofa für den Tag zum Bett für die Nacht umwandeln.
B. Der Minivan-Sitz läßt sich für das Sitzen, Schlafen oder Lasten transportieren jeweils in eine günstige Form umbauen.

7. Verschachtelung

a. Ein Objekt befindet sich im Inneren eines anderen Objektes, das sich ebenfalls im Inneren eines dritten befindet.
b. Ein Objekt paßt in oder durch den Hohlraum eines anderen.

Beispiele:
A. Steckpuppe, Matrjoschka.
B. Teleskop-Antenne.
C. Stapelbare Stühle.
D. Druckminenbleistift mit integriertem Minenvorrat.

8. Gegengewicht

a. Das Gewicht des Objekts kann durch Kopplung an ein anders, entsprechend tragfähiges Objekt kompensiert werden.
b. Das Gewicht des Objekts kann durch aerodynamische oder hydraulische Kräfte kompensiert werden.

Beispiele:
A. Boot mit Tragflügel.
B. Rennwagen haben einen Heckflügel, um die Bodenhaftung zu erhöhen.

9. Vorgezogene Gegenaktion

a. Vor der Ausführung einer Aktion muß eine erforderliche Gegenaktion vorab ausgeführt werden.
b. Muß ein Objekt in Spannung sein, dann muß vorab die Gegenspannung erzeugt werden.

Beispiele:
A. Vorgespannte Betonstützen bei Brücken.
B. Verstärkte Stütze: Zur Erhöhung der Stabilität wird diese aus mehreren Rohren zusammengesetzt, die vorher um einen bestimmten Winkel verdreht wurden.

10. Vorgezogene Aktion

a. Führe die notwendige Aktion – teilweise oder ganz – im voraus aus.
b. Ordne Objekte so an, daß sie ohne Zeitverlust vom richtigen Ort aus arbeiten können.

Beispiele:
A. Bastelmesser, dessen Klinge Kerben enthält, wodurch man stumpfe Teile wegbrechen kann.
B. Klebstoff in einer Flasche ist nur schlecht sauber und gleichmäßig applizierbar. Das Aufbringen auf ein Band (Klebestreifen) erleichtert dies.

11. Vorbeugemaßnahme

Kompensiere die schlechte Zuverlässigkeit eines Systems durch vorher ergriffene Maßnahmen.

Beispiel:
Zur Vermeidung von Ladendiebstahl werden an den Waren magnetisch codierte Etiketten angebracht. Damit der Kunde mit der Ware das Geschäft verlassen kann, muß das Etikett an der Kasse erst entmagnetisiert werden.

12. Äquipotenzial

Verändere die Bedingungen so, daß das Objekt mit konstantem Energiepotential arbeiten kann, also bspw. weder angehoben noch abgesenkt werden muß.

Beispiel:
Motorenöl am Auto wird über einer Grube gewechselt, wodurch teure Hebemaschinen überflüssig werden.

13. Funktionsumkehr

a. Implementiere anstelle der durch Spezifikation diktierten Aktion die genau gegenteilige Aktion.
b. Mache ein unbewegtes Objekt beweglich oder ein bewegliches unbeweglich.
c. Stelle das System „auf den Kopf", kehre es um.

Beispiel:
Abrasives Reinigen von Teilen durch Vibration der Teile selbst statt durch Vibration des Abrasivums (z. B. Sand beim Sandstrahlen)

14. Krümmung

a. Ersetze lineare Teile oder flache Oberflächen durch gebogene, kubische Strukturen durch sphärische.
b. Benutze Rollen, Kugeln, Spiralen.
c. Ersetze lineare Bewegungen durch rotierende, nutze die Zentrifugalkraft aus.

Beispiel:
Eine PC-Maus benutzt eine Kugelkonstruktion zur Umsetzung einer linearen, biaxialen Bewegung in einen Vektor.

15. Dynamisierung

a. Gestalte ein System oder dessen Umgebung so, dass es sich automatisch unter allen Betriebszuständen auf eine optimale Performance einstellt.
b. Zerteile ein System in Elemente, die sich untereinander optimal arrangieren können.
c. Mache ein unbewegliches Objekt beweglich, verstellbar oder austauschbar.

Beispiele:
A. Die bewegliche Verbindung zwischen Blitzlampe und Blitzgerät.
B. Ein Transportschiff hat eine zylindrische Rumpfform. Um den Tiefgang bei voller Ladung zu reduzieren, wird es aus zwei mit einem Gelenk verbundenen Halbzylindern gefertigt, die bei Bedarf aufgeklappt werden können.

16. Partielle oder überschüssige Wirkung

Wenn es schwierig ist, 100% einer geforderten Funktion zu erreichen, verwirkliche etwas mehr oder weniger, um so das Problem deutlich zu vereinfachen.

Beispiele:
A. Die Lackierung eines Zylinders geschieht durch Eintauchen in Farbe. Leider wird er dabei zunächst mit mehr Farbe bedeckt, als erwünscht ist. Überschüssige Farbe läßt sich leicht und schnell durch Rotation entfernen.
B. Um aus einem Pulver-Vorratsgefäß einen gleichmäßigen Nachstrom des Pulvers zu gewährleisten, ist der Behälterausgang im Inneren als aufrecht stehender Trichter ausgebildet, der kontinuierlich überfüllt wird.

17. Höhere Dimensionen

a. Umgehe Schwierigkeiten bei der Bewegung eines Objekts entlang einer Linie durch eine zweidimensionale Bewegung (in einer Ebene). Analog wird ein Bewegungsproblem in der Ebene vereinfacht durch Übergang in die dritte Dimension.
b. Ordne Objekte in mehreren statt einer Ebene an.
c. Plaziere das Objekt geneigt oder kippe es.

d. Nutze Projektionen in die Nachbarschaft oder auf die Rückseite des Objekts.

Beispiel:
Gewächshaus mit konkavem Reflektor an der Nordseite des Objektes, um auch in diesen Teil des Gebäudes durch Lichtreflexion das Tageslicht besser ausnutzen zu können.

18. Mechanische Schwingungen

a. Versetze ein Objekt in Schwingung.
b. Oszilliert das Objekt bereits, erhöhe die Frequenz.
c. Benutze die Resonanzfrequenz(en).
d. Ersetze mechanische Schwingungen durch Piezovibrationen.
e. Setze Ultraschall in Verbindung mit elektromagnetischen Feldern ein.

Beispiele:
A. Statt mit einer gewöhnlichen Handsäge, wird der Gipsverband mit einem oszillierenden Messer entfernt.
B. Gußmassen werden Vibrationen ausgesetzt, um deren Verteilung und Homogenität zu fördern.

19. Periodische Wirkung

a. Übergang von kontinuierlicher zu periodischer Wirkung.
b. Liegt bereits eine periodische Aktion vor, verändere deren Frequenz.
c. Benutze Pausen zwischen einzelnen Impulsen, um andere Aktionen einfügen zu können.

Beispiele:
A. Angerostete Schrauben lassen sich besser mit Kraftimpulsen als mit kontinuierlich hoher Kraft am Schraubenschlüssel lösen.
B. Eine Warnleuchte wird besser wahrgenommen, wenn sie pulsiert.

20. Kontinuität

a. Führe eine Aktion ohne Unterbrechung aus, alle Komponenten sollen ständig mit gleichmäßiger Belastung arbeiten.
b. Schalte Leerläufe und Unterbrechungen aus.

Beispiel:
Ein Bohrer kann am Kopf Schneiden für beide Richtungen haben, was erlaubt, den Bohrprozeß in beiden Richtungen auszuführen.

21. Durcheilen kritischer Prozessschritte

Führe schädliche oder gefährliche Aktionen mit sehr hoher Geschwindigkeit durch.

Beispiel:
Ein Schneidgerät für dünnwandige Plastikröhrchen arbeitet mit sehr hoher Geschwindigkeit (der Schnitt erfolgt schneller als die für eine Deformierung notwendige Zeit).

22. Schädliches in Nützliches verwandeln

a. Nutze schädliche Faktoren oder Effekte – speziell aus der Umgebung – positiv aus.
b. Beseitige einen schädlichen Faktor durch Kombination mit einem anderen schädlichen Faktor.
c. Verstärke einen schädlichen Einfluß soweit, bis er aufhört, schädlich zu sein.

Beispiele:
A. Sand und Schotter frieren zusammen, wenn sie bei niedrigen Temperaturen transportiert werden. Schockgefrieren mit flüssigem Stickstoff zersprödet das Eis, so daß Schütten wieder möglich ist.
B. Beim Erwärmen von Metallstücken mit hochfrequenter Wechselspannung wird nur die Oberfläche heiß. Dieser negative Effekt läßt sich zur thermischen Oberflächenbehandlung pfiffig einsetzen.

23. Rückkopplung

a. Führe eine Rückkopplung ein.
b. Ist eine Rückkopplung vorhanden, ändere sie oder kehre sie um.

Beispiele:
A. Der Wasserdruck am Ausgang eines Brunnens wird durch Druckmessung und dadurch gesteuerte Zuschaltung einer Pumpe bei zu niedrigem Druck aufrecht erhalten.

B. Zur Herstellung definierter Eis-Wasser-Gemische müssen Eis und Wasser separat quantifiziert und dann gemischt werden. Besser ist es, zuerst das schlechter dosierbare Eis auszuwiegen und diesen Meßwert direkt für die Steuerung eines Wasser-Dispensors zu nutzen.

C. Geräte zur Eliminierung von Lärm zeichnen diesen auf, verschieben die Phase und strahlen ihn wieder aus, um so durch gegenphasige Überlagerung das Lärmsignal zu löschen.

24. Vermittler

a. Nutze ein Zwischenobjekt, um die Aktion weiterzugeben oder auszuführen.
b. Verbinde das System zeitweise mit einem anderem, leicht zu entfernenden Objekt.

Beispiel:
Um Energieverluste bei der Elektrolyse von Schmelzen zu vermeiden, werden gekühlte Elektroden und diese umgebende Metallschmelzen mit niedrigem Siedepunkt als Mediator zur heißen Schmelze hin verwendet.

25. Selbstversorgung

a. Das System soll sich selbst bedienen und Hilfs- sowie Reparaturfunktionen selbst ausführen.
b. Nutze Abfall und Verlustenergie.

Beispiele:
A. Um abrasives Material gleichmäßig auf den zermalmenden Rollen zu verteilen und diese vor dem Abtrag zu schützen, werden sie aus dem identischen Material wie das Abrasivum gefertigt.
B. In einem elektrischen Schweißbrenner wird der Draht durch eine spezielle Vorrichtung geschoben. Eine kreative Vereinfachung stellt hier der über den Schweißstrom und eine Magnetspule gesteuerte Drahtvorschub dar.

26. Kopieren

a. Benutze eine billige, einfache Kopie anstatt eines teuren, zerbrechlichen oder schlecht handhabbaren Objektes.

b. Ersetze ein System oder Objekt durch eine optische Kopie oder Abbildung. Hierbei kann der Maßstab (vergrößern, verkleinern) verändert werden.
c. Werden bereits optische Kopien benutzt, dann gehe zu infraroten oder ultravioletten Abbildern über.

Beispiel:
Die Höhe sehr großer Objekte (Bauwerke...) kann über Vermessung ihres Schattens ermittelt werden.

27. Billige Kurzlebigkeit

Ersetze ein teures System durch ein Sortiment billiger Teile, wobei auf einige Eigenschaften (Langlebigkeit, z. B.) verzichtet wird.

Beispiele:
A. Wegwerfwindeln.
B. Eine Einweg-Mausefalle besteht aus einem mit einem Köder versehenen Plastikrohr. Die Maus läuft durch eine enge trichterförmige Öffnung in die Falle. Durch den Trichter kann die Maus auf umgekehrtem Weg nicht mehr heraus.

28. Mechanik ersetzen

a. Ersetze ein mechanisches System durch ein optisches, akustisches oder geruchsbasierendes System.
b. Benutze elektrische, magnetische oder elektromagnetische Felder.
c. Ersetze Felder: stationäre durch bewegliche, konstante durch periodische, strukturlose durch strukturierte.
d. Setze Felder in Verbindung mit ferromagnetischen Teilchen ein.

Beispiel:
Um die Haltekraft eines metallischen Überzuges auf einem Thermoplast zu erhöhen, wird der Beschichtungsprozeß in Gegenwart eines elektromagnetischen Feldes ausgeführt, wodurch das Metall mit höherer Kraft angepreßt wird.

29. Pneumatik und Hydraulik

Ersetze feste, schwere Teile eines Systems durch gasförmige oder flüssige. Nutze Wasser oder Luft zum Aufpumpen, Luftkissen oder hydrostatische Elemente.

Beispiele:
A. Um den Zug in einem Industriekamin zu erhöhen, wird er innen spiralig mit einem porösen Rohr, durch das Luft geleitet wird, ausgestattet. Die aus diesen Poren strömende Luft erzeugt ein Luftkissen innen im Kamin, wodurch er besser zieht.
B. Zum Postversand zerbrechlicher Dinge werden Packmaterialien mit Luftpolstern (Luftblasenfolie) oder geschäumte Packungen verwendet.

30. Flexible Hüllen und dünne Filme

a. Ersetze übliche Konstruktionen durch flexible Hüllen oder dünne Filme.
b. Isoliere ein Objekt von der Umwelt durch einen dünnen Film oder eine Membran.

Beispiel:
Um Wasserverlust an Pflanzen zu reduzieren, werden die Blätter mit Polyethylen-Spray behandelt. Das Polyethylen härtet aus und führt zu besserem Pflanzenwachstum, weil zwar Sauerstoff diese Schutzschicht passieren kann, Wasserdampf jedoch schlecht.

31. Poröse Werkstoffe

a. Gestalte ein Objekt porös oder füge poröse Materialien (Einsätze, Überzüge...) zu.
b. Ist ein Objekt bereits porös, dann fülle die Poren mit einem vorteilhaften Stoff im voraus.

Beispiele:
Um das aufwendige Hineinpumpen von Kühlmittel in eine Maschine zu vermeiden, werden Teile der Maschine mit porösem Material (porös pulverisierter Stahl) gefüllt, das in Kühlmittel bereits eingeweicht wurde. Im Betrieb der Maschine verdampft das Kühlmittel sofort und führt so zu schneller, gleichmäßiger Kühlung.

32. Farbveränderung

a. Verändere die Farbe eines Objekts oder die der Umgebung.
b. Verändere die Durchsichtigkeit eines Objektes oder die der Umgebung.
c. Nutze zur Beobachtung schlecht sichtbarer Objekte oder Prozesse geeignete Farbzusätze.
d. Existieren derartige Farbzusätze bereits, setze Leuchtstoffe, Lumineszente oder anderweitig markierte Substanzen ein.

Beispiele:
A. Ein transparentes Pflaster erlaubt es, die Wunde zu inspizieren, ohne den Verband zu entfernen.
B. In Stahlwerken schützt ein Wasservorhang die Arbeiter vor zu großer Hitze. Aber Wasser absorbiert nur die IR-Strahlung (Hitze), nicht die gleißende Helligkeit des sichtbaren Lichts. Dessen Intensität lässt sich ohne Beeinträchtigung der Transparenz durch Zugabe eines Farbstoffes in das Wasser reduzieren.

33. Homogenität

Fertige interagierende Objekte aus demselben oder aus ähnlichem Material.

Beispiel:
Um abrasives Material gleichmäßig auf den zermalmenden Rollen zu verteilen und diese vor dem Abtrag zu schützen, werden sie aus dem identischem Material wie das Abrasivum gefertigt.

34. Beseitigung und Regeneration

a. Beseitige oder verwerte (ablegen, auflösen, verdampfen) diejenigen Teile des Systems, die ihre Funktion erfüllt haben oder unbrauchbar geworden sind.
b. Stelle verbrauchte Systemteile unmittelbar – im Arbeitsgang – wieder her.

Beispiele:
A. Patronenhülse wird nach dem Schuß ausgeworfen.
B. Booster-Raketen trennen sich nach Erfüllen ihrer Aufgabe von der Hauptrakete ab.

35. Veränderung des Aggregatzustandes

Ändere den Aggregatzustand eines Objekts: fest, flüssig, gasförmig, aber auch quasiflüssig oder ändere Eigenschaften wie Konzentration, Dichte, Elastizität, Temperatur.

Beispiel:
In einem Transportsystem für spröde, zerbröselnde Materialien wird die Transportschraube aus elastischem Material gefertigt. Dadurch kann die Steigung dieser Schraube und damit bei fixer Drehzahl die Transportgeschwindigkeit verändert werden.

36. Phasenübergang

Nutze die Effekte während des Phasenüberganges einer Substanz aus: Volumenveränderung, Wärmeentwicklung oder -absorption.

Beispiel:
Um gerippte Rohre gleichmäßig zu dehnen, werden sie mit Wasser gefüllt und gefroren.

37. Wärmeausdehnung

a. Nutze die thermische Expansion oder Kontraktion von Materialien aus.
b. Benutze Materialien mit unterschiedlichem Wärmeausdehnungskoeffizienten.

Beispiel:
Um das Dach eines Gewächshauses automatisch zu öffnen und zu schließen, werden die Fenster mit bimetallischen Streben versehen. Beim Temperaturwechsel biegen sich die Streben und schließen oder öffnen hierdurch die Fenster.

38. Starkes Oxidationsmittel

a. Ersetze normale Luft durch sauerstoffangereicherte Luft.
b. Ersetze angereicherte Luft durch reinen Sauerstoff.
c. Setze Luft oder Sauerstoff ionisierenden Strahlen aus.
d. Benutze Ozon.

Beispiel:
Um mehr Licht aus einer Fackel zu erhalten, wird sie mit Sauerstoff statt mit Luft versorgt.

39. Inertes Medium

a. Ersetze die übliche Umgebung durch eine inerte.
b. Führe den Prozeß im Vakuum aus.

Beispiel:
Um die Selbstentzündung von Baumwolle im Lager zu vermeiden, wird diese auf dem Transport zum Lager mit inertem (schwer entflammbarem) Gas behandelt.

40. Verbundmaterialien

Ersetze homogene Stoffe mit Verbundmaterialien.

Beispiel:
Hochbeanspruchte Tragflächen von Militärflugzeugen werden zwecks hoher Festigkeit und geringem Gewicht aus Kunststoff und Kohlefasern in Form eines Verbundmaterials gefertigt.

Anhang C
Produktideendatenblatt

Auf den folgenden Seiten ist ein exemplarisches Produktideendatenblatt dargestellt, in dem produktideenbezogene und planungsrelevante Informationen abgelegt werden können. Das dargestellte Dokument soll die Erstellung eigener und somit unternehmensspezifischer Produktideendatenblätter anregen. Das dargestellte Produktideendatenblatt enthält Daten aus dem Planungsprozess von Herrn Steinbrink – dieser führt in dem fiktiven Fallbeispiel der Center-Positioniersysteme GmbH eine Produktinnovationsplanung mit Hilfe der InnovationRoadMap-Methodik durch (s. Kap. 3).

Center-Positioniersysteme GmbH	Datenblatt Produktidee			lfd. Nr.:	0	0	1

Organisatorisches

Verfasser:	Hr. Steinbrink		Abteilung:	New Business Development	Datum:	28.08.2002
Kurztitel:	Intelligent Endoscope		Unternehmensbereich:	Positioniersysteme		
Ansprechpartner Technik:		Hr. Blei	Ansprechpartner Markt:		Fr. Begovic	
Status:	Idee	Vorstudie	F&E-Projekt	Serienentw.	verworfen*	zurückgestellt*
Datum:	16.01.2002	23.04.2002				
*Begründung:						

Allgemein

Ideenbeschreibung:

»Intelligent Endoscope – IntEnd«: Ein Mikro-Positioniersystem wird in den Kopf eines Endoskops eingesetzt und bewegt dort eine Optik, die aus einer Kamera und einer Beleuchtungseinheit besteht. Die Positionierung der Optik muss kontinuierlich erfolgen können und ohne Anfahrtsbeschleunigung oder Ruckeln auskommen, das sonst zur Veränderung der Endoskoplage führen könnte. Darüber hinaus müssen die verwendeten Bauteile den geforderten Hygienerichtlinien für medizinische Geräte entsprechen. Das Positioniersystem soll als eigenständiges System ausgelegt und in ein handelsübliches Endoskop eingesetzt werden.

Ideenbeschreibung Technik

Wie sah die bisherige Lösung aus ?

- die Wettbewerbslösung ?

- die Lösung bei ähnlichen Funktionen in anderen Branchen ?

Welche technische Verbesserung ergibt sich ?

Wie könnte die Funktion gelöst werden ?

Die Ansteuerung muss über Funk erfolgen, um den Endoskophals für minimalinvasive Behandlungen so dünn wie möglich gestalten zu können. Die Stromversorgung soll über den Endoskophals erfolgen, der aus einem flexiblen Draht besteht. Einmal in Position gebracht, soll von außen keine Bewegung mehr am Endoskop stattfinden, sondern nur durch die Optik ausgerichtet werden. Dazu sind 320°-Schwenkungen in der horizontalen und 120°-Schwenkungen in der vertikalen Ebene zu realisieren.

| Center-Positioniersysteme GmbH | Datenblatt Produktidee | lfd. Nr.: 0 0 2 |

Ideenbeschreibung Markt

Absatzmarkt / Branche ?
Das IntEnd kann in der Medizintechnik eingesetzt werden, insbesondere in der endoskopischen Diagnostik.

Welche Kundenanforderung soll erfüllt werden ?
Mit dem IntEnd soll die minimalinvasive Behandlungsmethodik unterstützt werden, bei der die Patienten nur geringe Verletzungen aufgrund der Behandlungswerkzeuge davon tragen. Des Weiteren verspüren die Patienten weniger Schmerzen durch die Bewegung des Endoskopes, da dieses nur einmal positioniert wird, die Untersuchung erfolgt dann über den beweglichen Kamerakopf im Inneren.

Wie wurde die Kundenanforderung bisher erfüllt ?

Wodurch wird der Kundennutzen gesteigert ?
Schmerzminimale und schnelle Behandlung durch "ruckelfreies" Bewegen

Welches Marktsegment soll beliefert werden ?
Endoskopische Diagnostik

potentielle Kunden:	Wettbewerber:
Mediklinik Schwarzwald, Hals & Beinbruch GmbH, Uniklinik Gipsfuß	Fokus Positioniersysteme GmbH, Centerpoint Positioning Systems

| Marktabschätzung: | x wachsend | stagnierend | rückläufig |

Bemerkungen

Marktbesonderheiten:
Die Medizintechnik wird als eine der wachsenden Zukunftsbranchen angesehen. Der demographisch abzusehende, steigende Anteil an älteren Menschen sowie ein allgemein gestiegenes Gesundheitsbewusstsein bedeuten für die Zukunft einen vermehrten Bedarf an (schonenden) medizinischen Behandlungsmethoden und den notwendigen technischen Hilfsmitteln. Insbesondere minimalinvasive Verfahren sind geeignet, durch geringere Verletzungen und Nebenwirkungen die Verweilzeiten der Patienten im Krankenhaus entscheidend zu verkürzen und die stark steigenden Kosten im Gesundheitswesen zu begrenzen.

Ideenbewertung

Ergebnis

Indirekter Unternehmensnutzen: 4, direkter Unternehmensnutzen: 4.5, Skala: 1 (gering) bis 5 (hoch)
Technologiepotenzial: 5, Zukunftsträchtigkeit: 5
Bemerkung: Beim indirekten Unternehmensnutzen wurde ein sehr hohes Synergiepotenzial zu bestehenden Entwicklungsprojekten und bereits in Serie befindlichen Produkten identifiziert. Ein hoher Imagegewinn trug ebenfalls zum hohen Wert für den indirekten Unternehmensnutzen bei. Bei der Bestimmung des direkten Unternehmensnutzens wurde das Wirtschaftlichkeitspotenzial als äußerst hoch bewertet. Trotz des schlecht bewerteten Unterkriteriums "Realisierungsaufwand" besitzt die Idee ein sehr hohes Technologiepotenzial. Die Zukunftsträchtigkeit wurde nachhaltig durch den zu erwartenden Kundennutzen als sehr hoch bewertet.

| Center-Positioniersysteme GmbH | **Datenblatt Produktidee** | lfd. Nr.: 0 0 3 |

Vorstudie Technik

| Praktische Machbarkeit geklärt? | x ja; | nein |

Wenn nein, welche Versuche sind geplant?

| Prototyp vorhanden? | x ja; | nein |

Wenn nein, welcher Aufwand?

Welche vorhandenen Teile werden genutzt?

keine existierenden Teile der Serie können genutzt werden

Offene Fragen (Welche Probleme sind noch ungelöst)?

Max. Schwenkwinkel in y-z-Ebene noch nicht vollständig realisierbar (nur 100°, anstelle der geforderten 120°); Werkstoffliferant (Titan) noch unklar

Vorhandene Unterlagen:

Konstruktionsunterlagen, Ergebnisse der Werkstoffanalyse, Endoskop-Anbieter-Kataloge, Belastungsanalyse-Testbericht, Absatzprognose, Ergenisse der Patentrecherche

Entwicklungsaufwand:		Beteiligte Unternehmensbereiche / Aufgabe:
Invest [ ]:	~ 160.000	New Business Development (Umsetzungsplanung)
Personal [M.St.]:	1570 [ ] 144.000	
Summe [ ]:	304.000	
Zeitliche Dauer:	12 Monate	

Patentsituation:

Patentrecherche abgeschlossen; kein konkurrierendes Konzept vorhanden

412 Anhang C

| Center-Positioniersysteme GmbH | Datenblatt Produktidee | lfd. Nr.: 0 0 4 |

Vorstudie Markt

Marktdaten:

Absatz: ca. 500 [Stck./p.a.]; Preis: n. bek. [/Stck.]

Umsatz: n. bek. [/p.a.]

angestrebte Marktanteile: 1. Jahr [%]: 5 ; 2. Jahr [%]: 8 ; 3. Jahr [%]: 20

monetärer Nutzen (Rationalisierung / Umsatzsteigerung):

Marktanalyseaufwand: Marktanalyse intern ?: ja   nein

Investitionen [ ]:   Personal [M.St.]: [ ]

Summe [ ]:   Zeitliche Dauer: [Wochen/Monate]

Bemerkungen

Ergebnis

Sachverzeichnis

A

Aachener Innovations-
management-Modell AIM 7
Aachener Strategie-Modell für Pro-
duktinnovationen 24
Amortisationsrechnung 115
Analogie 148, 186
Analogien
Analyse, Stoff-Feld-(S-Feld-) 166
Annuitätsmethode 116
antizipierende Fehlererkennung
 159
ARIZ-Algorithmus 170

B

Beobachtungsbereiche 53
Bionik 183
 ,– biologische Prinzipien 188
 ,– biologische Strukturen 186
Nutzung biologischer Systeme 186
Brainstorming 146
Brainwriting 146

C

Chancenanalyse 62
Clusteranalyse 136
Conjoint-Analyse 102, 209
 ,– Ablaufschritte 211
 ,– Neuproduktplanung 210
Customer Process Monitoring 63

E

Effekte-Datenbank 165
Evolution, Gesetze der technischen
 169

F

Fehlererkennung, antizipierende
 159
Frühaufklärung 53
Frühe-Folger-Strategie 43
Funktionsanalyse 76

G

Gap-Analyse 45
Gewinnvergleichsrechnung 114

H

Handshake-Analysis 44
Hineindenken 63
House of Quality (HoQ) 140

I

Ideales Produkt 77
Idealität 158, 175
Ideen
 – bewertung 87
 – detaillierung 100, 146, 171, 185
 – findung 74, 146, 171, 185
 – trichter 36
Informationsakquisition 100
InnovationRoadMap 27, 120
 ,– Beschreibungsparameter 89

Innovations
- aufgabe 64, 67
- Checkliste 154
- fähigkeit 6
- führer 43
- führung 19
- grad 6
- organisation 17
- planung 9
- portfolio 21
- potenziale 44, 51, 60
- strategie 42

Integriertes Innovationsmanagement 6
Interne Zinsfußmethode 115
intuitive Lösungsfindung 145

K

Kano-Modell 101, 142
Kapitalwertmethode 115
Konsistenzanalyse 136
Konzeptbewertung 108
Kostenvergleichsrechnung 113
Kreativitätstechniken 145
Kundenanforderungen 141

L

Lebenszykluskurve 173
Lösungsfindung, intuitive 145
Lösungsidee 62, 74

M

Makroebene 181
Management, St. Galler Konzept 5
Managementphilosophie 8
Methoden
,– intuitiv-kreative 145
,– Methode 6-3-5 146
,– systematisch-analytische 146
Morphologie 103
Morphologischer Kasten 78

N

Nutzwertanalyse 110

P

Paarweiser Vergleich 110
Parameter, 39 technische 161
physikalischer Widerspruch 163
Portfolio
- Analyse 194
- der Boston Consulting Group (BCG) 196
,– Erfahrungskurvenkonzept 197
,– Marktanteil 198
,– Marktportfolio 194, 196
,– Markt-Technologie- 93
,– Normstrategien 198
- typen 194
,– Potenzialportfolio (Fraunhofer IPT) 212
,– Technologieportfolio 200
,– Technologieportfolio nach PFEIFFER 202
,– Unternehmensnutzen- 92

Problemidee 63, 74
Produkt, ideales 77
Produktdatenblätter 80
Produktidee 63
- 1. Ordnung 74
- 2. Ordnung 74, 79
Produktinnovationen, Ziele technologischer 42
Produktkonzepte 103
ProjektRoadMap 229

Q

Quality Function Deployment (QFD) 100, 138, 140, 157

R

Reframing 64
Rentabilitätsrechnung 114

S

Separationsprinzipien 164
S-Kurve 173
Späte-Folger-Strategie 43
St. Galler Management-Konzept 5
Stoff-Feld-(S-Feld-)Analyse 166

Strategic Window 122
SWOT-Analyse 45
Synektik 146, 148
Szenario-Management 58, 135

T

Technische Machbarkeit 112
Technologiekalender 116
 – Methode 109
 – nach Fraunhofer IPT 223
 – nach WESTKÄMPER 223
 – Nutzungsmöglichkeiten 225
Technology-Roadmapping 222
 ,– Varianten des 223
TOTE-Zyklus 145
Trend
 – Fit 60
 – scanning 53, 57
TRIZ 151
 ,– 39 technische Parameter 161
 ,– 40 Innovationsprinzipien 161
 ,– 76 Standardlösungen 168
 – Methodik 77, 149, 171
 – Werkzeuge 153

U

Unternehmens
 – Fit 65
 – philosophie 7
 – potenziale 43
Ursache-Wirkungs-Diagramm 155

W

Wettbewerbsstrategien 42
Widerspruch 151, 161
 – physikalischer 163
 – technischer 161
Widerspruchsmatrix 161
Wiederholplanungen 126
Wirkstrukturanalyse 155
Wirtschaftlichkeitsbetrachtung 113
W-Modell 32

Z

Zielkonflikt 161
Zukunfts
 – analyse 171
 – Anforderungsfindung 53
 – Fit 65
 – projektionen 53, 136

Herausgeber und Autoren

Dipl.-Ing. Elke Baessler

Jahrgang 1972, studierte Maschinenbau und Psychologie an der RWTH Aachen und Biochemie an der Boston University und an der Harvard Extension School, USA. Sie arbeitet als wissenschaftliche Mitarbeiterin am Lehrstuhl für Produktionssystematik am Laboratorium für Werkzeugmaschinen und Betriebslehre (WZL) in Aachen.

Dipl.-Ing. Thomas Bauernhansl

Jahrgang 1969, studierte Maschinenbau an der RWTH Aachen. Er arbeitet als Oberingenieur der Abteilung Integrierte Produktplanung am Lehrstuhl für Produktionssystematik des Laboratoriums für Werkzeugmaschinen und Betriebslehre (WZL) in Aachen mit dem Schwerpunkt strategisches Innovationsmanagement.

Dr.-Ing. Uwe H. Böhlke

Jahrgang 1964, studierte Maschinenbau an der RWTH Aachen und schloss dort ein wirtschaftswissenschaftliches Zusatzstudium an. Er promovierte am Fraunhofer-Institut für Produktionstechnologie IPT in Aachen und leitete dort danach die Abteilung Planung und Organisation als Oberingenieur. Seit 1996 arbeitet Herr Dr. Böhlke bei der Firma SCHOTT Glas in Mainz, ist zur Zeit Leiter der Bereiche „Forschung und Technologieentwicklung" sowie „Innovation- and Technology-Management" und ist freier Dozent an der Johannes-Gutenberg-Universität in Mainz.

Dr.-Ing. Frank Brandenburg

Jahrgang 1968, studierte Maschinenbau an der RWTH Aachen. Er war von 1996 bis 2001 wissenschaftlicher Mitarbeiter und Projektleiter am Fraunhofer-Institut für Produktionstechnologie IPT, Aachen, in der Abteilung Planung und Organisation und schloss seine Tätigkeit mit der Promotion ab. Seit 2001 ist er Mitarbeiter der Hilti AG, Liechtenstein. Hier war er zunächst Projektleiter im Bereich Corporate Innovation Management. Seit Mitte 2002 ist er verantwortlich für das Supply Management des Geschäftsbereiches Heavy Duty Systems.

Dipl.-Ing. Thomas Breuer

Jahrgang 1973, studierte Maschinenbau an der RWTH Aachen. Er arbeitet als wissenschaftlicher Mitarbeiter in der Abteilung Planung und Organisation am Fraunhofer-Institut für Produktionstechnologie IPT in Aachen mit dem Schwerpunkt Innovationsmanagement.

Prof. Dr.-Ing. Dr. h.c. mult. Dipl.-Wirt.Ing. Walter Eversheim

Jahrgang 1937, studierte Maschinenbau an der RWTH Aachen und absolvierte hier ein wirtschaftswissenschaftliches Aufbaustudium. Nach seiner Promotion war er Oberingenieur am Laboratorium für Werkzeugmaschinen und Betriebslehre (WZL) der RWTH Aachen. Von 1969 bis 1973 folgten leitende Tätigkeiten in namhaften Großunternehmen. Seit 1973 ist er Inhaber des Lehrstuhls für Produktionstechnik am WZL der RWTH Aachen, ab 1980 Leiter der Abteilung Planung und Organisation am Fraunhofer-Institut für Produktionstechnologie IPT, Aachen, seit 1989 Mitglied des Direktoriums des Instituts für Technologiemanagement (ITEM), Univ. St. Gallen/ Schweiz und seit 1990 Direktor des Forschungsinstituts für Rationalisierung (FIR), Aachen. 1992 Verleihung der Ehrendoktorwürde der Universität Trondheim, Norwegen, und Honorarprofessor der Tian-Jing-Universität, China. 1997 zeichnete ihn die VDI-Gesellschaft „Produktionstechnik" (VDI-ADB) mit der Herwart-Opitz-Ehrenmedaille aus. Im Jahr 2000 erhielt er die Ehrendoktor-Würde Dr. oec. h.c. von der Universität St. Gallen/ Schweiz und wurde zum Honorarprofessor der Huazhong-Universität, Wuhan (China), ernannt.

Dr.-Ing. Dipl.-Wirt. Ing. Anne Gerhards

Jahrgang 1968, studierte Maschinenbau an der RWTH Aachen und absolvierte ein wirtschaftswissenschaftliches Zusatzstudium an der Fernuniversität Hagen. Sie war von 1997 bis 2001 wissenschaftliche Mitarbeiterin am Fraunhofer-Institut für Produktionstechnologie IPT, Aachen, in der Abteilung Planung und Organisation und schloss ihre Tätigkeit mit der Promotion ab. Seit 2002 ist sie Mitarbeiterin der Hilti AG, Liechtenstein, im Bereich Heavy Duty Systems.

Dipl.-Ing. Markus Grawatsch

Jahrgang 1975, studierte Maschinenbau an der RWTH Aachen und der University of New South Wales (UNSW), Australien. Er arbeitet als wissenschaftlicher Mitarbeiter in der Abteilung Planung und Organisation am Fraunhofer-Institut für Produktionstechnologie IPT in Aachen mit dem Schwerpunkt Innovationsmanagement.

Dipl.-Ing. Michael Hilgers

Jahrgang 1970, studierte Maschinenbau und Humanmedizin an der RWTH Aachen. Er arbeitet als wissenschaftlicher Mitarbeiter in der Abteilung Planung und Organisation am Fraunhofer-Institut für Produktionstechnologie IPT in Aachen mit dem Schwerpunkt Innovationsmanagement.

Prof. Dr. Winfried J. Huppmann

Jahrgang 1945, studierte Physik an der Universität Wien. Nach seiner Promotion sammelte er internationale Erfahrungen in der Industrie in Kanada und Deutschland und in der Forschung (Max-Planck-Gesellschaft). Er habilitierte auf dem Gebiet Werkstoffwissenschaften-Pulvermetallurgie und ist a. o. Professor der Technischen Universität Wien. Bei der Hilti AG Schaan, Fürstentum Liechtenstein, ist er Mitglied der Corporate Management Group. Er leitete dort vierzehn Jahre die Konzern-Forschung und ist derzeit für das Corporate Innovation Management verantwortlich, das die Innovationsprozesse des Gesamtunternehmens festlegt.

Dipl.-Ing. Markus Knoche

Jahrgang 1973, studierte Maschinenbau an der RWTH Aachen. Er arbeitet als wissenschaftlicher Mitarbeiter in der Abteilung Planung und Organisation am Fraunhofer-Institut für Produktionstechnologie IPT in Aachen mit dem Schwerpunkt Technologiemanagement.

Dipl.-Ing. Rudolf-Henning Lohse

Jahrgang 1963, studierte Maschinenbau an der Universität Dortmund. Seit 1992 arbeitet Herr Lohse bei der Drägerwerk AG. In den Sparten Medical, Safety und Aerospace hat er verschiedensten Reorganisationsprojekte bearbeitet. Zur Zeit ist Herr Lohse Leiter des Bereiches Qualität & Prozesse (World) und strategischer Prozesseigner für den Geschäftsprozess Innovation in der Dräger Medical AG & Co. KGaA.

Dipl.-Ing. Christian Rosier

Jahrgang 1976, studierte Maschinenbau an der RWTH Aachen und der University of Berkely (UCB), USA. Er arbeitet als wissenschaftlicher Mitarbeiter in der Abteilung Planung und Organisation am Fraunhofer-Institut für Produktionstechnologie IPT in Aachen mit dem Schwerpunkt Innovationsmanagement.

Dipl.-Ing. Dipl.-Kfm. Sebastian Schöning

Jahrgang 1975, studierte Maschinenbau und Betriebswirtschaftslehre an der RWTH Aachen und der Ecole Centrale Paris (ECP), Frankreich. Er arbeitet als wissenschaftlicher Mitarbeiter in der Abteilung Planung und Organisation am Fraunhofer-Institut für Produktionstechnologie IPT in Aachen mit dem Schwerpunkt Technologiemanagement.

Dipl.-Ing. Jens Schröder

Jahrgang 1969, studierte Maschinenbau an der UGH Paderborn und der RWTH Aachen. Er arbeitet als wissenschaftlicher Mitarbeiter am Lehrstuhl für Produktionssystematik am Laboratorium für Werkzeugmaschinen und Betriebslehre (WZL) in Aachen mit dem Schwerpunkt Entwicklungsmanagement.

Dr.-Ing. Daniel E. Spielberg

Jahrgang 1971, studierte Maschinenbau an der Ruhruniversität Bochum und der RWTH Aachen. Er war von 1996 bis 2001 wissenschaftlicher Mitarbeiter am Fraunhofer-Institut für Produktionstechnologie IPT, Aachen, in der Abteilung Planung und Organisation und schloss seine Tätigkeit mit der Promotion ab. Seit 2001 ist er Assistent der Geschäftsleitung bei der Suspa Holding GmbH, Altdorf.

Dr.-Ing. Carsten Voigtländer

Jahrgang 1963, studierte Maschinenbau und Verfahrenstechnik an der TU Braunschweig. Er promovierte am Institut für Thermodynamik über die Simulation verfahrenstechnischer Anlagen. Seit 1994 ist Herr Dr. Voigtländer in unterschiedlichen Funktionen bei der Neumag GmbH & Co. KG in Neumünster tätig, deren technischer Geschäftsführer er jetzt ist.

... so halten Sie dieses Buch aktuell!

Ein gutes Buch beantwortet nicht nur Fragen, es wirft auch welche auf!

Aktuelle Informationen sind für die erfolgreiche Produktinnovationsplanung äußerst wichtig. Nur wenn die Daten gegenwartsbezogen vorliegen, ist ein aussagefähiges Planungsergebnis erzielbar.

Dem Anspruch an Aktualität muss auch die in diesem Buch beschriebene Methodik gerecht werden. Sie wurde und wird auch zukünftig am Fraunhofer-Institut für Produktionstechnologie IPT in Forschungs- und Industrieprojekten angewendet. So wird gewährleistet, dass die Methodik stets praxisnah bleibt und weiterentwickelt wird.

Wir laden den Leser ein, an diesem „Entwicklungsprozess" teilzunehmen und – über die Inhalte dieses Buches hinaus – aktuelle Informationen zum Thema Innovationsmanagement zu erhalten. Dazu werden unter der Internetadresse

www.InnovationRoadMap.de

regelmäßig aktuelle Informationen zur Verfügung gestellt und auftauchende Fragen beantwortet.

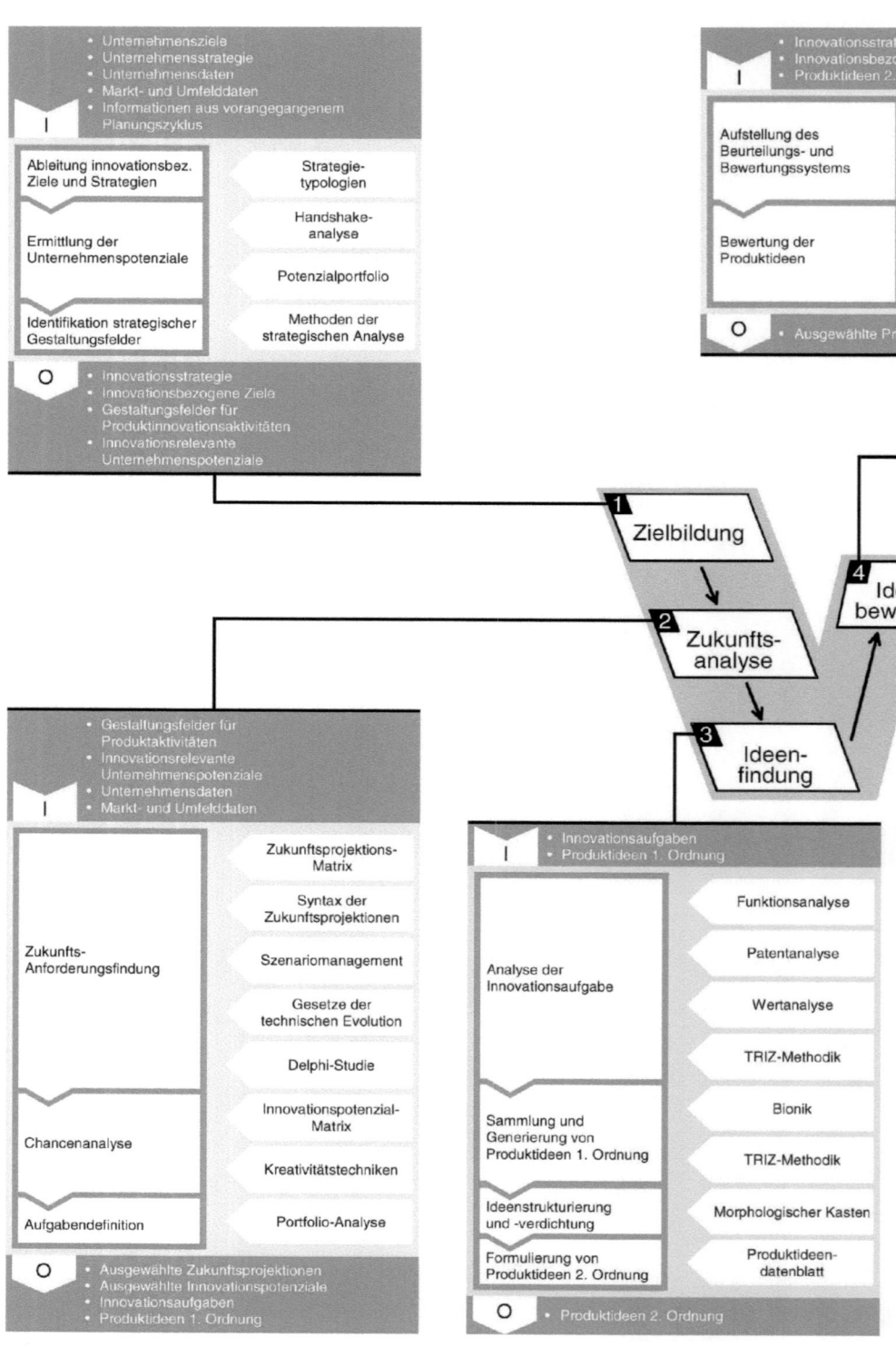

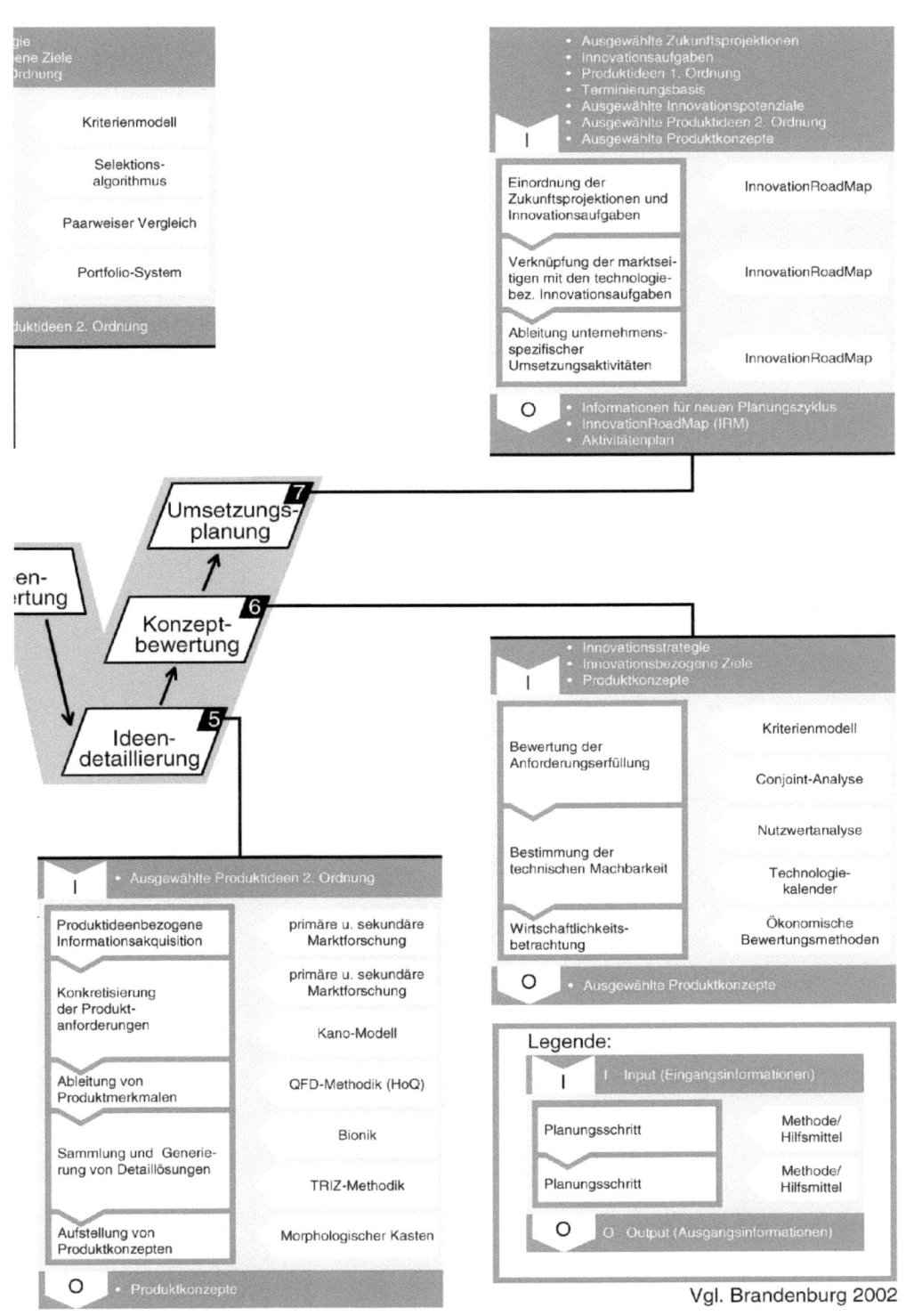

Vgl. Brandenburg 2002

MIX
Papier aus verantwortungsvollen Quellen
Paper from responsible sources
FSC® C105338

If you have any concerns about our products,
you can contact us on
ProductSafety@springernature.com

In case Publisher is established outside the EU,
the EU authorized representative is:
**Springer Nature Customer Service Center GmbH
Europaplatz 3, 69115 Heidelberg, Germany**

Printed by Libri Plureos GmbH
in Hamburg, Germany